해부학자의 세계

THE ANATOMISTS' LIBRARY
First published in 2023 by Ivy Press,
An imprint of The Quarto Group

Text copyright © 2023 by Colin Salter
Copyright © 2023 Quarto Publishing plc
All rights reserved.

Korean translation copyright ⓒ 2024 by Bookhouse Publishers Co., Ltd.
Korean translation rights arranged with Quarto Publishing Plc
through EYA Co., Ltd.

이 책의 한국어판 저작권은 EYA Co., Ltd를 통해
Quarto Publishing Plc사와 독점계약한 (주)북하우스 퍼블리셔스에 있습니다.
저작권법에 의하여 한국 내에서 보호를 받는 저작물이므로
무단 전재 및 무단 복제를 금합니다.

일러두기

- 단행본과 단행본 형태로 쓴 논문, 학술지는 『 』로 묶었고,
고대 문서와 학술지 내 논문은 「 」로, 미술작품·연극·방송은 〈 〉로 묶었다.

COLIN SALTER

해부학자의 세계
인체의 지식을 향한 위대한 5000년 여정

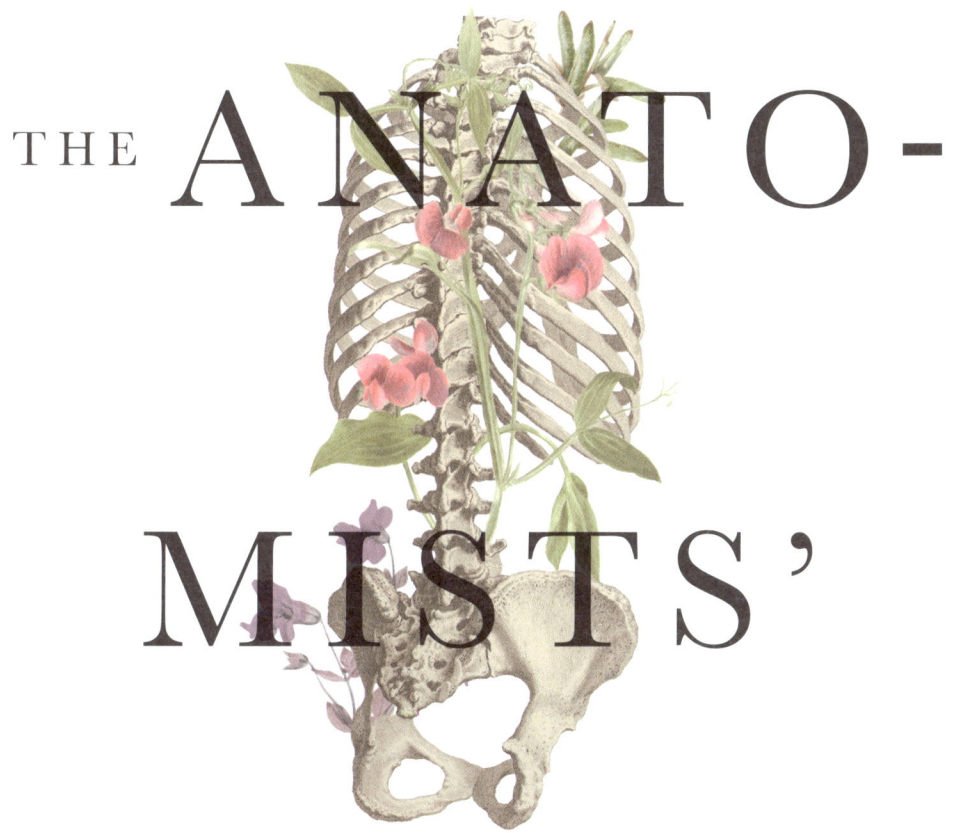

THE ANATO-MISTS' LIBRARY

콜린 솔터 지음 | 조은영 옮김

해나무

차례

여는 글　　　　　　　　　　6

1장 **고대 세계의 해부학**　　　　19
　　기원전 3000~기원후 1300

2장 **중세의 해부학**　　　　　69
　　1301~1500

3장 **르네상스 시대의 해부학**　　117
　　1501~1600

4장 **현미경의 시대**　　　　　193
　　1601~1700

5장 **계몽의 시대**　　　　　261
　　1701~1800

6장 **발명의 시대**　　　　　303
　　1801~1900

해부학의 미래　　　　　　　366
도서 목록　　　　　　　　　382
그림 출처　　　　　　　　　390
찾아보기　　　　　　　　　394

여는 글

책은 타임캡슐이다. 책이 쓰인 시대의 지식과 사고방식을 보존하는 장치라는 의미에서다. 이는 모든 책에 해당하는 진실이고 과학소설도 예외는 아니다. 과학 소설은 작가가 창의력을 발휘해 독창적으로 미래와 과거를 묘사하는 장르이지만 어디까지나 책을 쓰는 현재의 관점에서 출발한다. 작가는 상상할 수 없는 것을 상상하지 못한다. 특히 논픽션은 책이 집필된 시대의 지식수준에 맞춰 진리를 기록한다. 하지만 지식은 확장하고 문화는 진화하게 마련이다. 따라서 특정 주제의 서적을 출판 시기에 따라 차례대로 훑으면 그 변천사를 쉽게 확인할 수 있다. 또한 그 책들을 한데 모으면 지금까지 지식이 발전한 사회적·과학적 역사가 한눈에 보인다.

해부학은 수천 년 선 기록이 남아 있는 아주 오래된 과학이다. 이 책에는 고대 이집트의 전쟁 중 상처 처치법을 설명한 「에드윈 스미스 파피루스Edwin Smith Papyrus」로 시작해 21세기 기술 발전을 반영하는 『근골격계 MRI*Musculoskeletal MRI*』의 최신판, 오랫동안 사회가 해부학을 둘러싼 미신과 불신을 어떻게 극복했는지 보여주는 아동서 『인체 해부학 및 생리학 컬러링북*The Human Anatomy and Physiology Coloring Book*』까지 5000년 동안 해부학자의 서재를 채워온 150권의 책을 다룬다.

해부학이 그토록 오랫동안 인류를 사로잡은 것도 당연하다. 몸은 곧 우리 자신이다. 그 안에 영혼이 깃들었는지는 논외로 하더라도 우리 몸이 피와 심장, 생명과 죽음을 품고 있는 것은 진실이다. 미국의 코미디언 앨런 셔먼은 〈네게 있어야 할 건 심장 You gotta have heart〉이라는 곡을 해부학적으로 기가 막히게 패러디했다.

> 피부에 둘러싸인 당신은 내 집처럼 편안하지.
> 어디 그뿐인가.
> 피부가 없다면 간과 내장들이
> 자꾸만 땅에 떨어지지 않겠는가.

『해부학에 관한 열다섯 권의 책』(1559)

레알도 콜롬보의 『해부학에 관한 열다섯 권의 책』에 나오는 권두 삽화. 1548년에 존 배니스터(1533~1610)가 이발사-외과의사 회관에서 해부학을 강의하고 있다.

요하네스 케플러(1571~1630)

인간의 눈을 연구한 천문학자. 케플러의 연구는 현대 광학의 근간이 되었다.

영국의 유명한 의학 작가이자 방송인인 앨리스 로버츠가 이런 말을 한 적이 있다. "인체의 내부 구조를 자세히 보자면 도저히 양립할 수 없는 두 가지 생각이 든다. 하나, 사람의 몸은 대단히 멋지고 복잡하기 그지없는 걸작이라는 생각. 둘, 얼기설기 배열한 잡동사니 모음, 아니면 가끔 삐거덕거리는 기계 같다는 생각." 인체는 자가 조절과 자가 수리가 가능한 놀라운 기계다. 그러나 몸의 주인이나 타인의 잔혹함과 부주의로 크게 망가지면 다른 이가 고쳐주길 바랄 수밖에 없다.

해부학 지식이 맨 처음 적용된 곳은 전쟁터였지만 그 후로 이 분야는 점차 영적인 면을 띠게 되었다. 이 책의 자매서인 『철학자의 서재 The Philosopher's Library』에서 탐구한 것처럼 고대 이집트와 그리스의 사상가들이 철학을 발전시키면서 영혼의 개념이 탄생했다. 영혼과 사고는 몸의 기능과는 분리되어 있음에도 계속해서 그 안에 붙들려 있었다. 해부학 역사 초기에 학자들은 머리와 심장의 상대적 기능을 두고 갑론을박을 벌였다. 영혼은 어디에 머무는가? 이성의 자리는 어디인가? 해부학적 서열을 따진다면 심장이 머리를 지배하는가, 아니면 그 반대인가? 오늘날 우리가 '이성(머리)을 따를 것인가, 마음(심장)이 시키는 대로 할 것인가'를 고민할 때도 좀 더 은유적일 뿐 똑같은 싸움을 벌이고 있다.

해부학은 바깥세상에서 벌어지는 사건들과도 무관하지 않다.

문명 간 전쟁은 인체를 향한 호기심의 첫 번째 원천이었다. 이후 5세기에 로마제국이 무너지고 서유럽에서 야만의 시대가 도래할 무렵, 동방에서는 새로운 배움터가 세워지며 해부학에 막대한 기여를 한 이슬람 황금시대가 시작되었다. 그리고 그 시대가 저물어 가는 시기에 서양 학자들은 에스파냐의 과거 이슬람 학술기관을 찾아가 그곳에 소장된 문헌들을 라틴어로 옮겼다. 20세기에는 제2차 세계대전의 공포와 함께 역사상 최고의 해부학 삽화집이라고 일컬어진 출판물들이 제작되었다. 그러나 그중에서 오스트리아 해부학자 에두아르트 페른코프가 쓴 네 권짜리 『인체의 국소 해부학 및 응용 해부학 Topographische Anatomie des Menschen』은 전쟁 중에 나치가 저지른 잔혹함을 바탕으로 쓰인 책으로 낙인찍혔다.

헤로필로스, 갈레노스, 알라지, 이븐시나 같은 초기 해부학자들은 동물과 인간을 직접 해부해 피부 아래 세상을 탐구하고 그 결과를 책으로 기록했다. 하지만 그 과정에서 형성된 근거 없는 믿음이 참으로 오랫동안 지속되었다. 정맥은 간에서 만든 피를 운반하고, 동맥에서는 프네우마라는 신비한 에너지가 돌아다닌다는 생각이 대표적인 예이다. 고대 자연철학자들은 우리가 숨을 쉴 때 공기와 함께 프네우마가 체내에 들어와 생명의 불을 지핀다고 믿었다.

한편 그들은 세상이 공기, 흙, 불, 물로 만들어졌다면 인간의 몸 역시 그에 상응하는 요소로 이루어진 것이 분명하다고 주장했다. 그러면서 흑담즙, 황담즙, 혈액, 점액의 소위 네 가지 '체액'이 몸을 구성하며 그 균형이 깨질 때 병이 난다고 생각했다. 이 체액론 humorism의 대표적인 주창자가 갈레노스이다. 그의 강한 영향력으로 이 이론은 이후 수백 년 동안 해부학 문헌에 계속 등장했고,

심지어 17세기에 윌리엄 하비가 체액이 아닌 혈액 순환의 진실을 밝힌 이후에도 사라지지 않았다. 의사들은 '하비와 함께 진실을 선포하기보다 갈레노스와 함께 실수하는 길'을 택했다.

해부학자들이 해부학 이론에 대한 종교의 입김에서 벗어나기까지 많은 이의 용기와 고난이 있었다. 특히 중세에 가톨릭교회는 사회에 막강한 힘을 발휘했고, 에스파냐의 불운한 해부학자 미겔 세르베트는 감히 교회의 교리에 도전했다는 괘씸죄로 자신의 책

〈14구의 유골 Fourteen Skeletons〉(1740년경)
크리소스토모 마르티네스(1628~1694)의 그림을 판화로 새긴 18세기 작품. 삶과 죽음이 드러나 있다.

과 함께 산 채로 불태워졌다. 그러나 이윽고 과학은 교회와 국가에서 서서히 분리되었다.

　이렇게 해방된 해부학자들은 순수하게 지식을 좇아 인체를 탐구할 기회를 얻었다. 근대 해부학은 16세기에 탄생했는데 초기에는 진리를 향한 이탈리아 르네상스의 갈증에 덩달아 휩쓸렸다. 인체에 관심을 보인 사람이 외과의사만은 아니었다. 조각가와 화가도 인간의 형태를 완벽하게 구현하기 위해 해부 구조를 배워야 했다. 예술가들은 공개 해부 시연에 모습을 드러내기 시작했고, 심지어 해부 기술을 익혀 시신에 직접 칼을 댔다. 해부학자의 서재에는 인체에 대한 예술가들의 놀라운 이해를 보여주는 사례가 선반 사이사이에 꽂혀 있다.

　해부를 하려면 당연히 시신이 필요하지만 해부용 시신을 구하기가 쉽지 않아 해부학 역사 내내 많은 사건과 사고를 일으켰다. 사회적 관습은 주검에 칼을 대는 행위를 불법이나 신성 모독, 또는 적어도 불쾌하게 여겼다. 궁여지책으로 해부가 극악무도한 사형수의 시체를 다시 한번 난도질하는 최악의 형벌로 둔갑한 시대도 있었다. 런던의 '이발사-외과의사 회관Barber-Surgeons' Hall'은 꾸준한 시신 공급을 기대하며 뉴게이트 감옥Newgate Prison 옆에 자리 잡았다. 17세기부터 19세기까지 해부학 강의가 인기를 끌면서 공급이 수요를 따라잡지 못하자 갓 매장한 시체를 훔쳐다가 강사나 학생에게 파는 시신 도굴꾼이 기승을 부렸다. 이 책은 1829년 스코틀랜드 에든버러에서 있었던, 두 시신 도굴꾼의 충격적인 재판을 소개한다. 레오나르도 다빈치와 미켈란젤로도 연구 목적으로 신선한 시신을 확보하기 위해 지역 병원과 뒷거래한 전력이 있다.

⟨**프레데릭 라위스 박사의 해부학 강의** The Anatomy Lesson of Dr Frederik Ruysch⟩
(1670)

네덜란드 화가 아드리안 바커르(1635~1684)의 작품. 그림 속 프레데릭 라위스(1638~1731)는 인간의 세포조직을 보존하는 초기 기술을 개발했다.

케임브리지대학교 해부 극장(1815)

해부용 테이블 위에 매달린 해골은 수업용 교구이자 메멘토 모리*memento mori*(언젠가 죽는다는 것을 명심하라는 뜻 — 옮긴이)의 상징이었다.

〈수술에 들어가기 전 Before the Operation〉(1889)

당대 최고의 외과의사 쥐에밀 페앙(1830-1898)이 학생들과 함께 있는 장면. 화가 앙리 제르벡스(1852~1929)가 그렸다.

르네상스 시대 이후로는 미술학교에서도 해부학을 가르쳤다. 만화가 월트 디즈니는 1928년에 첫 미키마우스 캐릭터를 출시하기 10년 전에 드로잉 수업을 들은 적이 있었다. 그는 훗날 "가장 어려운 작업은 만화에 등장하는 사람과 동물의 부자연스러운 형태를 자연스럽게 보이게 하는 몸 구조를 개발하는 일이었다"라고 회상했다. 월트 디즈니가 만화 영화를 제작하면서 몸 구조를 이해하는 게 중요했던 것처럼 16세기 위대한 삽화가 알브레히트 뒤러가 한 번도 보지 못한 코뿔소의 이미지를 정확하게 그려내는 데도 해부학은 중요했다. 뒤러는 최초로 외과의사가 아닌 예술가를 위한 해부학 책을 썼다.

예술과 해부학은 서로 공생 관계였고, 시대를 불문하고 해부학 책에서 삽화는 텍스트만큼이나 훌륭하게 정보를 전달했다. 전체적인 인체 구조를 모호하게 그려낸 초기 이슬람 문헌부터 개별 기관의 구체적이고 정확한 해부도까지, 시대마다 해부학은 인체의 안팎을 보여주기 위해 최신 시각 기술을 이용했다. 아직 필경사가 손으로 책을 필사하던 시절에 해부학은 인쇄술의 '얼리 어답터'였다. 예를 들어 〈부상자 The Wounded Man〉는 한 장에 최대한 많은 종류의 상처를 보여주기 위해 고안된 이미지로, 목판화에 거칠게 새겨졌다. 목판 기술은 중세를 거치며 점점 더 정교해지다가 르네상스 시대에 이르러 석판화의 섬세함에 자리를 내주었다. 사진술의 발명으로 해부도의 실재감이 향상되었지만, 화가의 이상화된 그림 역시 19세기에 컬러 인쇄술의 발달로 더욱 정교해졌고, 원하는 부위를 상세하게 보여주기에는 사진보다 나았다.

17세기의 현미경부터 19세기 초의 내시경까지, 엑스레이에서 현재의 CT와 MRI까지, 인체의 내부 구조를 들여다보는 기술의 발전은 해부학의 시각화에 지대한 영향을 미쳤다. 현재는 스캔된 이미지에 인위적으로 색을 입혀 세부 사항을 강조할 수도 있다.

21세기에 MRI 장비로 촬영된 2차원 평면 해부 이미지는 온라인 사이트에서 3차원 시각으로 구현할 수 있다. 인터넷 시대에 해부학 서적은 구시대의 유물이 될지도 모른다. 이 책은 19세기 말까지 출판된 해부학 책들을 주로 다룬다. 그 무렵 인체 육안해부학(맨눈으로 볼 수 있는 해부 구조를 다룬 학문)은 어느 정도 완성 단계에 이르렀다. 모든 신체 부위가 제 이름을 찾았고, 서로 어떻게 어우러져 사람을 살아서 움직이게 하는지 잘 이해되었다. 20세기부터 해부학은 세포에서 아세포 수준으로 크게 도약해 새로운 미시적 단계에 들어섰다.

해부학의 역사는 인류가 자신의 신체적 한계를 극복한 역사이기도 하다. 벅스 버니와 와일 E. 코요테 등 세계적인 만화영화를 만든 위대한 애니메이션 제작자 척 존스는 "해부학적 측면에서 코요테는 벅스 못지않게 제한적이다"라고 말했다. 해부학은 인간의 한계를 밝힌다. 인체에 관해 쓰고 그리고 읽고 봄으로써 우리는 그 한계를 이해하고 때로는 극복한다. 우리 각자는 몸이라는 기계 안에서 세밀하게 조정되며, 상호 의존하는 시스템의 섬세한 혼돈 가운데 계속될 오작동의 위험을 감내하며 살아간다. 해부학을 아는 것은 진정한 의미에서 우리 자신을 아는 것이다.

1장

Anatomy in the Ancient World

고대 세계의 해부학

기원전 3000 ~ 기원후 1300

14세기 초까지 1300년 동안 의료에 종사하는 모든 사람이 사실상 동일한 교과서를 사용했다. 그들은 여전히 약초, 거머리, 톱을 이용해 대부분의 병을 치료했다. 해부학 지식은 유인원이나 돼지를 해부해서 얻어진 것들이라 두루뭉술하고 부정확했으며 거기에 종교와 철학까지 뒤섞여 온통 뒤죽박죽이었다.

모두가 사용한 그 '교과서'는 1~2세기에 활동한 의학자 클라우디오스 갈레노스의 방대한 저술이었다. 갈레노스가 해부학이라는 과학의 발전에 기여한 바는 누구와도 비교할 수 없지만, 그 자신도 수천 년의 인체 실험 결과로 얻어진 지식의 토대 위에 있었다. 근대 해부학자나 사서는 모두 갈레노스에게 상당한 빚을 지고 있는데, 이는 갈레노스 자신의 업적은 물론이거니와 무엇보다도 그가 고대 선임자들에 대해 옳고 그름을 평가한 기록 때문이다. 오래전에 원전이 사라진 많은 저자의 사상이 갈레노스의 책에 유일한 기록으로 남아 지금까지 전해지게 되었다.

1. 고대 이집트

현재까지 남아 있는 가장 오래된 해부학 기록은 고대 이집트의 파피루스이다. 파피루스 자체도 3600년이라는 오랜 역사를 자랑하지만, 그 안에는 5000년 전 문헌에 대한 기록이 남아 있다. 그중 하나는 머리 외상을 포함해 각종 상처를 치료하기 위한 군용 안내서로 추정된다. 현재는 1862년에 룩소르에서 이 파피루스를 구입한 미국 골동품 전문가의 이름을 따서 「에드윈 스미스 파피루

「에드윈 스미스 파피루스」(기원전 3000년경)
외과 처치에 대해 지금까지 알려진 가장 오래된 문헌. 전체 48개 상처에 대한 치료법을 기술하고 있으며, 그중 대부분은 전쟁터에서 입은 부상을 다루었다.

스」라고 부른다. 최후의 수단으로 마법의 주문을 동원하기는 하지만, 주술이나 미신이 아닌 관찰과 실습에 기반을 둔 치료 중심의 철저한 실용서라는 점에서 지금까지 남아 있는 소수의 의학 관련 파피루스 중에서도 독보적이다. 1930년에 처음 해독되었을 때 「에드윈 스미스 파피루스」에서 뇌를 뜻하는 상형문자(말 그대로 '두개골의 내장skull offal')를 포함해 처음으로 해부학 용어가 사용된 것으로 밝혀졌다. 이 파피루스는 뇌의 여러 부위를 기술하고, 머리를 다쳤을 때 몸에 나타나는 증상을 설명한다. 현재 뉴욕 의학 아카데미의 여러 소장품 중에서 가장 중요한 유물이다.

이집트 상형문자

고대 이집트에서는 의학이 발달했고 지금까지 전해지는 가장 오래된 해부학 기록을 남겼다. 위의 네 문자는 기원전 1700년경에 쓰인 것으로 고대 이집트어로 '뇌'라는 뜻이다.

해부학 역사에서 자주 그랬듯이 당시에도 심한 외상과 부상이 살아 있는, 또는 죽어가는 사람의 몸속을 들여다볼 수 있는 유일한 기회였다. 미라를 만드는 이집트의 전통에서도 내부 장기에 접근했지만 그건 과학이 아닌 의례의 차원에서였다. 단순한 지적 호기심에서 사람의 몸을 가른다는 것은 영혼의 보관소를 침해하는 행위로 철학적으로나 법적으로 금지된 일이었다.

그런 상황에서도 「에드윈 스미스 파피루스」는 척추 부상을 진단하는 아주 근대적인 절차, 심장박동과 맥박 사이의 관계 등을 제시했다. 비슷한 시대에 제작된 다른 파피루스에서는 체액의 순환에서 심장이 하는 역할과 그로 인한 정신적·육체적 질병을 다뤘다. 독일의 이집트학자 게오르크 에버스는 1872년에 룩소르에서 에드윈 스미스로부터 이 파피루스를 구입했고, 현재는 에버스가 교수로 근무했던 라이프치히대학교가 소장하고 있다. 「게오르크 에버스 파피루스Georg Ebers Papyrus」에는 주술이나 주문이 대부분이지만 경험에 근거한 해부 지식도 일부 담겨 있다. 치아, 피부, 눈, 창자, 그리고 산부인과적 문제를 다룬 부분이 있는데, 그 내용에 따르면 "수태를 막으려면 야자대추, 아카시아, 꿀을 함께 으깬 반죽을 양털에 발라 페서리pessary(여성용 피임 기구―옮긴이)처럼 질에 삽입하면 된다".

「게오르크 에버스 파피루스」는 두 점의 사본이 존재하는 소수의 고대 문헌으로, 좀 더 후대에 만들어진 「칼스버그 파피루스

Carlsberg Papyrus」와 완전히 동일하다. 베를린에 있는 「브룩슈 파피루스Brugsch Papyrus」는 별개의 문헌이지만 에버스, 「칼스버그 파피루스」와 여러 면에서 같은 주제를 다루고 있으며, 그 구체적인 내용으로 미루어 일부 역사학자는 갈레노스가 이 파피루스를 참조했다고 본다. 기원전 1800년경에 제작되었고 현재 유니버시티 칼리지 런던에서 보관 중인 「카훈 파피루스Kahun Papyrus」도 임신, 생식 능력, 부인과 질병을 다룬다.

「허스트 파피루스Hearst Papyrus」는 미국의 백만장자 윌리엄 랜돌프 허스트의 어머니 피비 허스트의 이름을 따서 지었다. 1901년에 이 파피루스를 발굴한 고고학 원정을 피비 허스트가 이끌었다. 무엇보다 이 파피루스에서는 혈액, 머리카락, 소변의 이상을 다루었다. 여기에 적힌 질환 중에 "가나안 병은 (……) 피부에 암회색 점이 생겨 몸이 새까맣게 되는 증상"을 말한다. 기원전 1800년경에 이보다 더 오래된 고대의 문헌을 베낀 사본이라고 여겨지지만 현재 그 진위는 알 수 없다.

두개골 속 찌꺼기에 불과했던 뇌는 이집트에서 잘 알려지지 않았고 실제로 미라를 만드는 과정에서 보존되지도 않았다. 고대 이집트인은 신장에 대해서 잘 몰랐던 것 같고, 심장이 혈액뿐 아니라 소변, 정액, 눈물 등 모든 체액의 순환을 관장한다고 생각했다. 그렇지만 여러 파피루스에 기록된 관찰 내용을 종합하면 이집트 의학은 그로부터 1000년 뒤 과학을 지배하게 된 유명한 그리스 학파보다 훨씬 앞섰다고 볼 수 있다.

2. 고대 그리스

그리스가 권력과 학문의 중심지로 부상하면서 자연 세계에 대해 새로운 관심이 생겨났다. 흙, 공기, 불, 물 등 물리적 환경을 구성하는 기본 원소를 식별한 자연철학자들은 이어서 인간의 형태와 구성에 눈을 돌렸다. 크로톤의 알크마이온(기원전 510년경 출생)은 기원전 5세기 피타고라스의 제자로 추정되는 실체 없는 인물로, 인간의 해부 구조를 대신해 동물을 해부한 최초의 인물이라고 여겨진다. 알크마이온의 삶은 알려진 바 없지만 시신경, 그리고 중이의 일부인 유스타키오관을 발견했다. 그는 주로 감각기관을 연구했고, 그 결과 이 기관들이 뇌와 연관되었다고 추론했다. 또한 뇌야말로 사고와 영혼의 보금자리라고 생각했다. 이 올바른 진실을 두고 심장이 생명의 중심이라 주장한 많은 사람이 이후 수 세기에 걸쳐 이의를 제기했다.

알크마이온이 처음으로 인간을 해부해 최초의 해부학 논문, 『자연에 관하여*On Nature*』를 썼다는 주장도 있다. 그는 이솝보다 먼저 동문 우화를 쓴 자기로 많이 알려졌지만, 동시대에 살았던 스파르타 시인 알크만이 더 가능성 있는 후보이기는 하다. 반대로 '경험은 학습의 시작'이라는 알크마이온의 명언은 종종 알크만의 것으로 인용되지만, 경험에 근거한 해부학적 증거로 유명한 평판을 고려하면 알크마이온에게 더 어울리는 말이다. 직접 눈으로 확인한 증거만 신뢰한다는 원칙은 역사상 모든 해부학 발전의 기본이 되었다. 반면에 과거의 관점에 대한 무비판적 신뢰와 수용은 과학을 여러 차례 퇴보시켰다.

알크마이온에게 가장 큰 명성을 안겨준 주장이 사실은 커다란 오류였다. 그는 정맥을 따라 체액이 흐르고 있으며, 건강을 유지하려면 체액의 균형을 유지해야 한다는 개념을 처음 주창한 사람이다. '체액humor'은 그리스어 '수액sap'에서 온 말이다. 물론 이 주장은 옳지 않다. 그러나 흙-공기-불-물 학설과 마찬가지로 4체액설은 이후 2000년 동안이나 의학계를 지배했다. 알크마이온은 후대의 의학 이론가들보다 체액의 개념을 좀 더 광범위하게 사용했다.

『**제5원소** *Quinta Essentia*』(1574)

레온하르트 투르나이서가 집필한 이 책은 인간의 몸을 구성하는 네 가지 '체액'(점액, 혈액, 황담즙, 흑담즙)을 점성술 기호와 반은 남성, 반은 여성인 사람으로 보여준다.

현재 우리에게 가장 익숙한 것은 혈액, 점액, 황담즙, 흑담즙으로, 그는 이 중에 어느 하나라도 지나치게 많아지면 건강과 기분에 변화가 생긴다고 주장했다. 예를 들어 혈액이 많으면 명랑해지고, 점액이 많아지면 냉정해지며, 황담즙이 많아지면 화를 잘 내게 되고, 흑담즙이 많아지면 우울해진다. 알크마이온은 "습하고 건조하고 차고 뜨겁고 달고 쓴 힘의 균형은 몸을 건강하게 하지만 이 중 하나가 나머지 위에 군림하면 병을 일으킨다"라고 했다.

『자연에 관하여』를 비롯해 알크마이온이 쓴 문헌 중에 지금까지 남아 있는 것은 없고, 그의 삶도 당시 대그리스의 일부였던 이탈리아 남부에서 태어났다는 사실 말고는 알려진 게 없다. 이런 모호한 행적 때문에 알크마이온은 종종 해부학 역사에서 감춰진 인물이었는데, 그를 높이 여긴 다른 작가들의 저술에 언급되면서 그의 존재가 확인되었다. 알크마이온은 플루타르코스의 전기 모음집 『플루타르코스 영웅전 Parallel Lives』과 마케도니아의 요안니스 스토베우스가 수집한 그리스 학문의 선집, 그리고 그리스 레스보스섬의 박식가 테오프라스토스의 글에 등장한다. 알크마이온 역시 갈레노스의 저서에 남아 있는 많은 사라신 개척자와 함께 해부학 역사에서 한자리를 차지할 자격이 있다.

3. '히포크라테스 전집'

알크마이온의 『자연에 관하여』는 실물 책이 남아 있지 않지만 모든 해부학자의 서재에 상상으로 꽂혀 있었다. 저자인 알크마이온,

그리고 동시대를 살았던 파우사니아스, 아크론, 로크리의 필리스티온은 최초로 해부를 시도했고, 히포크라테스(기원전 460?~기원전 370)를 포함한 해부학자들에게 수 세대에 걸쳐 막대한 영향을 미쳤다. 알크마이온보다 한 세기쯤 늦게 활동한 히포크라테스는 명실상부한 의학의 아버지이자 선구자로 그의 이름을 딴 히포크라테스 선서는 최근까지도 의사의 실천 강령을 정의했다(지금은 좀 더 현대적인 윤리 강령을 채택하고 있다).

코스의 히포크라테스
(기원전 460?~기원전 370)

의학의 아버지. 전통적으로 의학도들은 그의 이름을 걸고 환자에게 의도적으로 해를 끼치지 않겠다고 서약했다.

히포크라테스 선서에서 가장 잘 알려진 문장은 "나는 모든 의도적인 잘못과 해악을 삼갈 것이다"이지만, 다음과 같은 결의도 있다. "결석 환자가 오더라도 칼을 직접 들지 않고 이 일의 전문가에게 맡길 것이다." 이는 이 시기에 이미 내과의와 외과의를 구분하고 있었고 서로 존중하는 관계였음을 암시한다. 히포크라테스는 오늘날까지 사용되는 촉진, 시진, 청진 시스템을 개발했다. 또한 비록 절개는 타인에게 맡겼지만 실용적인 해부학 지식을 '의학 담론의 기초'라고 부르며 훌륭한 의사가 되기 위한 필수 과목으로 여겼다.

히포크라테스가 의료 윤리와 진찰법을 남겼지만 뭐니 뭐니 해도 모든 의학 분야에 내려준 가장 큰 선물은 건강을 종교로부터 분리하려는 고집이었다. 그는 그리스 코스섬의 사제 집안에서 태어나 의술을 시행할 권리를 물려받았다. 그러나 많은 가문의 아들이 흔히 그러하듯 히포크라테스도 아버지의 뒤를 잇지 않겠다고 선언했다. 또한 병은 무릇 신이 내린 것이니 사원에서 신을 달래는 의식을 치료에 포함해야 한다는 통념을 거부했다. 예를 들어 당시 뇌전증은 '신성한 질병'이라고 알려졌지만 히포크라테스는 그 원인이 뇌에 있다고 확신했다. 그에게 건강한 육신은 알크마이온이 말한 체액의 균형에 의해 안에서부터, 그리고 사람과 환경 사이의 바람직한 관계를 통해 밖에서부터 오는 것이었다. 이는 놀라울 정도로 근대적인 접근이며, 비슷한 시기에 지구 반대편인 중국에서도 미신에서 벗어나려는 움직임이 있었다는 사실은 주목할 만하다. 기원전 5세기에서 기원전 1세기 사이에 쓰인 고대 중국의 의학서 『황제내경黃帝內經』은 근대 중국 의학의 기초가 되었다.

현재 남아 있는 저술이 하나도 없는 알크마이온과 달리 히포크라테스는 '히포크라테스 전집Hippocratic Corpus'이라는 60권 이상의 책을 남겨 해부학자의 서재에 당당하게 꽂혀 있다. 이 중에 확실히 히포크라테스가 썼다고 알려진 것은 없으나 대부분 그와 동시대에 저술된 것이며 히포크라테스 학파의 철학을 반영한다. '히포크라테스 학파school'라는 말은 사상적 분파만이 아니라 히포크라테스가 코스섬에 세운 진짜 학교를 뜻하기도 한다. 전해지는 바에 따르면 그는 재능 있는 선생이었고, '히포크라테스 전집'은 그와 제자들이 훨씬 광범위하게 저술한 많은 저서 가운데 살아남은 유물로 소개된다. '히포크라테스 전집'은 이 책의 저자들이 의학 기술만이 아니라 지역 사회에서 자신들의 역할과 진료에 대한 고민을 반영했다는 점에서도 역사적 의의가 있다.

'히포크라테스 전집'은 남아 있는 책만으로도 충분히 인상적이다. 이 책에는 감염, 질병, 전염병에 대한 논문, 치핵과 궤양, 관절 부상과 골절, 머리 외상에 대한 논문이 실려 있다. 또한 몇 권은 부인과와 비뇨기과에 할애했다. 인체의 다양한 체강과 구멍, 그리고 그 사이의 연결을 심도 있게 다루었고, 힘줄과 혈관을 포함해 폐쇄 경로와 누공 fistula(두 개의 빈 공간 사이의 비정상적 연결)에 관한 책도 있다. 당시 신경의 존재는 알려지지 않았지만 히포크라테스는 뇌에서부터 기관氣管의 양쪽으로 이어지는 모호한 신경을 식별했던 것으로 보인다. 그가 '두 개의 통통한 끈'이라고 부른 것이다.

'히포크라테스 전집'

1662년 판 속표지. 의료 처치를 하는 장면 뒤로 저자의 동상이 보인다.

『해부학에 관하여』를 비롯한 일부 서적은 '히포크라테스 전집'의 다른 책보다 훨씬 나중에 쓰였는데, 후대의 편찬자들이 실수로 전집에 추가한 것으로 보인다. 전집의 일부는 아랍어, 히브리어, 시리아어, 라틴어로 번역된 것만 살아남았다. '히포크라테스 전집'은 1525년에 제일 먼저 라틴어로 인쇄되어 실제로 해부학자의 서재에 진열되었다. 현대어로는 19세기 중반에 의사 프란스 자카리아스 에르메런스가 네덜란드어 해설집을 출간했고, 자크 주아나가 1967년부터 프랑스어로 번역, 해설한 책이 있다. 전집의 일부는 1597년부터 영어로도 볼 수 있었지만, 최초의 완역은 2012년에 완성되었다.

4. 보이지 않는 생명의 힘, 프네우마와 맥박

프네우마pneuma(정기精氣)는 히포크라테스 추종자들에 의해 견인력을 얻은 개념이다. 이 보이지 않는 생명의 힘이 지구를 두르고 바람을 순환시킨다. 인간은 호흡할 때마다 프네우마를 함께 들이마시며, 몸속에 들어간 프네우마는 주요 기관으로 체액을 보낸다. 프네우마 자체가 눈에 보이지 않기 때문에 이 이론은 반박하기가 어려웠다. 환자가 호흡을 멈추고 죽는 것도 프네우마의 양이 치명적으로 부족하기 때문이라고 믿었다.

코스 학파는 번창했고 히포크라테스의 학생들은 코스섬에 남아 후학을 양성하거나 세계로 나가 스승의 가르침을 널리 전파했다. 해부학 지식은 이학이 이해에 필수라는 히포크라테스의 전언에 따라 많은 그리스 의사가 해부 기술을 집중적으로 연구했다. 카리스토스의 디오클레스(기원전 375?~295)는 '해부학'이라는 용어를 만들었고, 최초로 동물 해부학 설명서를 썼다. 이 책을 비롯한 디오클레스의 책은 갈레노스와 다른 저자들의 책에서 제목이나 일부 구절이 인용되는 것 말고는 살아남지 못했다. 그는 신경이 감각을 전달한다고 확신했으며, 수술 도구의 일종인 '디오클레스의 스푼spoon of Diocles'을 발명했다. 디오클레스의 스푼은 살에 박힌 화살촉을 제거할 때 쓰였고, 알렉산드로스 대왕의 아버지인 필리포스 2세의 다친 눈을 안구에서 뽑아낼 때도 사용했다고 전해진다.

프락사고라스(기원전 340?~?)는 히포크라테스가 사망한 지 얼마 안 되어 코스섬에서 태어났고, 할아버지와 아버지의 뒤를 이어 의사가 되었다. 프락사고라스의 책도 남아 있는 것은 없지만 역시나 갈레노스 덕분에 그의 지혜를 엿볼 수 있다. 프락사고라스는 처음으로 정맥과 동맥을 구분했으며 정맥은 혈액을, 동맥은 프네우마를 운반한다고 추정했다. 프락사

카리스토스의 디오클레스
(기원전 375?~295)

역사학자 플리니우스에 따르면 '나이와 명성'에서 히포크라테스 다음인 디오클레스는 '해부학'이라는 말을 의학적 맥락에서 처음 사용한 사람이다.

고라스가 죽은 사람의 동맥을 조사했을 때는 당연히 그 안에 피가 없었겠지만, 그럼에도 과연 프락사고라스가 실제로 해부를 한 적이 있는지 갈레노스가 의심한 것은 그럴 만하다. 프락사고라스는 정맥은 간에서, 동맥은 심장에서 온다고 생각했고 동맥은 심장의 펌프질 때문이 아니라 그 자체로 맥이 뛴다고 생각했다.

'히포크라테스 전집' 곳곳에서 체액과 프네우마를 언급했고, 프락사고라스 역시 알크마이온이 확장한 체액 목록에 동의했다. 예를 들어 그는 뇌전증과 마비가 몸에 열이 부족해 점액이 엉겨 붙으면서 동맥에 쌓이는 바람에 발생한다고 생각했다. 디오클레

스와 프락사고라스는 뇌가 사고의 중심이라는 알크마이온의 주장에는 동의하지 않았다. 그들은 심장이 더 지배적이라고 생각했다. 그렇기는 해도 맥박에 대한 프락사고라스의 관심 덕분에 맥박은 유용한 진단 도구로 격상되었다. 다음에 나올 그의 제자 헤로필로스는 『맥박에 관하여 On Pulses』라는 논문을 쓰고 프락사고라스의 오해를 바로잡았다.

5. 문화의 중심지, 알렉산드리아

헤로필로스(기원전 335?~280)는 튀르키예의 비잔티움 근처 해안가에서 태어났다. 그는 학업에 정진하려는 뜻을 품고 활기 넘치는 이집트 도시 알렉산드리아로 떠났다. 알렉산드리아는 기원전 331년에 알렉산드로스 대왕이 건설한 도시로 당시 세계적인 문화 중심지로 부상하고 있었고, 동양과 서양, 남과 북의 지혜가 만나는 국제적인 도시였다. 이곳은 아주 순수한 의미에서 지식의 저장소였다. 이 도시의 유명한 도서관은 두루마리 장서 70만 점을 소장했고, '히포크라테스 전집'이 하나의 작품으로 모아지기 시작한 것도 이곳에서였다.

이처럼 방대하게 쌓인 정보는 가르치려는 사람과 배우려는 사람을 세계 전역에서 끌어들이고 학문에 대한 갈망을 자극했다. 그중에서도 특히 의학 분야가 많은 영향을 받았다. 고대 문명 세계에서 유일하게 알렉산드리아에서 인체 해부가 허용된 것도 아마 이런 배경에서였을 것이다. 이곳에서는 지적 열망이 관습의 힘을 넘어섰다. 헤로필로스는 이 점을 적극 활용해 역사상 최초로 광범위한 인체 내부 조사에 나섰다. 그는 오늘날 해부학의 창시자로 받아들여진다.

헤로필로스는 의학을 경험적으로 접근해야 한다고 믿는 사람이었고, 자기 눈으로 직접 확인해야 직성이 풀렸다. 그가 해부한 시신들은 사형이 집행된 범죄자였다. 거의 500년이 지나 갈레노스가 활동하던 시기에 초기 기독교 저술가 테르툴리아누스는 헤로필로스가 살아 있는 죄수 600명을 생체 해부했다고 주장했다. 아마 죄수들은 동의서에 서명하지 않았을 것이다.

헤로필로스는 산파의 역할에서 맥박까지 다양한 주제로 최소 9편의 논문을 썼는데, 특히 맥박은 그가 살아 있는 죄수를 대상으로 한 연구의 결과물로 보인다. 비록 남아 있는 글은 없지만 갈레노스가 헤로필로스를 광범위하게 언급하며 감탄한 덕분에 그에 관한 기억과 생각 일부가 보존되었다. 갈레노스의 시대에는 인체 해부가 금지되었으므로 그는 좋은 시절에 태어나 마음껏 해부학을 연구했던 헤로필로스의 행운에 의존할 수밖에 없었다.

헤로필로스는 특히 눈과 뇌에 열정을 쏟았다. 그는 '망막$_{retina}$'이라는 단어를 우리에게 선사했고, 히포크라테스처럼 심장이 아닌 뇌에서 사고를 처리한다고 믿었다. 헤로필로스는 최초로 운동신경과 감각신경을 식별했고, 두뇌에서 대뇌와 소뇌의 서로 다른 기능을 인지했다. 동맥과 정맥의 논란에 대해서는 해부를 통해 두 혈관 모두 혈액만 운반한다는 것을 증명했다.

헤로필로스가 이룩한 해부학의 발전은 의학 중심지로서 명성을 떨친 알렉산드리아의 덕을 크게 보았다. 그는 자신이 발명한 물시계로 맥박을 측정해 병을 진단하는 혁신을 이루었다. 하지만 체액 및 프네우마와 관련된 통설을 반박하는 경지에는 이르지 못했다. 그리하여 두 이론은 이후 500년 동안 계속해서 통용되었다. 혈액은 점액과 흑담즙, 황담즙의 혼합물이라고 여겨 환자의 혈액을 채취해서 이를 조사하고 병을 진단하기도 했다.

헤로필로스와 동료 의사, 키오스의 에라시스트라토스(기원전 305?~250)는 알렉산드리아에 정식으로 의과대학을 설립한 사람으로 알려져 있다. 이 학교는 도시에 모여든 선생과 학생의 사적인 모임에서 시작되었으며, 이들은 시대를 선도하는 빛이 되었다. 이어서 에라시스트라토스가 이오니아의 스미르나에 세운 학교는 200년 넘게 지속되었다.

출처는 불분명하지만, 갈레노스와 다른 의사들 사이에서 에라시스트라토스가 내린 기막힌 진단에 대한 이야기가 전해져 내려온다. 그는 셀레우코스 1세 니카토르의 아들 안티오코스 1세 소테르의 정체 모를 병을 알아맞혀 의학적 재능을 처음 드러냈다. 안티오코스는 알 수 없는 병으로 나날이 쇠약해졌다. 그러던 어느 날, 에라시스트라토스는 왕의 아름다운 새 아내 스트라토니케가 지나갈 때마다 안티오코스의 몸이 뜨거워지고 맥박이 빨라지며 안색이 어두워지는 것을 알아챘다. 안티오코스는 사랑에 빠졌던 것이다! 하지만 병의 원인을 섣불리 밝힐 수 없었던 에라시스트라토스는 먼저 왕에게 가서 왕자가 자신의 아내 때문에 정신을 못 차리고 있다고 말했다. 그러자 왕은 그 아내를 안티오코스에게 주라고 설득했다. 에라시스트라토스는 아들이 상사병에 걸린 대상이 스트라토니케라도 그러하겠냐고 물었고, 왕은 그렇게 하겠

〈안티오코스의 병인을 발견한 에라시스트라토스
Erasistratus Discovering the Cause of Antiochus' Disease〉(1774)

프랑스 역사화가 자크루이 다비드(1748~1825)는 이 그리스 의사가 셀레우코스 1세 니카토르의 아들이 상사병을 앓고 있다고 진단하는 장면을 상상해서 그렸다.

노라고 약속했다. 마침내 에라시스트라토스가 진실을 밝히자 왕은 약속대로 아들에게 스트라토니케는 물론 제국의 땅 일부를 내주었다. 그리고 훗날 그 아들이 아버지의 뒤를 이었다. 에라시스트라토스는 이 진단의 대가로 100달란트를 받았는데 이는 역사상 가장 비싼 치료비였다(이 이야기를 전하는 사람은 종종 당시 에라시스트라토스가 열 살짜리 아이였다는 사실을 빼먹는다).

헤로필로스처럼 에라시스트라토스도 혈관과 신경계, 뇌에 관심이 있었다. 과거 헤로필로스는 뇌실을 세 개까지 보았으나 에라시스트라토스는 네 번째 뇌실을 관찰했고, 인간의 뇌는 대뇌이랑의 표면적이 더 크기 때문에 다른 동물에 비해 더 지능이 높다고 제안했다. 한편 그는 혈액 순환을 발견하기 직전까지 갔다. 갈레노스는 에라시스트라토스의 관찰을 다음과 같이 인용했다. "정맥은 동맥, 즉 몸 전체에 분배되는 혈관이 기원하는 부분에서 시작해 피가 가득한 [우]심실을 통과한다. 동맥[폐정맥]은 정맥이 기원하는 부분에서 시작해 공기가 가득한 [좌]심실을 통과한다."

안타깝게도 헤로필로스와 에라시스트라토스 사후에 알렉산드리아 의과대학의 철학이 달라졌다. 헤로필로스의 학생이었던 코스의 필리누스가 설립한 경험주의 학파가 부상했는데, 이들은 의학에서 해부는 큰 쓸모가 없으며 환자의 신체적·정신적 상태를 비침습적 방식으로 잘 관찰하기만 해도 완벽한 진단과 치료가 가능하다고 주장했다. 이런 풍조가 유행하면서 인체 해부의 인기가 시들해졌다. 게다가 기원전 3세기와 2세기에 벌어진 시리아와의 전쟁으로 도시의 자원이 바닥나고 지식인들은 의심의 대상이 되었다. 의사들은 실용적 연구나 실험 대신 문헌 연구로 도피해 고전을 파고들었고, 잠재적 혁신은 대중의 관심에서 멀어지며 서서히 사장되었다. 알렉산드리아는 세계 최고 수준의 교육기관이라는 지위를 잃었고, 해부학은 2세기에 갈레노스가 이 주제로 관심을 돌릴 때까지 거의 발전하지 않았다.

6. 갈레노스, 근대 의학의 선구자

클라우디오스 갈레노스(129~216)는 현재 베르가마라고 불리는 튀르키예의 페르가몬에서 태어났다. 이곳은 그리스 치유의 신 아스클레피오스에게 헌정된 아스클레페이온이 세워진 장소라는 점에서 의미가 있다. 또한 페르가몬 도서관은 알렉산드리아 도서관과 유일하게 비견할 만한 수준의 필사본을 갖춘 지성과 문화의 중심지였다. 많은 저명인사가 배움과 치유를 위해 페르가몬으로 모여들었다.

갈레노스(129~216)

근대 의학의 선구자. 갈레노스는 검투사의 상처를 '몸속을 들여다보는 창문'이라고 불렀다. 독일 화가 파울 부슈(1682?~1756)가 판화로 새긴 그림.

단어, 지식, 의학은 어린 갈레노스의 놀이터였다. 그의 아버지가 아들을 정치인으로 키우면서 소년 갈레노스는 다양한 철학 학파의 영향을 받았다. 그러나 갈레노스가 열여섯 살이 되던 어느 날, 아버지의 꿈에 아스클레피오스가 나타나 아들에게 치유의 기술을 가르치라고 명했다. 그 길로 갈레노스는 페르가몬의 아스클레페이온에서 하급 치료 보조사로 일하면서 4년 동안 의학을 배웠다. 갈레노스의 스승 중에 경험주의자 야사 아이스크리온이 있었는데, 갈레노스는 그가 미친개에 물린 사람을 치료하는 것을 보고 그를 존경하게 되었다. 아이스크리온은 태양과 달의 주기가 특정한 날에 잡은 가재를 산 채로 구워서 만든 가루를 치료에 사용했는데, 아마 가재의 외골격에 풍부한 칼슘과 인산염을 사용하려고 했던 것 같다.

페르가몬에서 수련을 마친 갈레노스는 지중해 주변을 여행하며 사람들을 치료했다. 그는 스미르나의 의과대학(아마도 에라시스트라토스가 세운 학교일 것이다)을 방문했고, 그 외에 키프로스와 크레타, 그리스 본토와 튀르키예 남부의 여러 의과대학과 연구 기관 등을 거친 끝에 마침내 알렉산드리아로 발걸음을 옮겼다. 그곳에서 갈레노스는 위대한 도서관이 제공하는 알크마이온, 히포크라테스, 헤로필로스 등의 저서를 모조리 흡수했다.

갈레노스는 스물여덟 살에 페르가몬으로 돌아와 부유하고 명망 있는 아시아 대제사장이 거느린 검투사들의 주치의가 되었다. 그의 임무는 전장에서 돌아온 검투사들의 상처를 치료하는 것이었다. 갈레노스가 말하기로 그의 고용주는 이 자리에 지원한 후보들에게 어려운 시험 문제를 냈다. 그는 원숭이 한 마리를 죽여 모든 장기를 꺼낸 다음 지원자에게 이 가여운 동물의 내장을 직소 퍼즐 풀듯 원래대로 다시 배치하게 했다.

인체 해부의 합법적 기회는 없었지만 갈레노스는 검투사들의 상처를 치료하면서 그들의 몸속을 관찰할 기회가 많았다. 심지어 그는 이들의 열린 상처를 '몸속을 들여다보는 창문'이라고 묘사했다. 그가 임무를 맡은 4년 동안 부상으로 목숨을 잃은 사람은 다섯 명밖에 되지 않았다. 전임자가 있을 때는 60명이 사망한 것과는 크게 비교되는 성과였다. 경험을 통해 자신감을 쌓은 갈레노스는 이제 대담하게 서양 세계의 중심지인 로마로 향했다. 그곳에서 갈레노스는 의사로서만이 아니라 흥행사로서의 입지를 다지며 주기적으로 물고기, 뱀, 타조, 그리고 적어도 한 번은 키르쿠스 막시무스(고대 로마제국에서 가장 큰 전차 경기장―옮긴이)에서 구입한 코끼리를 대중 앞에서 해부했다.

갈레노스의 의학적 재능을 모든 로마인이 환영한 것은 아니었다. 기존 의학계는 이 새로운 실력자에게 위협을 느꼈다. 갈레노스는 이들이 과거에 정적과 그 측근을 독살했다는 경고를 듣고 한동안 로마를 떠나 있었다. 그러다가 169년, 마르쿠스 아우렐리우스 황제의 부름을 받아 다시 로마로 돌아왔다. 북쪽에서 전쟁을 치르고 돌아온 로마 군대가 천연두를 달고 오면서 전염병이 걷잡을 수 없이 퍼졌다. 역사학자들은 이 사건을 '갈레노스의 역병'이라 부르기도 한다. 갈레노스는 군대가 전장으로 돌아갈 때 마르쿠스 아우렐리우스, 그리고 공동 황제인 루키우스 베루스를 수행하는 주치의로서 함께 전선에 나서야 했다. 하지만 이를 꺼리던 차에 (과거에 갈레노스의 진로를 결정했던) 아스클레피오스의 반대 신탁이 마르쿠스 아우렐리우스에게 전달되면서 무산되었다. 루키우스 베루스는 그해 말, 병으로 세상을 떠났다. 역병이 여러 해 동안 유행하면서 180년에는 마르쿠스 아우렐리우스도 사망했다.

갈레노스는 로마에 남아 아우렐리우스의 아들이자 왕위 계승자인 콤모두스를 섬기게 되었다. 시간 여유가 많은 직책이었기에 그는 이 시기에 많은 의학서를 집필했다. 그는 콤모두스가 황제로 즉위한 후에도 보필했는데, 계속되는 암살 시도를 막지 못해 결국 한 검투사가 목욕 중이던 콤모두스를 익사시킨 것이다. 황제 자리를 두고 벌어진 내전의 격변 속에서 갈레노스는 놀라운 정치적 생존 기술을 발휘해 연이어 새로운 황제 셉티미우스 세베루스와 그의 아들 카라칼라의 주치의가 되었다. 은퇴한 뒤에는 시칠리아에서 여생을 보냈으며, 팔레르모에 있는 그의 무덤은 10세기까지도 남아 있었다.

갈레노스는 재능 있는 내과의이자 솜씨 좋은 외과의로서 평생 인정받으며 살았다. 그는 선인이 남긴 글과 자신이 직접 수행한 실험에서 배우려는 강한 의지를 바탕으로 출세했다. 그리고 성공에 대한 보답으로 폭넓은 의학적·철학적 주제를 다룬 서적들을 유산으로 남겼다. 현존하는 고대 그리스 문헌 전체의 절반 가까이를 갈레노스 한 사람이 썼다는 주장도 있다. 히포크라테스와 다르게 '갈레노스 전집 Galenic corpus'은 모두 그가 직접 저술한 것이다. 살아 있는 동안에도 그는 많은 표절의 대상이 되어 급기야『내 저서에 관하여 De libris propriis』라는 책을 쓰고 실제로 자신이 집필한 저서의 목록을 각각의 시놉시스 및 배경과 함께 실어 자서전에 가까운 자세한 내용을 제공하기까지 했다. 이 책은 갈레노스 자신이 쓴 책의 카탈로그일 뿐 아니라 다른 많은 해부학자에 대한 갈레노스의 칭찬과 비판이 담긴 참고 자료이기도 했다.

갈레노스는 해부학에 관한 책을 여러 권 썼다.『해부 절차에 관하여 De anatomicis administrationibus』와『여러 신체 부위의 기능에 관하여 De usu partium corporis humani』는 이 분야에서 가장 잘 알려진 일반서이다. 앞선 해부학자들처럼 그 역시 생식계에 관심을 보여『정액에 관하여 De semine』,『태아 형성에 관하여 De foetuum formatione』,『자궁의 해부에 관하여 De uteri dissectione』같은 논문에서 자신의 의견을 피력했다. 안타깝지만『자궁의 해부에 관하여』는 개를 해부한 결과를 바탕으로 쓴 내용이라 인체 구조와는 여러 측면에서 달랐다.

갈레노스는 순환계에도 관심을 가졌다. 그는 『동맥에 혈액이 흐르는가*An in arteriis natura sanguis contineatur*』에서 동맥에 산소가 들어 있다는 당시 지배적인 통념을 부정하고 혈액이 들어 있다고 확언했다. 그는 정맥의 혈액은 어두운 붉은색이고 동맥의 혈액은 밝은 붉은색이라는 차이를 최초로 언급한 해부학자로, 몸에는 별개의 두 순환계가 있다고 결론 내렸다. 그는 히포크라테스를 따라 정맥은 신장에서 기원한 피를, 동맥은 다른 종류의 피를 심장 안팎으로 운반한다고 제안했다. 이 이론은 1000년이 지나서야 반박되었다. 추가로 그는 뇌를 중심으로 감각과 사고를 책임지는 세 번째 신경계가 있다는 옳은 제안을 했다.

갈레노스의 연구 중에 가장 중요하면서도 정확한 부분은 척추이다. 그는 살아 있는 돼지를 대상으로 서로 다른 지점에서 척수를 잘랐을 때의 증상을 정리했다. 이 연구는 인간의 척추와 신경 손상이 근육에 미치는 영향에 관해 실질적인 지식을 제공했고, 이로써 그는 주동근agonist(움직이게 하는 근육)과 길항근antagonist(어떤 근육과 반대 작용을 하는 근육)을 처음으로 구분하게 되었다.

하지만 그도 체액과 프네우마에 대한 지배적인 이론을 버리지 못했다. 아마 지나치게 급진적으로 보일까 봐 두려웠을 것이다. 대신 그는 신경계를 흐르는 '정신의 프네우마'와 동맥을 통해 흐르는 '생명의 프네우마'를 구분했다. 현대 의학의 관점에서 보면 초기 해부학자들의 이런 터무니없는 발상을 비웃기 쉽지만, 이들은 이 분야의 개척자였다. 갈레노스는 정보에 근거한 실험이라는 과학적 방법을 통해 과거의 그 누구보다, 그리고 사실상 이후 1000년 동안에 등장한 그 어떤 해부학자보다도 해부학을 잘 이해했다.

7. 서로마제국의 몰락과 도서관 파괴

『내 저서에 관하여』는 갈레노스가 해부학에 기여한 내용을 개괄하는 좋은 출발점이다. 자서전적 성격을 띤 이 책에서 갈레노스는 당시 의료계의 사건과 진료 방식에 대한 흥미로운 관찰, 그리고 이전 시대의 철학과 해부학적 가정도 언급한다. 그는 많은 역사적 정보를 기록함으로써 과거의 발상과 소실된 작품들을 보존했다. 그러나 갈레노스가 쓴 책의 원문 역시 그가 언급한 책들처럼 해부학자의 서재에 존재하지 않는다.

두 번의 처참한 화재와 세계 질서의 극적인 변동으로 갈레노스의 저서 가운데 3분의 2가 소실되었다. 첫 번째 화재는 생전에

알렉산드리아 도서관

페트라르카 마스터(1532~1620)의 이 구식 목판화는 프톨레마이오스 2세(기원전 309~246)가 자신이 완성한 도서관이 불길에 휩싸인 상황에서 절망하는 모습을 보여준다. 이 도서관은 프톨레마이오스 2세의 사망 이후 390년 무렵까지 남아 있었다.

그가 가까이 살고 있을 때 발생했다. 로마 평화의 신전은 다른 많은 기념물처럼 전쟁 이후에 그 수익으로 지어졌다. 이 경우에는 로마 황제 베스파시아누스 황제가 기원후 70년에 예루살렘을 약탈해 그 비용을 충당했다. 『내 저서에 관하여』에서 갈레노스는 192년에 평화의 신전을 집어삼킨 화재를 기록했다. 이 건축물은 10년 뒤에 갈레노스의 후원자 셉티미우스 세베루스에 의해 재건되었지만, 이미 갈레노스의 작품 여러 편이 파괴되었다.

평화의 신전은 410년 북유럽의 서고트족Visigoth이 로마를 약탈할 때 크게 훼손된 이후 그대로 버려져 폐허가 되었다. 실제로는 테살로니카 칙령으로 기독교가 로마제국의 공식 종교가 되면서 30년 전에 이미 폐쇄되었을 것이다. 이교도 숭배자들은 초기 기독교인들이 그랬듯이 박해를 받았다. 그 무렵 로마제국은 행정상 동서로 나뉘어 로마와 콘스탄티노플에 각각 황실의 궁정이 있었다.

이후 동로마제국은 나날이 번창했지만 서로마제국은 서서히 막을 내렸다. 테살로니카 칙령을 공표했던 테오도시우스 1세가 고트족과 전쟁을 치러 승리했지만 이 전쟁과 내부 파벌 싸움으로 서유럽에서 로마의 법과 질서는 크게 약해졌다. 중앙 권력이 사라지면서 서로마제국은 지역 속주에 의해 작은 왕국으로 분열되었다.

로마제국 쇠퇴기의 초기 희생물이 알렉산드리아 도서관이었다. 갈레노스와 그의 선임자들이 열심히 공부했던 알렉산드리아는 원래 학문과 곡물 생산의 중심지로 로마에서 중요한 위치를 차지하고 있었지만, 지중해 주변으로 새로운 도서관이 세워지고 제국의 다른 지역이 경작지로 개발되면서 서서히 뒷전으로 밀려났다. 한때 학자들이 돈을 받고 가르치던 최고 연구기관은 먼지가 수북이 쌓인 수십만 점의 두루마리 경전이 방치된 두어 개의 창고로 전락하고 말았다.

알렉산드리아 도서관이 큰 화재로 파괴된 것은 아니었다. 기원전 48년에 율리우스 카이사르가 실수로 건물 일부를 태우긴 했지만 곧 복구되었고, 책이 늘어나자 세라피움 신전을 제2의 보관소로 지정해 일부 소장 도서를 옮겼다. 그러나 태만한 행정과 위상의 하락으로 알렉산드리아 도서관은 타격을 입었다. 275년경에 로마와 팔미라 군대가 도시의 지배권을 두고 벌인 전투 중에 도서관 본관 건물이 파괴되었고, 세라피움만 용케 살아남았다. 그러나 기독교화되어가는 로마제국에서 이 이교도 신전은 더 이상 버티지 못하고 391년에 철거 명령이 내려지면서 내용물까지 파괴되었다. 그나마 남아 있던 갈레노스의 서적들도 이때 모두 소실되고 말았다.

8. 유럽에서 중동으로

이런 일련의 사건들을 거치며 서유럽은 이른바 중세 암흑기에 들어섰다. 로마 문명이라는 든든한 배경이 사라지면서 예술과 과학이 쇠퇴하자 지적 활동의 본거지가 동쪽의 콘스탄티노플로 옮겨갔다. 그곳에서도 갈레노스는 동로마제국을 통해 이슬람 사상에 영향을 미쳤다. 갈레노스가 사망한 직후, 그리고 그때부터 수 세기 동안 그의 여러 저술이 아랍어, 페르시아어, 시리아어로 번역되었다. 그러면서 서양 세계에서 과학이 고대 문헌에 대한 철학적 연

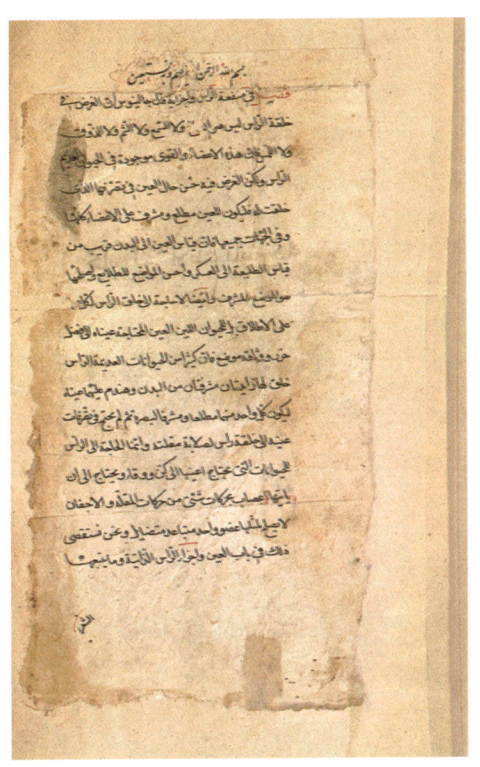

'히포크라테스 전집'

히포크라테스가 저술한 책의 한 페이지. 고대 그리스 의학 지식을 중동에 소개한 후사인 이븐 이샤크(809~873)가 아랍어로 번역한 판본이다.

구로 후퇴하던 시기에, 중동에서는 해부학에 대한 관심이 활활 타올랐다.

이런 맥락에서 특별히 중요한 사람이 후사인 이븐 이샤크 (809~873)이다. 그는 고문헌을 찾아 중동을 누루 여행한 열혈 번역가였다. 의사로서 갈레노스의 명성을 익히 알고 있던 그는 갈레노스의 저서를 100권 이상 아랍어로 옮겼다. 그중에서도 『초심자용 뼈에 관하여 *De ossibus ad tyrones*』, 『해부 절차에 관하여 *De anatomicis administrationibus*』를 포함해 목소리, 흉부, 폐, 눈, 그 밖의 신체 부위에 대한 해부학 논문이 있다. 이샤크는 이어서 『눈에 관한 열 편의 논문 『Kitab al-Ashr Maqalat fil-Ayn』을 집필했는데, 이 시리즈에는 최초로 눈의 해부도가 포함되었다.

9. 의학사의 숨은 영웅, 알라지

아부바크르 무함마드 이븐 자카리야 알라지(라틴식 이름은 라제스, 864?~935)는 의학사에서 제대로 인정받지 못한 영웅이다. 그는 히포크라테스와 갈레노스의 추종자였던 알라지는 이샤크가 죽고 몇십 년이 지나 세상이 그의 번역서 덕분에 그리스 고전을 접하게 된 시기에 실험을 통한 실용적 연구로 많은 것을 발견했다. 알라지는 지금의 이란 테헤란 지역에서 살았다. 그는 대단히 박식한 인물로 문법에서 천문학까지 다양한 주제로 200여 권의 책을 썼다. 의학과 해부학을 소재로 한 책들이 연금술과 철학을 다룬 저술과 나란히 집필되었고, 이 책들은 유럽이 암흑기의 긴 잠에서 깨어날 무렵 라틴어로 번역되어 서양 사상에 상당한 영향을 끼쳤다.

바그다드 최고의 의사였던 알라지는 지역 사회에 헌신하는 교사이자 치유사로도 잘 알려졌다. 그가 쓴 여러 책 중에서도 『의료 낙후 지역 주민을 위한 책 Man la yahduruhu al-tabib』은 의사의 진료를 받기 어려운 빈곤층이나 오지에 사는 주민을 위해서 쓴 세계 최초의 가정의학 안내서이다. 또한 그는 가난한 사람들을 노리는 사기꾼이나 뱀 기름 장사치를 거칠게 비난했다. 한편 『의학총서 Kitāb al-Ḥāwī fi al-ṭibb』는 그가 죽은 후 학생들이 그의 노트를 정리해 편찬한 23권짜리 종합 교재이다.

〈바그다드 자기 실험실에서의 알라지Rhazes in His Laboratory in Baghdad〉

영국의 화가 어니스트 보드(1877~1934)가 미국의 제약 사업가 헨리 웰컴(1853~1936)을 위해 그린 위대한 의학사 장면 시리즈 중에서.

알라지는 의학에 다방면으로 공헌했다. 그는 특별히 소아 질병을 치료하는 최초의 논문을 써서 소아과의 아버지로 불리기도 한다. 또한 천연두에 대해 권위 있는 책을 썼고, 이샤크처럼 인간의 눈에 매혹되어 동공이 밝은 빛에 반응하는 현상을 처음으로 알아냈다. 이 때문에 시력이 약해져서 고생했는데, 담당 의사가 눈의 해부 구조에 대해 제대로 대답하지 못하는 것을 보고 수술을 거부했다. 알라지는 갈레노스의 사상이 더 동쪽 세계로 퍼지는 데도 기여했다. 그는 한 중국 학생에게 갈레노스의 책을 읽어주었는데, 그러면 그 학생이 중국어로 받아 적었다. 한편 알라지 자신의 저

1장 고대 세계의 해부학 47

술이 라틴어로 번역되어 중세 유럽에 유입되었을 때, 『의학총서』의 한 판본은 근대 해부학의 아버지 안드레아스 베살리우스가 편집하고 주석을 달았다.

알라지는 자신의 매우 중요한 저서 한 권을 두고 유감스럽고 이단적인 필독서라고 했다. 『갈레노스에 관한 의구심*Al-Shukūk 'alā Jalīnūs*』의 서문을 쓰면서 그는 갈레노스에 대해 "그의 지위는 경외스럽고 그의 계급은 위풍당당하며 그의 유산은 보편적이고 그의 기억은 영원히 존경받는다"라며 크게 칭찬했다. 하지만 이어서 "의학과 철학은 저명한 지도자라고 해서 그의 견해에 무조건 굴복·순응하거나 [그들의 관점을] 엄격한 조사에서 제외하면 안 된다. 어떤 철학자도 자신의 독자나 학생이 그러는 걸 원치 않을 것이다. 갈레노스 자신도 『신체 부위의 유용성에 관하여*De usu partium*』에서 그렇게 말했다"라고 언급했다.

갈레노스에 대한 알라지의 비판은 해부학에만 그치지 않았다. 당연한 말이지만 그는 그리스어가 최고의 언어라고 했던 갈레노스의 주장을 반박했다. 또한 갈레노스가 자기보다 질병을 관찰한 경험이 적다고 생각했다. 살아온 문화적 배경이 달랐기 때문에 알라지는 체액에 대한 갈레노스의 고집도 거침없이 비난할 수 있었다. 그는 따뜻하거나 찬 음료를 마시는 것만으로도 체액의 균형이 쉽게 흐트러질 수 있다고 지적하면서, 몸은 상상 속 담즙이나 점액이 아니라 온도에 반응한다고 주장했다. 한편 그는 체액설의 근간인 아리스토텔레스의 흙, 공기, 불, 물 이론을 반박했다. 그 자신도 연금술사였지만, 알라지는 저 네 가지 원소만으로는 유황이나 염분 같은 물질의 특성을 설명할 수 없다는 것을 밝혀냈다.

그는 어떤 의미에서 현재 우리가 알고 있는 화학 원소의 존재를 제안했다. 원소 개념은 17세기 후반에 로버트 보일이 아리스토텔레스의 관점에 도전할 때까지는 받아들여지지 않았다. 그 시대에는 알라지를 감히 갈레노스에 도전하려는 오만한 바보로 여겼을지 모르지만 지금은 중세 최고의 의사라고 칭할 합당한 근거가 있는 것이다.

10. 이븐시나, 전통 의학을 집대성하다

기원후 두 번째 밀레니엄 최초의 위대한 의학서는 알라지의 동포인 이븐시나(라틴식 이름은 아비센나, 980~1037)가 쓴 것이다. 다섯 권짜리 『의학정전 *Al-Qanun fi't-Tibb*』은 그리스, 로마, 아시아, 중국의 전통 의학을 집대성해 1025년에 완성되었고, 18세기까지 유럽과 이슬람 세계 양쪽에서 표준 의학 참고서가 되었다.

『의학정전』은 체액을 비롯해 갈레노스에게 많은 빚을 졌다. 갈레노스는 체액이 다양한 방식으로 조합되어 신체의 각기 다른 부위를 형성한다고 믿었다. 예를 들어 뼈는 흑담즙의 비율이 높고, 뇌의 주요 구성 물질은 점액이다. 이븐시나는 네 가지 체액에 대해 각각 온기와 냉기, 부드러움과 딱딱함, 마르고 젖은 정도를 구별해 그 개념을 확장했다. 추가로 그는 불순한 몸을 순수한 영혼과 이어주는 네 유형의 기운을 제안했다. 심장의 잔인한 기운, 뇌의 감각적 기운, 간의 자연적 기운, 정소와 난소의 생식적 기운이 그것이다. 심장 대 뇌의 논쟁에서 이븐시나는 이성의 자리가 심장

이븐시나(980-1037)

마티아 프레티(1613~1699)가 〈식물학자The Botanist〉라는 제목으로 상상력을 발휘해서 그린 이븐시나의 초상화. 이븐시나는 중세 최고의 의사로 여겨진다.

『의학정전』

이븐시나의 걸작. 1632년 판본에서 삽화가 그려진 페이지.

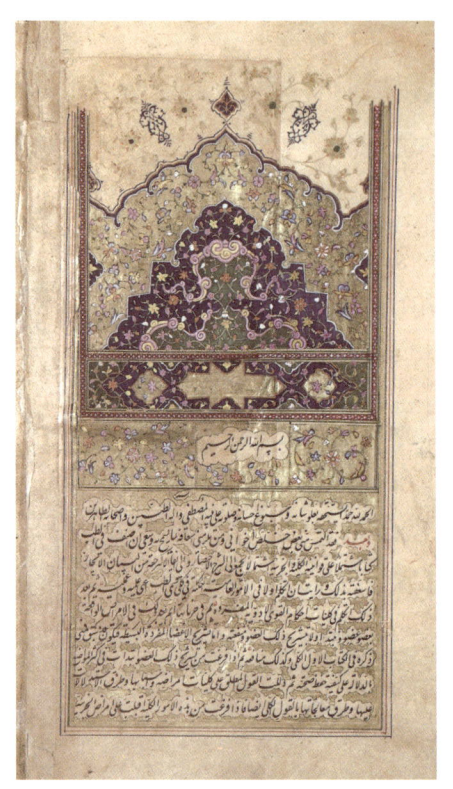

이라는 아리스토텔레스의 주장에 동의했다.

『의학정전』 제3권에서는 머리부터 발까지 인체의 해부 구조를 종합적으로 설명한다. 이 책은 각 신체 부위의 생리학보다는 질병이 각 부위에 미치는 영향에 좀 더 관심을 두었으며, 백내장이나 뇌졸중, 동맥 협착 등 여러 병증에 대해 상당히 현대적인 이해를 보여준다. 이븐시나는 신경계 전체에 대한 지식은 물론이고, 신경성 틱과 뇌전증, 좌골신경통과 뇌막염까지 폭넓은 신경학적 장애에 대한 치료를 발전시켰다.

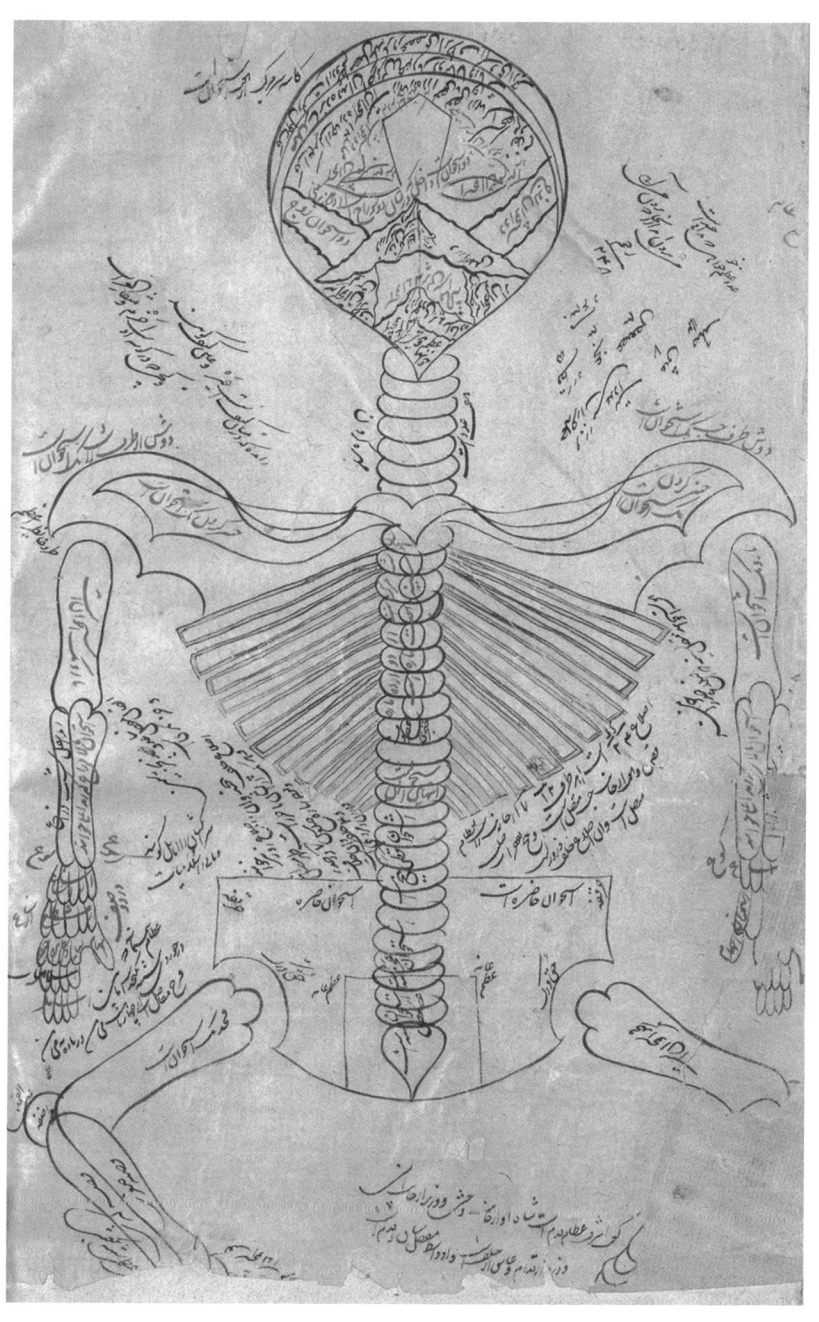

『의학정전』

이븐시나가 1025년에 쓴 다섯 권의 책에서 인간의 골격을 그린 도해.

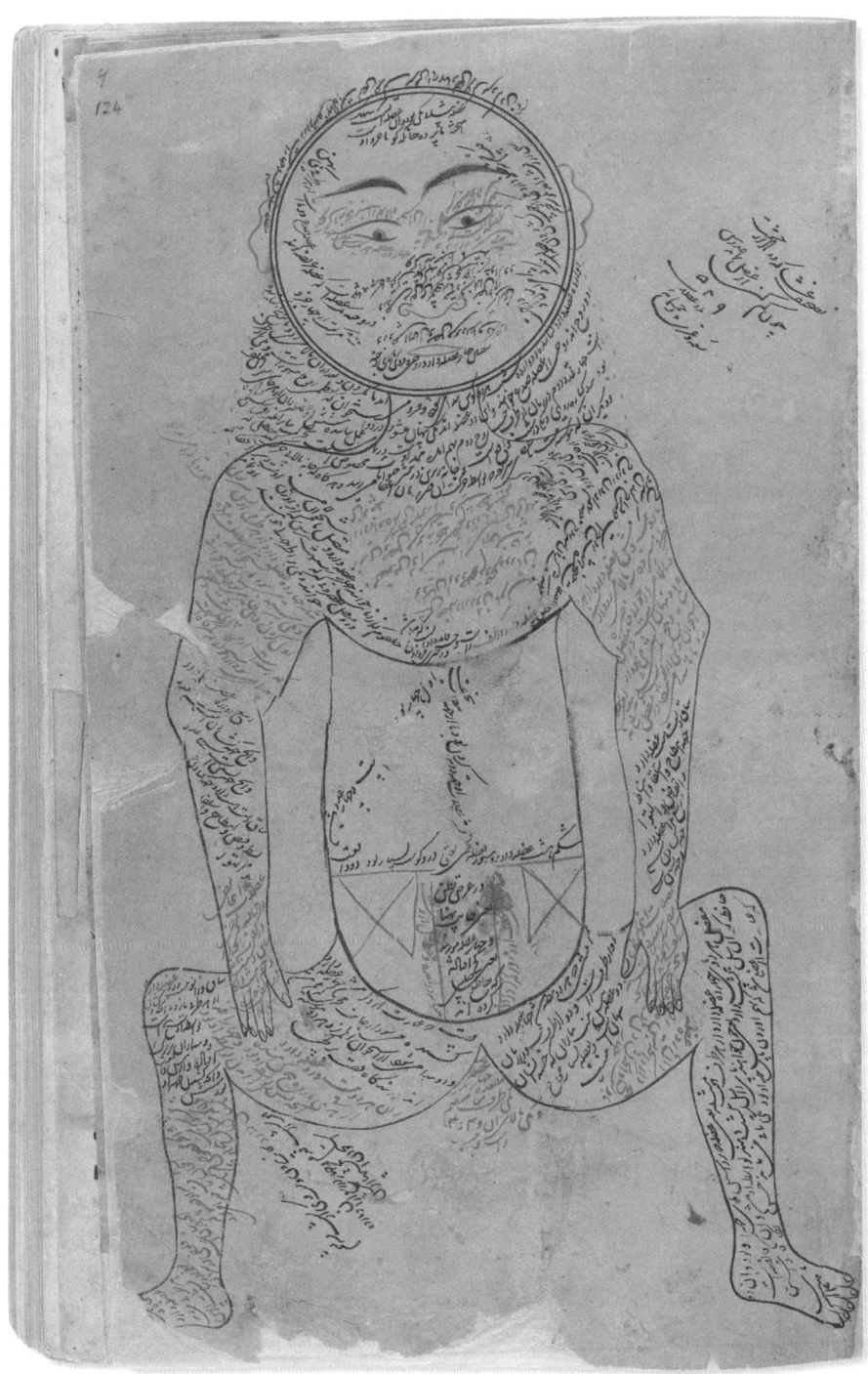

『의학정전』

이븐시나가 그린 인체의 근육계.

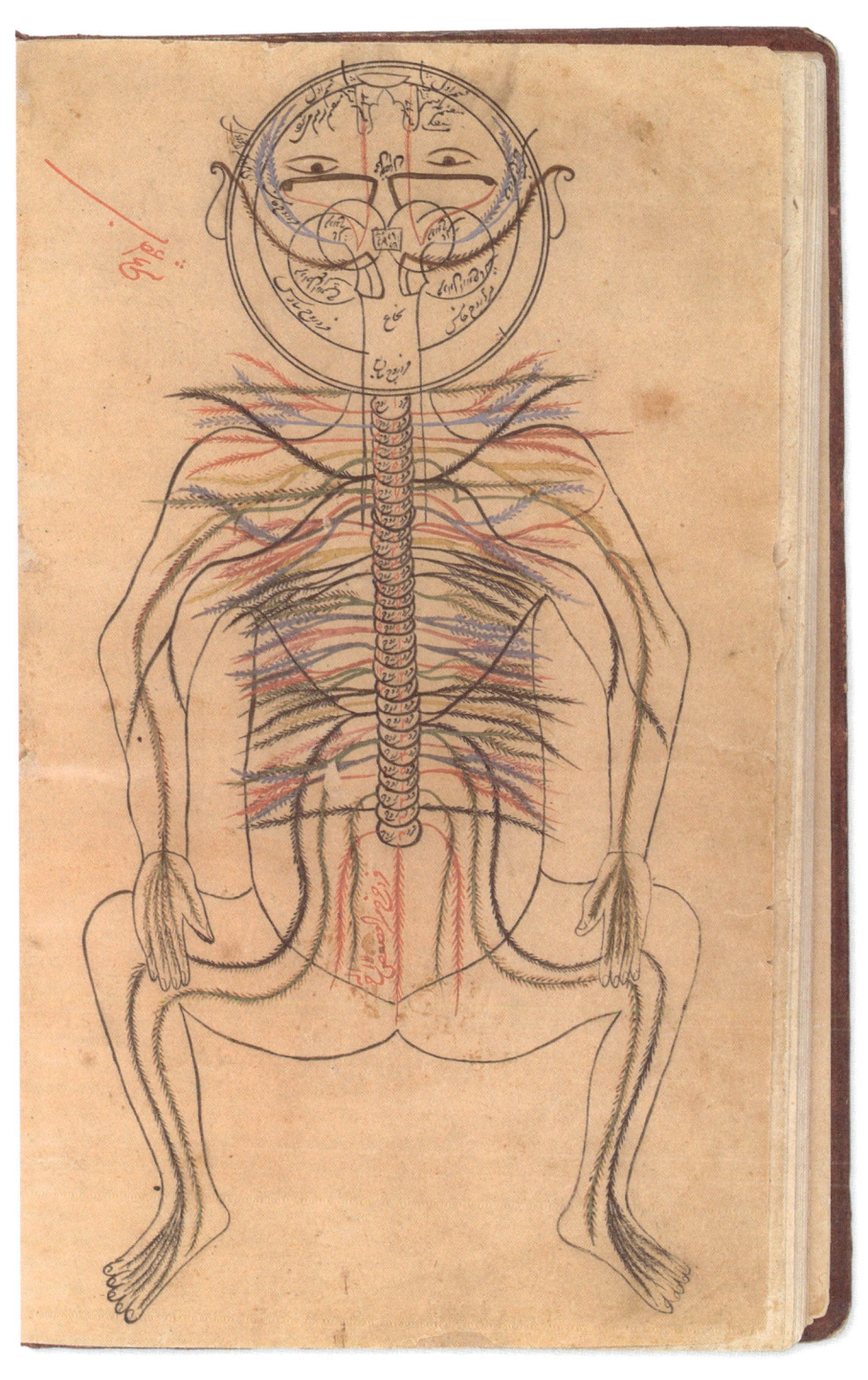

『의학정전』
이븐시나가 그린 인체의 신경계.

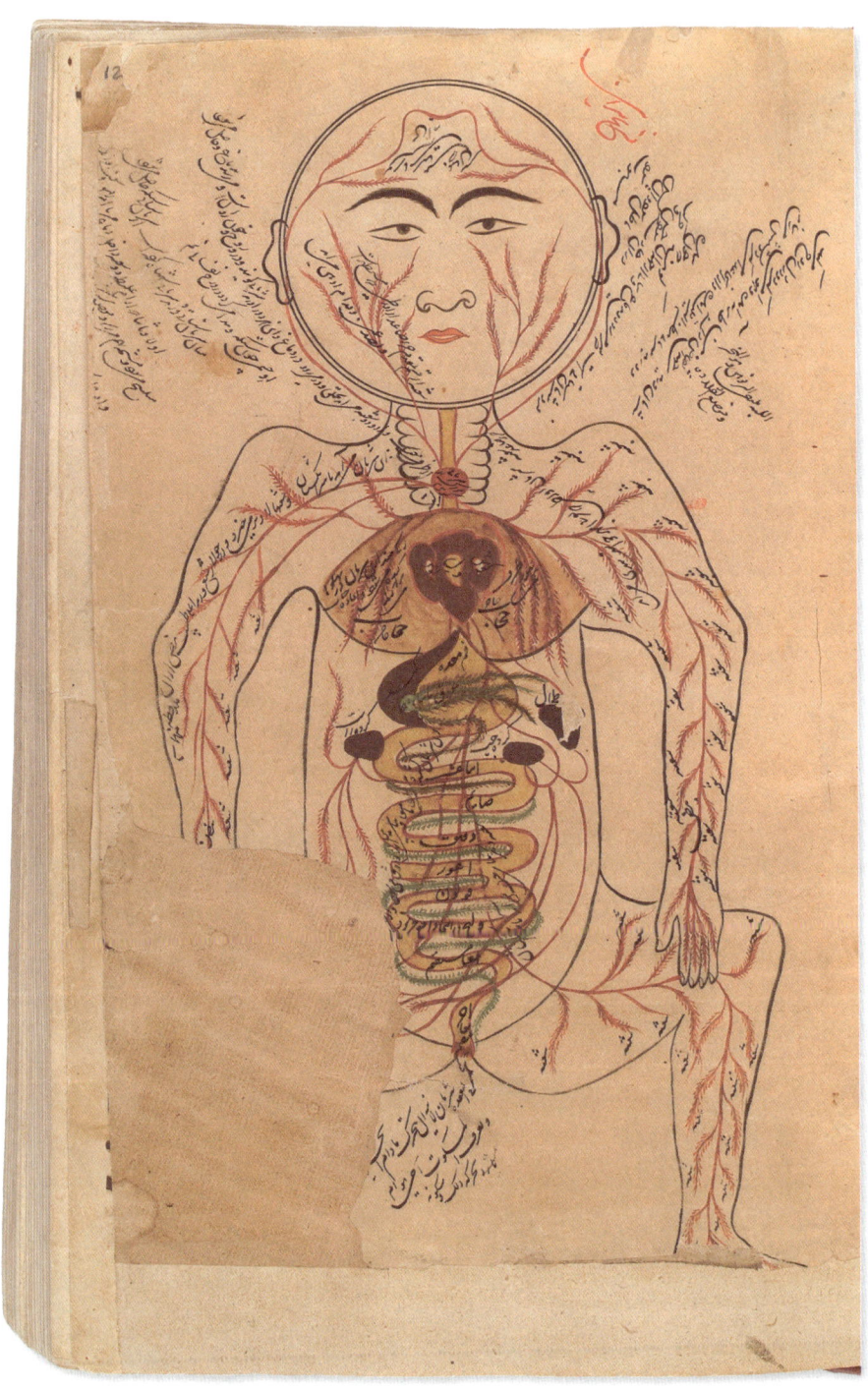

『**의학정전**』

이븐시나가 그린 인체의 동맥과 내부 장기.

11. 이슬람 황금시대의 마지막 해부학자, 이븐 알나피스

이븐시나는 과거의 많은 해부학자처럼 도덕적 거부감 때문에 인체 해부를 하지 못했으므로 유인원이 가장 가까운 대안이라는 갈레노스의 전제를 그대로 따랐다. 이븐시나와 알라지는 당시 세계에서 가장 큰 도시인 바그다드가 중심이 된 이슬람 황금시대의 일부였다. 바그다드에는 칼리프 하룬 알라시드(763~809)가 세운 대형 도서관, 지혜의 집Bayt al-Hikmah이 있었다. 칼리프는 전 세계의 지식을 번역해서 그곳을 채우라고 명령했다. 지혜의 집은 모든 면에서 제2의 알렉산드리아 도서관이었고, 1258년에 바그다드가 몽골에 함락될 때까지 500년 가까이 건재했다. 바그다드 함락 당시 티그리스강은 살해당한 사람들의 피로 붉게 물들었다가, 강물에 던져진 지혜의 집 서적에서 흘러나온 잉크 때문에 다시 검게 물들었다고 전해진다.

이슬람 황금시대의 마지막 해부학적 시도는 이븐 알나피스(1213~1288)의 작품에서 볼 수 있다. 이 저명한 의사는 평생 이집트에 살았기 때문에 도시가 파괴되고 시민들이 학살당하는 바그다드(오늘날 이라크의 수도—옮긴이)의 함락을 경험하지 않았다. 이븐 알나피스는 인간의 시신을 직접 다루었다는 점에서 알라지나 이븐시나보다 유리했다. 해부 실험으로 그는 서양보다 훨씬 앞서 폐순환(소순환)을 발견하는 업적을 이루었다. 사망할 당시 그는 『의학 종합서Al-Shamil fi al Tibb』라는 걸작을 집필 중이었는데 원래 계획했던 300권 중에 80권까지 완성했고, 이집트에 아직 남아 있는 전집 두 질을 포함해 그 일부가 전 세계의 도서관에서 명맥을 유지한다.

이븐 알나피스(1215~1288)의 '폐순환' 발견

13세기에 이븐 알나피스는 우심실의 혈액이 폐를 통과해 들어가서 공기를 공급받은 다음 좌심실로 들어간다고 설명했다.

해부학자들은 특별히 히포크라테스의 『인간의 속성에 관하여 On the Nature of Man』와 이븐시나의 여러 해부학 저서에 대한 이븐 알나피스의 평가에 관심을 보였다. 그는 해부학적 지식은 모든 의사에게 필수라는 히포크라테스의 교리를 반복했는데, 스스로 해부학에 대한 뛰어난 이해를 보임으로써 이를 증명했다. 그는 폐순환에 이어 관상순환과 모세혈관 순환까지 발견하는 쾌거를 이루었다. 이슬람 황금시대에 그는 과거 그리스-로마 교리의 철학적 한계를 뛰어넘어 해부학을 발전시키는 데 크게 공헌했다.

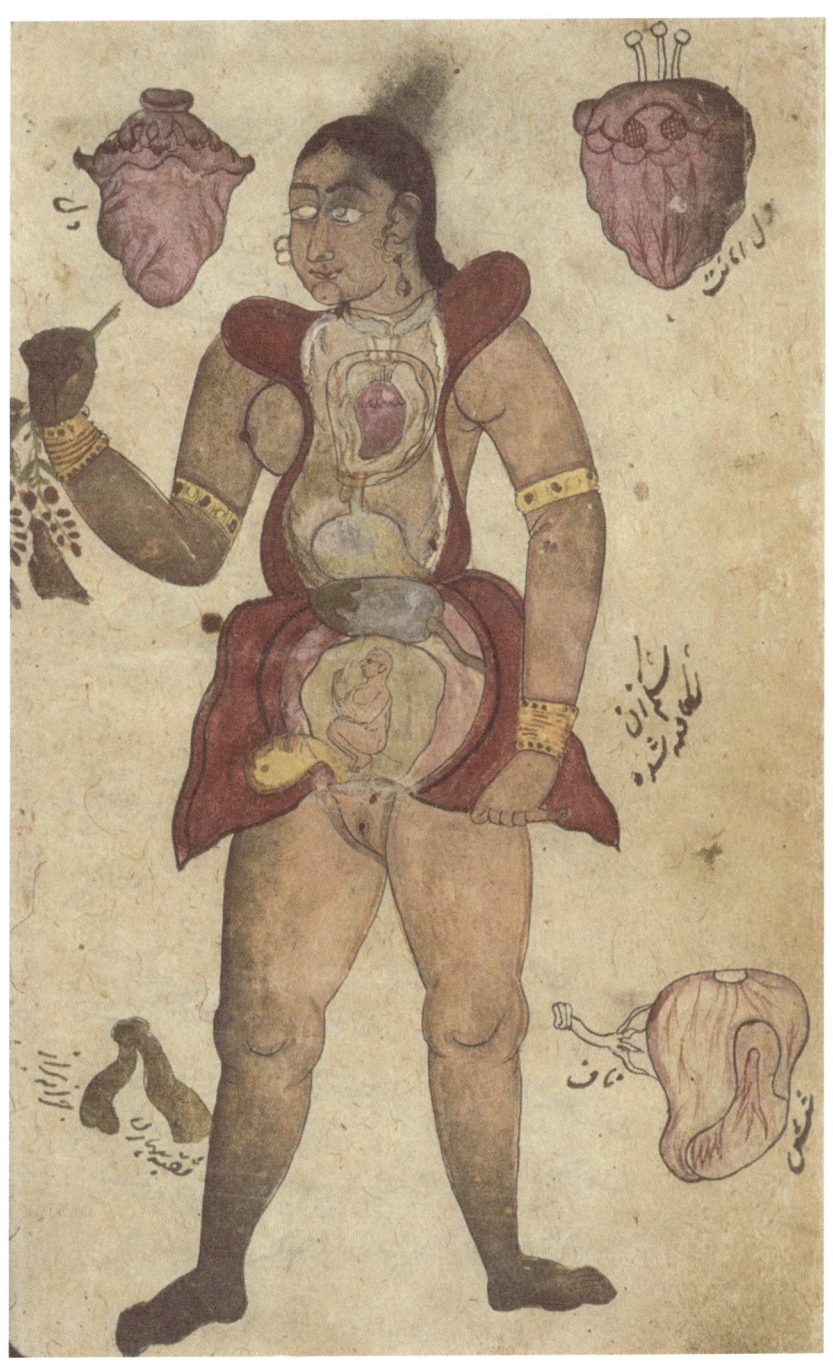

『악바르 의서 Akbar's Medicine』

나지브 앗딘 사마르칸디가 13세기에 쓴 『원인과 증상에 관한 책 Kitab al-asbab wa'l-'alamat』에 대한 부르한웃딘 케르마니의 주석서를 다시 무함마드 악바르('무킴 아르자니'라고도 알려져 있다)가 페르시아어로 주석을 단 책의 18세기 인도 사본에 있는 여성의 해부 구조.

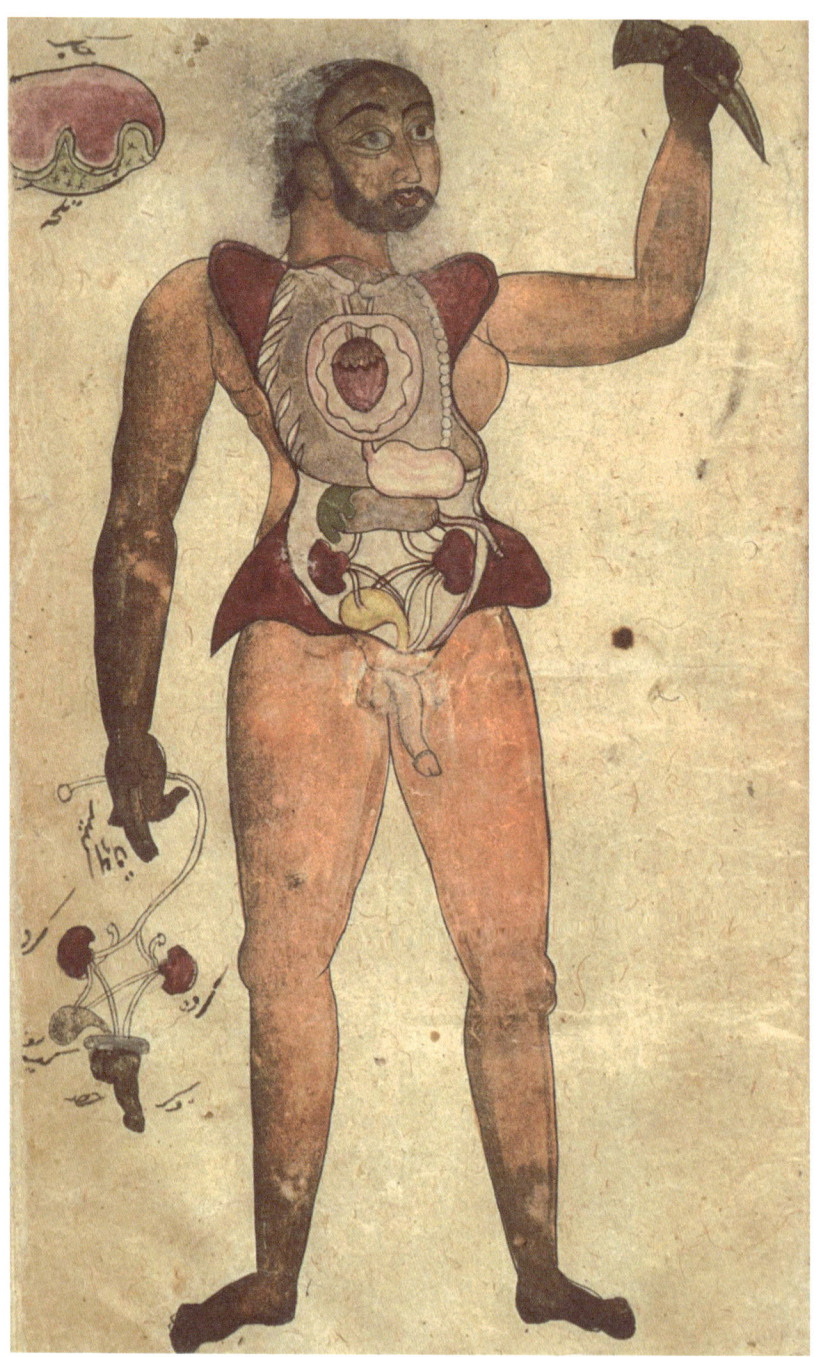

『악바르 의서』

남성의 해부 구조. 『악바르 의서』는 이슬람 황금시대의 의학이 장기적으로 영향을 미쳤음을 보여준다.

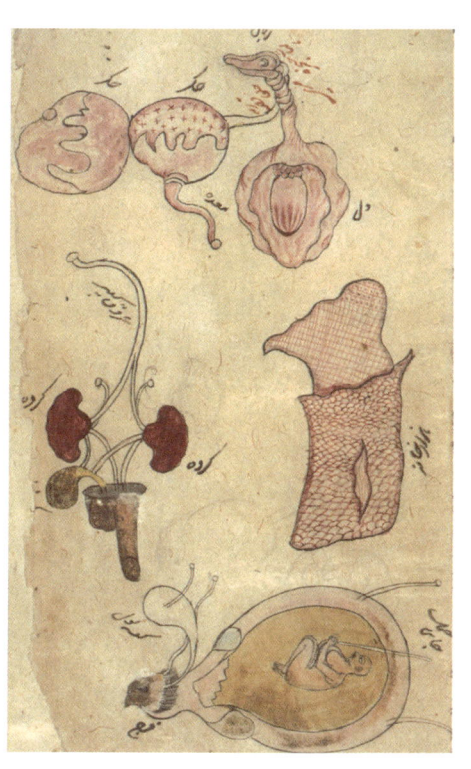

『악바르 의서』

- 남성과 여성의 생식기 세부 형태. 주석에 더해 무함마드 악바르는 임신과 태아의 질병이나 약용 화합물에 관한 독창적인 논문을 추가했다.

- 간과 쓸개(왼쪽 위), 위와 장(가운데)을 포함한 인체의 장기.

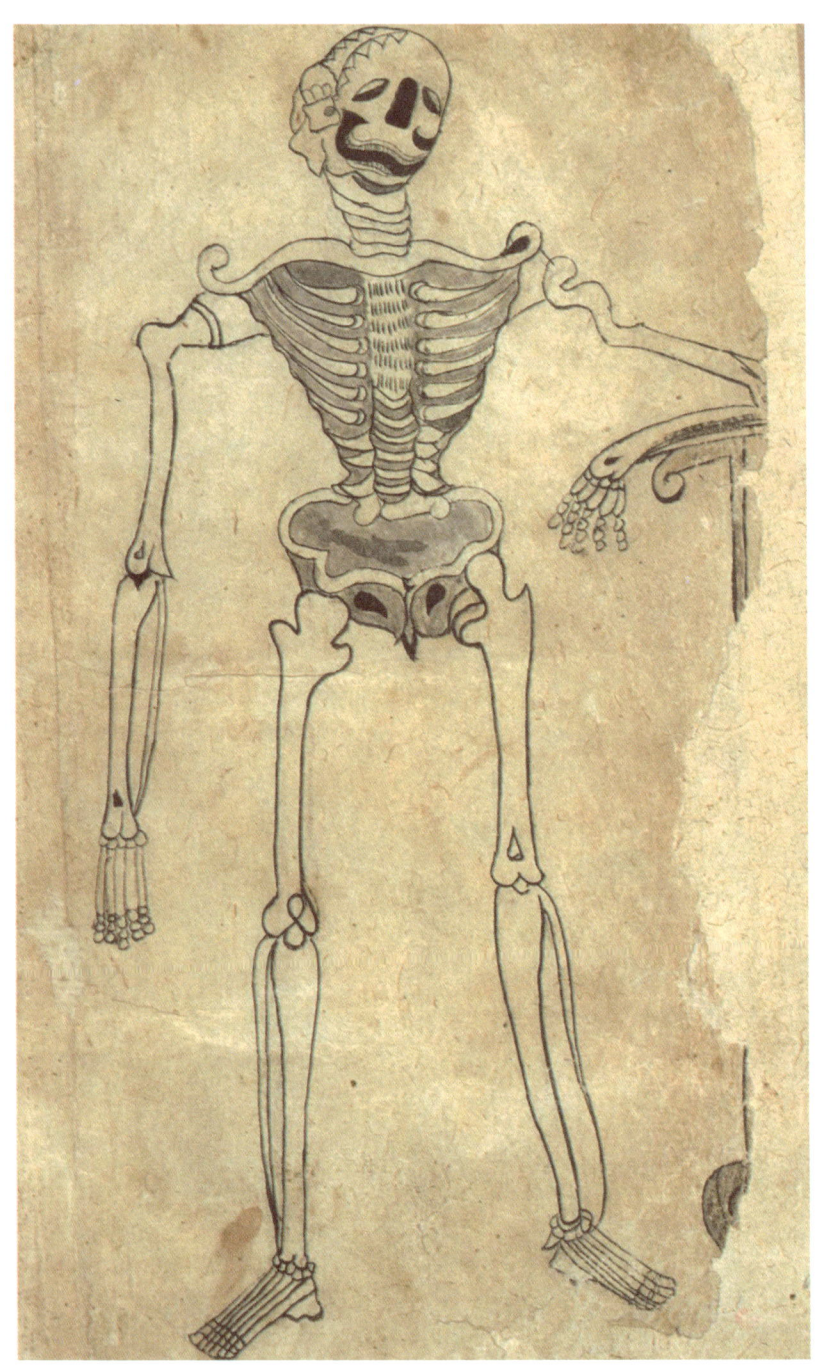

『악바르 의서』

남성 골격을 앞에서 본 모습.

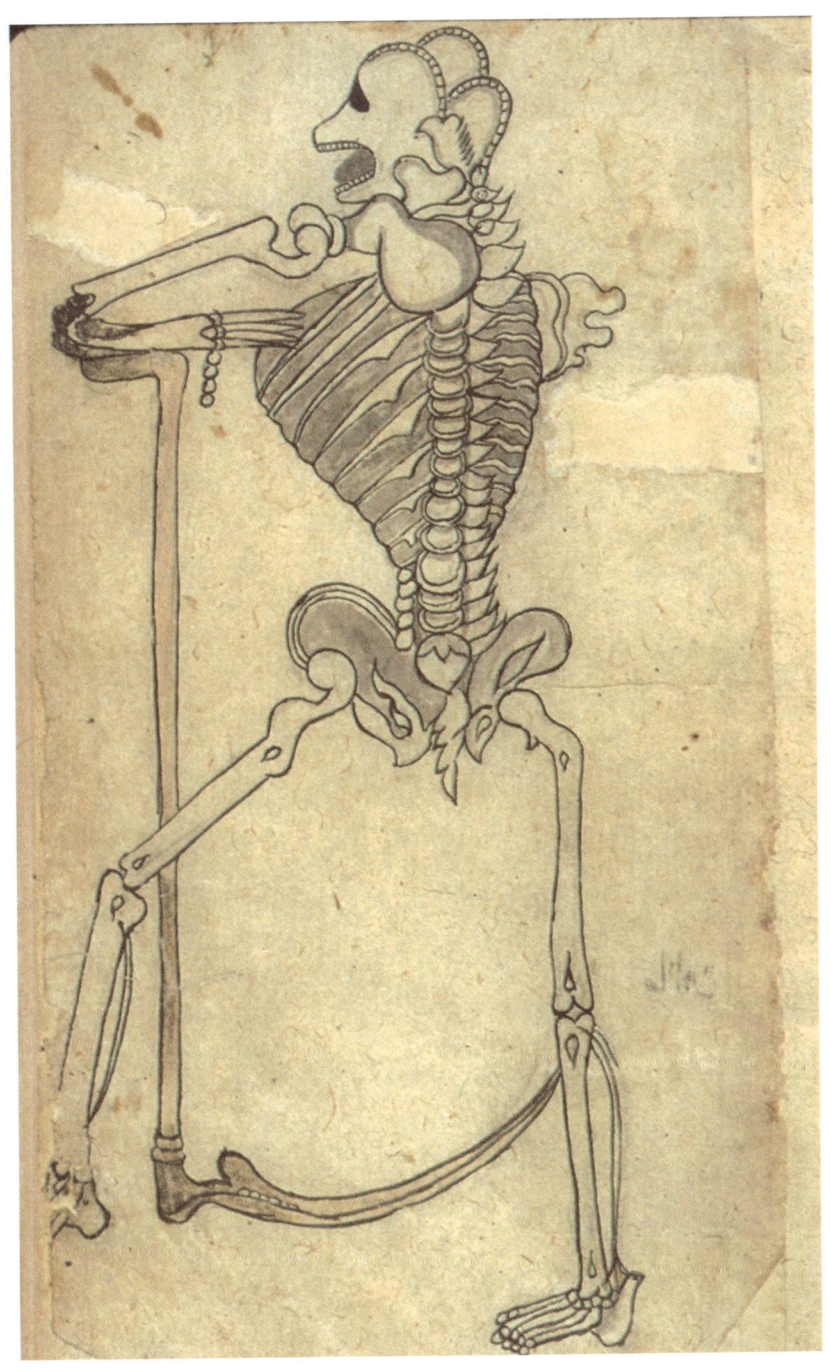

『악바르 의서』

남성의 골격을 뒤에서 본 모습. 『악바르 의서』의 원전을 쓴 나지브 앗딘 사마르칸디에 대해서는 알려진 것이 없다. 그는 1222년에 아프가니스탄의 학문의 중심지인 헤라트가 몽골의 침략을 받았을 때 사망했다.

12. 서유럽의 부활과 대학 설립

12~13세기에 서유럽에서는 지성의 부활이 예고되었다. 1088년 이탈리아 볼로냐를 시작으로(1158년에 헌장이 인가됨) 1150년 프랑스 파리, 그리고 1300년 무렵 옥스퍼드와 케임브리지까지 영국과 프랑스, 이탈리아, 에스파냐의 여러 도시에 대학이 세워졌다. '대학university'이라는 단어는 볼로냐에서 처음 사용되었다.

그리스어와 로마어로 된 문헌이 부족한 탓에 대학이 유럽 바깥으로 눈을 돌려 이슬람 문헌, 그리고 아랍어로 번역된 그리스·로마의 저술을 다시 라틴어로 옮기는 역逆 번역 열풍이 불었다. 많은 원본이 사장되거나 소실되었기 때문에 이 번역본들은 새로운 과학 어휘의 핵심 참고 자료가 되었다.

아랍 원전의 일부는 이슬람이 에스파냐와 시칠리아를 정복하면서 서유럽에 당도했다. 예를 들어 에스파냐 중부의 톨레도는 무슬림 점령 기간에 학문의 중심지가 되었고, 1085년 레온 왕국과 카스티야 왕국의 알폰소 6세가 도시를 탈환한 후에도 다문화 경전의 보고로 남아 있었다. 12세기 중반에 크레모나의 제라드가 아랍어를 배워 크레모나에 보관된 프톨레마이오스의 『알마게스트Almagest』를 직접 읽으려고 일종의 어학연수를 떠난 곳도 톨레도였다.

수학과 천문학 기초서인 『알마게스트』는 아직 라틴어로 번역되지 않아 실제로 읽은 사람이 많지 않았지만, 이미 학자들 사이에서 대단한 명성을 얻고 있었다. 제라드는 이 책을 찾아다니다가 톨레도 도서관의 보물을 알게 된 이후 여생을 이 도시에서 보내며

소변 검사
시에나의 알도브란디노(?~1299?)가 1256년에 쓴 『인체의 조절 Le Régime du Corps』.
소변의 색깔, 물질, 내용물, 양은 환자 상태를 진단하는 데 유용하게 쓰인다.

닥치는 대로 과학책을 번역했다. 그는 알라지의 작품을 기독교 세계에 소개해 이목을 끌었다. 그리고 100년 뒤에 그와 동일한 이름으로 활동한 또 다른 번역가가 이븐시나의 『의학정전』을 라틴어로 번역했다.

톨레도는 일거리가 풍부해서만이 아니라 도시 안에서 이슬람, 유대인, 기독교 공동체에 근접하기 쉽다는 이유로도 번역가들이 몰려들었다. 기독교 번역가가 아랍어나 히브리어를 사용하는 사람들과 공동으로 작업하는 일이 흔했다. 그들은 톨레도 대성당에 모여서 라틴어 독자에게 지식을 전달하기 위해 열성적으로 작업했다. 톨레도 번역학교는 인터넷이 발명되기 전까지는 볼 수 없던 규모로 과학·철학·종교적 사상을 보급했다. 제라드 혼자서만 87권을 번역했다. 이븐 알나피스의 저서는, 그가 톨레도 번역학교 설립 이후 황금시대가 지는 무렵에 활동한 탓인지 14세기까지 번역가들의 관심에서 벗어나 있었고, 20세기 초에 그의 폐순환 연구가 재조명될 때까지 대체로 묻혀 있었다.

13. 페데리코 2세의 탐구 정신

번역 활동이 톨레도에서만 일어난 것은 아니었다. 시칠리아의 페데리코 2세(1194~1250)는 폭넓은 지적 관심을 자랑하는 놀라운 인물로 라틴어, 그리스어, 아랍어를 포함해 6개 언어에 능통했다. 그는 번역가들에게 텍스트를 찾아서 알려진 세상을 샅샅이 훑도록 명령했다. 그리고 팔레르모의 황실 궁정에서 시칠리아어를 문서에 사용하도록 촉구했는데, 이때 근대 이탈리아어의 기초가 마련되었다. 페데리코 2세는 다양한 과학 분야에 관심을 보였지만 특히 해부학이 그의 상상력을 사로잡았다. 그 시대의 기록에 따르면 그는 죄수를 대상으로 잔인한 실험을 수없이 자행했다. 한번은 죄수 한 명을 작은 구멍이 뚫린 나무통에 가두고 그의 숨이 끊어지는 순간 구멍으로 영혼이 빠져나오는지 지켜보았다. 또 두 명의 죄수에게 똑같은 양의 음식을 먹이고 한 사람은 침실로, 다른 사람은 사냥을 보낸 다음 나태와 신체 활동이 소화계에 미치는 영향을 확인하기 위해 두 사람의 배를 갈라 내장을 꺼내서 비교했다.

시칠리아의 페데리코 2세(1194~1250)

톨레도 번역학교의 철학자 미카엘 스코투스가 팔레르모의 왕궁에서 군주에게 아리스토텔레스 저서의 번역본을 보여주는 장면. 화가 자코모 콘티(1813~1888)가 그렸다.

    1224년에 페데리코 2세는 나폴리대학교를 설립했고, 이탈리아, 독일, 신성로마제국의 왕위에 자신의 이름을 추가했다. 예루살렘의 왕좌에까지 오른 1231년에는 해부학을 모든 의과대학 교육과정에 필수 과목으로 지정했고, 그런 목적에서 5년에 한 번씩 인체 해부를 하도록 명령했다.

    이런 칙령이 해부학에 준 효과는 이루 말할 수 없이 컸다. 지난 수천 년 동안 해부학은 개, 돼지, 원숭이를 바탕으로 인체의 생리를 추정했기 때문에 제대로 발전할 수 없었다. 1250년 페데리

몬디노 데 루치(1270~1326)
해부학 연구를 유럽에 다시 소개한 의사로 존경받는 인물. 그는 근대 최초로 대중 앞에서 공개 해부 시범을 보였다.

코 2세가 세상을 떠날 당시 그의 탐구 정신은 시대의 경이라는 찬사를 받았으며, 19세기에 프리드리히 니체는 페데리코 2세를 두고 효율적인 중앙집권적 관료제를 시도한 최초의 유럽인이라고 묘사했다. 팔레르모 대성당의 석관에서 그의 영혼이 탈출하는 모습을 보았다는 역사적 기록은 없지만, 그가 죽지 않고 잠들어 있다는 루머가 몇 년이나 지속되었다.

죽은 사람의 몸에 손을 댄다는 발상은 계속해서 반감을 샀지만, 페데리코 2세로 인해 이후 130년 동안 유럽 대부분의 지역에서 인체 해부가 합법화되었다. 기록된 최초의 사례는 사인을 밝히기 위한 부검이었다. 근대에 들어와 처음으로 인체를 해부한 기록은 1286년에 크레모나에서였다. 파리와 볼로냐의 대학은 해부학 연구를 선도하는 중심 기관으로 부상했다.

1315년 1월, 볼로냐대학교에서 근대 과학의 시작이라 여겨지는 사건이 일어났다. 볼로냐대학교 졸업생이자 수술 강사가 된 몬디노 데 루치(1270~1326)가 최초로 관중 앞에서 시신(여성으로 추정된다)을 공개 해부한 것이다. 그리고 이듬해 해부 설명서인 『인체의 해부*Anathomia corporis humani*』를 썼다. 이 책은 가동 활자가 발명된 1478년까지 출판되지 않았지만, 그 이후로 100년 동안 꾸준히 인쇄되어 최초의 근대 해부학 서적으로까지 여겨진다.

    그러나 책의 내용은 그다지 근대적이지 못했다. 직접 해부한 경험이 있음에도 몬디노 데 루치의 사고는 갈레노스와 이븐시나에서 벗어나지 못했다. 다만 온전히 해부학을 위해 쓰인 책이라는 점에서는 최초라고 볼 수 있다. 그러므로 과거의 지식과 현재의 실용적인 방식이 조합된 이 책은 해부학자의 서재에 꽂힌 첫 번째 근대 서적이다.

2장

Medieval Anatomy

중세의
해부학

1301~1500

필사본이 아닌 최초의 인쇄본 해부학 책은 적어도 40가지 판본이 출간되었고, 저자가 죽은 이후에도 무려 300년 동안 해부학 교실의 필독서로 사용되었다. 이 책은 교리도 철학도 전반적인 의학적 원칙도 없이 그저 해부학자를 위한 해부학을 설명했다.

1. 철학에서 과학으로

『인체의 해부』는 몬디노 데 루치가 1316년에 쓰고 1478년에 출간된 책이다. 인쇄술의 출현으로 전체적으로 복제가 편리해졌고 삽화를 판화로 넣을 수 있는 유용한 기능도 생겼다. 삽화는 수도승의 화려하고 예술적인 채색 그림이 아니라 본문의 내용을 뒷받침하고 보강하는 이미지로 기능했다. 『인체의 해부』의 초기 판본에는 글만 들어갔지만 이후 15년에 걸쳐 삽화가 추가되었다. 과거에는 필경사들이 자신이 무엇을 베끼는지도 모른 채 힘들게 손으로 그림을 옮겨 그렸다. 몬디노의 책은 인체의 해부 구조를 상세히 기술했을 뿐 아니라 자신의 해부 과정까지 설명했다. 그는 인체를 하찮은 것에서 고귀한 것까지 세 구역으로 나누었다. 배는 위나 간 같은 미천한 '자연 요소'를 품고 있고, 가슴은 심장과 폐를 포함한 '영적 요소'를, 그리고 머리는 눈과 귀와 뇌 같은 우월한 '동물적 요소'를 담고 있다. 몬디노의 해부 과정은 몸의 아랫부분에서 위를 수직으로 가르는 수직 절개와 배꼽의 바로 위에서 가르는 수평 절개로 시작한다. 삽화는 피부를 벗겼을 때 드러나는 속사정을 생생하게 보여준다.

계속해서 이 책은 창자에서 시작해 해부 과정 순서대로 내장 기관을 다루는데, 그 다음은 위다. 설명은 어떤 경우 놀라울 정도로 정확하다. 예를 들어 산소를 잃은 혈액을 다시 심장으로 운반하는 대정맥을 비롯해 폐동맥과 폐정맥의 구조가 그렇다. 그러나 그는 심장에 좌우 심실, 그리고 격막(심실 사이의 벽) 안에 감춰진 가운데 방까지 모두 3개의 방이 있다는 아리스토텔레스의 믿음을 고수했다. 몬디노는 우심실이 간에서 생산된 피를 끌어오고, 좌심실에는 폐에서 온 연기 같은 증기가 채워진다고 주장했다. 또한 프네우마에 해당하는 정기는 중간 방에서 생산된다고 했다. 하지만 혈액이 심장으로 들어와서 지나는 좌우 심방에 대해서는 언급하지 않았다.

더 심각한 것은 자궁에 대한 시각이었다. 몬디노는 이미 볼로냐에서 논란을 불렀던 옛 이론을 끌고 왔다. 중세 초기에는 자궁에 7개의 방이 있고 그 안에서 태아가 발달한다고 믿었다. 오른쪽 3개는 남자 아기, 왼쪽 3개는 여자 아기용이며 가운데 있는 방은 자웅동체가 잉태될 경우를 대비해 남겨둔 것이다. 이 정도의 오해는 해부로 쉽게 바로잡을 수 있지 않았을까? 이런 반복된 오류 때문에 여성 두 명을 해

『인체의 해부』(1475)

몬디노 사후에 출판된 이 교재의 속표지에서는 해부학자가 부주의한 해부자에게 지시를 내리고 있다.

2장 중세의 해부학 71

부한 적이 있다는 몬디노의 주장은 신빙성을 잃었다. 일부 역사가는 몬디노가 해부를 수행하긴 했으나 그런 공개적인 시범은 대개 해부학자가 직접 하지 않았다고 주장한다. 해부학자는 단상에 올라가 해부 과정을 말로 설명하며 대개는 관객의 이해를 돕기 위해 연극의 내레이터처럼 책을 소리 내어 읽었다. 공개 해부에는 보통 세 사람이 참여하는데, 강독사lector(라틴어로 읽는 사람이라는 뜻)는 높은 곳에 앉아 책을 들고 해부 구조를 설명한다. 해부자sector(자르는 사람이라는 뜻)는 실제 절개와 적출을 담당한다. 지시자ostensor는 마치 칠판 앞의 선생님처럼 뾰족한 막대기를 들고 강독사가 설명하는 부위를 가리키며 사람들의 주의를 집중시킨다. 이는 단상에서 설교하는 사제의 모습을 연상시키는 설정이다. 강독사의 말은 목사가 읽는 성경처럼 대단한 가치가 있었다. 청중에게는 자신 또는 해부자의 눈으로 본 것이 아닌 강독사가 말하는 것이 진실이자 사실이었다. 『인체의 해부』 1493년 판본에 실린 공개 해부 장면을 보면 사람들이 시신을 보고 있는 것 같지도 않다.

이런 부정확성에도 불구하고 몬디노의 『인체의 해부』는 기념비적인 출판물이다. 이 책은 해부학을 철학의 실례가 아닌 과학으로 다루었다. 비록 히포크라테스와 갈레노스를 답습한 측면이 있지만 일부 다른 오류를 교정하여 최초의 근대 해부학 서적으로 여겨지며, 근대 어느 해부학자의 서재에서든 기본으로 갖췄을 만한 자료이다.

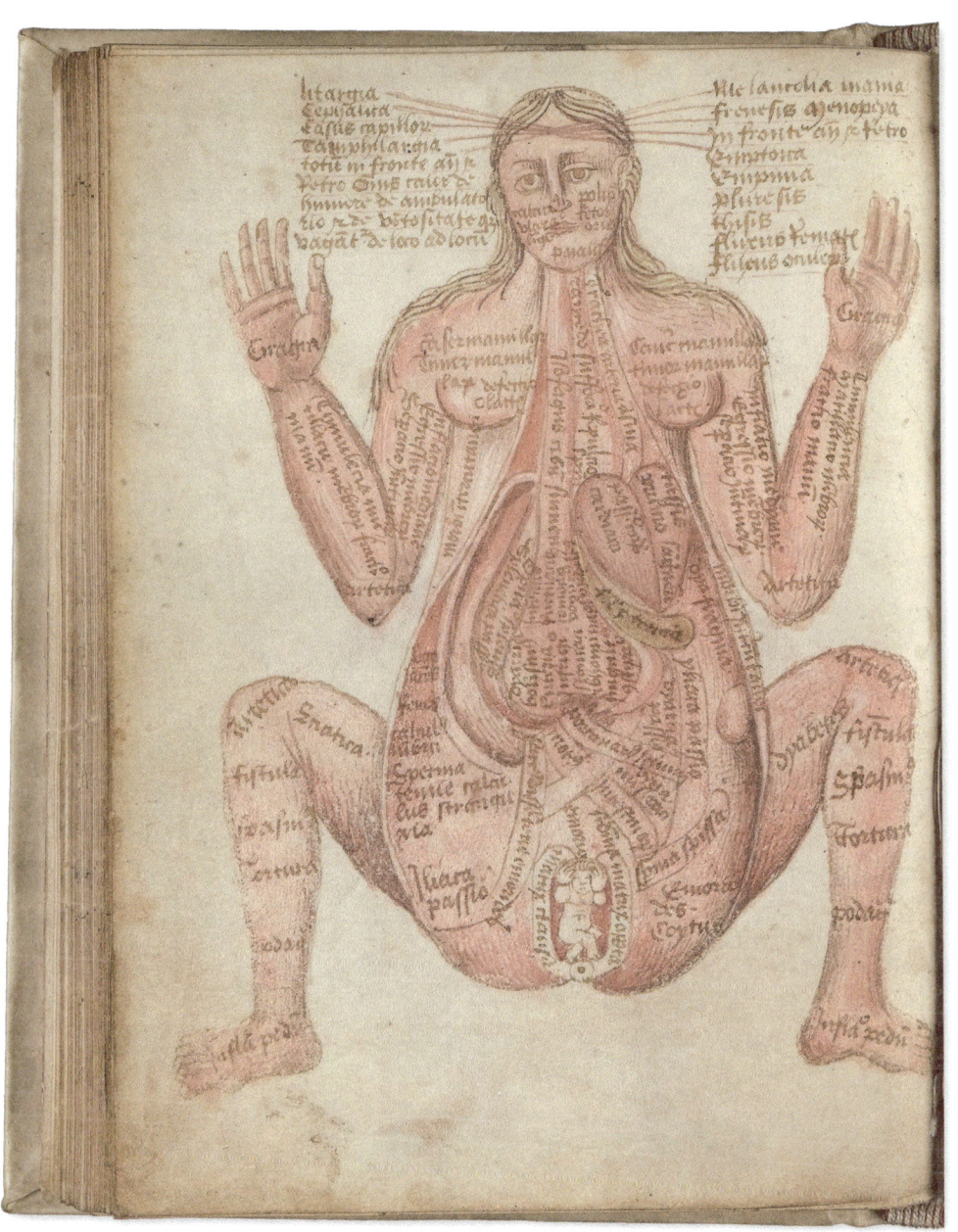

『인체의 해부』(1475)

몬디노의 고전에 등장하는 임신부의 해부도.

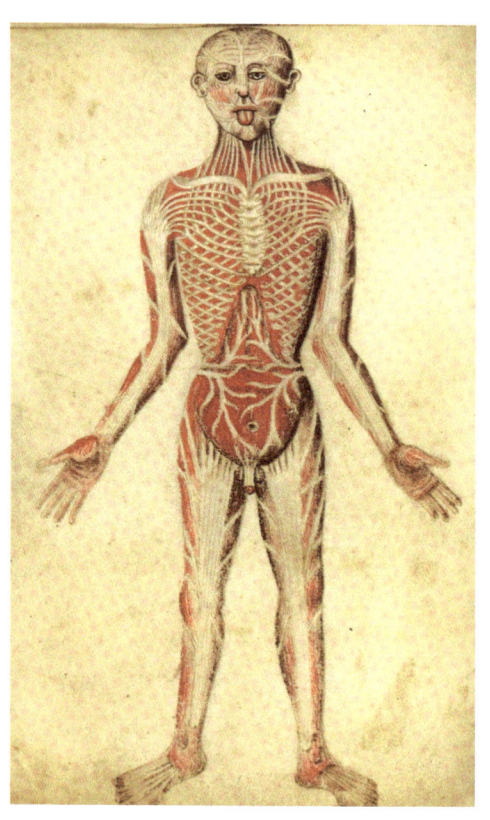
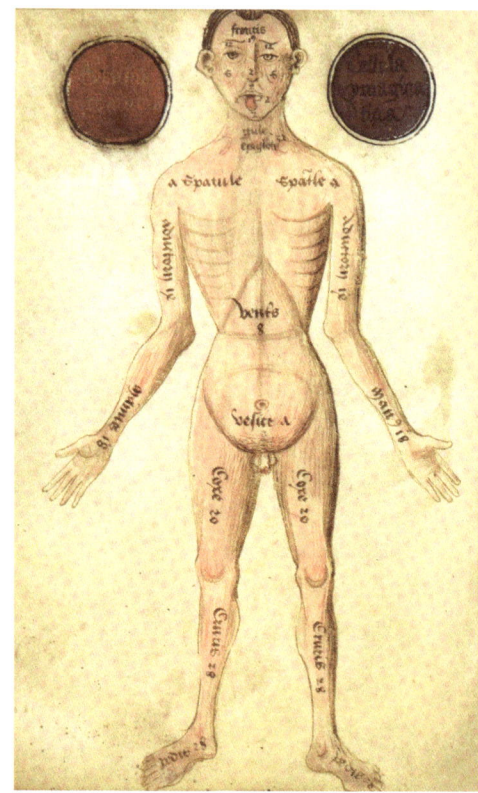

『인체의 해부』(1475)

몬디노의 해부학 책에 나오는 남성 해부도. 혈관(왼쪽)과 근육(오른쪽). 동그라미는 당시 존재가 밝혀진 4개의 뇌실을 나타낸다.

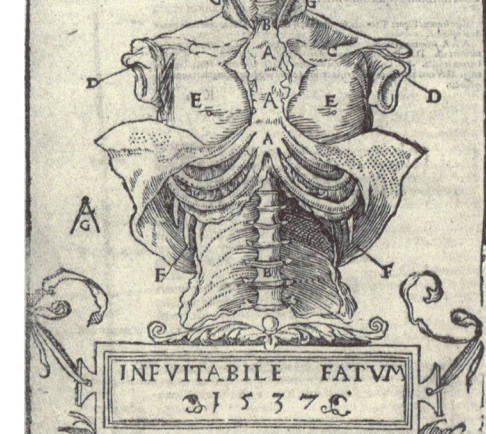

『인체의 해부』(1475)

해부된 남성의 상체. 해부 구조뿐 아니라 몬디노의 해부 절차도 보여준다.

2. 해부학 삽화의 선구자, 귀도 다 비제바노

몬디노의 『인체의 해부』도 나중에 출간된 판본에 삽화가 추가되었지만, 해부학에 삽화를 활용한 선구자는 몬디노의 학생이었던 귀도 다 비제바노(1280~1349)이다. 귀도는 매력적인 인물로, 레오나르도 다빈치처럼 박식한 재주꾼이었다. 다만 정교함이 떨어졌다. 그는 의사이자 발명가, 외교관이었고 전쟁 무기와 해부학에 관한 책을 써서 프랑스 국왕 필리프 6세에게 헌정한 작가였다. 귀도는 볼로냐에서 공부를 마치고 고향인 롬바르디아 파비아에서 진료를 보다가 신성로마제국 하인리히 7세의 황실 주치의로 임명되었다.

중세에 이탈리아 북부는 구엘프Guelph(교황파)와 기벨린Ghibelline(황제파)의 치열한 전쟁터였는데, 두 파는 각각 교황과 신성로마제국을 지원했다. 하인리히 7세는 통치 기간 내내 교황파 지도자인 나폴리 왕국의 국왕 올베르토와 정치적·군사적 마찰을 빚었다. 당시 교황 클레멘스 5세는 로베르토의 뒤를 봐주었고, 1313년에 하인리히 7세가 시에나의 한 교황파 도시를 포위하던 중에 사망하자 파비아 같은 황제파 도시에 성무 금지령을 내렸다. 성무 금지령은 가톨릭교회가 개인과 공동체에 주는 영적 혜택을 빼앗고 죄의 사함과 축성된 땅에 매장되는 위안을 허용하지 않겠다는 책망의 표현이지만, 방해하고 정치적 보호막을 제거하는 다소 속세적인 결과를 낳기도 했다.

귀도 다 비제바노는 하인리히 7세의 궁정 소속이었다는 이유로 교황파의 표적이 되어 프랑스로 도주해야 했다. 하지만 그곳에서도 실력을 인정받아 부르고뉴의 잔, 그리고 이어서 그 남편인 프랑스 군주 필리프 6세의 주치의가 되었다. 필리프는 더 적극이라고 여겨졌던 영국의 에드워드 3세를 제치고 프랑스 왕위에 올랐는데, 개정된 프랑스 법에 따라 에드워드가 모계의 후손이라는 이유로 배제되었기 때문이다. 그럼에도 필리프와 에드워드는 함께 십자군 출정을 계획했고, 이를 지원하고자 귀도는 1335년에 『프랑스 국왕을 위한 보고(寶庫)Texaurus regis Francie』를 썼다. 이 책은 공성전에 필요한 장비들을 제안한 목록으로, 무장한 차량, 임시 가교, 도시의 성벽을 공격할 풍력 수레와 탑 등이 있었다. 그러나 필리프와 에드워드의 사이가 틀어지면서 십자군은 무산되었고, 오히려 두 사람이 서로 백년전쟁을 벌이게 되었다.

귀도의 다른 두 책은 필리프에게 좀 더 실용적인 쓸모가 있었다. 그는 십자군에 출정하는 왕을 보필하기 위한 의료 안내서인 『건강 편람Regimen sanitatis』을 편찬했다. 이 책은 지중해 동부의 기후가 건강에 미치는 악영향과 십자군 지도자에게 닥칠 위험에 특히 주목했다. 이 책은 따로 장을 할애해 독살 위협에 대비한 해독법을 다루었다. 귀도는 그중 하나를 직접 시험했는데, 치명적인 투구꽃을 먹은 애벌레가 죽지 않고 멀쩡한 것을 보고, 그 식물의 뿌리로 스스로 중독된 다음 그 유충을 갈아서 먹었다. 그는 죽지 않고 살아남아 『건강 편람』은 물론이고 자신의 해부학 서재에 『필리프 7세를 위한 해부학Anathomia Philippi Septimi』을 추가했다(원래는 필리프 6세이지만 귀도는 12세기에 루이 6세와 함께 공동 통치한 다른 필리프까지 포함해서 계산했다).

귀도는 볼로냐에서 몬디노와 함께 시신을 해부했는데, 그 경

『프랑스 국왕을 위한 보고』(1335)

귀도 다 비제바노는 기사들이 말을 타고 강을 건널 수 있는 부유 장치를 제안했다.

힘은 프랑스 해부학자들의 부러움을 사고도 남을 정도로 귀중했다. 그가 1345년에 쓴 책은 1475년에야 초판이 출간된 스승 몬디노의 책보다 더 널리 읽혔을 것이다. 귀도는 몬디노의 방법을 그대로 따랐고, 신체 부위에 똑같이 서열을 적용했으며, 여러 가지 같은 실수를 반복했으나 비장의 형태 등은 교정했다. 귀도가 몬디노의 해부자로 일했을 가능성이 있으며, 실제로 『필리프 7세를 위한 해부학』에서 해부 경험이 많다고 언급했다.

귀도의 삽화는 자신과 몬디노가 쓴 글의 이해를 높인 공이 있

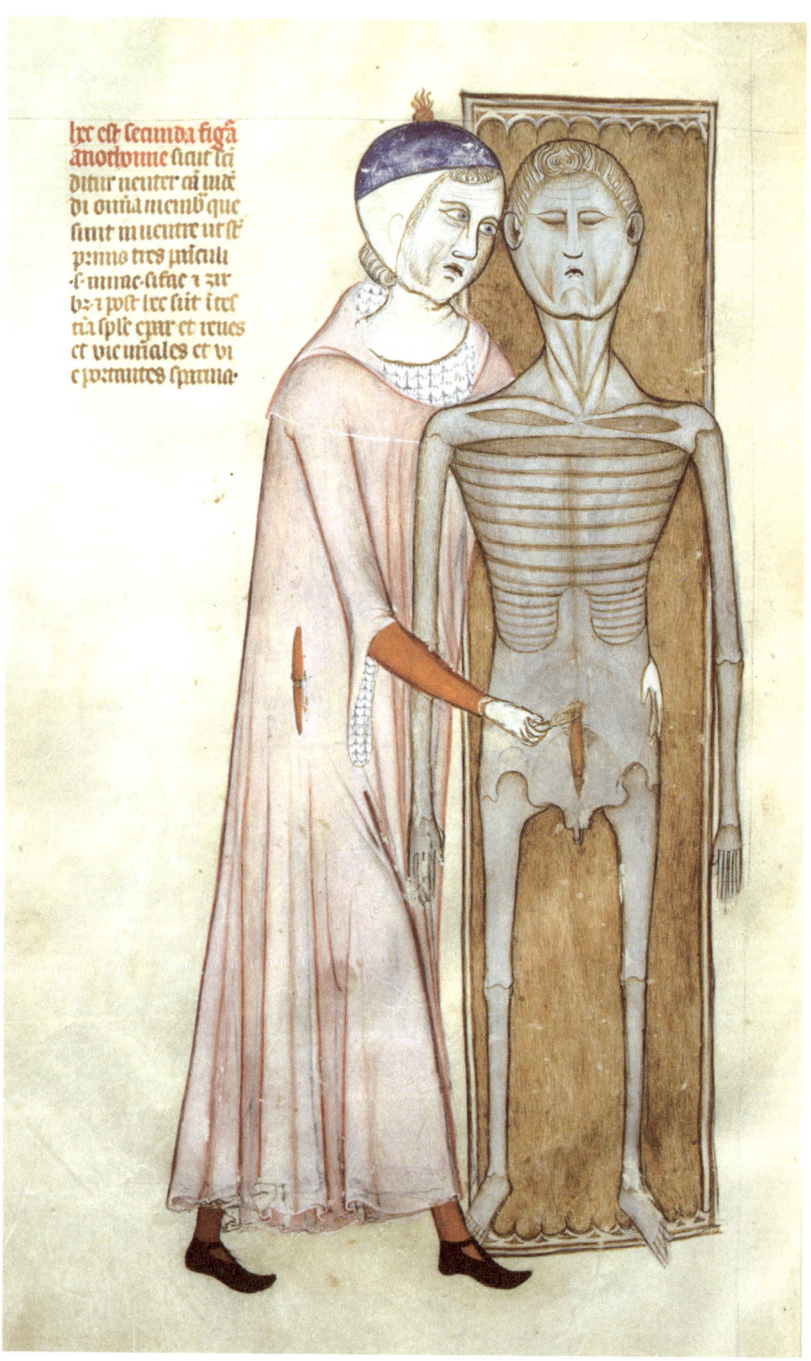

『필리프 7세를 위한 해부학』(1345)

귀도 다 비제바노가 프랑스의 필리프 6세에게 헌정한 책. 해부의 첫 절개를 시도하고 있다.

『필리프 7세를 위한 해부학』(1545)

해부학자가 망치와 메스로 시체의 두개골을 여는 두개개구술을 실행하고 있다.

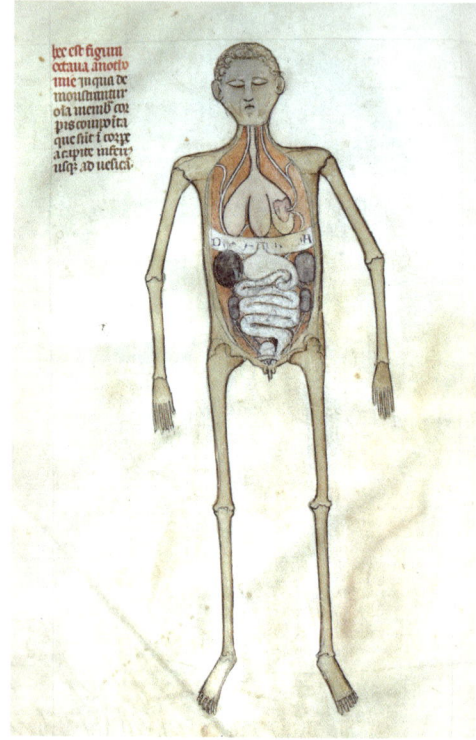
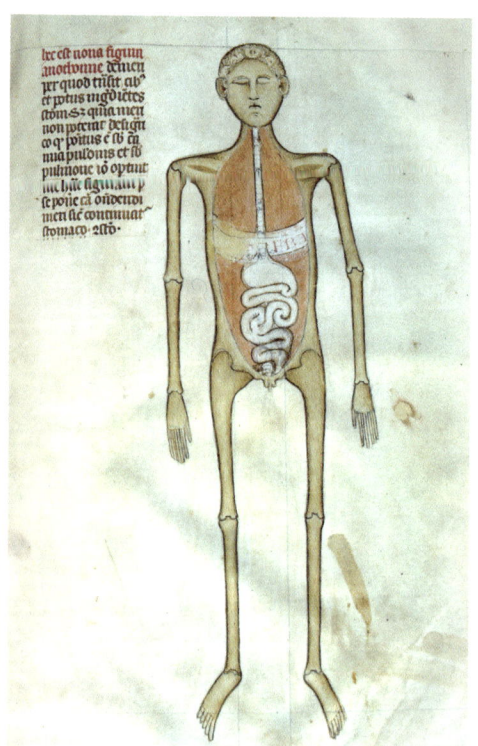
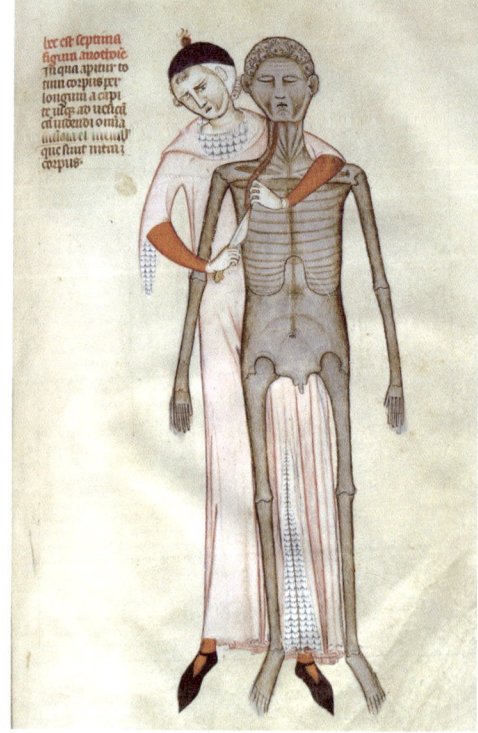

지만 확실히 레오나르도 다빈치와 함께 묶일 수준은 아니었다. 다양한 분야에서 뛰어난 업적을 이루긴 했어도 예술가는 아니었던 지라 참수형을 당한 죄수의 머리에서 덮개뼈를 제거하는 이미지에서 원근법은 재앙에 가깝다. 마치 어린아이가 아침 식탁 위에 그 컵에 담긴 달걀을 그린 수준이다. 그러나 덮개를 머리 위가 아닌 옆에서 보여주고 정수리에서 두 판의 접합부인 두개봉합을 달걀에 금이 간 것처럼 묘사했다. 또 다른 이미지에서는 틀린 정보이긴 하지만 정보를 전달하는 도해의 명확한 가치를 보여준다. 여성 해부도에서 귀도는 사람들이 보고 싶어 하는 것을 그렸다. 몬디노가 볼로냐에서 학생들에게 잘못 가르친 방 7개짜리 자궁 말이다.

3. 해부도에 색깔을 활용하다, 만수르 이븐 일리야스

유럽에서 해부학이 재발견되면서 이슬람 세계의 해부학은 뒷전으로 밀려났다. 하지만 바그다드가 몽골에 함락되었을 때도 다른 학문의 중심지들은 살아남아 제 역할을 수행하고 있었다. 아제르바이잔 동부의 타브리즈가 대표적인 예이다. 그 지역은 동서양의 무역로인 실크로드가 지나는 곳이어서 경제적 이점만이 아니라 이 도시를 통과해 동서를 왕래하는 사람들 사이의 지적 교류라는 큰 혜택을 누렸다. 그들 중에 유명한 인물이 마르코 폴로이다. 타브리

『필리프 7세를 위한 해부학』(1545)
- 이 여성의 해부도는 갈레노스의 주장에 따라 자궁에 있는 7개의 방을 보여준다. 각각 남아와 여아용 3개씩, 그리고 남은 하나는 자웅동체를 위한 것이다.
- 남성의 흉부 및 복부 장기.
- 남성의 소화기관.
- 살점이 제거된 시신에서 해부학자가 왼손으로는 갈비뼈를 뒤로 당기고 오른손으로 목에서부터 오른쪽을 절개하고 있다.

즈는 특히 과학 지식의 집합소로 유명했다. 또 다른 도시 시라즈도 몽골의 침공을 모면했으며, 두 번에 걸쳐 각각 칭기즈칸과 티무르에게 항복한 덕분에 예술과 철학의 중심지로 명성을 높였다.

만수르 이븐 일리야스는 14세기 중반에 시라즈의 부유한 지식인 집안에서 태어났다. 의사, 학자, 시인의 가문에서 탐구심을 물려받은 그는 다양한 지역을 여행하고 특히 타브리즈를 여러 번 방문하면서 학문을 배우고 시야를 넓혔다. 그는 의사로서 경력을 쌓으며 해부학자의 서재에도 중요하게 기여했다.

만수르의 『인체 해부학 Tashriḥ-i badan-i insān』은 삽화를 수록했고, 알라지와 이븐시나, 심지어 히포크라테스나 아리스토텔레스 같은 고대 권위자를 많이 인용한 일종의 파생작이었다. 그러나 그는 내장기관과 혈관을 색깔로 표현했다는 면에서 선구적이었다. 채색은 당시 이슬람의 가르침에 어긋나는 것이라 그의 책은 구설수에 올랐지만 시각 정보를 좀 더 명료하게 표현한다는 이점을 부인할 수는 없었다.

티무르의 손자에게 책을 헌정할 만큼 만수르는 태아의 발달에 관심이 많았다. 『인체 해부학』에는 그가 직접 그린 것으로 보이는 임신부의 삽화가 있으며, 한 장을 통째로 이 주제에 할애했다. 자궁에서 뇌와 심장 중 어느 것이 먼저 생기느냐는 질문은 몸을 지배하는 기관이 무엇이냐고 묻는 것과 같았다. 그는 심장에 프네우마와 열이 들어 있고 그것이 다른 기관을 만들고 유지하기 때문에 심장이 먼저 생겨야 한다고 추론했다. 반면에 뇌는 감각의 자리이다. 심장이 몸을 만들지 못하면 뇌의 기능은 쓸모가 없다. 이는 빈약한 순환논리이지만 틀린 말은 아니었다. 심장은 수태 후 가장

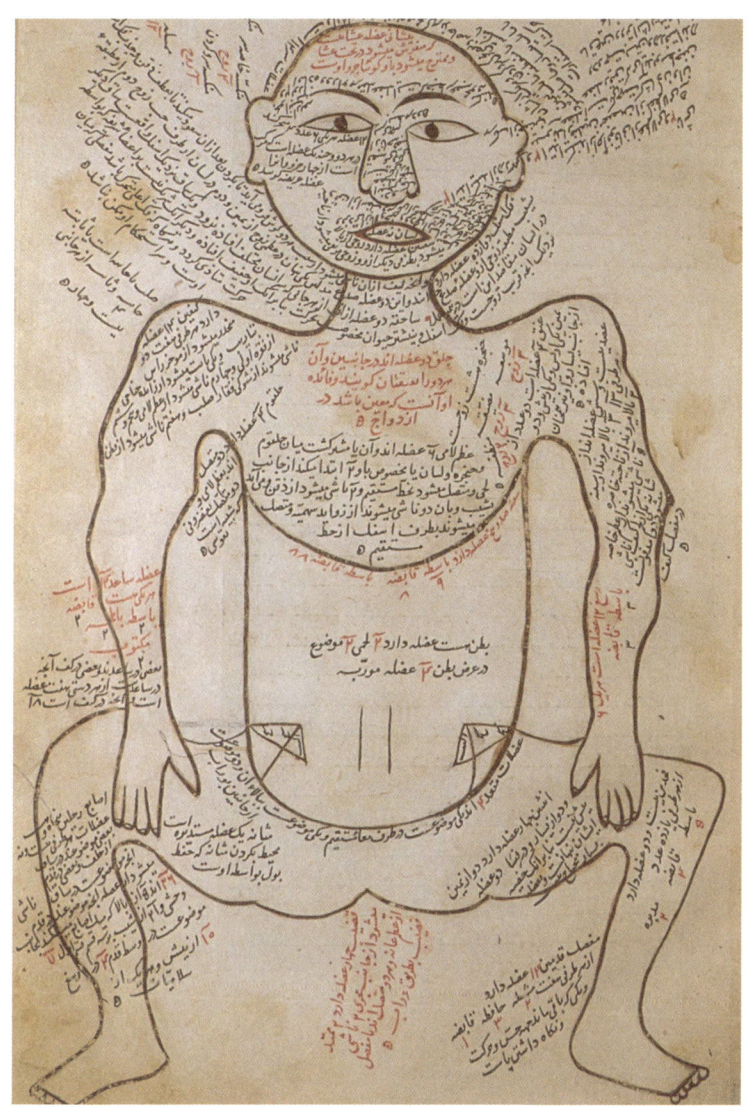

『인체 해부학』(1400년경)

만수르 이븐 일리야스는 해부도에 색깔을 사용해 혁신적인 바탕을 마련했다.
쭈그린 자세는 중동 지방에서 그린 해부도의 전형적인 스타일이다. 여기에서는 남성의 몸에서 근육계와 신경계를 보여준다.

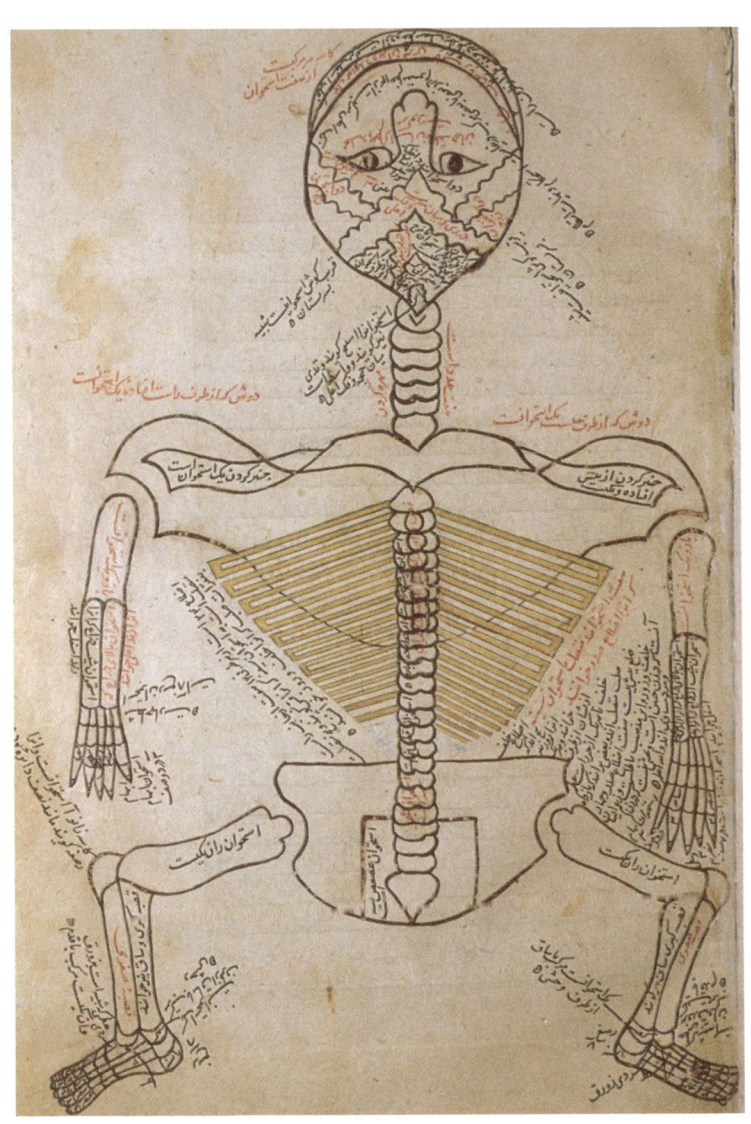

『인체 해부학』(1400년경)

인간의 골격. 갈비뼈와 척추, 손과 발의 뼈를 보여준다.

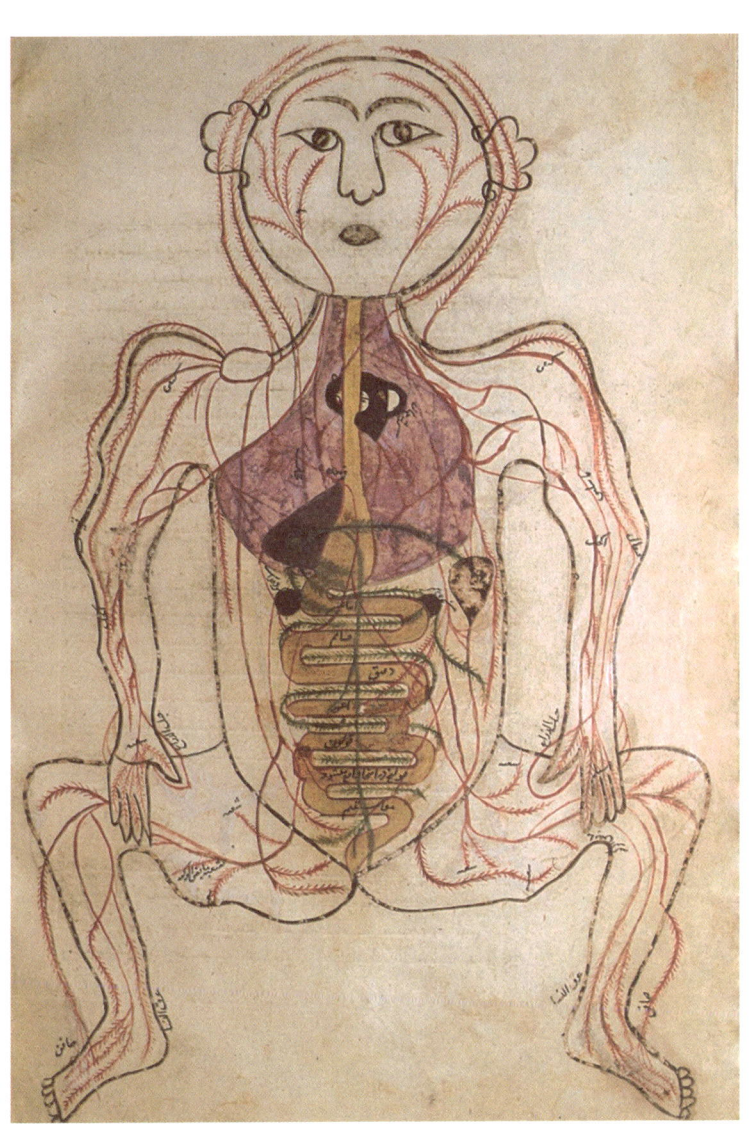

『인체 해부학』(1400년경)

정맥계. 내장 기관이 다양한 잉크 색깔로 표시되었다.

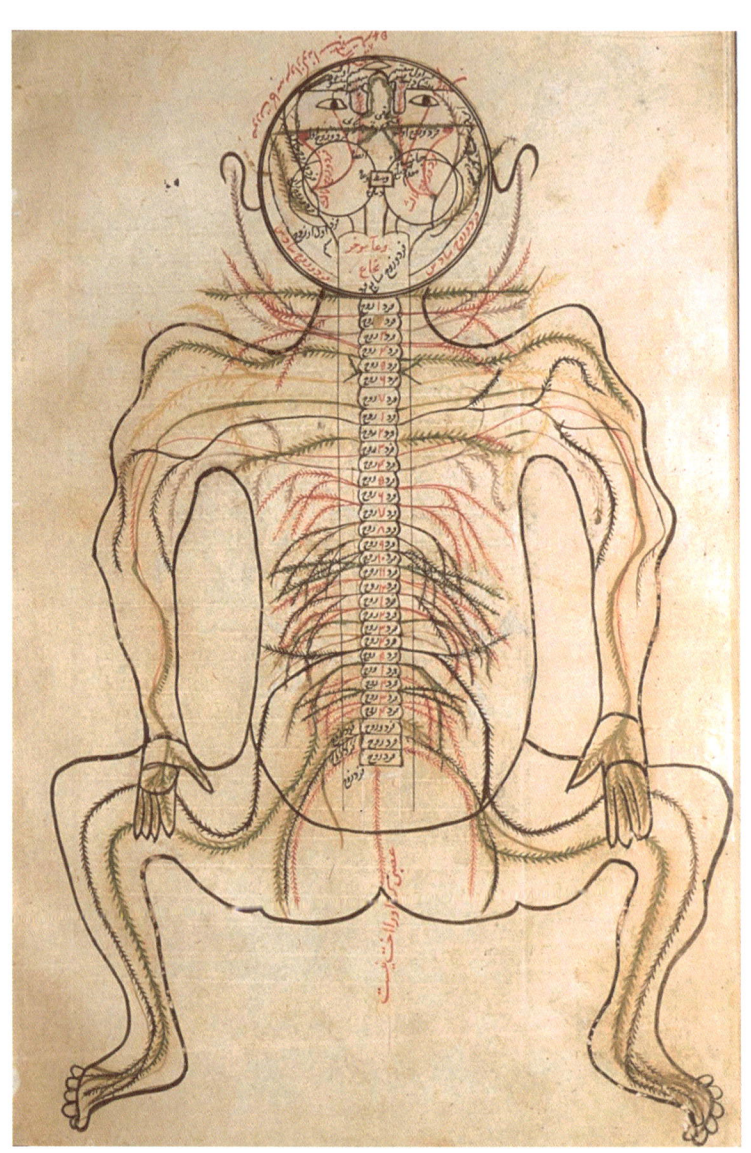

『인체 해부학』(1400년경)

상세한 신경계 해부도. 서로 다른 색깔로 신경의 쌍을
나타냈다.

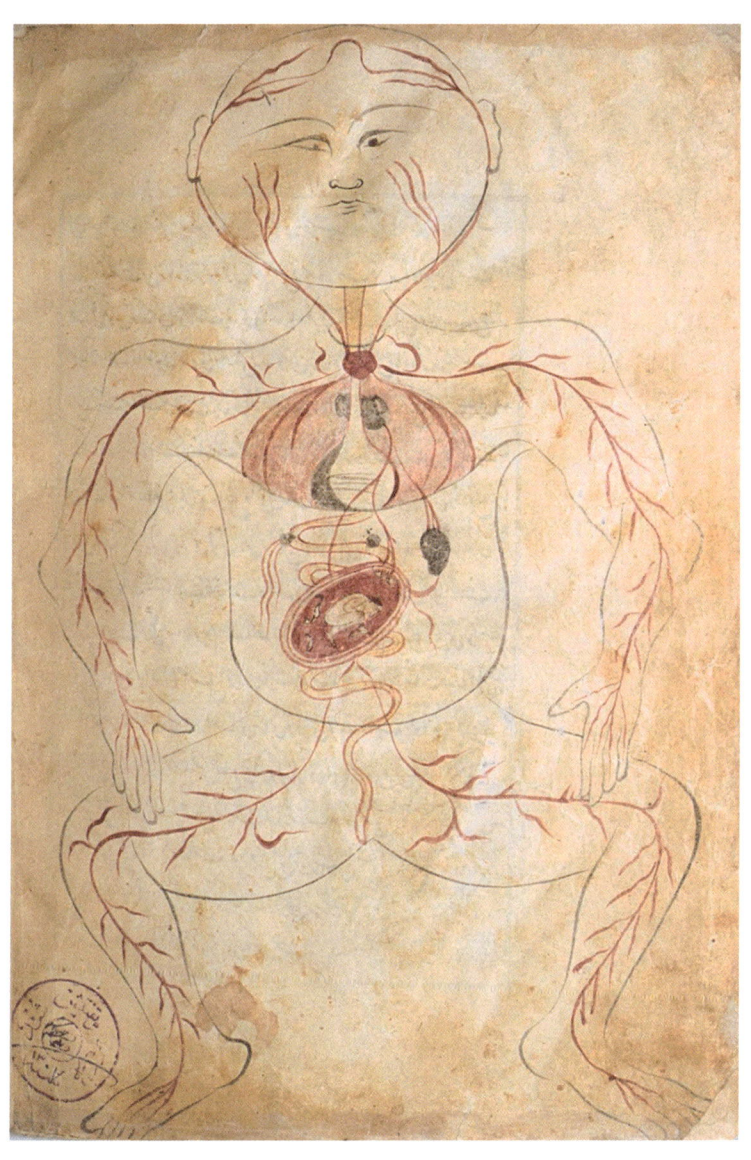

『인체 해부학』(1400년경)

주요 내장기관을 보여주는 남성 해부도.

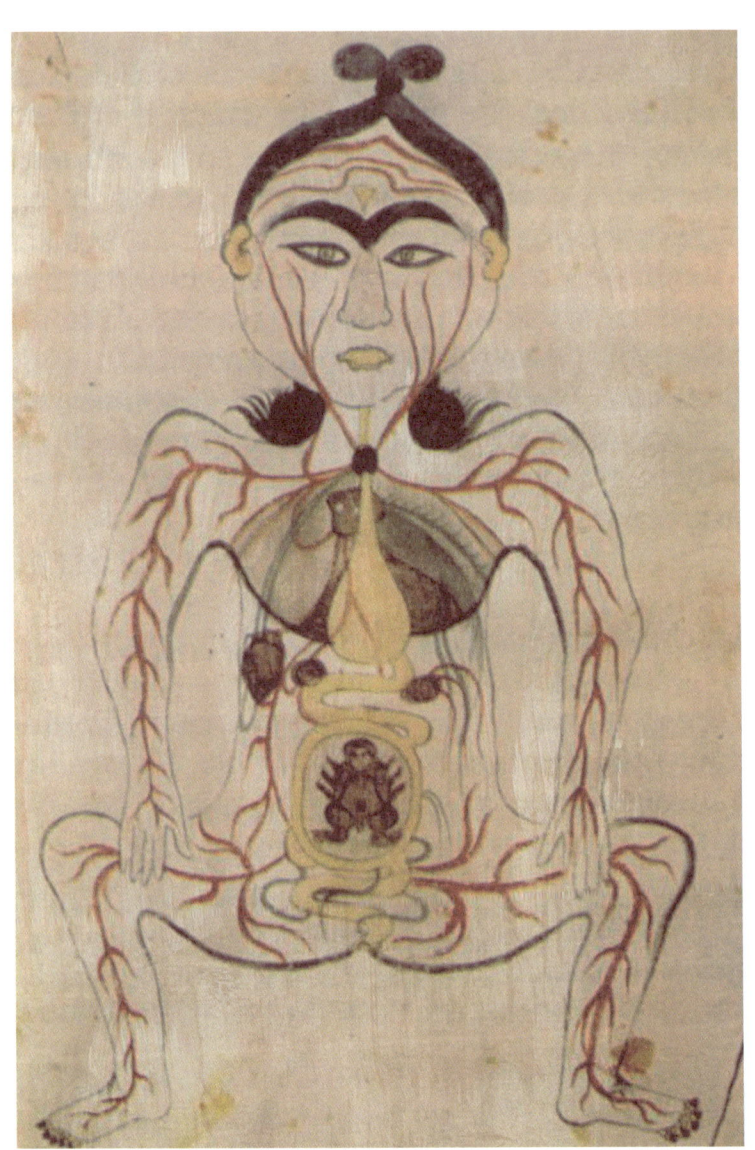

『인체 해부학』(1400년경)
자궁을 포함한 여성 해부도.

먼저 만들어지는 기관이다.

『인체 해부학』의 일부 삽화는 출처가 의심스러운데, 자인 알딘 알주르자니(1040~1136)의 저작과 상당히 유사하기 때문이다. 그는 만수르보다 300년 먼저 활동한 인물로 평생 철학, 신학, 약학, 의학을 두루 섭렵한 후에 70대가 되어서야 페르시아 화레즘의 샤를 모시는 왕실 주치의가 되었다. 다작하는 의학 작가로서 알주르자니는 '화레즘의 샤에게 바치는 보고寶庫'라는 뜻의 의학 백과사전『자히레이 화레즘 샤이Zakhirah-i Khwarazm Shahi』를 써서 주군에게 바쳤다. 그는 목의 갑상샘종, 심계 항진, 안구 돌출의 연관성을 일찌감치 발견했는데, 유럽에서는 19세기에 들어선 후에야 케일럽 패리의 연구로 재발견되어 알려졌다. 알주르자니의『자히레이 화레즘 샤이』는 일반 백과사전이었지만, 해부학 항목에 이븐시나의 그림에서 유래한 도해를 상당수 싣고 있었다. 이 삽화는 개구리처럼 다리를 쭈그린 인체 견본 위에 해부 구조를 상세히 그렸고, 각각의 명칭과 함께 특징을 설명하는 독특한 형식으로 제작되었다.

만수르의 많은 그림이 비슷한 형식을 취하는데 소위 '다섯 가지 그림 시리즈'라고 불리는 오랜 전통에 뿌리를 둔 것이다. 20세기 초 독일의 의학사학자 카를 수드호프는 12~13세기에 제작된 많은 필사본에 삽입된 다섯 가지 표준 해부도를 가려냈다. 각각 뼈대, 신경, 근육, 정맥, 동맥을 보여주는 시도였고, 때로는 임신한 여성을 포함해 6개의 도해가 있었다. 가장 오래된 작품은 바이에른 수노원에서 발견되었고, 그중에는 1158년으로 거슬러 올라가는 것도 있었다. 모두 똑같이 개구리 자세를 취했는데, 이는 페르시아에서 기원해 18세기까지 이어졌으며 나중에는 인도 아대륙의

2장 중세의 해부학 89

『자히레이 화레즘 샤이』(1484)

1136년에 초판이 제작된 자인 알딘 알주르자니 책의
이 판본에서는 서문이 두 페이지에 걸쳐 채색되었다.

해부도에도 영향을 주어 인도와 고대 힌두교의 전통 의학을 집대성한 아유르베다에도 등장한다. 이 전통의 기원은 불확실하지만, 세부적인 해부학 지식이나 오류로 미루어 아마 직접 해부한 적 없이 갈레노스의 설명에 따라 그의 의학을 그림으로 나타낸 시도로 보인다. 만수르와 주르자니의 그림은 과거의 갈레노스와 미래의 아시아 의학을 연결하는 흥미로운 잠재력이 있으며, 유럽의 해부학 역사에서는 아직 완전한 그림을 그리지 못했다는 점을 상기시키기도 한다.

4. 시신의 공급과 수요

15세기 유럽에서 볼로냐를 시작으로 점차 이탈리아 북부의 여러 의과대학에서 인체 해부가 합법화되면서 예기치 못한 문제가 발생했다. 그때까지는 사형된 죄수의 몸이 주요 해부 대상이었으나 당시 이탈리아에서 사형은 드문 형벌이었다. 따라서 죄수의 시신, 특히 해부에 적합한 시기에 죽은 범죄자가 많지 않았다. 냉장 시설이 발달하지 않은 세상에서 해부학을 연구하기에 가장 좋은 계절은 겨울이었다. 초심자가 미숙한 솜씨로 고전 중인 시신이 추운 계절에 좀 더 천천히 부패했기 때문이다. 갈레노스식 해부 순서는 대개 몸의 각 기관이 변질되는 속도에 따라 결정되었다.

해부 수업이 수련의 필수 과정이었던 의과대학 학생은 직접 시체를 구해야 하는 형편이 되었다. 절도가 한 가지 방책이었다. 스승을 대신해 무덤을 판 네 명의 볼로냐대학교 학생이 기소된 기록이 있다. 그러나 법을 어기고 싶지 않은 학생들에게는 다른 방법이 있었다. 배움의 열의가 넘치는 스승과 제자는 근래에 사망한 사람의 유족을 찾아가, 장례비를 치르고 조문객을 늘려주는 조건으로 장례 후 해부 수업에서 시신 사용을 허가하는 거래를 제안했다.

해부용 시신의 부족은 해부학의 인기가 높아지면서 점점 더 심각한 문제가 되었다. 해부학의 인기는 대중 앞에서 공연되는 공개 해부와 고대 예술(그리스·로마의 우아하고 해부학적으로 정확한 인

볼로냐대학교의 해부 극장
전체가 가문비나무로 지어진 이 해부실은 1636년에서 1737년까지 총 101년에 걸쳐 완공되었다. 히포크라테스와 갈레노스를 포함해 위대한 해부학자의 흉상이 벽을 장식하고 있다. 처음에는 이 안에서 촛불을 켜고 해부를 진행했다.

체)에 대한 새로운 관심에서 비롯했다. 예술가들은 자신의 작품에서 사람의 동작과 자세를 좀 더 정확히 표현하기 위해 인체를 공부했는데, 이는 서로 다른 분야의 멋진 만남이었다. 가장 예술적인 문화 운동인 르네상스가 가장 과학적인 초기 해부학에 일부 바탕을 두고 번성하게 되었다.

5. 갈레노스의 권위에 맞선 첫 도전

이탈리아, 특히 볼로냐는 남은 15세기 내내 해부학계를 지배했다. 사람들은 갈레노스의 이론에 작지만 의미 있는 개선을 이어나갔으나 전반적으로는 그의 모형을 받아들였다.

알레산드로 아킬리니(1463~1512)는 몬디노의 『인체의 해부』가 출판된 직후 볼로냐에서 학업을 시작해 졸업 후 볼로냐대학교에서 가르치면서 내이의 망치뼈와 모루뼈를 비롯해 여러 골격 부위를 발견했다. 아킬리니는 족근tarsus(발가락과 다리 사이의 발의 복잡한 부분)을 구성하는 7개의 뼈를 처음으로 식별한 사람이다. 그는 볼로냐에서 28년이라는 긴 세월 동안 교수직에 있었는데, 그의 글에는 실용적인 해부학 경험이 풍부하게 반영되었다. 그는 뇌의 뇌궁fornix과 뇌하수체 줄기(누두경)infundibulum를 발견했고, 턱밑샘에서 입으로 침을 운반하는 관을 찾았다. 아킬리니는 자신의 경험을 『해부학 노트 Annotationes anatomicae』에 실었다. 그는 이 책에서 자신의 해부를 갈레노스와 이븐시나의 해부와 비교하면서 유사점과 차이점을 언급했는데, 이는 지금까지 감히 누구도 시도하지 못한 갈레

알레산드로 아킬리니(1463~1512)
볼로냐에서 의대 교수로 가장 오래 재직한 인물의 초상화. 볼로냐 미술학교의 아미코 아스페르티니 (1475~1552)의 작품이다.

노스의 권위에 맞서는 중요한 첫 도전이었다. 『해부학 노트』에는 해부 과정의 편의를 위해 거세하거나 흉곽을 제거하는 등의 일반적인 해부 작업도 실려 있다.

세간의 평에 따르면 아킬리니는 허세나 야망이 없는 겸손한 인물이었다. 한 작가는 그를 '아첨이나 배신 같은 것은 할 줄 모르는' 사람으로 묘사했다. 그는 인기 있는 선생이었고, 학생들은 그와 장난을 치면서도 그를 존경했다. 많은 학자가 그렇듯 그도 자기 견해를 고집할 때가 있었지만 대체로 동료나 학생들과의 유쾌한 논쟁을 즐겼다. 그는 일과 결혼한 사람으로 평생 독신으로 살았고 책도 쓰지 않았다. 그가 쓴 글을 모은 『인체의 해부 구조 De humani corporis anatomia』는 1516년에 베네치아에서 인쇄되었고, 『해부학 노트』는 남동생 조반니 필로테오가 1520년에 볼로냐에서 출판했다.

6. 신사 과학자

알레산드로 아킬리니와 거의 동시대에 활동한 안토니오 베니비에니(1443~1502)는 피사대학교와 시에나대학교에서 의학을 공부했다. 그는 피렌체의 부유한 가문 출신으로 생계를 위해 의술을 익힌 것은 아니었다. 그런 면에서 그를 신사 과학자의 효시라고 볼 수 있다. 19세기 말까지 이런 열정적인 아마추어 과학자들 덕분에 과학의 전 분야에서 두루 발전이 이루어졌다.

그렇다고 베니비에니가 의술을 취미로 익힌 것은 아니었다. 그의 형제 지롤라모는 훗날 안토니오가 "32년간 환자를 진료했다"라고 썼다. 그는 의사로 성공했고, 정확한 진단, 세심한 치료, 뛰어난 수술 솜씨로 존경을 받았다. 그런 사회적 명망 덕분에 그는 로렌초 데 메디치(피렌체 공화국의 통치자)를 포함해 피렌체 공화국의 지체 높은 가문의 건강을 책임졌다. 로렌초는 피렌체에서 많은 기관을 후원했고, 두 남자는 진정한 우정을 나누었던 것 같다. 로렌초는 딸의 치료를 맡길 정도로 베니비에니를 신뢰했다. 베니비에니는 로렌초가 후원하는 수녀원들을 포함해 다양한 귀족 가문과 기관의 담당 의사였다. 그는 자신이 쓴 세 권의 책 『천상의 찬양 εγχώμιον Cosmi』, 『건강 식이요법 De regimine sanitatis』, 『질병에 관하여 De peste』를 이 후원자에게 바쳤다.

로렌초는 예술의 열렬한 후원자였고, 이탈리아 르네상스가 시작되는 시점에 중요한 역할을 했다. 베니비에니의 해부학 연구는 로렌초의 특별한 관심을 받았으며, 실제로도 해부학 시대의 도래를 반영했다. 체액에 대한 갈레노스식 믿음이 지속되었음에도, 15세기에 해부학은 신성한 미스터리도 핏기 없는 철학 이론도 아닌 명실상부한 자연과학으로 우뚝 섰다. 인체는 실제로 기관과 혈관으로 구성되어 있고, 그것들이 상처와 질병으로 인해 제대로 기능하지 않으면 몸은 병들고 죽을 수도 있다. 호기심 많은 이들에게 부검은 사인을 밝히는 새로운 방법으로 자리 잡았다. 해부학은 더 이상 현실과 동떨어진 과학이 아닌 실용적인 도구가 되었으며, 오늘날 안토니오 베니비에니는 병리학의 아버지로 불린다. 인체 해부학 지식이 발달하면서 그는 비정상적인 해부 구조와 그 영향에 관심을 가졌다.

15세기 말에 병원, 그리고 훌륭한 부검의를 고용할 여유가 있는 가정에서 검시는 상대적으로 흔한 행위였고, 인체를 해부할 기회가 필요했던 해부학자들은 기꺼이 의무를 이행했다. 비정상적인 해부 구조를 연구하는 기형학은 베니비에니의 위대한 책 『질병의 숨은 원인 De abditis morborum causis』의 곳곳에 등장한다. 그는 이 책에서 위암, 대장 천공, 복막의 농양, 비대 결장, 그리고 그가 처음 발견한 담낭의 결정을 묘사했다. 또한 기생충, 그리고 모체에서 자궁내 태아에게 매독이 전염되는 과정에 대한 선구적인 연구도 담겨 있다. 그가 기록한 검시 과정의 일부 지침은 현대에도 여전히 사용되고 있다. 실로 기념비적인 책이다.

아킬리니처럼 베니비에니도 생전에는 책을 출간하지 않았다. 『질병의 숨은 원인』의 선제 제목인 『질병에 감춰진 놀라운 원인과 치유에 관하여 De abditis nonnullis ac mirandis morborum et sanationum causis』는 로렌초에게 헌정된 것으로 지롤라모가 사망한 형의 유품을 정리하다가 발견한 원고들을 편집해 1507년에 출판했다. 라틴어로 쓴 이 작품은 많은 판본을 거치며 오래전에 원본이 분실됐고, 19세기에 들어서 16세기 판본을 저본底本으로 이탈리아어 번역본이 출판되었다. 다행히 당시 번역가였던 카를로 부르치가 연구 중에 원본을 발견했다. 원본에는 다른 판본에서 누락된 부분들이 있었는데, 부르치가 이것을 후대의 의학사에 포함시켰다. 부르치의 번역은 베니비에니의 혁신적 연구에 대한 가장 완벽한 텍스트를 제공했다. 그가 발견한 원본은 다시 자취를 감췄다.

인쇄술의 도래로 오늘날 인터넷의 발명처럼 상상할 수 없던 방식으로 정보 교환이 빨라졌다. 15세기 말과 16세기 초 출판물의 쇄도는 이탈리아나 중동 지역에 제한되지 않았다. 이 시기에 여러 독일 작가가 새로운 연구를 선보였는데, 이는 해부학적 지식과 호기심이 북유럽까지 퍼졌다는 증거였다.

7. 독일 의사의 소장 도서

요하네스 데 케탐(활동 시기 1460~1491)은 베네치아와 빈에서 활동했던 독일 의사이다. 그는 1491년에 베네치아에서 출간된 익명의 중세 논문집 『의학집성 Fasciculus medicinae』이라는 책으로 이름을 알렸다. 케탐은 이 책의 저자나 편집자가 아니었고, 그저 이 논문집의 두 사본 중 하나를 소유했을 뿐이었다. 그런데도 『의학집성』에는 전통적으로 그의 이름이 따라다닌다. 이 책은 삽화를 곁들인 최초의 해부학 인쇄서라는 주목할 만한 특징이 있다. 그전까지는 몬디노의 『인체의 해부』 후속 판본에만 이미지가 들어가 있었다. 『의학집성』에는 총 열 장의 전면 목판화가 실렸는데, 다섯 장은 전체 해부도이고 한 장은 환자의 소변 색깔을 분석하는 도표, 나머지 넉 장은 일반적인 장면이었다. 그 장면은 각각 학자와 그의 책을 나타내는 속표지, 환자가 의사에게 자문을 구하는 장면, 침대

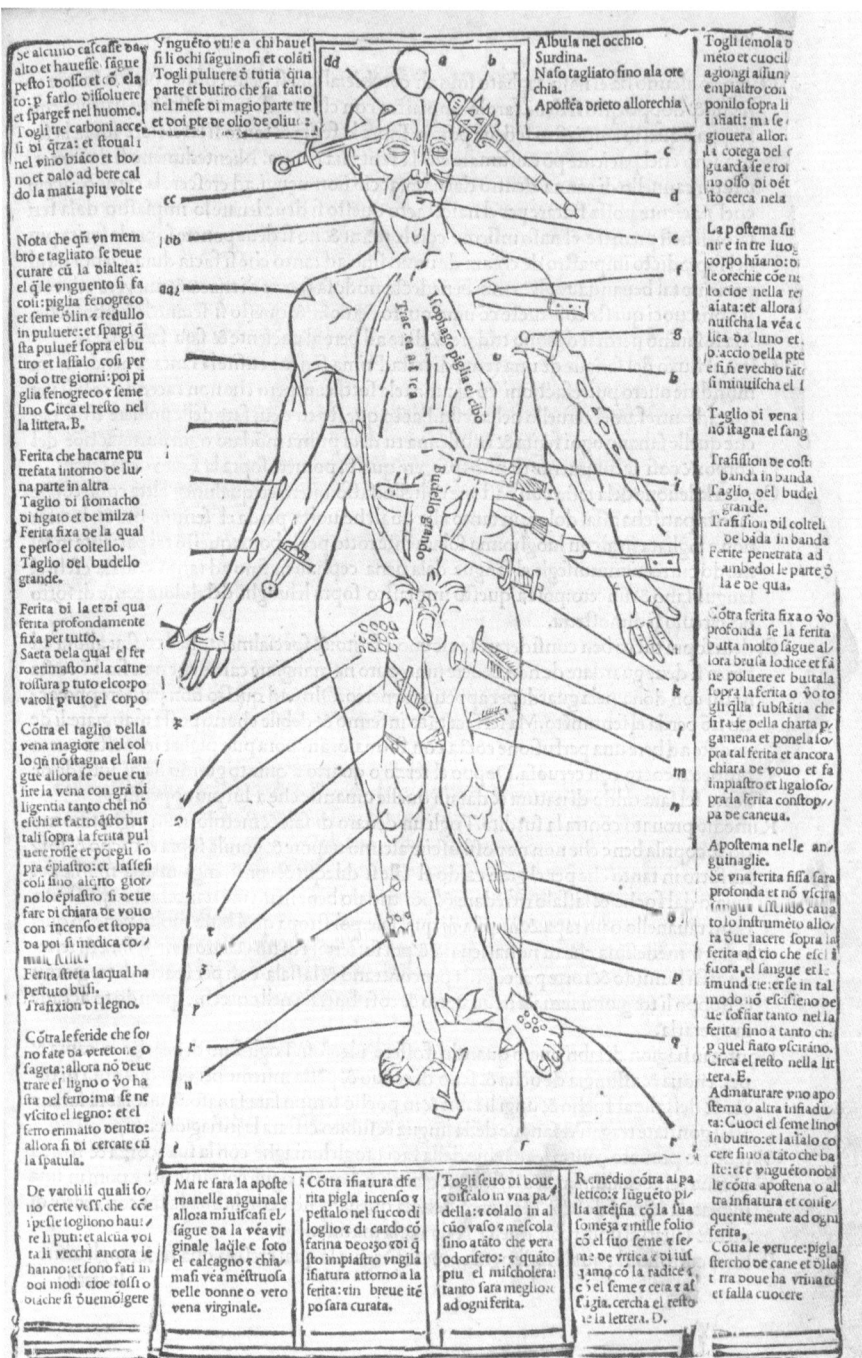

『의학집성』(1491)

요하네스 데 케탐이 소유했던 해부학 원고집의 한 페이지. 전쟁터에서 발생하는 다양한 상처를 무기, 치료법과 함께 보여준다.

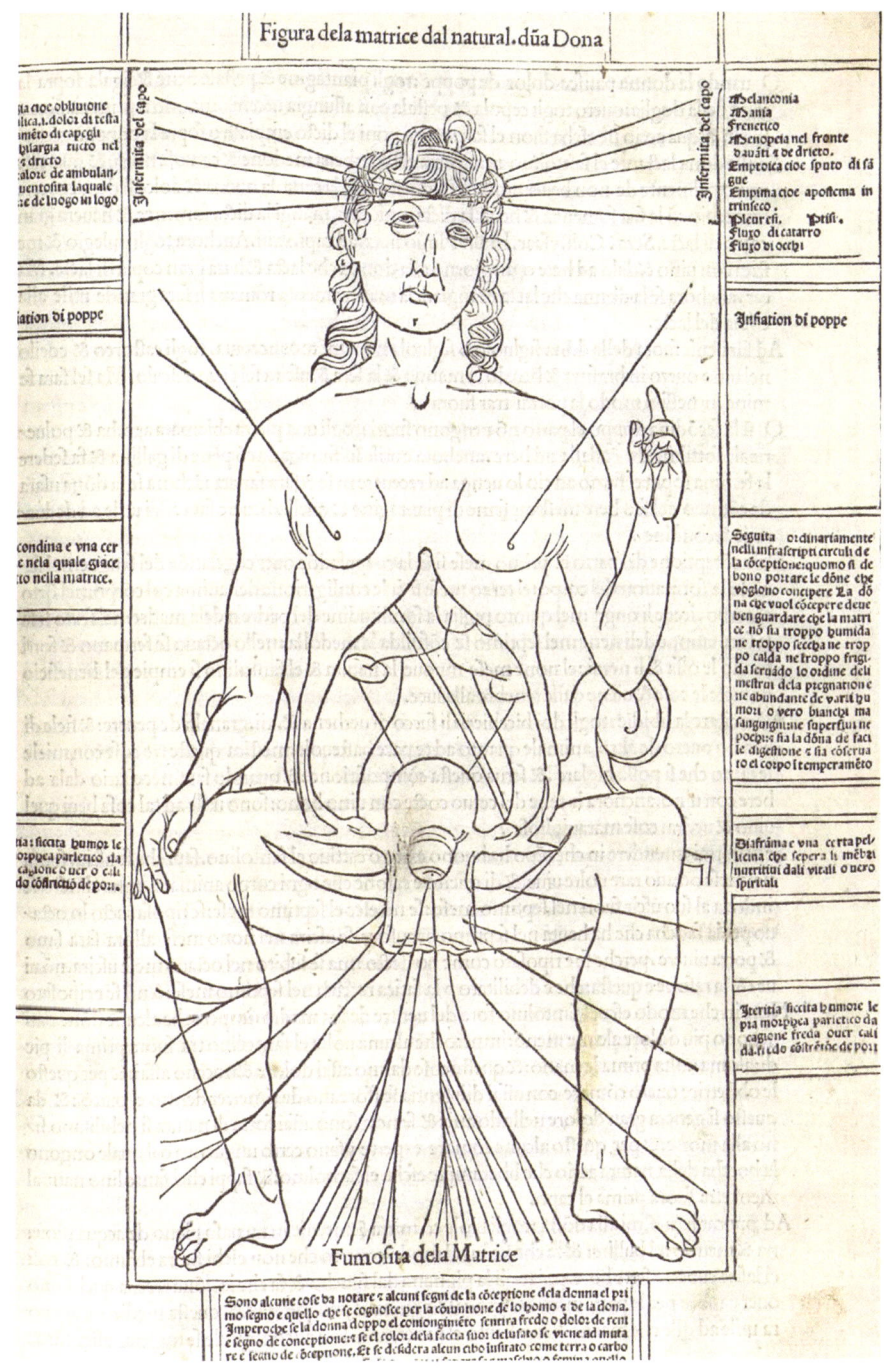

『의학집성』(1491)

여성 해부도. 내부와 외부 기관을 상세히 보여준다.

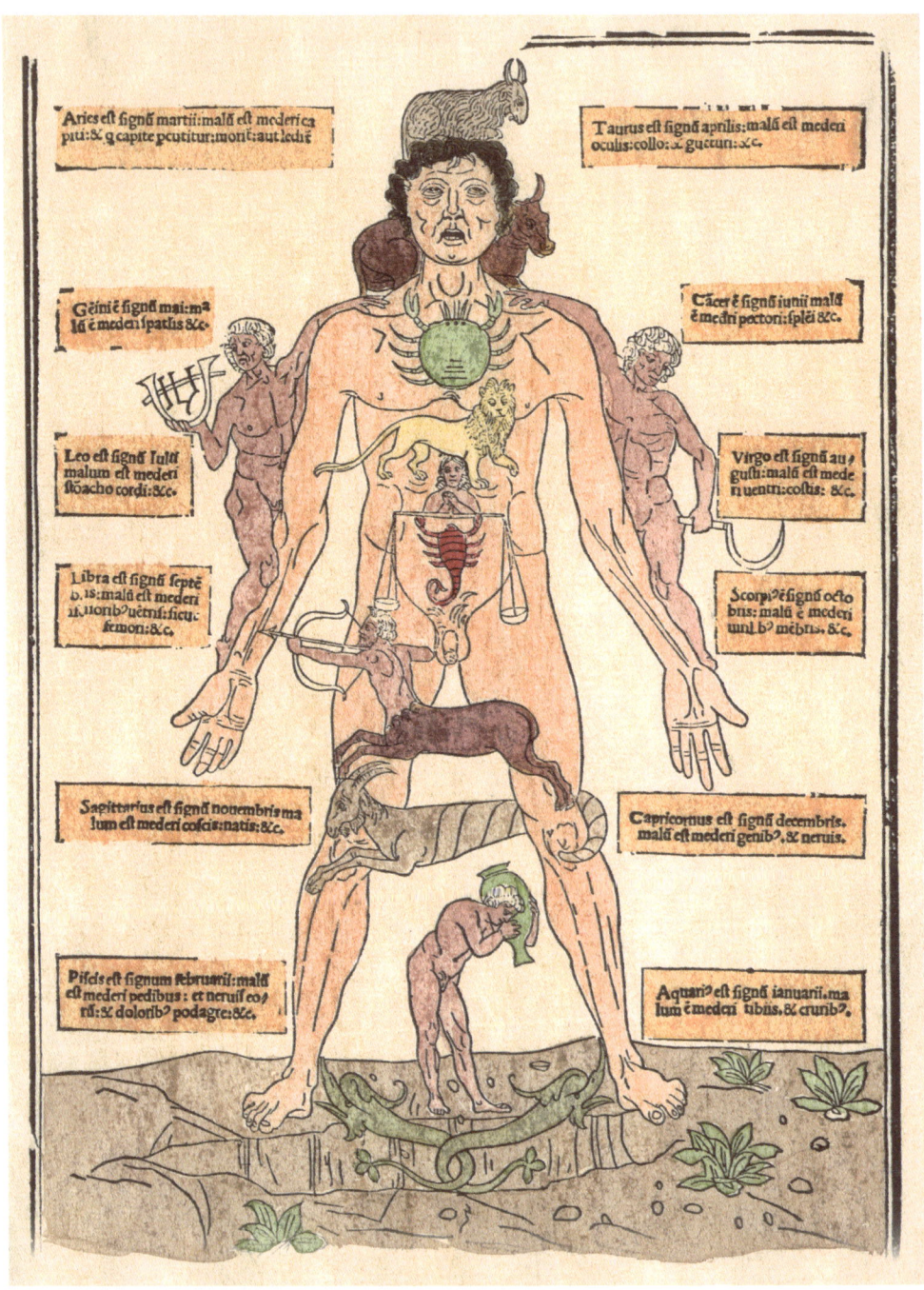

『의학집성』(1491)

방혈 지점을 표시한 도해. 각 지점을 황도 12궁의
별자리와 연관 지었다.

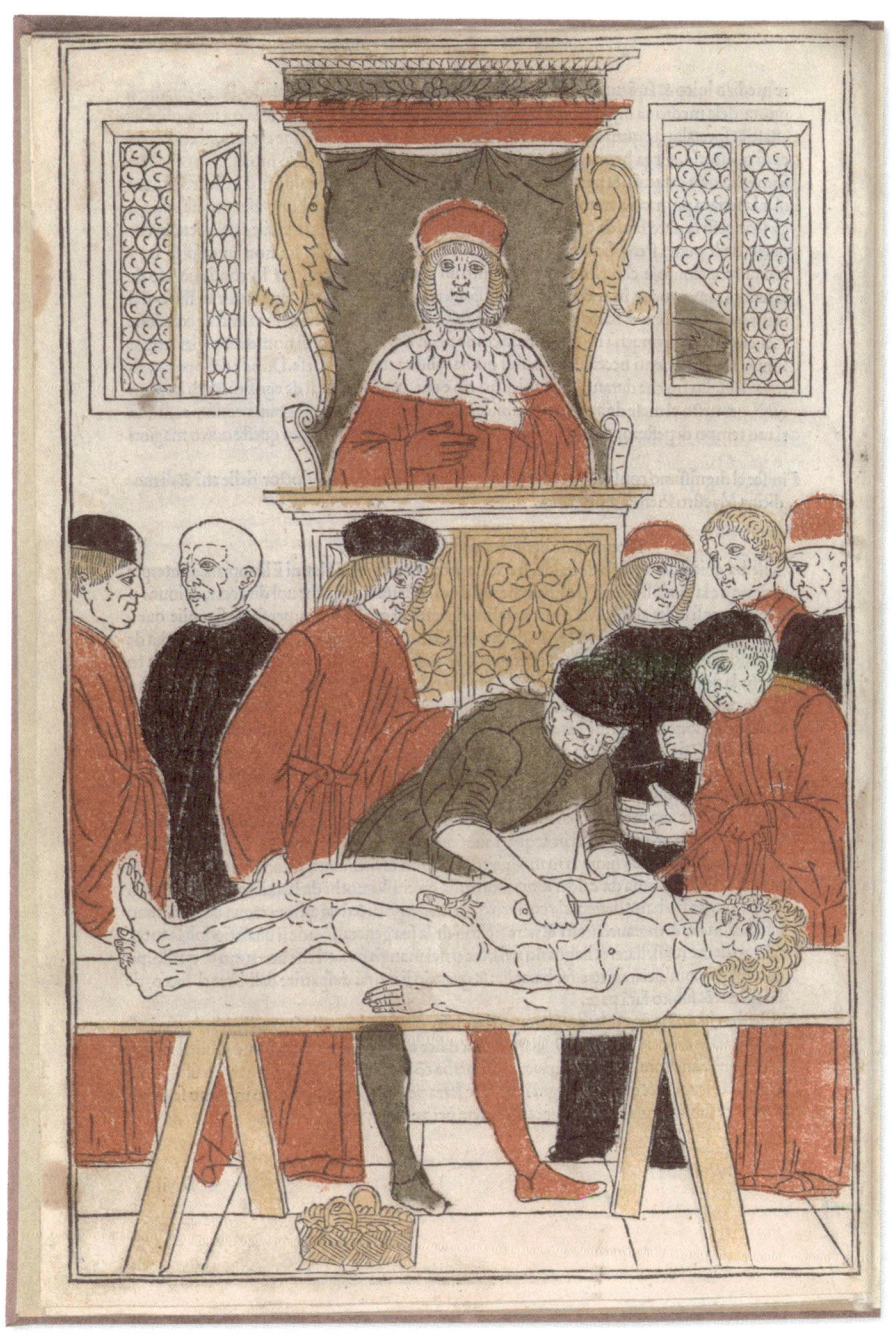

『의학집성』(1491)

해부학 강의가 한창이다. 강독사와 해부자, 지시자가 참여했다. 해부자를 제외하고 시신에 집중하는 사람은 없다. 버려지는 살점과 조직을 담기 위해 해부대 밑에 바구니가 준비되어 있다.

〈잔혹함의 보상The Reward of Cruelty〉(1751)

윌리엄 호가스의 〈잔혹함의 네 단계〉 중에서 네 번째 도판. 요하네스 데 케탐의 『의학집성』에 나오는 해부학 강의 삽화를 바탕으로 주위를 어슬렁대는 개, 뼈를 삶는 솥단지 같은 세부 내용을 추가했다.

에 누워 있는 환자를 치료하는 장면, 강독사·해부자·지시자가 모두 등장하는 공개 해부 장면이다. 이 책의 해부도에 등장하는 인물은 모두 쭈그린 개구리 자세가 아닌 자연스러운 포즈를 취한다. 이 무렵의 세상은 르네상스가 한창 진행 중이었다.

『의학집성』의 그림은 구체적인 묘사가 뛰어나다. 강독사 뒤의 망가진 창문, 해부 중에 나오는 장기를 담을 바구니까지 그렸다. 또 다른 그림에서는 의사가 침대에 누워 있는 환자의 맥박을 재고 고양이가 함께 환자를 돌본다. 케탐의 책은 1495년에 이탈리아어로 번역된 것을 포함해 여러 판본으로 인쇄되었다. 18세기 중반의 독자들도 윌리엄 호가스 시리즈 〈잔혹함의 네 단계 The Four Stages of Cruelty〉(1751)의 마지막 도판을 보고 『의학집성』의 공개 해부 이미지를 떠올리며 친숙함을 느꼈을 것이다.

8. 이탈리아 해부 지식을 흡수한 최초의 독일인

또 다른 독일인 히로뉘무스 브룬슈비히(1450~1512)는 스트라스부르 출신으로 생전에 많은 책을 쓰고 출판했다. 그가 사망한 해에 출간된 유작 『화합물 증류법 Liber de arte distillandi de compositis』은 증류, 여과, 확산을 통해 단일 또는 복합 성분의 약을 만드는 방법서이다. 이 책은 시대 풍조에 따라 환부의 해부학적 그림까지 수록한 사실상 본격적인 약초 의학서였다. 브룬슈비히는 식물학과 연금술 지식을 의사로서의 경험과 잘 조합했다.

한 전기 작가에 따르면 해부학에서 브룬슈비히의 관점은 그가 케탐 이전에 이탈리아 해부 지식을 흡수한 최초의 독일인이라는 점에서 중요하다. 그는 1497년에 출간한 『수술서 Das Buch der Cirurgia』에서 자신이 당시 가장 큰 해부학 학교인 볼로냐대학교, 파도바대학교, 파리대학교에서 공부했다고 주장했는데, 증거는 없다. 전반적으로 그는 갈레노스의 체액설을 유지했고, 자신이 만든 혼합물로 체내의 체액 불균형을 되돌릴 수 있다고 생각했다. 역시 증명할 수는 없지만 브룬슈비히는 1470년대 부르고뉴 전쟁에 참전했다. 모어인 독일어가 아닌 라틴어로 쓴 『수술서』는 총상을 비롯해 주로 전장에서 발생하는 부상의 처치를 다루었다. 그는 독일어로 '분트아르츠트 Wundarzt', 즉 상처를 치료하는 의사였다('분트'는 상처, '아르츠트'는 의사를 뜻한다―옮긴이).

그의 책에 수록된 그림들은 정식 해부도라기보다, 장면을 세밀하게 묘사한 목판화이다. 이 책에는 케탐의 『의학집성』에서처럼 환자가 의사와 상담하는 장면(『수술서』에는 팔에 화살이 박혀 있는 남성이 있다), 침상에 누워 있는 환자, 칼과 화살에 찔리고 곤봉으로 머리와 몸을 맞아 괴로워하는 남성을 의사가 무신경하게 연구하는 장면이 있다. 이 그림에도 해부학적 내용이 전혀 없는 것은 아니지만 해부도의 수준은 아니다. 그럼에도 브룬슈비히의 두 의학서는 16세기 내내 권위 있는 저술로 인정받았고, 『수술서』는 독일어권을 벗어나 1517년에 네덜란드어, 1527년에 영어, 1559년에는 고대 올로모우츠대학교에서 체코어로 번역되어 장수했다. 브룬슈비히는 이탈리아의 사상을 독일에 가져와 해외에 전파하는 결정적인 교량 역할을 했다.

『수술서』(1497)

히로뉘무스 브룬슈비히의 책에 목판화로 그린 수술 도구들.
이 책은 유럽 전역에 해부학 연구가 확산하는 데 일조했다.

¶Das erst capitel des andern tractatz xviii
¶Nach dem ich mit hiłff des allmechtigē gotes vol
bracht han disen ersten tractat. Rieff ich an sein eingebornen sun ihesū cri
stum sein barmhertzikeyt mir zū verleihen disen andern tractat zū mach
en alle wunden in einer gemeinen lere wie die geschehen zū heylen vnd zū
curieren.

¶Das erst capitel dises andern tractatz sagt in wölichen weg die wun
den geschehen vnd was ein wund ist.   c iiij

『수술서』(1497)

히로뉘무스 브룬슈비히 버전의 '부상자'.

『역병 치료서』 *Das Pestbuch* (1500)

브룬슈비히가 쓴 『역병 치료서』에 실린 흑사병 환자의 치료 장면. 브룬슈비히의 『화합물 증류법』에 들어간 목판화가 재사용되었다.

『단순한 물질의 증류법』
Liber de arte distillandi de simplicibus』(1500)

브룬슈비히의 책 『단순한 물질의 증류법』에 실린 목판화. 한 약재상이
연금술 기호 표시가 된 단지들을 가리키며 자신의 기술을 가르치고 있다.

9. 개별 신체 부위를 그린 최초의 해부학자

16세기 초, 그때까지의 해부학 지식을 망라해 종합적으로 정리한 새로운 독일 해부학 책이 출간되었다. 마그누스 훈트(1449~1519)는 모교인 라이프치히대학교의 강독사였고, 그의 『인간 존엄성의 인간학, 자연, 원소의 속성, 인체의 부분과 구성 요소 Antropologium de hominis dignitate, natura, et proprietatibus, de elementis, partibus, et membris humani corporis』(이하 『인간학』)는 1501년에 인쇄되었다.

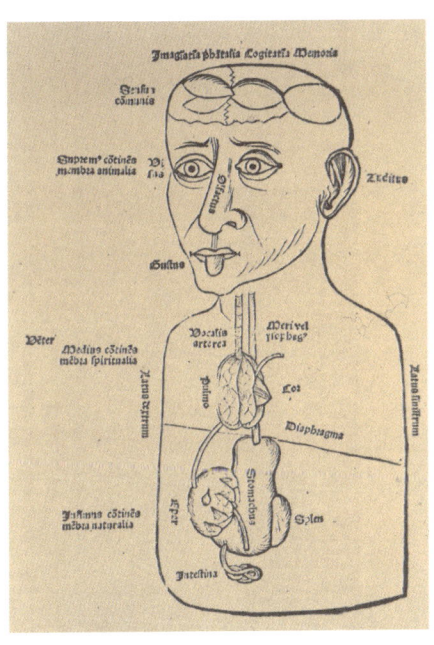

『자연철학 개론』(1499)

요한 파일리크는 과거의 오류를 답습하여 그림에서 보듯 5개의 엽으로 된 간을 그릴 때 위를 움켜쥔 형태로 그렸다. 그렇지만 그는 신체의 개별 부위를 상세하게 그린 최초의 해부학자였다.

『인간학』(1501)

마그누스 훈트는 파일리크의 혁신을 바탕으로 훨씬 자세하고 명료하며 원근법이 적용된 작품을 창조했다.

2장 중세의 해부학

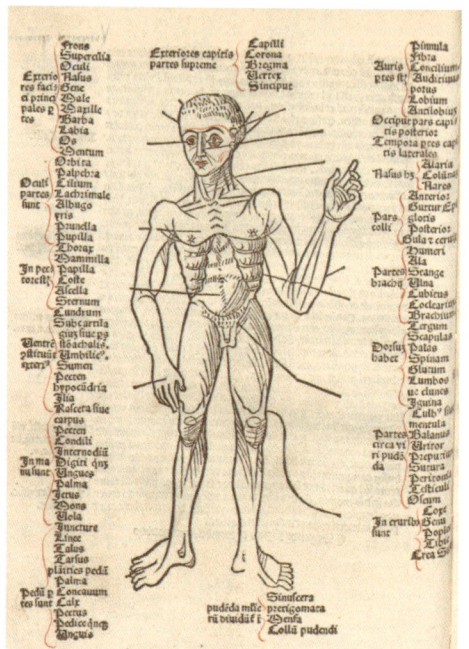
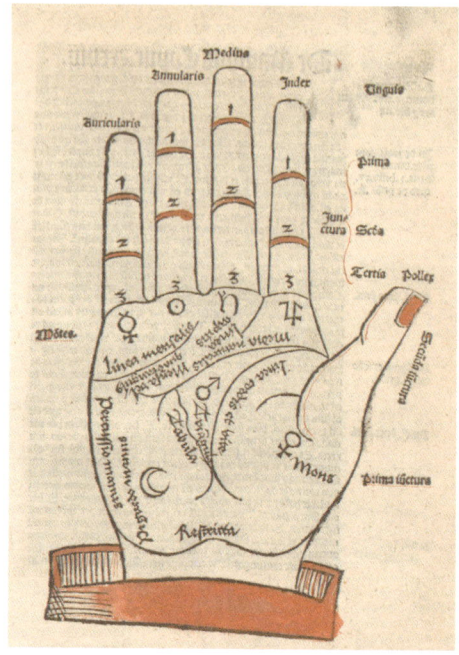
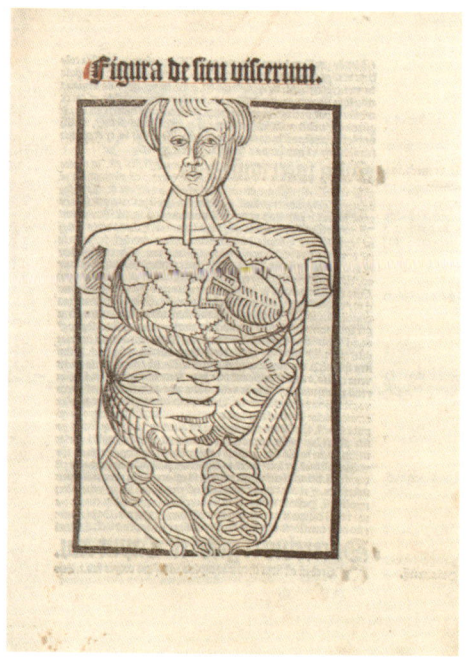

『인간학』(1501)

- 목판화로 대담하고 자신감 있게 나타낸 남성의 근육.
- 손바닥. 손금술을 위한 황도 12궁이 표시되어 있다. 일부 판본에서는 손이 채색되어 있다.
- 남성 상체의 내부 장기. 해부된 순서가 일부 표시되어 있다.
- 마그누스 훈트가 순환계에서 심장의 위치를 설명하고 있다.

마그누스 훈트는 라이프치히대학교에서 신학과 학과장을 맡아 해부학 외에도 성경의 주해와 철학 논문, 문법에 관한 책을 썼다. 『인간학』에는 17개의 목판화가 수록되었는데 케탐과 훈트는 불과 10년밖에 차이가 나지 않는데도 그림을 보면 삽화가들이 그 사이에 좀 더 효과적인 표현 방식을 찾아낸 것 같다. 훈트의 그림에는 원근, 깊이, 선의 경제성과 과감함이 드러난다.

이 그림들은 특정 부위에 초점을 맞추어 머리, 손, 몸통, 그리고 여러 개별 기관이 확대되었다. 『인간학』은 새로운 세기에 어울리는 야심찬 작품이었다. 일부 도해는 라이프치히대학교 예술학부의 동료가 앞서 작업한 작품에서 가져와 재사용했다. 훈트가 본보기로 삼은 요한 파일리크(1474~1522)의 『자연철학 개론 Compendium philosophiae naturalis』은 해부학적 세부 사항이 좀 더 현실적으로 표현된 도해를 처음으로 소개했지만, 내부 기관에 대한 삽화는 훈트의 책과 비교하면 정보가 부족하다.

10. 인간학에 해부학을 포함시킨 신학자

훈트는 16세기 시작점에 『인간학』을 통해 생리학은 물론이고 철학과 신학의 측면에서 인체를 설명해 당시 학문의 발전 상태를 훌륭히 보고했다. 또 마침 그는 '인류학 anthropology'(인간학)이라는 단어를 처음 사용했다(현대에 쓰이는 의미와는 다르지만). 훈트의 뒤를 바로 이어 1503년에는 그레고어 라이슈(1467~1525)의 『철학의 진주 Margarita philosophica』가 스트라스부르에서 인쇄되었다. 라이슈는 성브루노 수도회의 수도사로 프라이부르크대학교에서 공부하고 가르쳤다. 훈트가 해부학에서 시도한 것을 라이슈는 해부학을 포함한 전체 대학 교육과정에 적용했다. 『철학의 진주』는 일반 지식을 담은 최초의 백과사전이었고, 일부 대학에서 16세기 내내 교과서로 지정할 만큼 성공했다. 이 책은 적어도 12개 판본이 나왔고, 에스파냐의 부르고스와 영국의 옥스퍼드와 케임브리지에도 입성했다.

『철학의 진주』는 화려한 목판 삽화가 일품인데, 마침 이번에는 삽화가의 정체가 알려졌다. 바젤대학교의 알반 그라프는 책에 들어갈 그림을 그리기 전에 먼저 책의 내용을 읽어야 한다고 고집하는 믿음직한 삽화가였다. 이 책의 해부학 챕터에는 눈의 자세한 단면도와 몸속의 내부 기관을 그린 해부도가 수록되었다.

신학자이자 철학자인 라이슈는 지식만이 아니라 책의 형식에서도 고전적 사고에 심취했기에 이 책은 질문하고 대답하는 스승과 제자의 대화처럼 읽힌다. 그리고 당시로서는 참신하게도 목차와 색인을 넣는 시도를 했는데, 그와는 상관없이 처음부터 끝까지 특정 주제에 빠지지 않고 한 번에 읽히도록 서술되었다. 학생의 질문에 대답하는 권위자로 아리스토텔레스, 플라톤, 유클리드, 베르길리우스, 그리고 초기 기독교 철학자인 그레고리우스, 히에로니무스, 암브로시우스와 아우구스티누스가 있었다. 라이슈는 던스 스코투스, 존 페컴, 피에르 롱바르 같은 현대적인 사상가들도 소환했다. 그는 생전에 위대한 지식인으로 존경받았고, 그가 집필한 이해하기 쉬운 지혜의 말씀은 16세기에 지식의 전파, 그리고 해부학자의 서재에 크게 이바지했다.

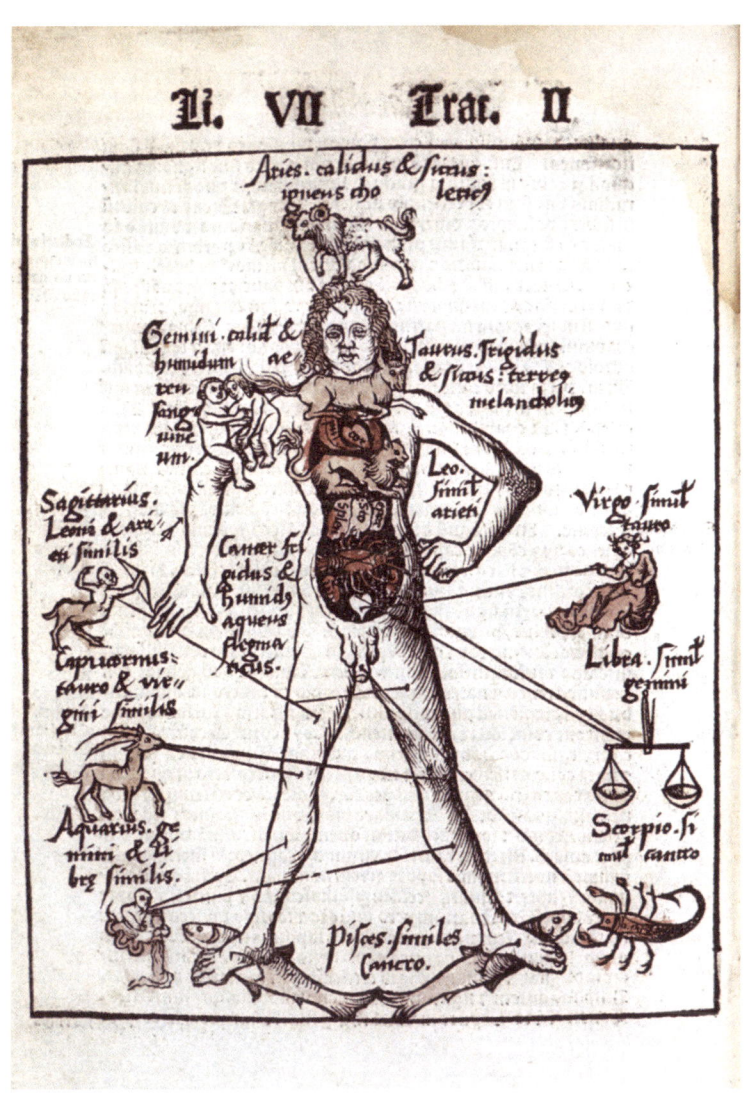

『철학의 진주』(1503)

세상의 모든 지식을 한 권의 책에 담으려는 시도에서 그레고어 라이슈는 발을 관장하는 물고기자리에서부터 양자리가 뇌에 미치는 영향까지 인체에 대한 점성술적 설명을 책에 포함시켰다.

『철학의 진주』(1503)

이 철학적 상징은 천문학, 기하학, 음악, 산술, 문법, 수사, 논리까지 모든 분야의 지식을 하나의 종합 백과사전에 담으려는 그레고어 라이슈의 포부를 나타낸다. 라이슈가 기용한 삽화가는 바젤 출신의 재능 있는 화가 알반 그라프였다.

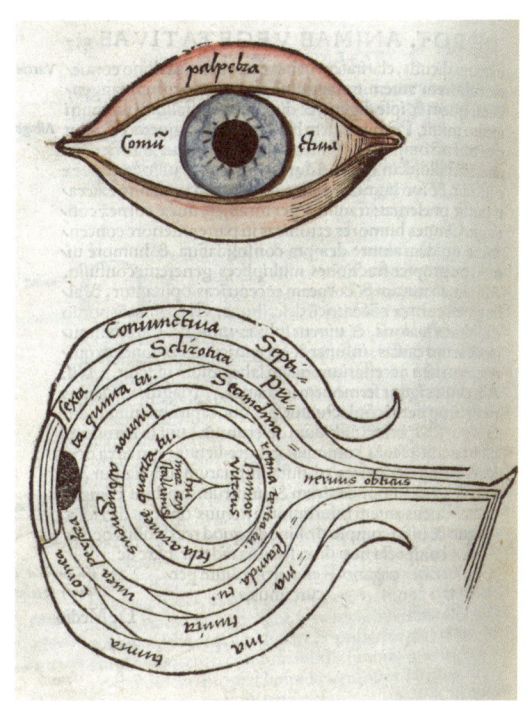
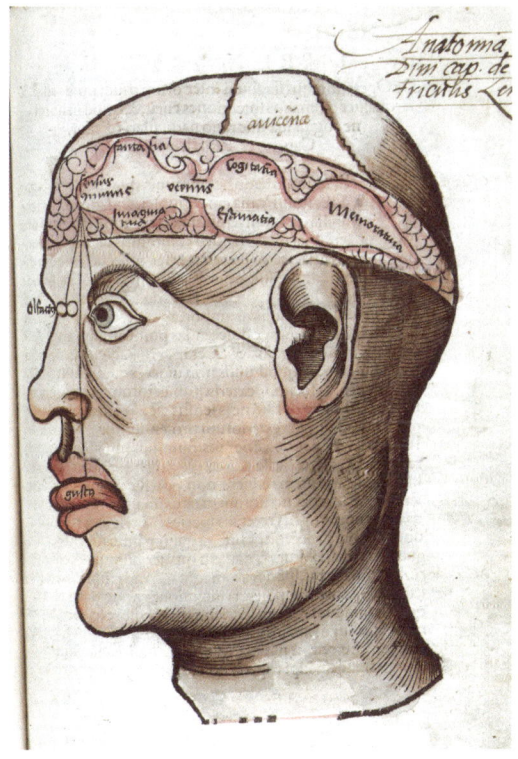

『철학의 진주』(1505)

인간의 눈(위)과 뇌(아래)를 그린 해부도. 아래 그림에서는 영혼의 다양한 기능이 머문다고 여겨지는 뇌실을 보여준다.

3장

Anatomy
in the Renaissance

르네상스 시대의 해부학

1501 ~ 1600

16세기는 인체에 대한 이해가 어지럽게 펼쳐진 시대였다. 이탈리아 르네상스가 창의력과 지성의 정점에 올랐고, 해부학의 예술적·의학적 걸작이 모두 이 시기에 생산되었다.

1. 풍부한 해부 경험의 힘

볼로냐에서 몬디노의 해부학을 연구한 사람 중에 야코포 베렌가리오 다 카르피(1460?~1530)가 있었다. 그는 몬디노의 『인체의 해부』 초판이 출간된 지 얼마 안 된 1489년에 볼로냐대학교에서 학위를 받았다. 외과의사의 아들인 베렌가리오는 볼로냐에 도착하기 전에 이미 아버지를 통해 풍부한 경험을 쌓았다.

 의사 자격을 갖춘 후 그는 명예와 부를 쌓기 위해 갈레노스의 발자취를 좇아 1494년에 로마에 입성했다. 그는 당시 유행하던 매독을 수은으로 치료하면서 명예와 부를 다 얻었다. 갈레노스처럼 그의 성공은 시기의 대상이 되었지만 그때까지 이룬 명성만으로도 볼로냐에 돌아와 마에스트로 넬로 스투디오Maestro nello Studio(학문의 장인. 오늘날의 교수직과 비슷하다)가 될 수 있었다.

 과거에 베렌가리오는 카르피 왕자의 스승이었던 인쇄공 알도 마누치오 밑에서 공부한 적이 있었다. 인쇄술에 대한 이해와 관심을 바탕으로 베렌가리오는 1514년에 몬디노의 『인체의 해부』의 새로운 판본을 작업했고, 1521년에 추가 판본을 준비하면서 원전에 자신의 의견을 추가했다. 이듬해에는 대표작 『인체 해부 구조에 대한 간단명료한 종합 입문서Isagoge breves perlucide ac uberime in anatomiam

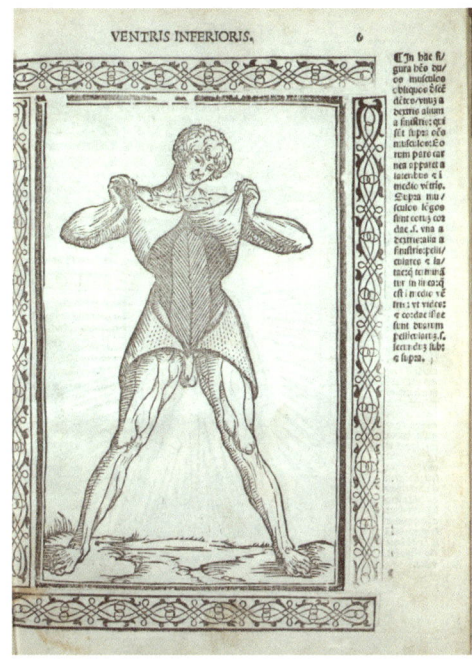
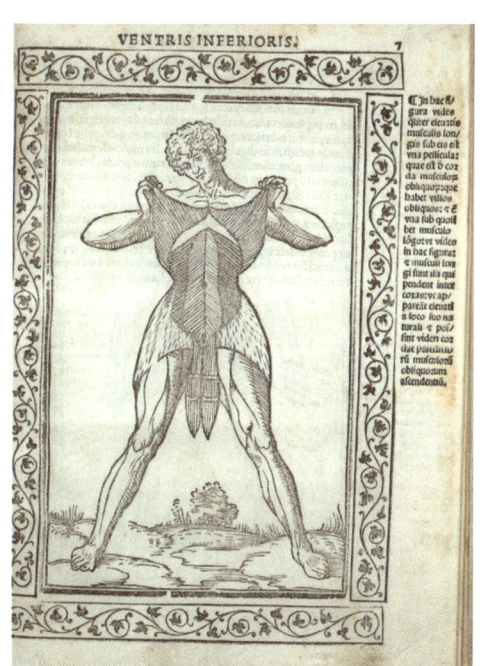
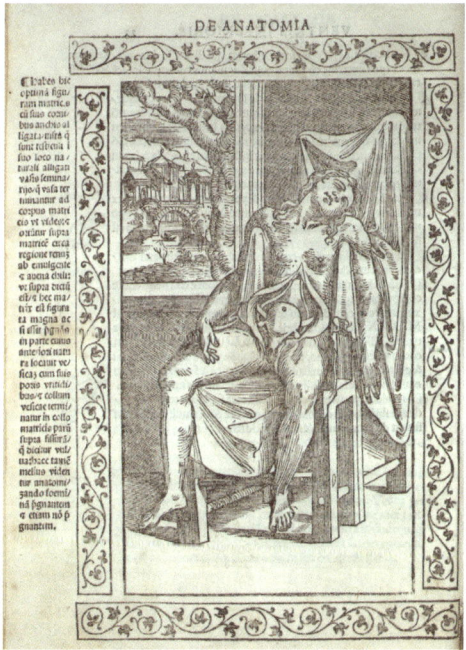

『인체 해부 입문서』(1522)

- 해부된 사람이 자신의 피부를 벗겨내어 코어 근육은 물론이고 근육의 방향까지 함께 보여주고 있다.
- 해부된 사람이 독자를 위해 기꺼이 살가죽을 걷어내는 것처럼 보인다.
- 베렌가리오의 인물들은 르네상스 풍경을 배경으로 거인처럼 서서 복부의 은밀한 비밀을 드러낸다.
- 잠든 여성의 배를 절개해 생식기관을 드러내 보인다.

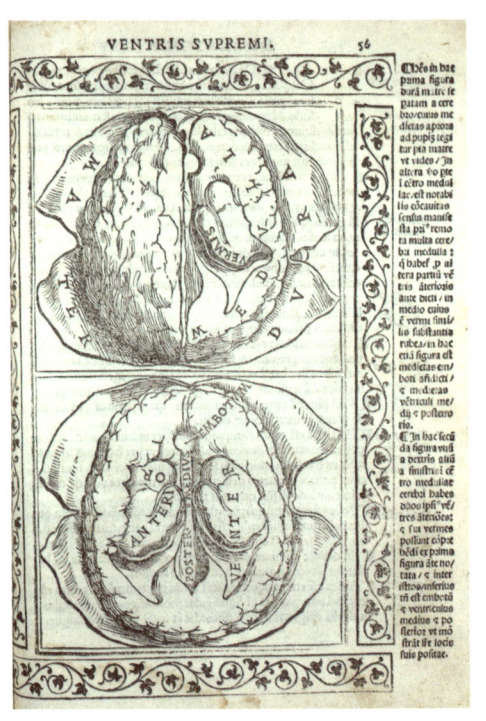 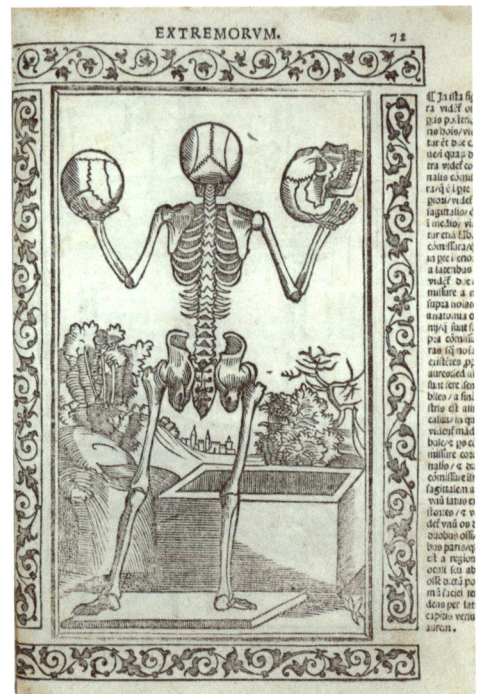

『인체 해부 입문서』(1522)

- 두피를 벗겨내자 뇌실이 두 단계로 나타난다.
- 인간 골격의 뒷모습. 해골이 양손에 들고 있는 두개골을 위에서 본 모습과 옆에서 본 모습을 추가로 보여준다.

humani corporis』(이하 『인체 해부 입문서』)를 출간했다.

베렌가리오의 주장에 따르면 『인체 해부 입문서』는 자신이 수행한 수백 번의 해부에 기초해 쓴 책이다. 이 책에서 그는 갈레노스 무오류설에 이의를 제기할 만큼 대담했는데, 다른 사람의 책에 나온 지혜를 무턱대고 받아들이는 대신 자신의 시각, 촉각, 후각에 의존했다. 풍부한 해부 경험을 바탕으로 그는 인체에 괴망rete mirabile(소동정맥그물. 동맥과 정맥 사이의 교환을 통해 열을 보존하는 조밀한 혈관 네트워크)이 존재한다는 가설을 반박했다. 괴망은 새, 물고기, 포유류를 포함해 많은 척추동물에서 나타나는데, 특히 갈레노스는 양의 해부에 기초해 인간의 해부 구조에도 괴망이 존재한다고 가정한 바 있다.

2. 군의관이 쓴 해부학책

베렌가리오의 『인체 해부 입문서』는 텍스트와 연계된 삽화를 수록한 최초의 해부학 서적으로 손꼽히지만, 최초라는 타이틀을 주장하는 다른 책이 있다. 한스 폰 게르스도르프(1455~1529)는 히로뉴무스 브룬슈비히와 같은 분츠아르츠트, 즉 전시에 부상자 치료가 전문인 군의관이었다. 브룬슈비히처럼 그도 스트라스부르 출신이며, 브룬슈비히의 『수술서』가 나온 지 불과 5년 만에 『전장에서의 외과 처치법Feldbuch der Wundartzney』이라는 외과의학 책을 출판했다. 이 책에는 팔다리 절단법이나 두개골에 구멍을 뚫는 기술 등 오싹한 목판 삽화가 풍성하게 실려 있다. 각 부위의 이름이 적힌 골격과 몸통의 해부도, 장도리에서부터 포탄까지 각종 무기의 공격을 받은 남성도 있다. 1526년 판본의 속표지에는 도시의 공성전에서 의사와 조수가 머리를 다친 병사를 치료하는 모습이 적색과 흑색으로 그려졌다. 이 그림은 르네상스 시대의 위대한 목판화가 알브레히트 뒤러와 동시대에 활동했던 한스 베히틀린(활동 시기 1502~1526)의 작품으로 추정된다.

『전장에서의 외과 처치법』(1517)

전쟁터에서 부상병 치료에 관해 한스 폰 게르스도르프가 쓴 매뉴얼의 화려한 속표지. 외과의사가 후방에서 병사의 머리 상처를 치료하고 있다.

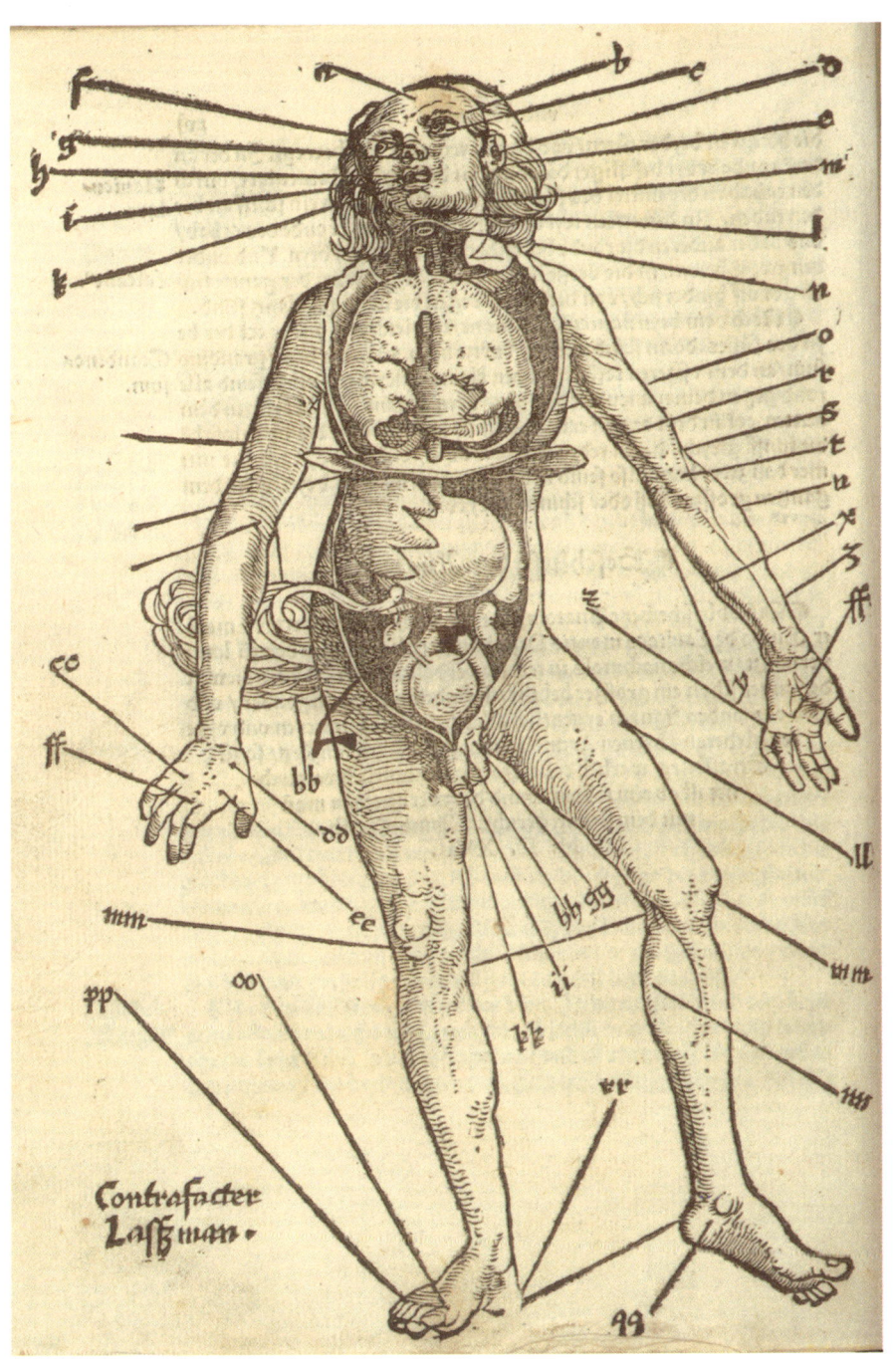

『전장에서의 외과 처치법』(1517)

방혈 지점의 도해. 대장과 소장을 꺼낸 후 뒤쪽의 내부 장기가 드러난 모습.

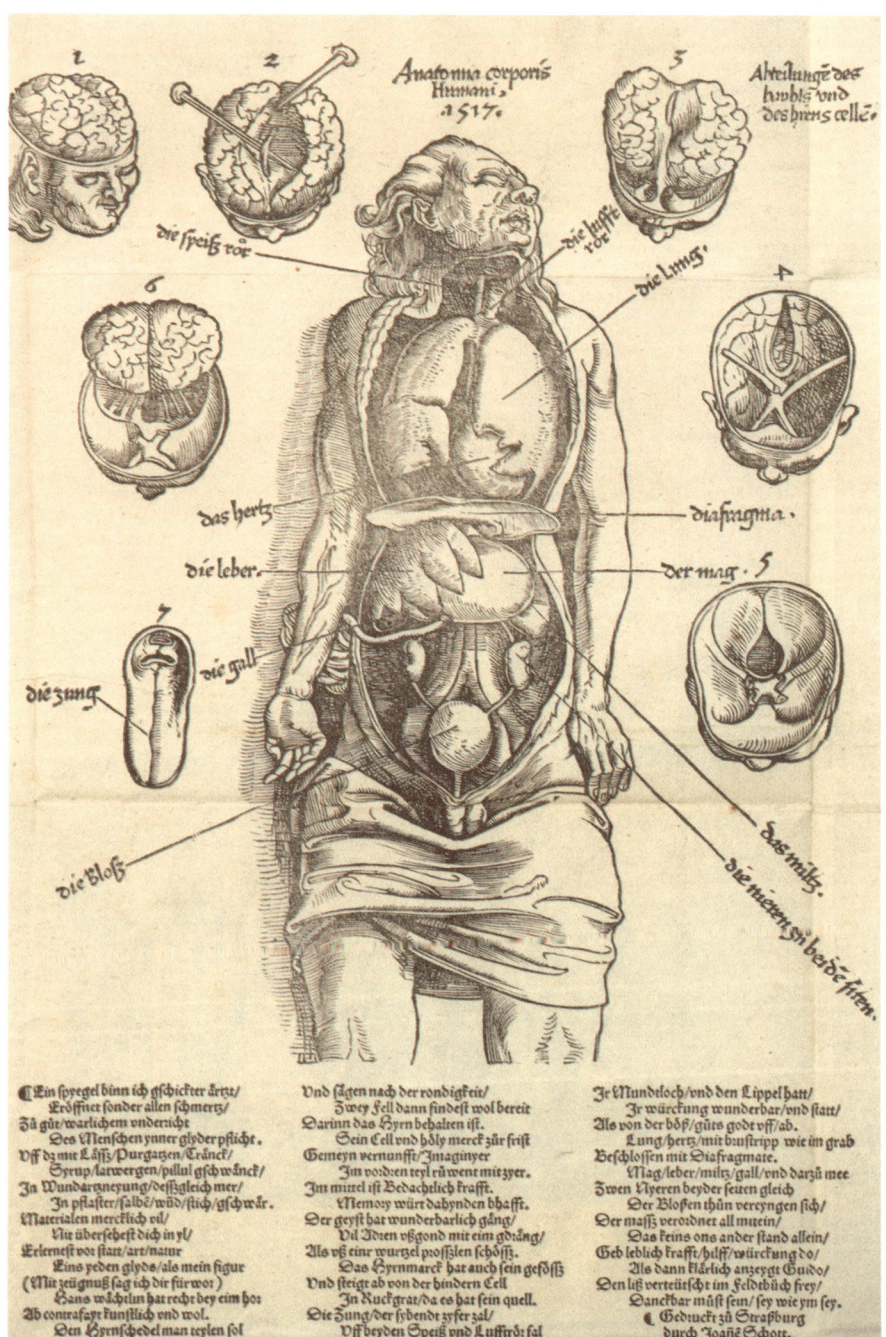

『전장에서의 외과 처치법』(1517)

이 해부도는 폐, 심장, 5엽의 간, 위, 방광을 모두 보여준다.
뇌와 혀의 상세한 그림도 추가되었다.

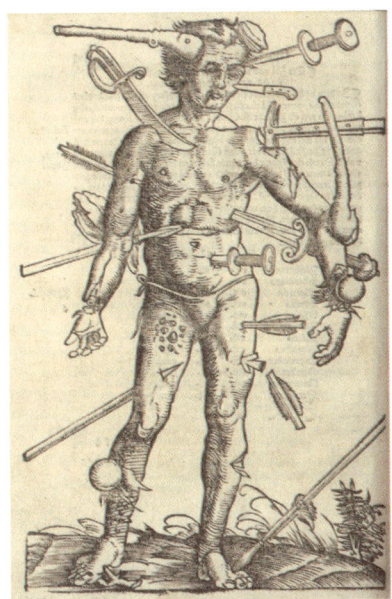
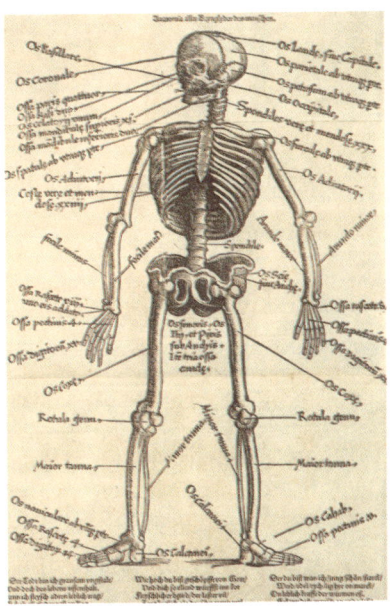
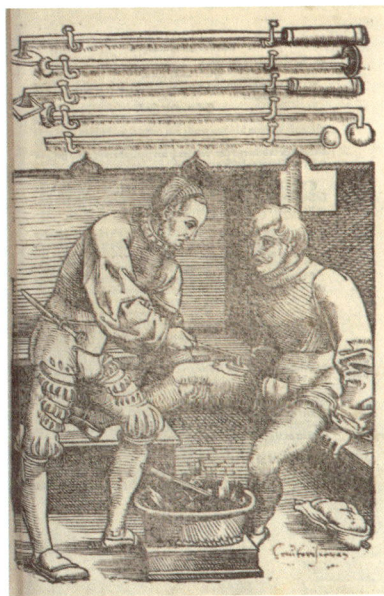
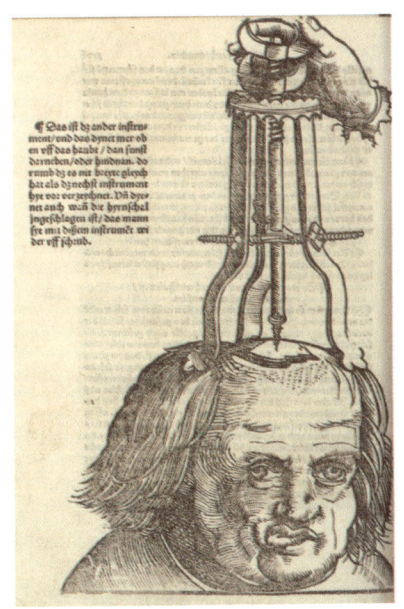

『전장에서의 외과 처치법』(1517)

힌스 폰 게르스도르프가 쓴 이 책의 삽화는 뒤러와 동시대에 활동한 한스 베히틀린이 목판 작업에 참여했다고 알려졌다.

- 폰 게르스도르프식 '부상자' 이미지.
- 남성의 골격. 상세하고 종합적인 표기가 달려 있다.
- 철제 기구를 화롯불에 가열한 다음 허벅지 상처를 소작해 지혈하고 상처를 소독하고 있다.
- 두개골에 구멍을 뚫어 뼛조각을 제거하기 위한 충격적인 장치.

3. 예술가, 인간의 형상을 탐구하다

해부학자는 신체기관과 기관계에 대한 과학적 진실을 추구했지만, 예술가들은 초상화의 진실성을 갈구했다. 르네상스 시대의 화가와 조각가들은 해부학이 인간의 겉모습에 미치는 영향에 더 관심을 보였다. 예를 들어 팔 근육의 배열을 이해하면 사람의 몸짓을 더 잘 그릴 수 있다고 생각했다. 골격에 대한 지식은 극적인 장면의 동작과 자세를 생생하게 표현하는 데 큰 도움을 주었다.

예술가들은 인간의 형상에 점점 관심을 기울이면서 기존의 종교적 우상만이 아니라 일하거나 유희를 즐기는 현실 속 인물의 삶과 죽음을 그려내기 시작했다. 화가들은 추상적·철학적 진리보다 겉모습에 관심이 있었으므로 오히려 해부학자보다 뛰어난 관찰력을 발휘했고, 확실히 그들과는 다른 시각으로 인체를 보았다. 제노바의 대학자이자 레오나르도 다빈치의 선배격인 레온 바티스타 알베르티(1404~1472)는 학생들이 누드를 그릴 때 근육과 뼈를 먼저 그린 다음 피부를 입히게 했다.

이들은 한발 더 나아가 피부가 없는, 즉 생사의 여부에 상관없이 살가죽이 벗겨진 인간의 형상을 그리거나 조각했다. 안토니오 델 폴라이우올로(1433?~1498)는 동생인 피에로(1443~1496)와 함께 가죽이 벗겨지고 해부된 주검을 그린 화가로 잘 알려졌다. 둘 다 피렌체에서 활동했으며, 특히 안토니오는 조각가로서 교황 식스토 4세와 교황 인노첸시오 8세의 묘지 설계에도 관여했다. 두 형제의 작품은 해부학적 지식의 영향력을 보여준다. 안토니오의 결과물은 종종 인간의 고통을 묘사한 폭력과 잔혹함이 특징이다.

나무에 묶인 채 화살에 맞아 순교한 성 세바스티아누스를 그린 작품 〈성 세바스티아누스의 순교The Martyrdom of St Sebastian〉에서 성인의 주위에서 성인을 박해하는 자들의 공격적인 자세는 주목할 만하다. 또한 안토니오의 가장 유명한 판화 〈알몸의 전투Battle of the Nude Men〉는 나체의 전사 열 명이 검과 단검, 화살과 도끼로 서로 공격하는 장면을 그린 작품으로 특히 근육이 세밀하게 묘사되어 있다.

해부학 지식은 15세기 중반부터 예술을 이끌었다. 유명한 〈비너스의 탄생The Birth of Venus〉을 그린 화가 산드로 보티첼리가 바로 안토니오 델 폴라이우올로의 제자이다. 세기가 바뀔 무렵 최고의 작품을 생산한 위대한 르네상스 화가 세 명이 모두 해부학에 심취한 것을 우연으로 보기는 어렵다.

〈성 세바스티아누스의 순교〉(1475)
안토니오 델 폴라이우올로의 그림은 종교라는 허울을 쓰고 공격성과 긴장감을 드러내는 당시 화풍의 전형이다.

〈알몸의 전투〉(1465년경)

안토니오 델 폴라이우올로가 새긴 이 목판화는 해부를 통해 익힌 근육계에 대한 지식을 보여준다.

4. 위대한 인물, 레오나르도 다빈치

르네상스 최고의 예술가로 꼽히는 레오나르도 다빈치(1452~1519)는 1489년에 처음으로 두개골을 구입했고, 1507년에 처음 인간의 몸을 해부했다. 해부 대상은 당시 쉰 살이 넘은 다빈치가 평화로운 임종을 지켜본 100세 노인이었다. 해부학자 마르칸토니오 델라 토레(1481~1511)의 도움으로 해부를 시도하면서 처음에 다빈치는 자신이 알고 있던 기존 해부 지식과의 차이 때문에 혼란에 빠졌다. 델라 토레는 파도바대학교와 파비아대학교에서 가르쳤고, 해부학 교과서를 출간했지만 현재 남아 있는 저술은 없다. 역사학자들은 델라 토레가 다빈치와 함께 책을 쓰기로 했으며, 이후 5년 동안 다빈치는 전에 본 적 없던 종류의 해부도 750여 점을 그렸다고 추정한다. 그의 소묘 실력은 참으로 정교했다.

〈모나리자〉의 화가이자 헬리콥터의 설계자인 다빈치는 능숙한 해부학자이기도 했다. 그의 스케치는 놀라울 정도로 정확했는데, 날카로운 눈과 안정된 손놀림으로 시체가 부패하기 전에 재빨리 관찰하고 기록했음을 알 수 있다. 그중 많은 그림이 1510년에서 1511년으로 넘어가는 겨울에 파비아의 델라 토레와 함께 그린 것이다.

그의 소묘, 그리고 이제는 잘 알려진 거울상 노트를 보면 다빈치가 처음에는 자신의 눈으로 본 것과 기존 해부학 지식, 즉 그가 보아야 한다고 배운 것의 차이를 두고 꽤 분투했음을 알 수 있다. 예를 들면 심장은 델라 토레가 주장한 것처럼 프네우마, 즉 고귀한 기운의 원천인가? 아니면 다빈치 자신이 본 것처럼 혈액을 온

몸으로 펌프질하는 근육인가?

1511년 델라 토레의 죽음으로 두 사람의 협업은 무산되었고, 다빈치는 밀라노 동부의 빌라 멜치로 거주지를 옮겼다. 해부학에 대한 흥미는 여전했지만 시신을 구해다 주는 델라 토레가 없었으므로 대신 그는 새와 동물을 해부했다. 다빈치는 황소의 심장을 보고 혈관계의 중심은 간이 아닌 심장임을 확인했다. 심지어 그는 혈류를 공부하기 위해 유리로 대동맥 모형을 만들고 물에 곡식의 낟알을 넣어 흐름이 눈에 보이게 했다. 이 연구로 그는 마침내 120년 뒤에 영국의 해부학자 윌리엄 하비가 성취한 혈액 순환의 발견에 극도로 가까워졌다.

다빈치는 뇌에서도 중요한 발견을 했다. 그는 왁스로 뇌실의 주형을 만들어, 전통적인 해부 지식과 달리 그 안에 체액이 없다는 것을 증명했다. 또한 죽상동맥경화증을 처음으로 기술했다. 동맥의 벽에 발생하는 이 병변은 동맥을 좁게 만든다. 1507년에 해부한 100세 노인도 이 병변으로 사망에 이르렀다. 그 노인은 간경변이 있었는데, 이 또한 다빈치가 처음으로 설명했다. 그는 처음으로 척추를 올바로 연구했고, 골격의 근육에 사로잡혔다. 그는 노트에 '그런데 이건 어떻게 작동하는 거지?'라고 물었다. 그의 소묘는 대체로 생체역학과 관련되어 있었고, 통상 시신에서 가장 먼저 부패하는 비장, 간, 신장 같은 내부 기관에 대한 내용은 상대적으로 많지 않았다.

1513년에 다빈치는 로마에 살았고, 스피리토 산토 병원의 지원을 받아 다시 사람의 시신을 해부하기 시작했다. 교회는 해부학 자체에 반대하지 않았지만 그의 행위를 못마땅하게 여긴 한 독일

거울 제작자가 바티칸에 고발했고 교황 레오 10세는 해부 중지를 명령했다. 1515년에 프랑스가 밀라노를 점령하면서 프랑스 왕 프랑수아 1세가 다빈치의 새로운 후원자가 되었다. 다빈치는 루아르 강 근처의 앙부아즈성에서 지냈다. 그는 마지막 순간까지 창의력을 발휘해 기계 사자를 설계했는데, 왕을 향해 걸어간 다음 사람이 막대를 대면 몸을 열고 왕실의 상징인 백합 문양을 드러냈다. 그러나 여러 번의 뇌졸중 끝에 오른팔이 마비되면서 해부학적 탐구는 마침표를 찍었다.

1519년에 그는 또다시 뇌졸중이 와서 사망했다. 이후 다빈치가 남긴 해부 소묘는 그의 수습생인 프란체스코 멜치에게 넘겨졌다. 1570년에 멜치가 죽었을 때 그 소묘들은 에스파냐 군주 밑에서 일한 조각가 폼페오 레오니가 매입했다. 1630년에는 영국의 아룬델 백작 토머스 하워드의 재산 목록에 올라갔고, 1690년에 그가 일부는 팔고 일부는 잉글랜드의 왕 윌리엄과 메리 2세에게 기증하면서 그때부터 오늘날까지 영국 왕실 예술 소장품으로 남아 있다.

해부학에 대한 레오나르도 다빈치의 열정은 실로 대단했다. 허지민 그도록 많은 분야에서 조인의 능력을 보여준 사람이 인생의 끝자락에 다다라서 해부학에 관심이 생겼다는 사실이 흥미롭다. 어쩌면 그는 자신의 필멸을 감지했거나 아니면 그저 시대의 분위기에 휩쓸렸던 건지도 모른다. 그가 자신의 연구와 관찰의 결과를 책으로 쓰지 않았다는 것은 해부학에 엄청난 손실로, 사람들은 수백 년을 더 기다려야 했다. 해부학자의 서재에 다빈치의 책이 있다면 그건 모두 최근에 추가된 것이다. 그의 소묘는 1900년이 되어서야 마침내 인쇄되었다.

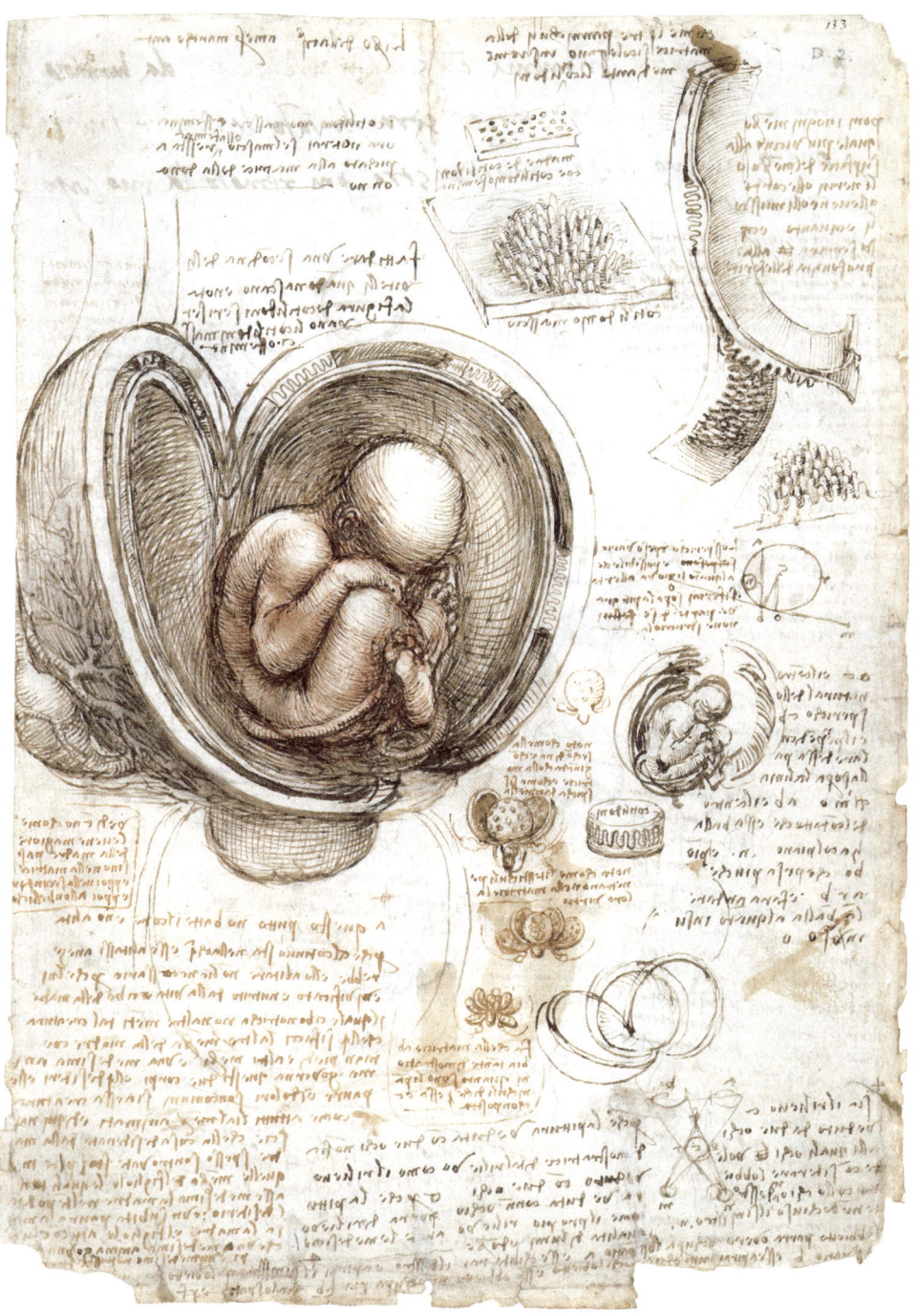

레오나르도 다빈치

자궁 속 태아에 대한 연구. 다빈치가 그린 수준 높은 해부학적 소묘들이 사후 400년 동안이나 묻혀 있었다.

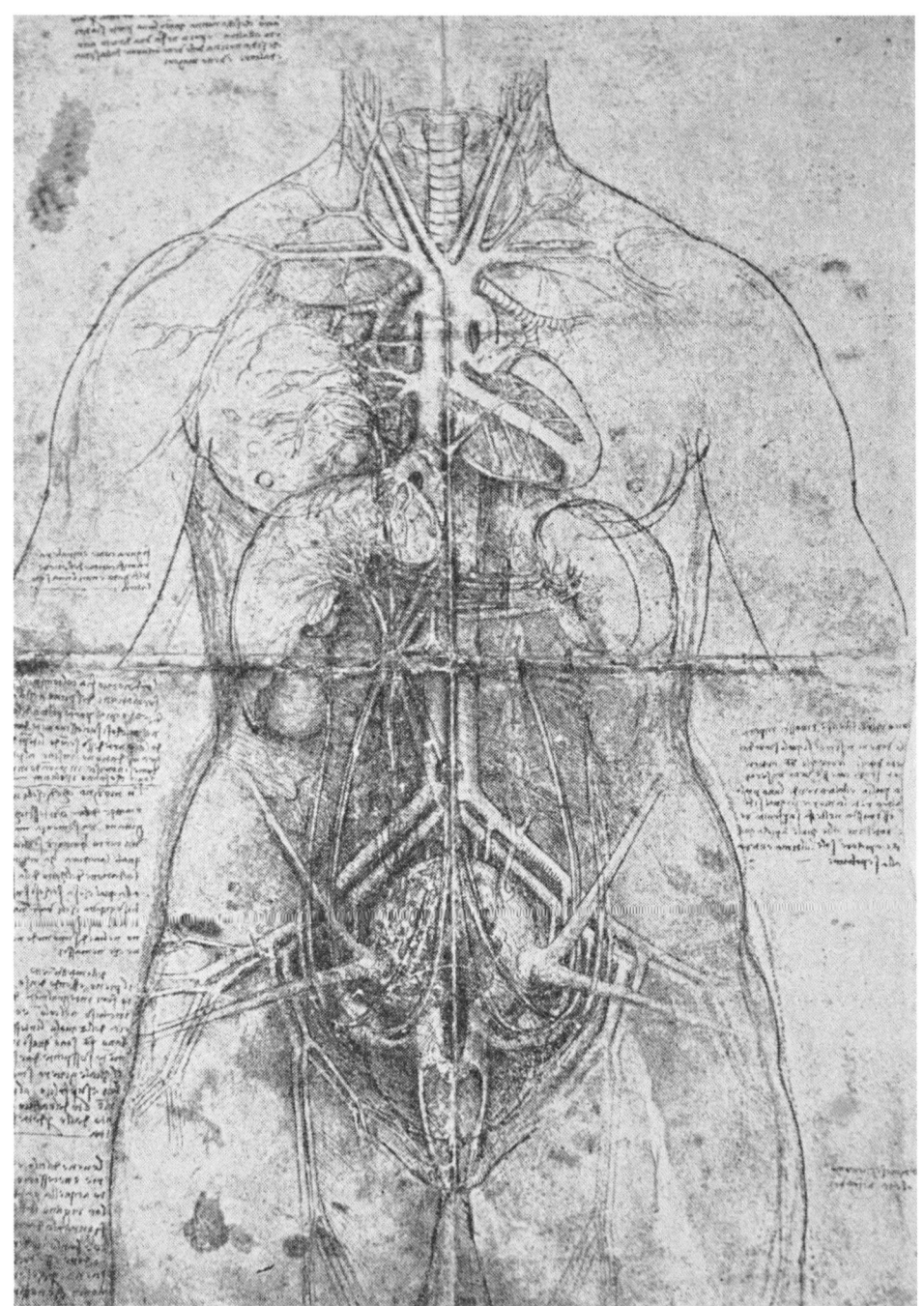

레오나르도 다빈치

여성의 주요 기관과 심혈관계. 다빈치는 해부학 소묘에 명암,
옅은 채색, 다양한 음영 기법을 도입했다.

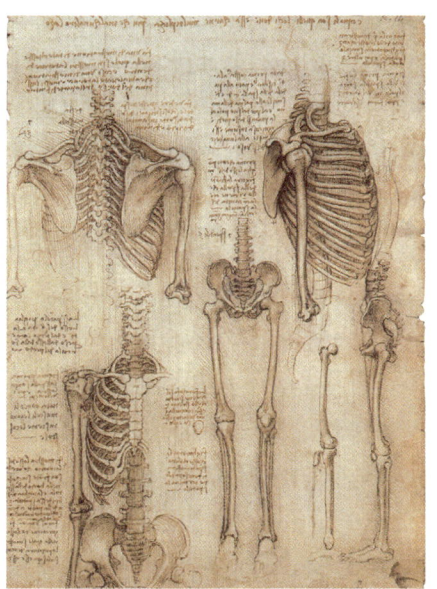
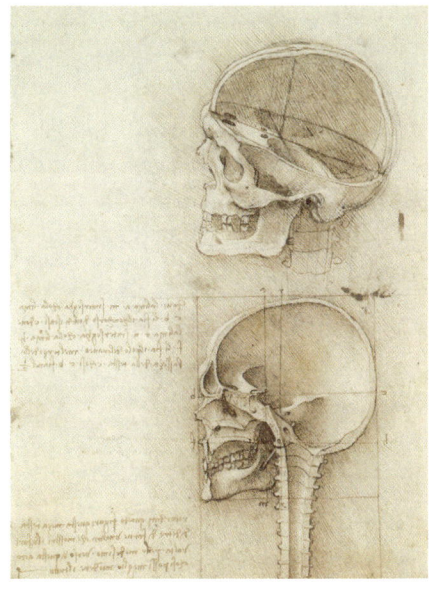
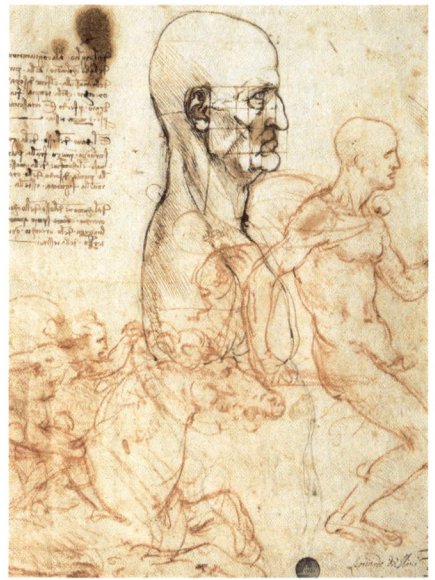
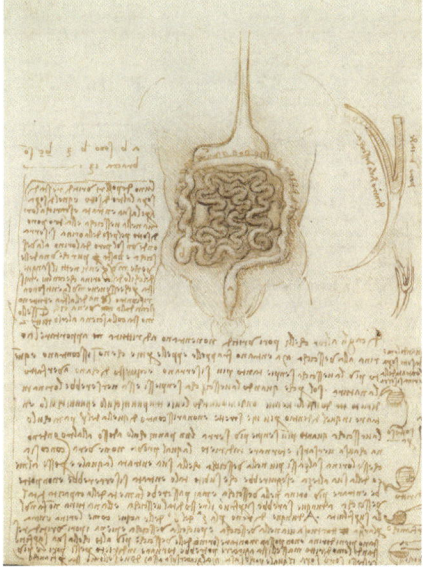

레오나르도 다빈치

- 목에서 골반까지 이어지는 척추와 흉부, 그리고 오른쪽 다리 골격에 대한 연구.
- 두 방향에서 본 두개골. 다빈치의 꼼꼼한 관찰력을 따라올 사람은 없다. 예를 들어 위쪽 그림에서 광대뼈의 점은 안면 신경이 지나가는 광대얼굴구멍이다.
- 옆모습의 비율 연구. 남성의 얼굴 위에 그려진 격자는 예술을 대하는 다빈치의 과학적이고 수학적인 접근 방식을 보여준다. 손때가 많이 탄 듯한 이 페이지에는 말을 탄 남성의 스케치도 그려져 있다.
- 그는 소화관 외에도 요관방광 판막(위)과 방광(아래)을 그렸다. 노트에서 다빈치는 방광이 차면 그 압력으로 판막이 닫힌다는 당시의 지배적인 관점에 도전했다.

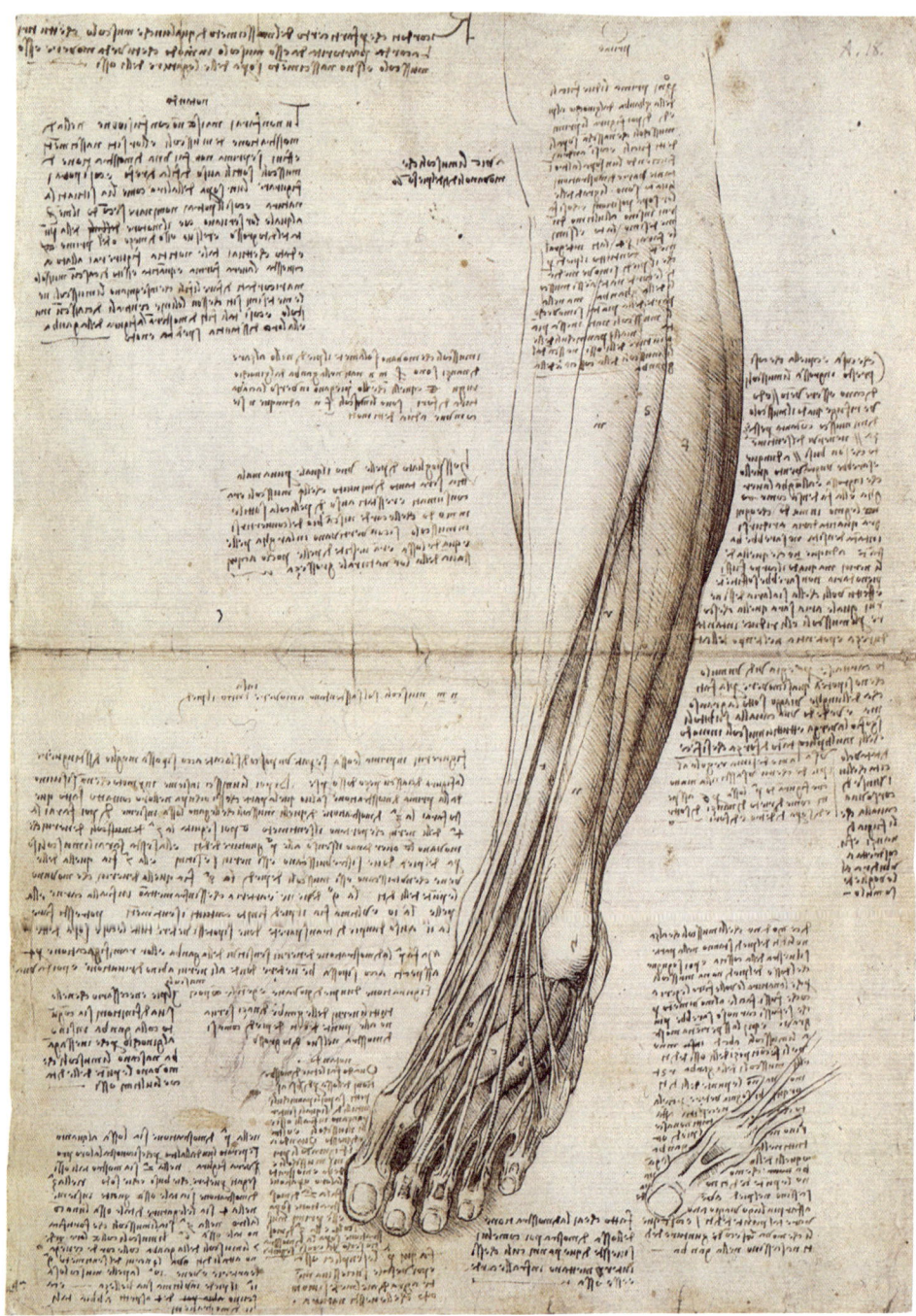

레오나르도 다빈치

왼쪽 하퇴부 및 발의 근육과 힘줄. 다빈치는 인체 역학에 주로 관심이 있었다. 이 페이지에 광범위하게 적힌 내용 중에서 그는 근육이 프네우마로 인해 부풀면 딱딱해진다는 전통적인 이론에 의문을 제기했다.

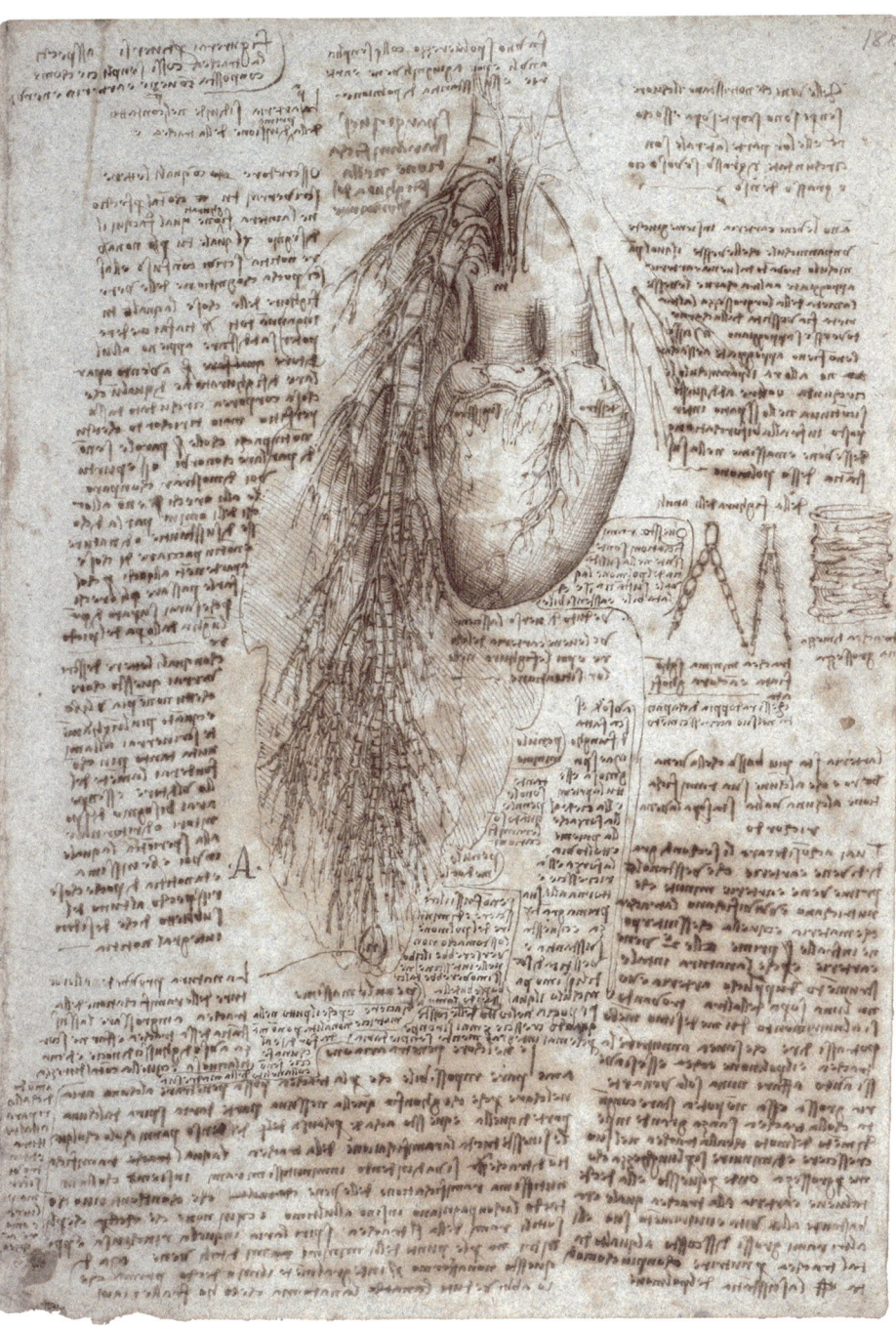

레오나르도 다빈치

황소의 심장과 기관지. 기관氣管의 상세 해부도가 작게 그려져 있다. 노트에서 다빈치는 일차적으로 허파가 혈액의 열기를 식힌다고 믿으면서도 공기가 심장으로 들어가는 것은 불가능하다고 생각했다.

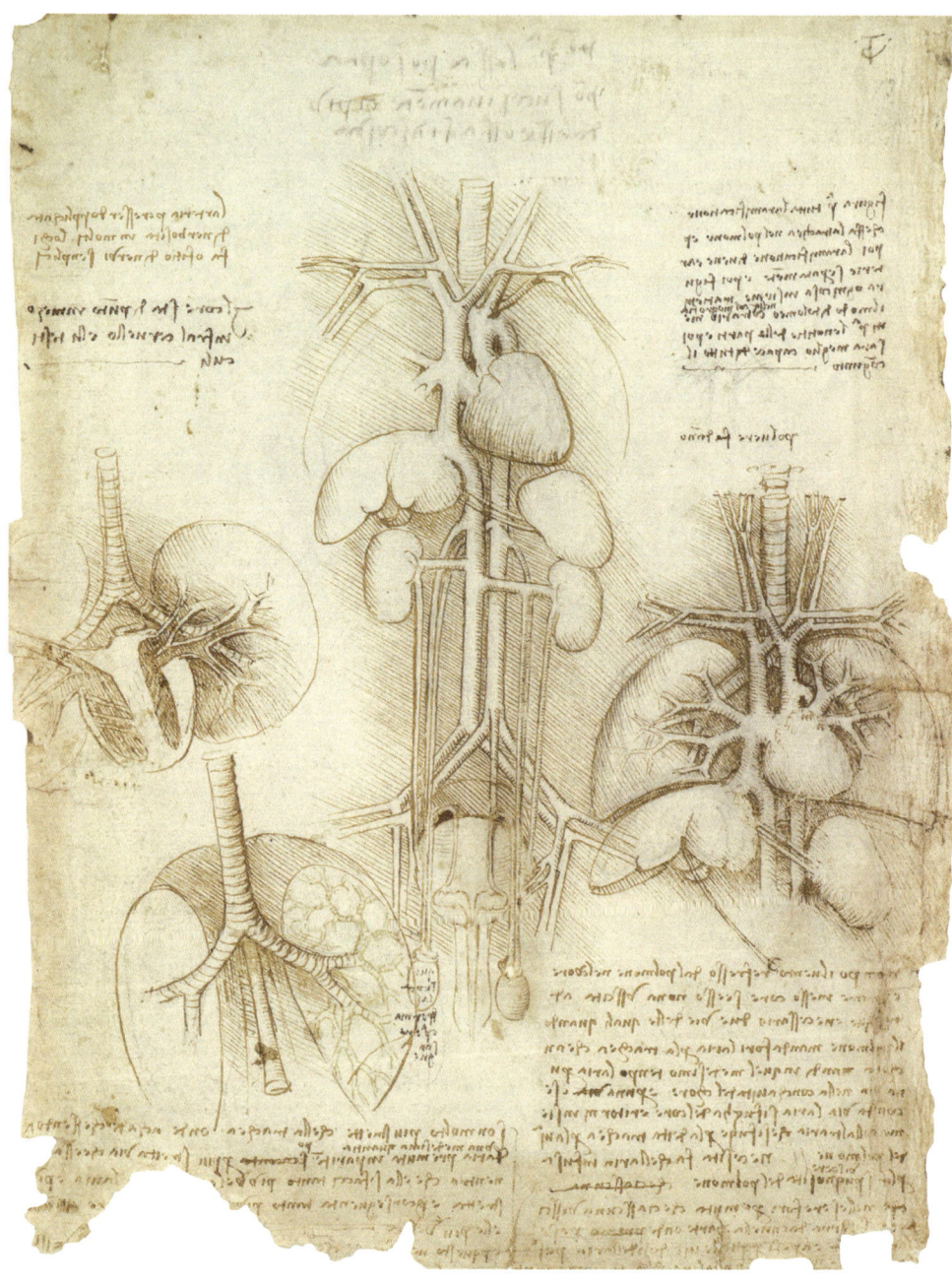

레오나르도 다빈치

심장과 폐를 비롯한 여러 기관에 대한 연구. 이와 같은 스케치들은 인체의 이해는 물론이고 시각적 표현에 대한 다빈치의 의지를 보여준다.

5. 예술가를 위한 해부학 책

요하네스 데 케탐, 히로뉘무스 브룬슈비히, 마그누스 훈트, 그레고어 라이슈 등의 출판물은 독일과 네덜란드에서 이른바 북방 르네상스를 점화하는 데 크게 일조했다. 당시 신성로마제국의 중심지인 뉘른베르크에 살았던 알브레히트 뒤러(1471~1528)가 이탈리아 북부로 떠났던 두 번의 순례는 그의 작품에 지대한 영향을 미쳤다. 그는 파도바, 만토바, 베네치아를 방문하면서 특히 안토니오 델 폴라이우올로, 조반니 벨리니, 안드레아 만테냐를 받아들였다. 그는 만테냐의 작품을 사본으로 만들어 인쇄했고, 그의 스케치북에는 레오나르도 다빈치가 그린 팔의 소묘를 따라 그린 것이 있다. 아마도 이 위대한 인물을 직접 만나 그의 해부학을 직접 본 것이 틀림없다.

 인쇄술이 확산하면서 목판 기술도 사람들의 관심을 끌었다. 뒤러는 인쇄술의 중심지로 부상한 뉘른베르크에서 목판화가이자 예술가인 미하엘 볼게무트의 제자가 되었다. 뒤러는 당시 독일에서 가장 크게 성공한 인쇄공인 대부와 금세공인 아버지 곁에서 사업 감각과 판화에 대한 관심을 키웠다. 그는 살면서 회화보다는 목판화와 동판화를 팔아서 더 많은 돈을 벌었다.

 뒤러가 해부 작업에 참관했거나 수행한 적이 있는지는 알 수 없다. 그건 화가가 되기 위한 필수 과정이지 목판화가에게는 아니기 때문이다. 그러나 그가 해부학에 흥미가 있었다는 사실은 부인할 수 없다. 1504년의 동판화, 1507년의 회화로 작업한 두 번의 〈아담과 하와Adam and Eve〉는 두 작품 사이에 있었던 이탈리아 여행의 영향을 고스란히 보여준다. 첫 번째 〈아담과 하와〉는 세부 묘사가 뛰어난 작품으로 판화가인 그의 실력을 드러낸다. 그는 이 작품을 자랑스러워한 나머지 그림에 자신의 이름은 물론이고 주소까지 넣어 구매자에게 연락처를 남겼다. 두 번째 〈아담과 하와〉에서는 배경을 싹 걷어내고 오직 인물의 형상에만 집중했는데, 당시 독일에서 실물 크기로 제작된 최초의 나체 초상화였다.

뒤러의 〈아담과 하와〉는 해부학 측면에서 이상적으로 표현되었지만 그는 해부학자의 서재에 크게 기여하지 못했다. 『인체 비율에 관한 네 권의 책 Vier Bücher von menschlicher Proportion』은 1528년 그가 죽고 나서 6개월 뒤에 출간되었다. 그는 이 책을 1512년에 쓰기 시작해서 죽기 얼마 전인 1528년에 끝냈다. 네 권 중 첫 번째 책의 초판은 현재까지 보존되었으며, 속표지에는 뒤러가 쓴 다음과 같은 메모가 있다. "이 책은 나 알브레히트 뒤러의 첫 번째 책으로 뉘른베르크에서 1523년에 직접 집필한 것이다. 이후 내용을 다듬어 1528년에 인쇄공에게 넘겼다. 알브레히트 뒤러."

『인체 비율에 관한 네 권의 책』은 어디까지나 예술가를 위한 해부학 책이지 해부학자를 위한 책이 아니었다. 그뿐 아니라 이상적인 남성과 여성의 일반적인 기준에서 벗어나 몸에 대한 급진적인 관점을 제시했다. 그때까지 기준은 기원전 1세기에 로마 건축가 비트루비우스의 것이었다. 위대한 작품 『건축 10서 De architectura』에서 비트루비우스는 다양한 유형의 건축물에 적용할 수 있는 완벽한 비율을 제시했다. 그러다가 원래의 주제에서 한참 벗어나 인체의 이상적인 비율에까지 손을 댄다. 비트루비우스는 모든 이상적인 비율이 인체에서 유래했다고 주장했다.

배꼽은 자연스럽게 인체의 중심에 자리 잡는다. 얼굴을 위로 한 채 팔과 다리를 뻗고 누운 사람의 배꼽을 중심으로 원을 그리면 그의 손가락과 발가락을 지나간다. 하지만 인체는 원이 아닌 정사각형에도 넣을 수 있다. 똑바로 서 있는 상태에서 머리끝에서 발끝까지 길이를 재고, 팔을 양쪽으로 똑바로 뻗은 다음 그 길이를 재면 두 길이가 같다. 따라서 직각을 이루는 선이 몸을 둘러싸며 정사각형이 된다.

비트루비우스는 오랫동안 잊혔다가 1414년 스위스의 성 갈렌 수도원 도서관에서 『건축 10서』의 사본이 발견되면서 재조명되었다. 이 책은 고전 세계에 대한 르네상스의 갈망을 채웠다. 레온 바티스타 알베르티는 1450년에 출간한 『건축론 De re aedificatoria』에서 비트루비우스에게 크게 의지했다. 화가들은 비트루비우스적 인간을 표현하고자 분투했는데, 가장 유명한 것이 레오나르도 다빈치의 〈비트루비우스적 인간 Vitruvian Man〉(1490)이다. 그러나 이처럼 완벽한 인체는 존재하지 않는다. 뒤러는 인체의 불완전성을 십수 개가 넘는 다양한 체형의 이미지로 인지했다는 점에서 혁신을 일으켰다. 각 이미지는 몸 전체에 비교한 각 부위의 크기를 보여준다. 그는 비트루비우스를 인정했고, 분명히 알베르티와 다빈치에게서 영향을 받았다. 그러나 일반적인 몸, 사람들의 진짜 몸에 대한 그의 연구는 전통에서 일탈한 것이었다. 그는 오래전에 죽은 이상형이 아니라 "200~300명의 살아 있는 사람"의 몸을 바탕으로 연구한 끝에 "나는 완벽한 형태와 아름다움은 모든 인간의 합에 있다고 생각한다"라고 썼다. 그는 아마 이 완벽함은 어느 한 인간에서

〈아담과 하와〉(1504, 1507)

아담과 하와를 주제로 한 뒤러의 두 작품은 불과 3년의 간격을 두고 제작되었지만, 그사이에 그가 이탈리아 여행에서 받은 영향을 고스란히 보여준다.

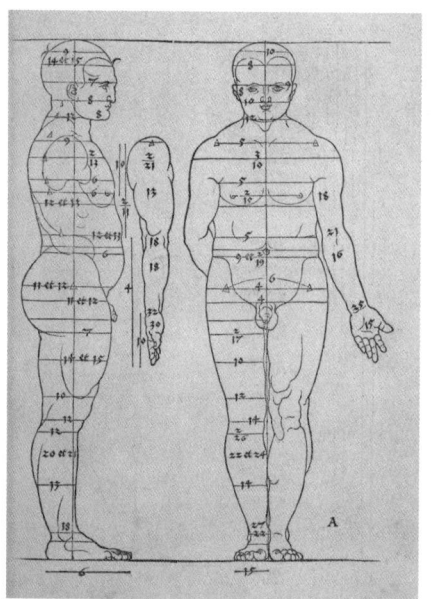
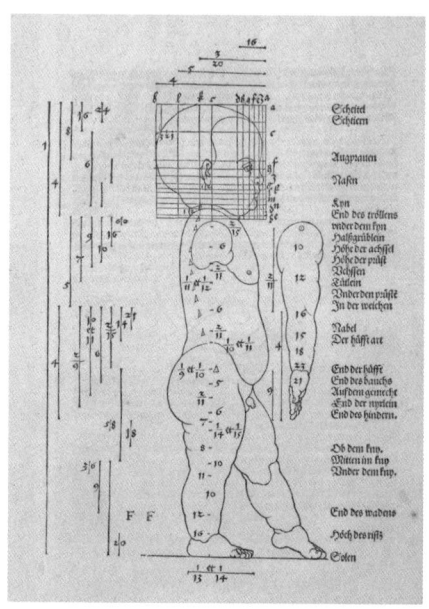
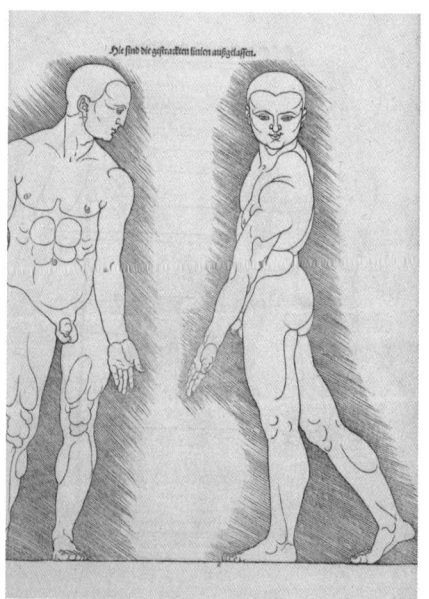
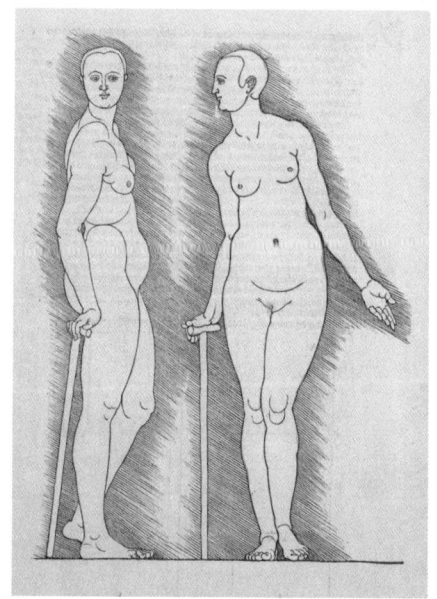

『인체 비율에 관한 네 권의 책』(1528)

이 책에서 뒤러는 이상화된 모델이 아닌 불완전한 상태로서의 인체 구조를 향한 열망을 보여준다.
- 과체중의 남성.
- 어린 남자아이.
- 근육을 보여주기 위해 남성이 평범하지 않은 자세를 취하고 있다.
- 나이 든 여성이 지팡이에 몸을 기대고 있다.

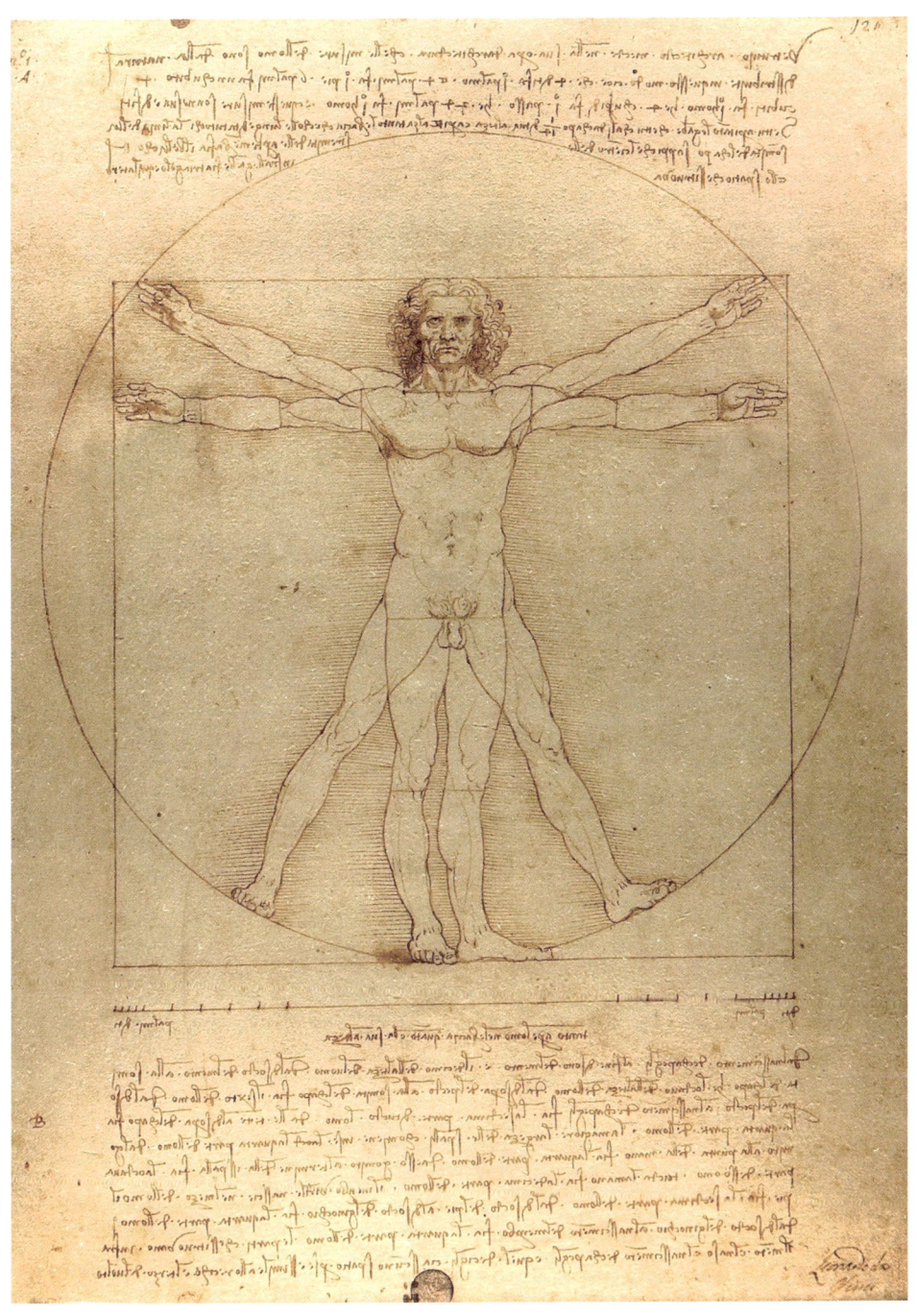

〈비트루비우스적 인간〉(1490)

레오나르도 다빈치 작품. 다빈치 버전의 이상적인 인체. 기원전 1세기 로마 건축가 비트루비우스가 정의했다.

비롯되는 것이 아니라는 말을 덧붙이고 싶었을 것이다. 이는 평등주의적 접근이다.『인체 비율에 관한 네 권의 책』에서 처음 두 권에는 13개의 사례가 실려 있다. 세 번째 책에서는 이 비율이 어떻게 수정되어 현실 속에서 무한히 다양한 체형으로 나타날 수 있는지를 설명한다. 그의 설명에는 볼록거울이나 오목거울의 방식으로 사물이 왜곡되어 보이는 수학 기술이 포함된다. 네 번째 책에서는 어떻게 해부 구조가 인체의 동작을 조절하며, 어떻게 하면 그림 속 장면에서 그럴듯한 자세를 그릴 수 있는지 살핀다. 또한 아름다움의 구성을 두고 이상과 현실 사이에서 고뇌한 에세이가 함께 실려 있다.『인체 비율에 관한 네 권의 책』이 비록 해부학 교과서는 아니지만 16세기에 폭넓게 영향을 미친 해부학의 매력을 잘 보여준다. 사람들은 이제 '완벽함'에서 벗어나 현실로 옮겨갔고 보이는 그대로의 자연을 모방하기 시작했다.

6. 해부학을 파고든 예술가, 미켈란젤로

르네상스의 중심지 피렌체에서 자란 미켈란젤로(1475~1564)는 천부적인 재능이 있었다. 열네 살이라는 어린 나이에 그는 예술가 도메니코 기를란다요의 제자가 되었다. 기를란다요가 운영하는 공방은 시스티나 경당의 장식을 맡아서 작업했다. 기를란다요는 자신의 작품에서 사람들의 일상을 그렸고, 심지어 종교 작품에도 평범한 이들과 후원자를 등장시켜 인간적인 면을 부각했다. 그는 어린 미켈란젤로의 실력에 감탄한 나머지 고작 열네 살 소년에게 급료를 지불했고, 르네상스 예술의 중요한 후원자인 로렌초 데 메디치에게 미켈란젤로가 자신의 가장 뛰어난 학생 두 명 중 하나라고 추천했다.

뒤러가 실제 해부에 관여했다는 증거는 남아 있지 않지만 미켈란젤로는 차고 넘친다. 청년 시절 그는 적어도 한 번의 공개 해부를 참관했다. 그리고 크게 감명을 받아 피렌체의 산토 스피리토 수녀원에 청탁해 병원에서 매장을 앞둔 시체를 해부할 기회를 얻었다. 그 보답으로 1492년에 열일곱 살의 미켈란젤로는 십자가에 매달린, 해부학적으로 완벽한 1.5미터짜리 나체의 예수를 수녀원에 선물했다.

동시대 사람들에 따르면 미켈란젤로의 해부학 지식은 타의 추종을 불허했으며, 방대한 결과물에 나타난 설득력 있는 인체 묘사는 보는 이들의 시선을 끌었다. 그의 작품 속 인물은 얼굴과 동작이 친숙해 쉽게 알아볼 수 있으며, 전통적인 자세의 단순한 모방이 아니라 근육

〈다비드〉(1504)
미켈란젤로가 1504년에 제작한 조각상. 거인 골리앗을 쓰러뜨린 소년의 조각상은 위협받는 도시국가 피렌체에서 시민의 자유를 수호하는 모습을 연상하게 한다. 다비드는 로마를 향해 도전적인 눈빛을 보내고 있다. 오늘날 다비드는 젊음과 활기의 완벽한 상징이다.

〈아담의 창조〉(1508?~1512)
바티칸의 시스티나 경당 천장화에서 신이 인간에게 생명을 주는 장면. 이 경당은 당시 최고의 화가들에게 이 프레스코화를 맡긴 교황 식스토 4세의 이름을 딴 것이다.

과 힘줄을 통해 실제 인물의 감정을 전달하고 긴장된 순간을 보여준다.

　미켈란젤로의 사람들은 유명한 인물이었다. 거인 골리앗을 죽인 성경 속 영웅 다윗을 조각한 〈다비드〉(1504)와 시스티나 경당의 천장화에서 창조의 순간을 묘사한 〈아담의 창조〉(1512)가 대표적이다. 다비드의 강인한 손등에는 튀어나온 혈관까지 보인다. 미켈란젤로는 회화의 거장이었지만 조각의 천재이기도 했다. 초기 작품의 하나인 〈켄타우로스 전투 Battle of the Centaurs〉(1492)는 안토니오 델 폴라이우올로의 〈알몸의 전투〉가 떠오르는 백병전 장면이지만 부조로 제작되어 3차원 시각화의 솜씨가 드러나는 역작이다.

다비드의 정력, 그리고 신이 인간을 창조하는 폭발적인 순간과는 다르게 성모 마리아의 초기 묘사에는 온화한 모성애가 긍정적으로 빛난다. 현재 바티칸의 성 베드로 대성당에 보관된 조각상 〈피에타Pietà〉(1499)는 죽은 아들을 품에 안은 성모 마리아의 비애를 표현했다. 힘없이 늘어진 예수의 몸에서는 모든 근육의 긴장이 사라져버렸다. 그의 1504년 작 〈성모자Madonna and Child〉는 이탈리아를 떠난 첫 작품으로 벨기에 브뤼헤의 두 부유한 이탈리아 포목상이 구입했다. 이 작품은 동정녀 마리아의 신성함에서 벗어난 어머니의 자부심과 침착함을 포착해 기존의 전통을 깼다. 유럽에는 정형화된 성모와 아기 예수의 초상화가 넘쳐났다. 대개 어머니는 푸른색 의상에 후광이 비치고, 오른손의 두 손가락으로 평화를 표시하며 종종 지나치게 성숙한 아기 예수를 왼쪽 팔에 안고 관객을 바라본다. 이와 달리 브뤼헤의 성모 마리아는 평화로운 자태로 오른쪽 팔은 완전히 긴장을 풀고 있고, 왼쪽 팔에는 힘을 주었지만 임무를 수행하기 위해 막 세상으로 나아가려는 아기 예수를 가로막지 않

〈피에타〉(1498~1499)

자연주의와 르네상스의 이상주의가 조각으로 만난 〈피에타〉는 미켈란젤로가 서명을 남긴 유일한 작품으로, 정적인 슬픔을 형상화했다.

는다. 어머니가 할 일은 다 끝났다. 뒤러는 목판화가로서 여행하던 중에 미켈란젤로의 〈성모자〉를 보았다.

미켈란젤로는 삶의 후반부에 시스티나 경당의 〈최후의 심판 The Last Judgement〉(1541) 작업을 맡게 되었다. 세상이 끝나고 모든 이가 신의 심판을 받아 천국과 지옥으로 가게 되는 이 거대한 장면은 인체의 초상을 무한히 표현할 수 있는 기회가 되어 그는 망자의 자세와 감정을 다양하게 그려냈다. 한복판에서 심판 중인 예수는 예전처럼 수염을 기르고 십자가형에 처한 희생자가 아니라 깨끗이 면도한 멀끔한 얼굴에 권력을 손에 쥔 젊은이의 모습이다. 예수의 왼쪽 발에는 한 남자가 한 손에 메스를 들고 다른 손에는 벗겨진 살가죽을 들고 있다. 이 사람은 산 채로 살가죽이 벗겨져 순교한 성 바르톨로메오이지만 그가 들고 있는 살가죽에는 미켈란젤로 자신의 얼굴이 그려져 있다. 해부학에 대한 미켈란젤로의 열정에 일말의 의심이 있었다면 아마 이 장면으로 바로 해소될 것이다.

그는 생전에 수시로 해부를 시도했고, 노년에는 파도바 출신 해부학자 레알노 콜롬보(1516~1559)와 함께 프로젝트를 도모했다. 파도바대학교와 피사대학교에서 수련한 콜롬보는 로마에서 미켈란젤로가 성 베드로 대성당의 돔을 설계하는 동안 그의 주치의였다. 미켈란젤로는 콜롬보의 해부학 책에 삽화를 제공하기로 했으나 결국에는 흐지부지되었는데, 미켈란젤로가 너무 고령이었거나 콜롬보가 고작 44세의 나이로 요절했기 때문일 것이다. 참으로 아쉬운 일이 아닐 수 없다. 현재 근대 해부학 역사에서 가장 중요한 책으로 대접받는 베살리우스의 『인체의 구조에 관하여

De humani corporis fabrica』는 콜롬보가 로마에 도착하기 불과 5년 전인 1543년에 출판되었다. 콜롬보와 미켈란젤로의 합작이 성공했다면 더 대단한 작품이 탄생하지 않았을까?

7. 폐순환의 발견

콜롬보의 저서는 1559년에 그가 사망한 후 아들에 의해 인쇄되었다.『해부학에 관한 열다섯 권의 책*De re anatomica libri XV*』은 그의 해부 작업을 조명한다. 그는 신체의 작동 방식을 알아낼 유일한 방법으로 동물의 생체 해부를 포함한 실용해부학을 열렬히 전파했다. 이 책의 속표지는 공개 해부 장면을 그린 것으로, 삽화가를 비롯해 모든 참관자가 주의를 집중해서 있고, 노인 한 사람만 책에 머리를 파묻고 있다. 콜롬보는 갈레노스를 비판하면서 그의 오류를 무조건 답습한 이들을 비난했다. 콜롬보의 이런 적대감은 갈레노스가 동물 해부 결과를 인체에 적용한 것에서 비롯했지만, 콜롬보 자신도 동물의 생체 해부만 했던 것으로 알려졌다. 그러나 콜롬보는 갈레노스보다 인간의 시신에 대한 경험이 훨씬 풍부했다.

『해부학에 관한 열다섯 권의 책』의 설명 방식은 매우 혁신적이다. 각 기관을 개별적으로 다루면서 신경과 혈관을 따로 논의하는 것이 아니라, 각 기관과 그 기관의 기능에 중요한 혈관을 동시에 다루었다. 이런 급진적인 관점 덕분에 폐순환이 발견됐는데, 이는 심장을 펌프로 인식한 다빈치와 윌리엄 하비가 발견한 혈액 순환 사이의 필수적인 중간 단계였다.『해부학에 관한 열다섯 권의 책』의 각각은 각종 기관, 뼈대, 근육, 힘줄, 연골, 샘, 피부에 할애되었으며, 제14권은 생체 해부의 의의를 논의했다. 제15권은 '해부 구조에서 드물게 보이는 것들'에 대한 콜롬보 개인의 즐거운 경험을 나열했다.

콜롬보는 태반placenta의 명칭을 지었고 그 기능을 식별했다. 또한 음핵을 최초로 발견한 사람은 아니지만 처음으로 음핵을 일차 성기관으로 규정했다. 이 소식이 전해지자 일부 르네상스 남성들은 큰 충격을 받았다. 여성에게 생식기라는 진정한 부속물이 생기면 해부학적으로 남성과 동등해지거나 심지어 자웅동체가 되어 남성을 불필요한 존재로 만들 수 있다고 우려했기 때문이다.

8. 16세기 베스트셀러, 베살리우스의 『파브리카』

레알도 콜롬보의 『해부학에 관한 열다섯 권의 책』은 그가 로마에 당도하기 직전에 출간된 책에 가려져 빛을 보지 못했다. 바로 안드레아스 베살리우스(1514~1564)가 쓴 『인체 구조에 관한 일곱 권의 책 De humani corporis fabrica libri septem』(이하 『파브리카』)이다. 지금까지 출판된 가장 영향력 있는 해부학 서적으로 손꼽히는 이 책은 당시에 폄하하는 이들이 없지 않았는데, 그중 한 사람이 레알도 콜롬보였다.

두 사람은 서로 아는 사이였고, 콜롬보는 1543년에 베살리우스가 바젤에서 책 제작을 감독하는 동안 파도바대학교에서 베살리우스의 업무를 대신 처리했다. 베살리우스는 『파브리카』에서 콜

『파브리카』(1543)

베살리우스의 기념비적인 걸작의 권두 삽화. 기둥이 세워진 대형 사원 내부의 해부 극장을 묘사한 목판화이다. 군중 가운데에 서 있는 한 해골이 여성의 복부를 해부하는 과정을 감독하고 있다. 개들과 원숭이가 주위를 어슬렁거리며 내장 찌꺼기가 떨어지길 기다리고 있다.

롬보를 '아주 좋은 친구'라고 불렀다. 그러나 정작 콜롬보는 파도 바에서 베살리우스의 학생들에게 그의 실수를 지적하면서 깎아 내렸다. 콜롬보의 가장 큰 불만은 베살리우스가 갈레노스를 비판하면서 그도 똑같이 동물 해부에 의존했다는 것이었다. 예를 들어 베살리우스는 인간의 골격에 대해 강의하면서 동물의 뼈를 사용했고 그러면서 암묵적으로 갈레노스를 지지했다. 베살리우스는 소의 눈을 보고 사람 눈의 세부 구조를 추론하는 실수를 저질렀다. 비록 두 사람 모두 과학의 발전을 위해 동물의 생체 해부를 옹호했지만 제대로 이용한 사람은 콜롬보뿐이었다. 결국 두 사람은 갈라섰다. 1555년에 베살리우스는 한때 동료였던 사람을 무지몽매한 인물로 취급하며 자기가 그에게 모든 것을 가르쳤다고 주장했다. 학자들 간에 이런 식의 처음도 마지막도 아니었다.

베살리우스는 브뤼셀에서 안드리스 반 베젤로 태어났지만 베살리우스라는 라틴식 이름으로 더 잘 알려졌다. 그는 의학자 집안에서 태어났다. 증조할아버지는 파비아대학교를 졸업하고 루뱅대학교에서 의학을 가르쳤는데 베살리우스도 그곳에서 공부했다. 한 비지는 신성로마제국 황제 막시밀리안 1세의 주치의였고, 아버지는 막시밀리안의 약재사apothecary였다. 베살리우스는 한동안 파리에서 갈레노스를 공부하며 생이노상 묘지Cimetière des Saints-Innocents(무고한 자들의 묘지)의 해골을 파헤쳤다. 그는 루뱅대학교에서 갈레노스와 알라지의 초기 비평에 관한 논문으로 박사학위를 받았다.

『파브리카』는 명백히 갈레노스를 넘어선 해부학 발전의 시발점이었다. 이 책이 출간되기 전부터 갈레노스에 대한 베살리우스의 반박은 입방아에 올랐다. 갈레노스는 사람들에게 수 세기 동안 진리로 받아들여졌고, 그러면서 그가 동물의 기관과 혈관을 관찰한 결과를 가지고 인체를 설명했다는 사실을 망각했다. 이런 사실을 베살리우스가 새롭게 발견하면서 『파브리카』를 쓰게 된 것이다.

갈레노스의 지혜에 대한 그의 도전은 반발과 더불어 무례하다는 비난까지 받았다. 결국 그는 갈레노스가 옳다고 인정해 세간의 비판을 잠재웠지만, 인간에 대해서는 틀렸다고 고집했다. 특히 베살리우스는 골격에 대해 강하게 의견을 내세웠다. 그는 복장뼈, 엉치뼈, 나비뼈, 관자뼈를 처음으로 정확하게 설명했다. 인간의 아래턱뼈는 다른 동물처럼 둘로 나뉘어 있다는 반박하기 쉬운 것부터 시작해 『파브리카』는 갈레노스의 오류를 300개 이상 바로잡았다. 또한 그는 신이 태초에 최초의 남성으로부터 여분의 갈비뼈를 가져와 여성을 만들었기 때문에 남성은 여성보다 갈비뼈의 수가 더 적다는 통념을 수정했다. 이는 기독교 교회와 해부학의 관계에 영향을 미쳤는데, 갈비뼈 이야기는 성경의 신화와 남성이 여성보다 우월하다는 교회의 믿음에 중요했기 때문이다.

그는 베렌가리오처럼 인체에 괴망이 없다는 것을 확인했고, 피가 간에서 시작한다는 것과 미세한 구멍을 통해 심장의 좌심실에서 우심실로 들어간다는 갈레노스의 이론을 반박했다. 이는 베살리우스가 해부를 통해 직접 관찰한 내용이 갈레노스의 가르침과 모순되는 수많은 사례 중 하나였다. 한편 베살리우스는 당시로서는 가장 발달한 뇌 해부학을 소개했다. 그리고 소화계와 혈관에 대한 새로운 사실을 제시했다. 다만 혈관에서 정맥과 동맥이 서로 완전히 분리된 체계라는 갈레노스의 이론을 뒤집지는 못했다.

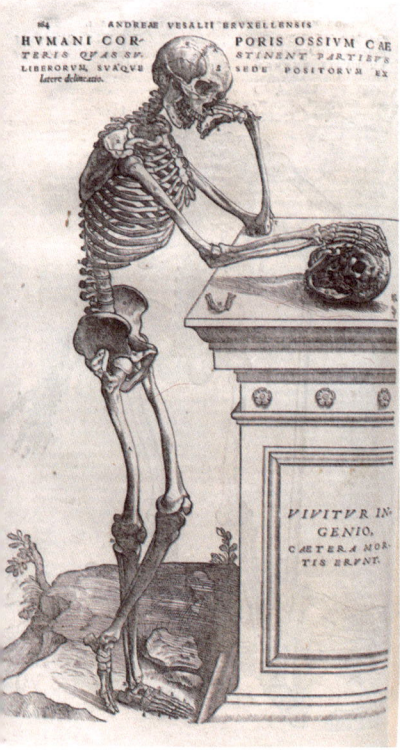

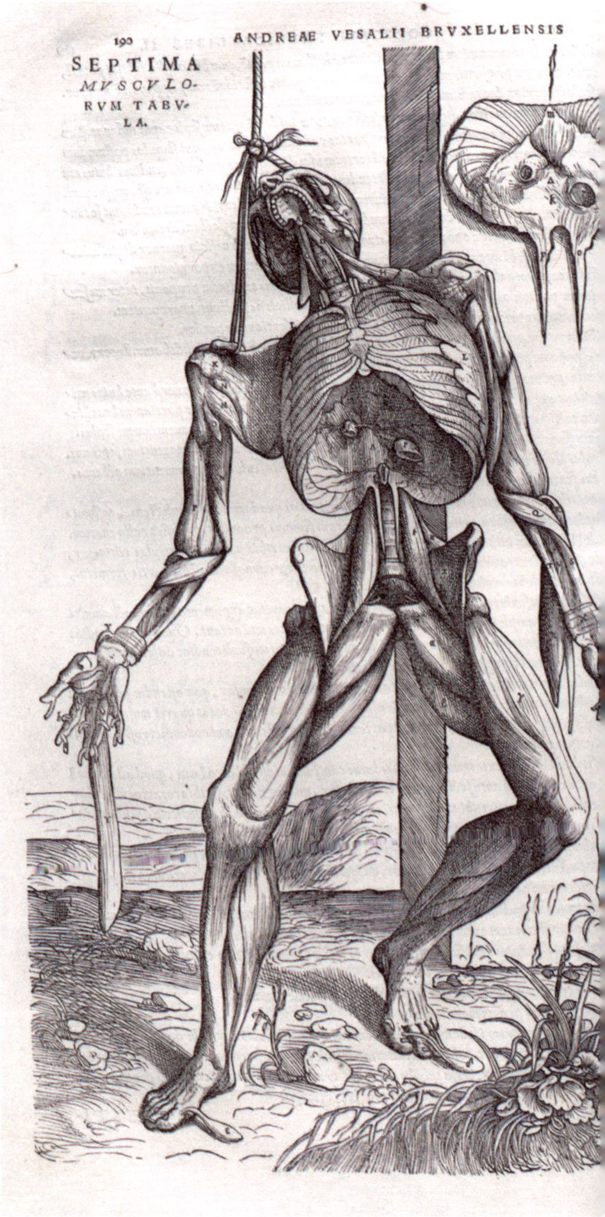

『파브리카』(1543)

이 책의 삽화는 이탈리아에서 활동하던 네덜란드인 얀 스테판 반 칼카르가 그렸다.

- 다리를 꼬고 서서 사색 중인 해골. 라틴어로 "천재의 삶은 영속되고 나머지는 죽는다"라는 글귀가 새겨진 묘비 앞에서 두개골에 손을 올리고 있다.
- 살가죽이 벗겨진 몸. 눈구멍으로 넣은 밧줄에 매달린 채 사지의 근육과 흉곽 뒤의 공간을 보여준다.

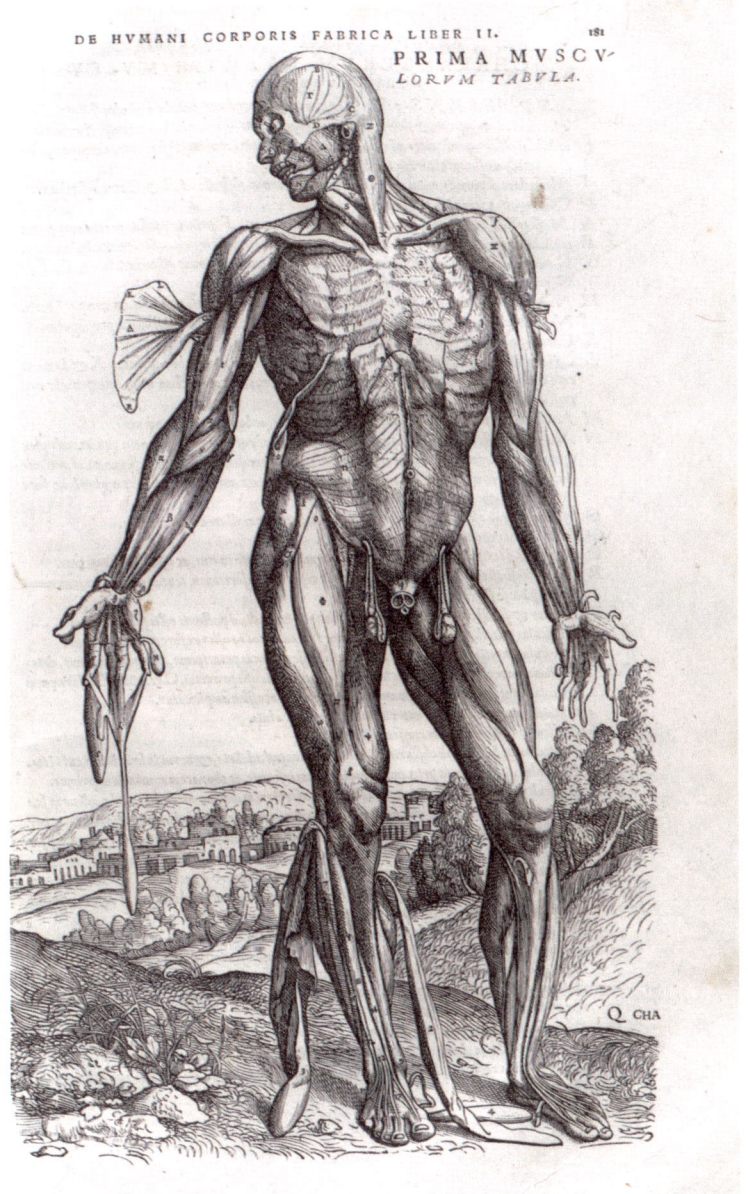

『파브리카』(1545)

살가죽이 벗겨진 몸을 앞에서 본 모습. 이탈리아 풍경을 배경으로 목, 어깨, 사지, 복부의 근육을 드러내고 있다.

베살리우스가 저지른 가장 큰 실수는, 여성의 생식기관에 대한 갈레노스의 관점을 그대로 받아들여 이 그리스 의사가 개를 해부해 알게 된 사실을 반복했다는 점이다. 그러나 1555년 『파브리카』의 첫 개정판에서 그 오류를 수정하고 태반과 태막의 그림을 좀 더 정확한 것으로 교체했다. 베살리우스는 죽는 날까지 해부학에 대한 호기심을 잃지 않아 49세에 자킨토스섬에 난파되어 세상을 떠났을 당시 세 번째 개정판을 준비하고 있었다.

총 일곱 권으로 된 『파브리카』에 수록된 삽화는 현실적이고 상세한 묘사가 풍부하다. 이 해부도들은 해부 작업 당시 동석한 화가가 아직 시신이 신선한 상태일 때 그린 것으로 보이며, 르네상스가 불러온 인체 표현 및 인쇄술의 발전을 모두 반영했다. 섬세한 목판화로 제작된 이 삽화들은 베네치아의 위대한 화가 티치아노 베첼리오의 제자 얀 스테판 반 칼카르의 솜씨일 것이다. 몸체는 고전 그리스 조각상처럼 예술적인 자세를 취하고 있고, 설명이 필요한 경우가 아니라면 팔다리는 어깨나 허벅지에서 잘라냈다. 우아하면서도 설명력이 뛰어난 삽화이다.

무엇보다 이 책에는 덮개 장치가 있어서 마치 해부 과정을 재연하듯이 독자가 특정 부위의 덮개를 들췄을 때 그 아래의 내부 형태를 볼 수 있게 했다(그런 덮개 장치를 기술적 용어로 '플랩$_{flap}$'이라 한다). 이런 장치가 이 책에서 처음 사용된 것은 아니다. 하인리히 포크트헤어(1490~1556)는 스트라스부르에 개인 인쇄소를 소유한 예술가로 1538년에 플랩 덮개를 사용한 해부학 책을 제작했다. 그렇지만 책의 디자인은 혁신적이었던 데 비해 포크트헤어의 해부학은 그렇지 않았다. 한 해부도에서 그는 락마밀$_{lacmamil}$이라는 가상의 해부 구조를 추가했는데, 유두까지 이어지는 이 한 쌍의 관이 혈액을 모유에 전달하는 기능을 한다고 보았다. 1539년에 프랑스 의사 장 뤼엘(1474~1537)은 플랩 덮개를 사용한 책을 출간해 독자들이 남성과 여성의 해부 구조를 다양한 층으로 볼 수 있게 했다. 한편 뤼엘은 고대 그리스와 로마의 수의학 지식을 집대성한 『히피아트리카 Hippiatrika』 또는 『수의학 Veterinariae medicinae』(1530)으로 잘 알려져 있다. 『수의학』은 목차와 용어 설명을 넣었다는 점에서 애서가들의 구미를 당겼다.

　베살리우스의 『파브리카』는 최신 해부학 기술과 과학을 소개했다. 또한 갈레노스의 결정적인 약점을 밝혔을 뿐 아니라 해부학에 어디까지나 순수하고 과학적으로 접근해 과거와는 상당히 단절된 특징을 보였다. 여러 면에서 근대인에 가까웠던 몬디노와 베렌가리오조차 자신의 책에 갈레노스의 철학적 요소를 추가해야 할 의무를 느꼈지만 베살리우스는 오직 과학적 사실에만 관심을 가졌다.

　『파브리카』는 즉시 베스트셀러가 되었는데, 당시 학생 독자를 고려해 동시에 출간한 『파브리카 요약본 De humani corporis fabrica librorum epitome』은 『파브리카』보다 훨씬 잘 팔렸다. 요약본에서는 학생들이 페이지를 오려서 플랩 덮개를 직접 제작할 수 있는 활동 페이지가 추가되었다. 『파브리카』의 최초 두 판본은 보라색으로 제본된 독특한 판본을 포함해 700부 이상이 살아남았다. 베살리우스는 자신이 이 책을 헌정한 신성로마제국 황제 카를 5세에게 이 특별한 판본을 선물했다. 『파브리카』의 출간 직후 카를 5세는 베살리우스를 황실 주치의로 고용했다. 카를 5세의 아버지 막스밀리안의 궁정에서 그의 할아버지가 맡았던 자리였다. 현재 미국 브라운대학교에 소장된 한 사본은 베살리우스와 같은 브뤼셀 출신인 제본업자 요세 샤피에가 1867년 파리 세계박람회에 출품하기 위해 사람의 피부로 장정한 것이다. 이 책의 원래 소유자나 피부의 주인에 관한 기록은 남아 있지 않다.

베살리우스의 책이 인기를 얻으면서 플랩 사용이 대중화되었다.『파브리카』출간 1년 만에 스트라스부르의 야코프 프뢸리히가『해부학, 내부에서 보는 인체의 묘사_Anathomia oder abconterfettung eynes Mans leib, wie er inwendig gestaltet ist_』에서 플랩 덮개를 사용했다. 이 책에서 남성의 이미지에는 6개의 플랩이, 여성에게는 9개의 플랩이 쓰였고, 이 그림은 독일어로 된 세 단짜리 본문과 개별 기관이 자세히 묘사된 작은 목판 삽화로 둘러싸여 있다.

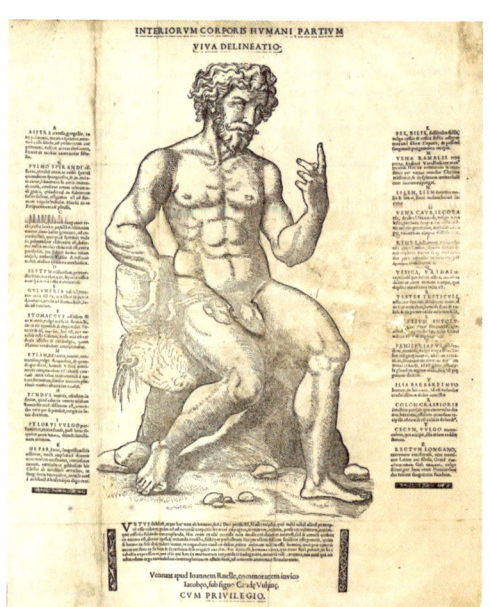

남성의 해부 구조. 플랩형
(1559)

보통 플랩 도해는 비전문가 독자를 겨냥해 아담과 하와로 알려진 쌍으로 그려진다. 이 남성 그림은 장 뤼엘의 작품이다.

여성의 해부 구조, 플랩형 (1558)

하인리히 포크트헤어는 해부 구조의 여러 층을 보여주기 위해 리넨 덮개를 부착해 해부 과정을 그럴듯하게 재연한 선구자였다. 이 사례에서는 총 네 단계가 있다. 외부(오른쪽), 내장기관과 소화계(아래), 생식계, 골격계.

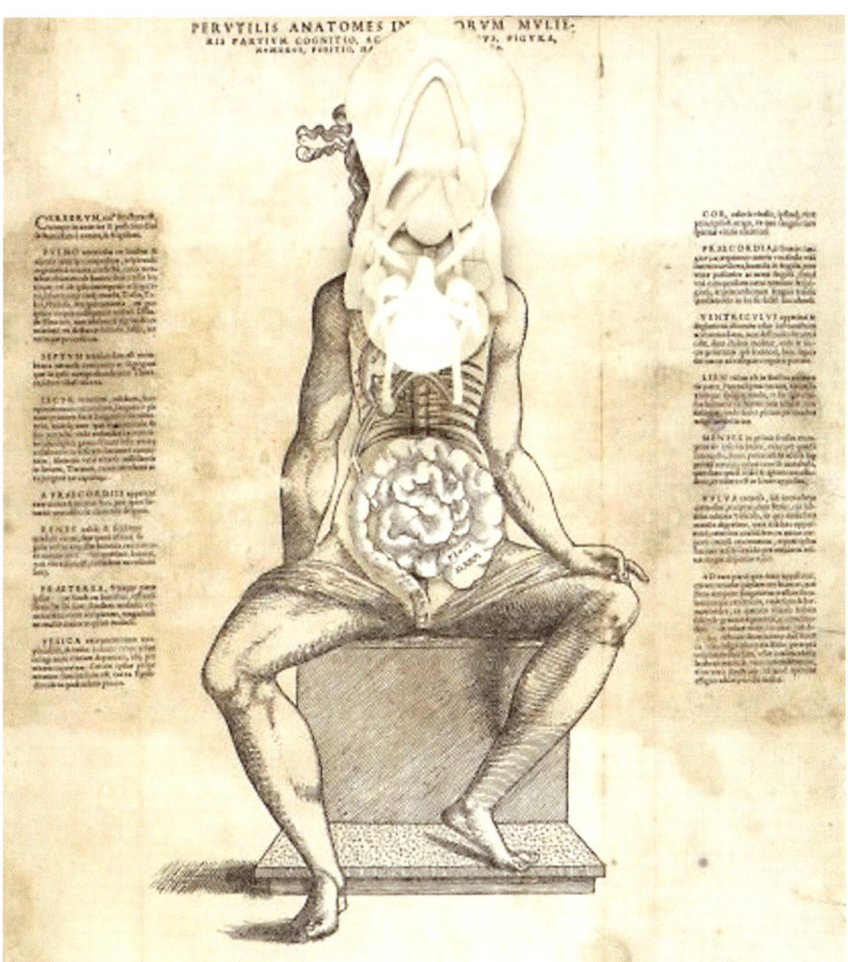

9. 표절 분쟁

베살리우스는 표절의 피해자였다. 플랑드르 동판 예술가 토마스 람브리트는 베살리우스의 삽화를 베꼈고, 이어서 런던의 프랑스 출판업자 가일스 고데가 람브리트의 삽화를 복제했다. 베살리우스의 동문인 샤를 에티엔(1504~1564)은 살아생전에, 그리고 사후에도 여러 건의 표절 혐의를 받았다.

에티엔과 베살리우스는 파리에서 동급생이었다. 스승인 자크 뒤부아는 동물 해부를 통해서만 학생들을 가르쳤고, 베렌가리오의 책에 의존하는 사람이었다. 그래서 재능 있는 이 두 학생 모두 더 나은 해부학 책의 필요성을 깨달은 것은 우연이 아니다. 에티엔은 베살리우스보다 4년 앞선 1539년에 『신체 부위의 해부에 관하여. 3부작 De dissectione partium corporis humani libri tres』의 출판을 준비하며 문제 해결에 나섰다.

그러나 에티엔의 또 다른 동급생이 소송을 제기하는 바람에 출간이 지연되었다. 에티엔 드 리비에르는 샤를 에티엔에게 프랑스어로 된 자기 책을 라틴어로 번역해달라고 요청한 적이 있는데 그가 에티엔에게 표절 혐의를 제기한 것이다. 이 사건은 에티엔이 해부 과정의 세부 사항과 삽화를 드 리비에르에게서 빌려왔다고 인정하기로 하면서 일단락되었다. 이 분쟁으로 『신체 부위의 해부에 관하여. 3부작』의 출간이 1545년까지 지연되었고 그 바람에 새로운 해부서의 영광은 베살리우스에게 돌아갔다.

『신체 부위의 해부에 관하여. 3부작』이 계획대로 1539년에 인쇄되었다면, 분명 베살리우스가 차지한 영예의 일부를 가져갔을 것이다. 이 책에는 선구적인 주장이 담겨 있었고 뇌의 모형도 베살리우스의 것보다 조금 미흡했을 뿐이다. 그러나 에티엔이 훔친 것은 드 리비에르의 글만이 아니었다. 에티엔의 이미지는 수준과 양식이 극과 극을 달렸다. 에로틱한 자세의 일부 삽화는 1527년에 야코포 카랄리오가 판화로 새긴 『신들의 사랑 *The Loves of the Gods*』이라는 15장짜리 포르노그래피를 베낀 것으로 보인다. 이 경우에 원본

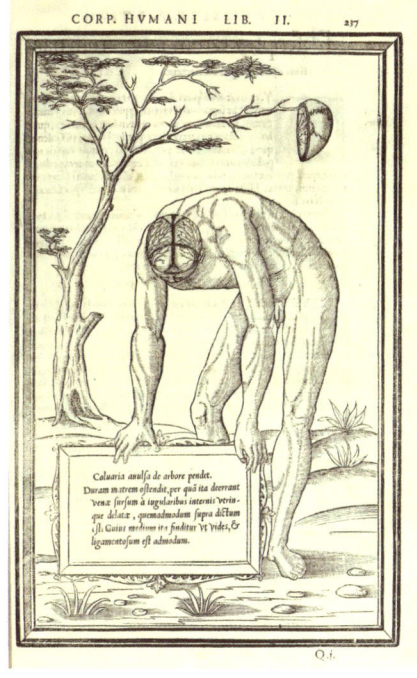
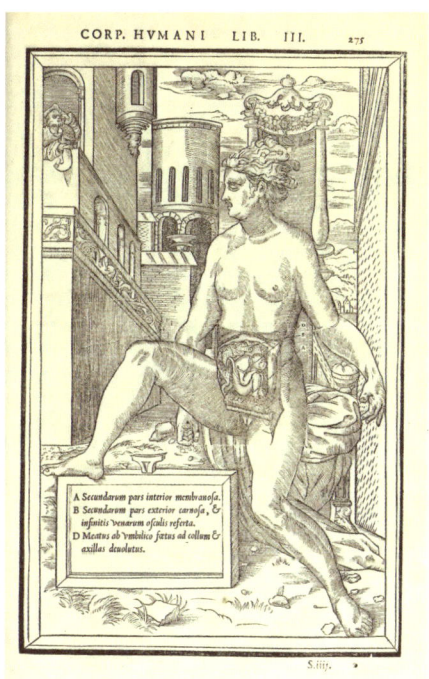

『신체 부위의 해부에 관하여. 3부작』(1545)
- 한 남성이 허리를 숙이며 두개골 뚜껑이 나뭇가지에 걸려 머리 내부가 드러난 모습을 보여준다.
- 으리으리한 궁전을 배경으로, 임신한 여성이 자신의 생식기관을 보여주고 있다.

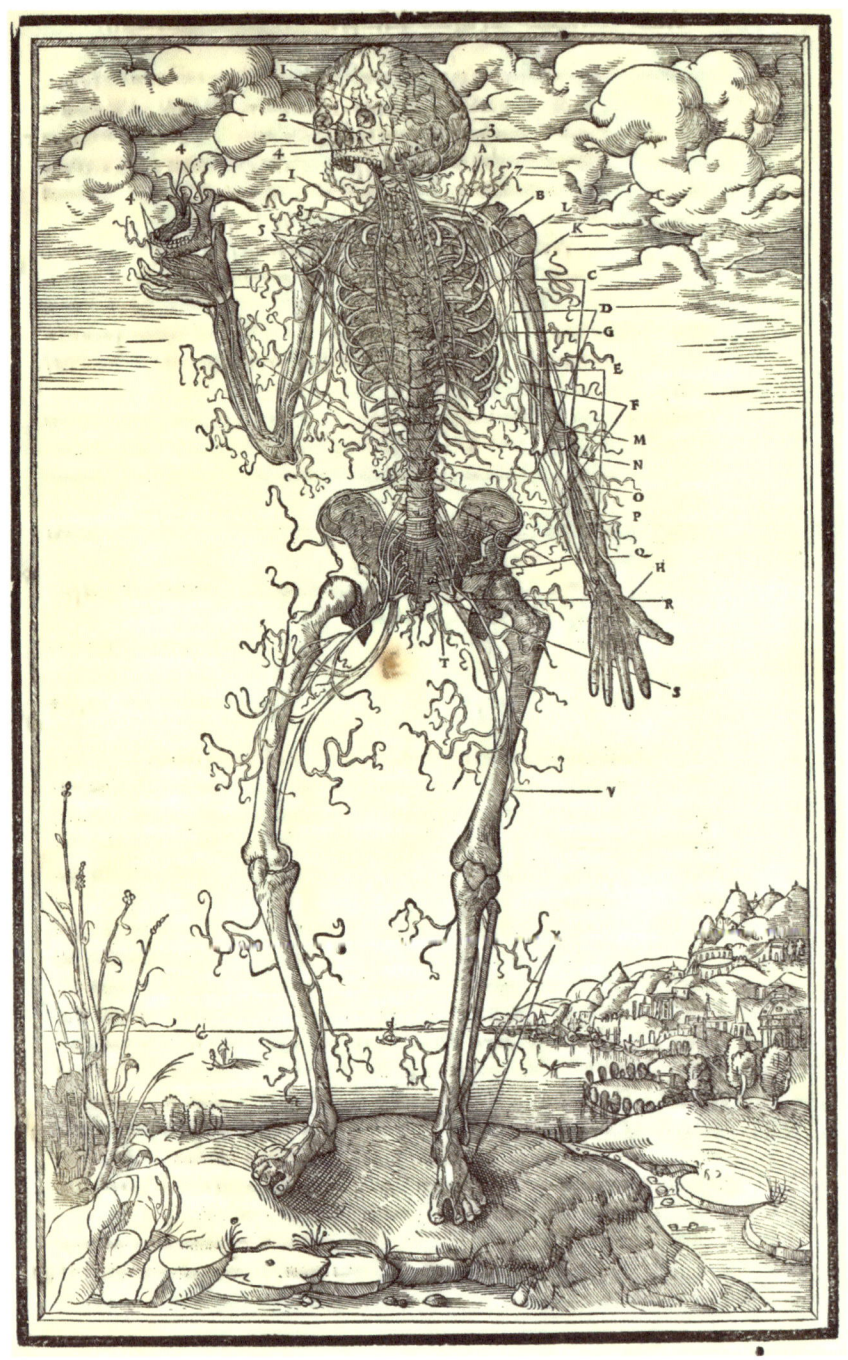

『신체 부위의 해부에 관하여, 3부작』(1545)

샤를 에티엔의 책은 이 상세한 골격도를 포함해 이미지를 표절했다는 혐의를 받고 출간이 지연되었다.

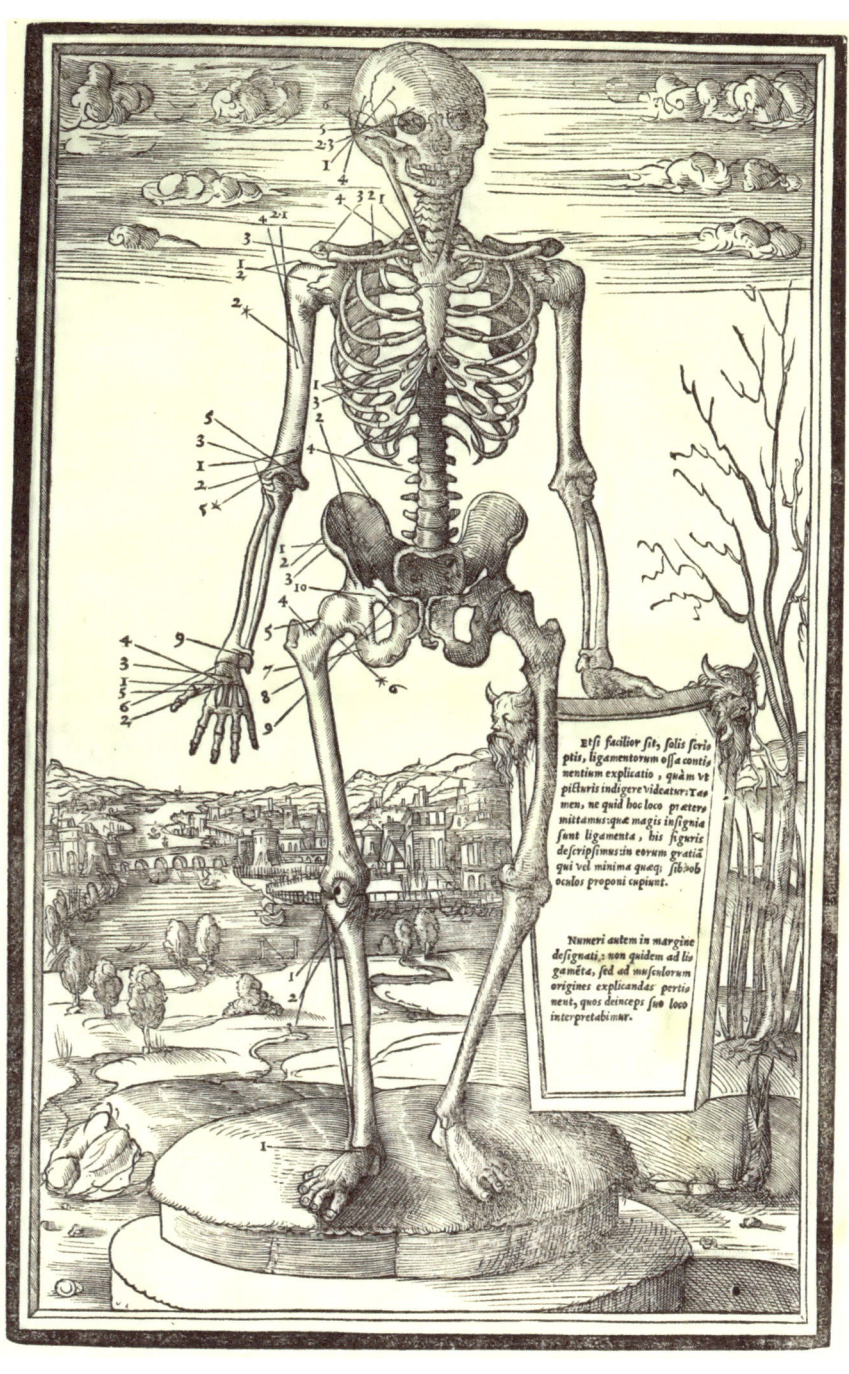

『신체 부위의 해부에 관하여. 3부작』(1545)

팔과 다리 관절의 세부 사항이 적힌 골격 해부도.

의 가장 두드러진 부분을 크게 잘라내고 그 안에 내부 구조를 삽입했다. 삽입부와 에로틱한 배경 사이의 경계선이 확연하게 눈에 띈다. 에티엔이 왜 이런 방식을 선택했는지는 확실하지 않지만, 아마도 그동안의 소송과 베살리우스의 성공으로 목판 삽화에 들어갈 예산이 부족해졌기 때문일 것이다. 이런 문제 있는 그림들이 본문의 훌륭한 가치를 깎아내렸다.

10. 최초의 근대 수의학 책

마침내 인체 해부학이 동물 해부학의 오류에서 벗어나던 시기에 독립적인 동물학 서적이 발간되기 시작했다는 사실은 주목할 만하다. 수의학은 적어도 기원전 3000년 전부터 시작되었고, 지금까지 알려진 가장 오래된 수의학 책은 기원전 1900년경에 제작된 이집트 파피루스이다. 그러나 장 뤼엘이 『수의학』에 설명한 것처럼 그 시기 이후로 동물에 관한 책이 많이 쓰였다. 최초의 근대 수의학 책은 베살리우스 직후에 출판된 것으로, 취리히의 (인간) 주치의였던 콘라트 게스너(1516~1565)가 썼다. 1551년에서 1558년까지 여러 권이 출간된 『동물의 역사 *Historia animalium*』는 동물을 자연 환경에서 현실적으로 그린 최초의 책이다.

『동물의 역사』는 과거 아리스토텔레스가 쓴 책에서 제목을 빌려왔지만 자연사를 좀 더 과학적으로 설명하고 있다. 삽화가 풍부하며, 르네상스 시대에 발간된 동종의 도서 중에서 가장 성공한 책이 되었다. 중세 우화에서 동물은 오랫동안 사람들의 오락거리

『동물의 역사』(1551)

- 콘라트 게스너의 우화집에 그려진 낙타는 동물의 다리 근육에 대한 당시 해부학 지식의 수준을 보여준다.
- 게스너는 호저가 포식자를 만나면 화살처럼 가시를 발사한다는 통설을 믿었다.

였다. 현존하는 것이든 가상의 것이든 동물은 정확하게 묘사되지 않았다. 그런데 천생 과학자였던 게스너는 상상 속 짐승을 책에 실으면서 가상의 동물이라고 밝혔고, 그 바람에 책의 재미를 더하려고 더 충격적인 신화 속 동물들을 삽입해온 출판업자를 실망시켰다. 순수한 해부학 서적은 아니었지만 『동물의 역사』는 원색의 이미지와 각 동물의 특징과 습성, 예술 작품에 등장한 사례, 약용

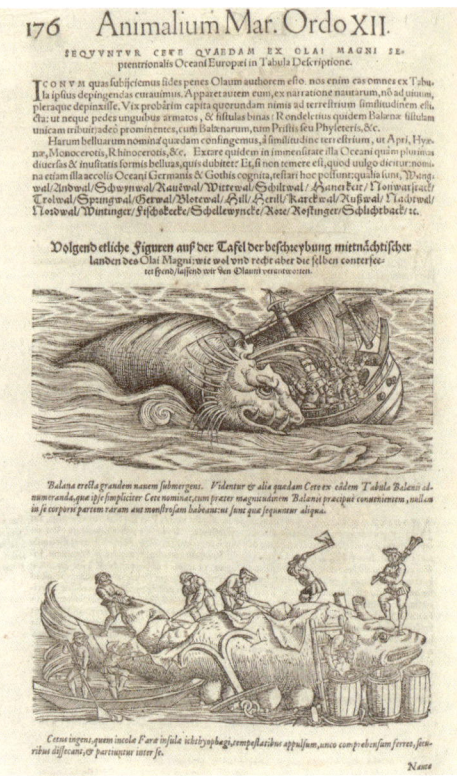

『동물의 역사』(1551)

- 게스너의 작품은 최초의 근대 동물학 연구이지만 유니콘 같은 신화 속 동물도 포함하고 있다.
- 상상 속 바다뱀이 선박을 공격한다(위). 사람들이 고래의 기름을 잘라내어 내장과 함께 나무통에 담고 있다(아래).

및 식용 가치 등의 설명을 포함한 훌륭한 책이었다.

게스너의 담당 삽화가는 스트라스부르 출신의 조류학자 루카스 샨이었다. 그 외에도 많은 예술가가 게스너의 책에 기여했으며, 그는 다른 이들의 작품을 '빌리는' 것 이상은 시도하지 않았다. 이 책에는 뒤러의 유명한 코뿔소 그림이 수록되었다. 게스너와 뒤러 둘 다 한 번도 본 적 없는 동물이다. 그러나 게스너는 여행을 다니며 자신이 거쳤던 지역의 야생동물을 꼼꼼히 기록해 관찰 과학이라는 새로운 르네상스 형식의 전형을 보여주었다. 이 그림들이 입소문을 타면서 후속작인 『동물도Icones animalium』가 출간되었다. 『동물의 역사』는 동물학 책 중에 드물게 가톨릭교회의 금지 도서 목록에 올랐는데, 이 책에서 다룬 자연사의 이단성 때문이 아니라 게스너가 프로테스탄트였기 때문이다.

11. 모작의 성공

안드레아스 베살리우스의 『파브리카』는 해부학 책으로서는 물론이고 출판업계에서도 선풍적인 인기를 끌었다. 이 책의 성공에 편승하려는 모작과 위작이 판을 쳤다. 베살리우스는 이런 사람들 때문에 심기가 몹시 불편했다. 반면 다른 작가들은 그가 과학에 기여한 바에 영향을 받아 그와 정확히 같은 길을 걸었다. 해부학의 대중화를 통해 베살리우스는 다른 의사들을 끌어들였고, 일부는 베살리우스라는 훌륭한 토대 위에서 많은 발전을 이루었다.

후안 발베르데 데 아무스코(1525~1589?)는 이 경기장에 드물게 들어온 에스파냐 사람이었다. 그는 1552년에 파리에서 출간된 『정신 및 신체 건강의 보존에 관한 소책자De animi et corporis sanitate tuenda libellus』와 1556년 로마에서 출간된 『인체 구성의 역사Historia de la composicion del cuerpo humano』를 포함해서 여러 권의 해부학 책을 출간했다. 그의 작품은 고향인 카스티야 왕국이 아닌 다른 도시에서 인쇄되었는데, 그곳이 삽화를 만드는 전문 기술이 발달한 곳이었고,

발베르데 자신이 외국에서 유학했기 때문이다. 그는 베살리우스의 가장 강한 비평가인 레알도 콜롬보 밑에서 수학했다.

베살리우스가 발베르데의 연구에 특히 악의적이었던 것은 아마 콜롬보와의 연관성 때문일 것이다. 이유는 여러 가지였다. 발베르데의 책은 베살리우스 자신의 대표작을 바탕에 둔 것이 분명한데도 콜롬보에게 영향을 받았다는 점을 드러냈을 뿐 아니라 감히 자신의 작품을 수정했기 때문이었는데, 무엇보다도 그의 책에서 삽화를 대량으로 훔쳐다 쓴 뻔뻔함이 가장 큰 이유였다. 『인체 구성의 역사』에 실린 42개 도판 가운데 38개가 『파브리카』에서 가져다 쓴 것이고 4개만 독창적인 것이었다.

그나마 다행인 것은 발베르데가 삽화의 출처를 표기했다는 것

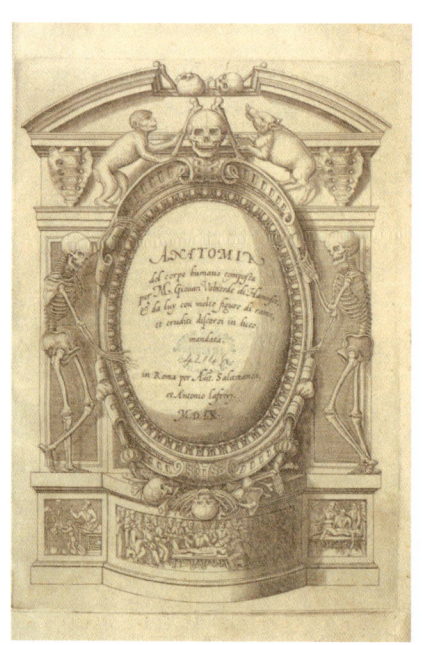

『인체 구성의 역사』(1556)

후안 발베르데 책의 속표지. 베살리우스에게 상당한 빚을 진 책이다.

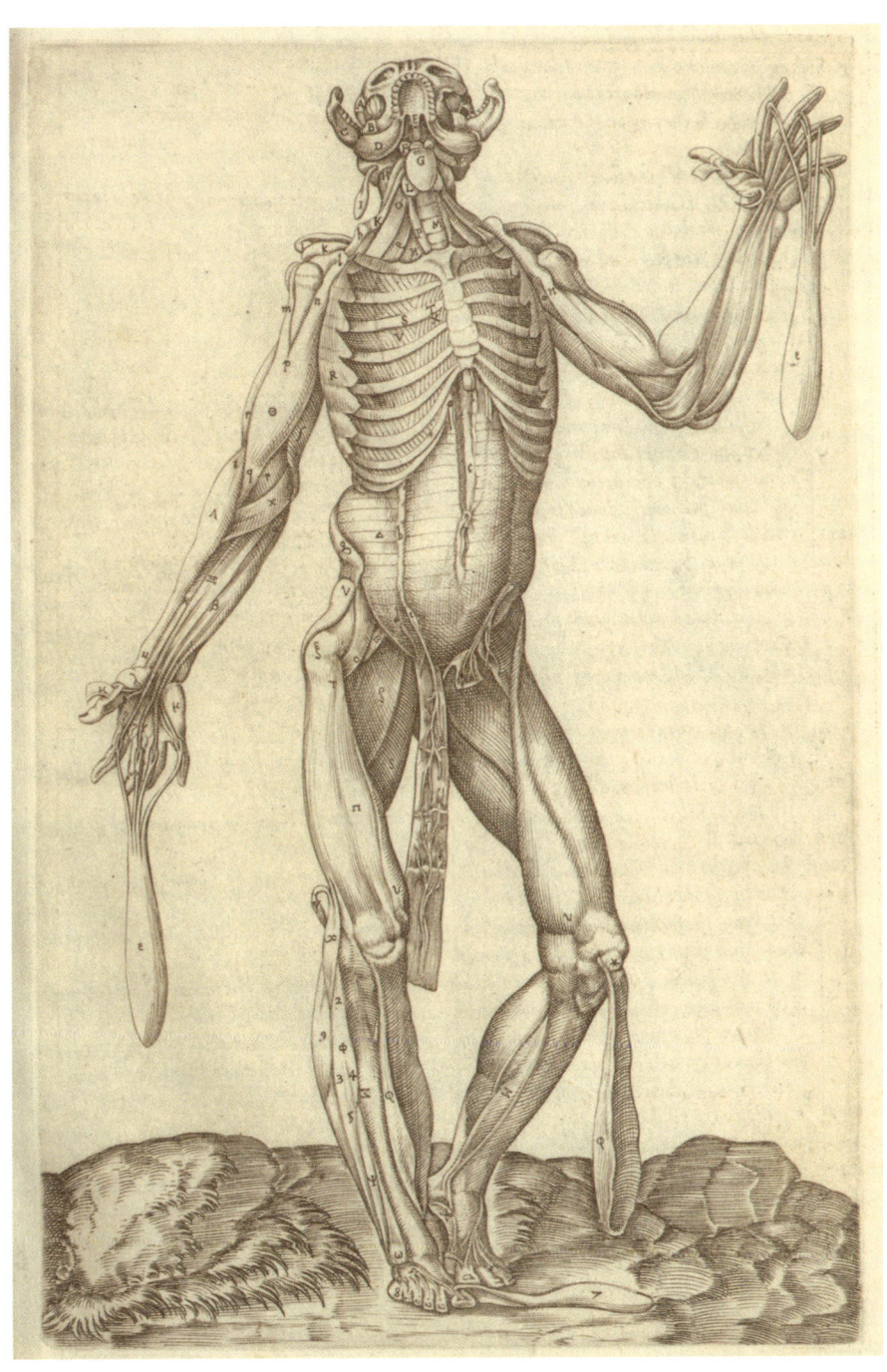

『인체 구성의 역사』(1556)

후안 발베르데가 베살리우스의 『파브리카』에서 빌려온 도판 중 하나.
고개를 뒤로 젖힌 자세가 특징이다.

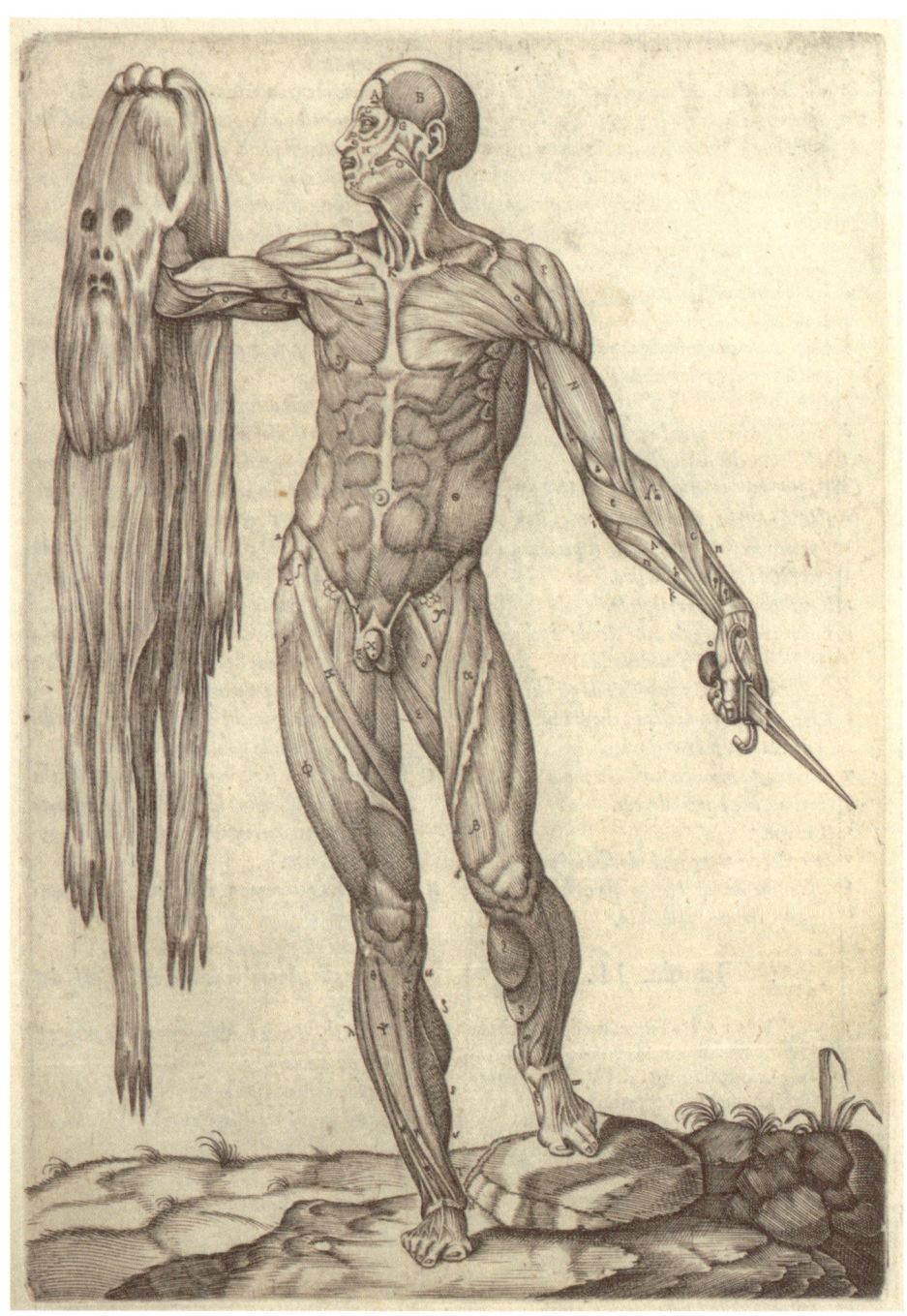

『인체 구성의 역사』(1556)

발베르데의 원작 그림 중 하나인 이른바 '근육남'. 남성이 한 손에 자신의 살가죽을 들고 있고, 다른 손에는 자신이 직접 피부를 벗길 때 사용한 칼을 들고 있다.

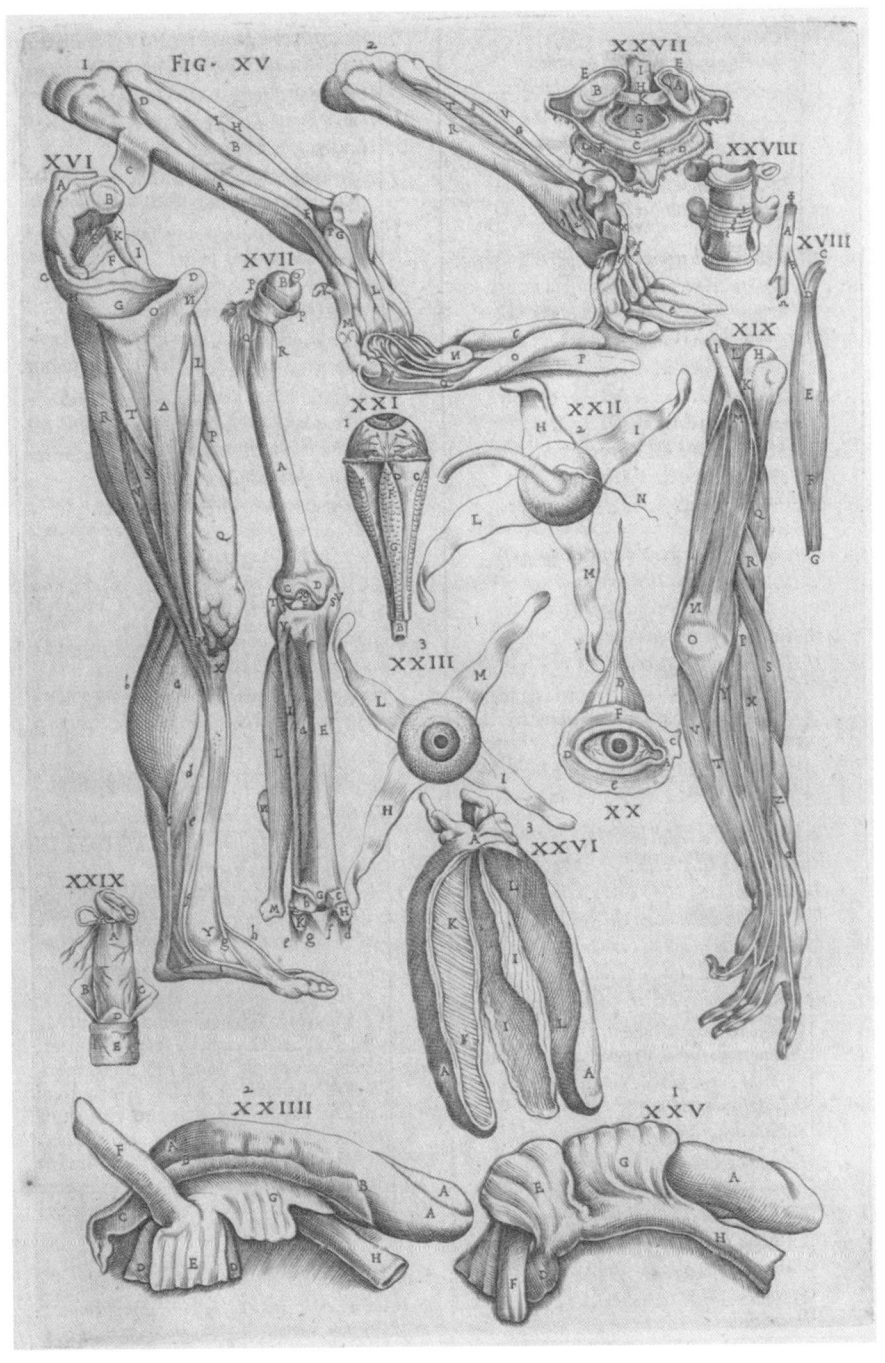

『인체 구성의 역사』(1556)

개별 신체 부위에 대한 상세한 도해는 발베르데 저작의 뛰어난 부분이다. 그는 눈에 대한 베살리우스의 지식에서 한 걸음 더 나아갔다.

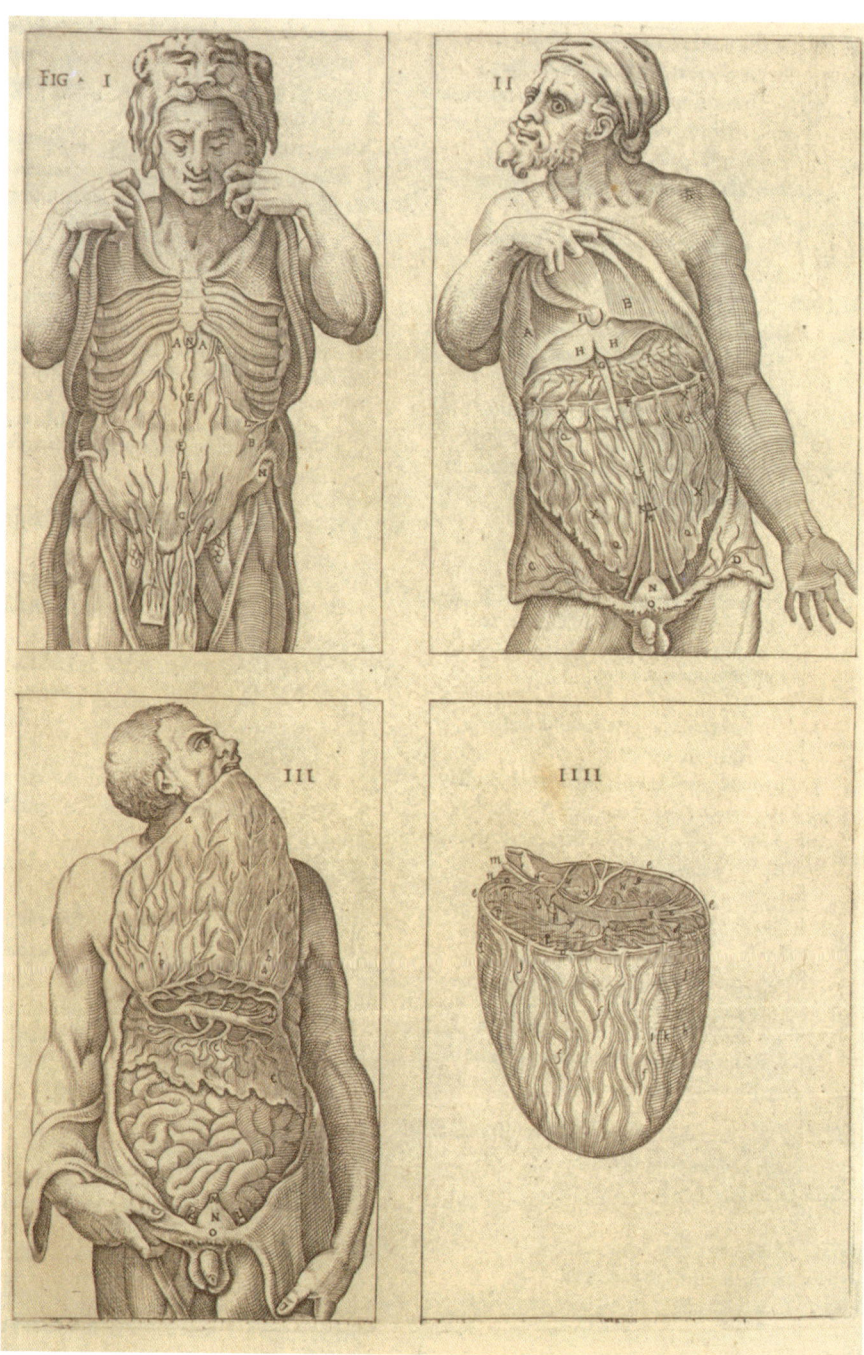

『인체 구성의 역사』(1556)

소화계 해부의 네 단계. 몸의 주인이 내부를 보이는 데 협조하고 있다.

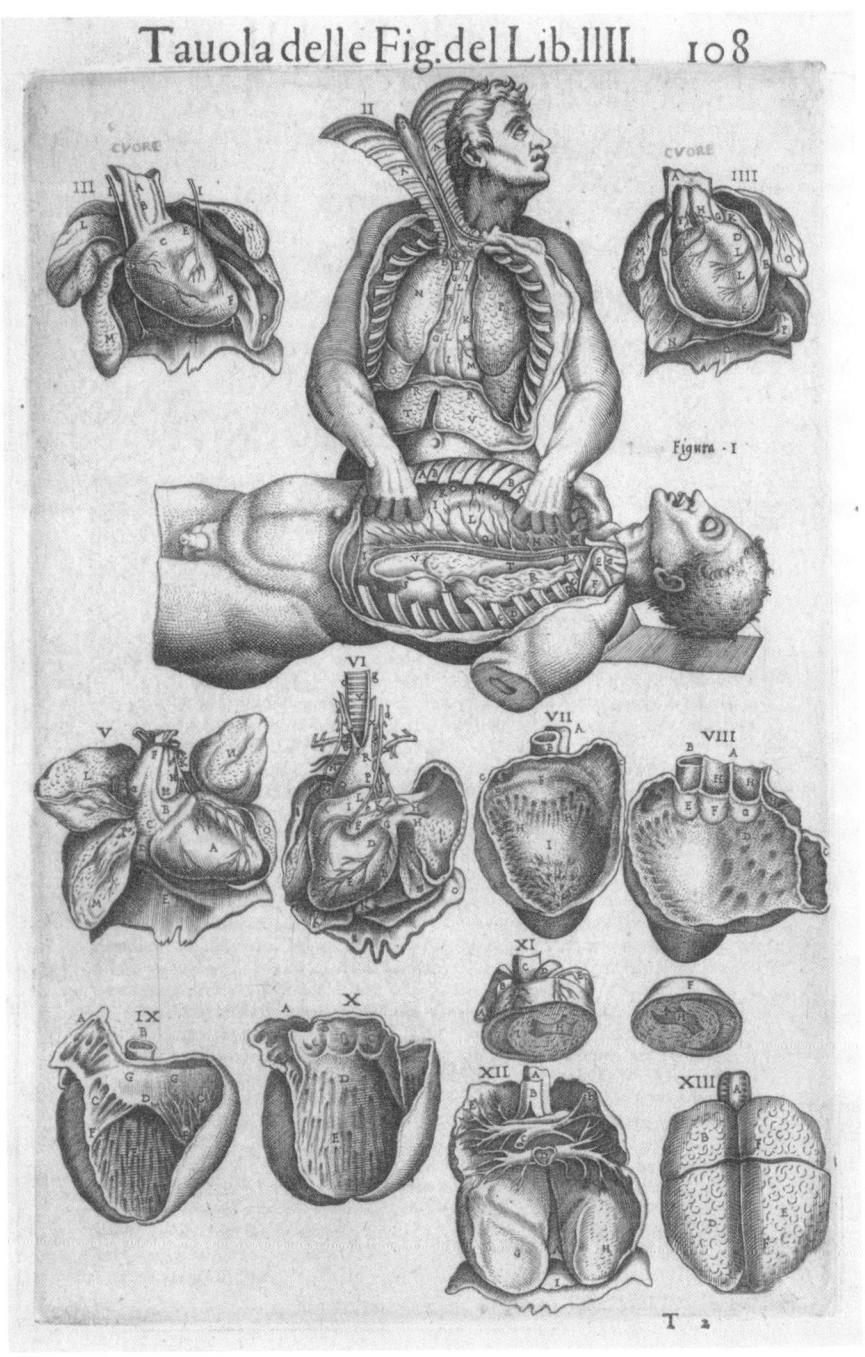

『인체 구성의 역사』(1556)

후안 발베르데는 베살리우스의 『파브리카』에 실린 이 도판을 재사용했다. 해부된 남성이 다른 남성을 해부하고 있고, 주변에는 심장과 폐의 세부 구조가 둘러싸고 있다.

이다. 그러나 나머지 4개의 새로운 도판은 콜롬보와 미켈란젤로의 협업이 성공했다면 탄생했을 법한 매혹적인 결과물이었다. 발베르데의 독창적인 삽화는 미켈란젤로의 제자였던 에스파냐 화가 가스파르 베세라가 그린 것으로 추정된다. 그리고 판화가는 1540~1560년 사이에 미켈란젤로의 지시 아래 판화 작업을 했던 프랑스인 니콜라 베아트리제였다. 새로운 도판 중에 '근육남 Muscle Man'이 있는데, 피부가 없는 한 남성이 한 손에는 벗겨낸 살가죽을 들고 있고 다른 손에는 가죽 제거용 칼을 들고 서서 근육을 보여 준다. 이는 시스티나 경당의 〈최후의 심판〉에서 미켈란젤로가 성 바르톨로메오를 빌려서 그린 자화상의 반영이다. 발베르데의 책에는 미켈란젤로와 콜롬보가 많이 녹아 있었다.

　해부학자로서 발베르데의 자격은 의심할 여지가 없다. 비록 베살리우스는 해부 경험이 부족하다고 그를 공격했지만, 콜롬보의 제자였다면 있을 수 없는 일이다. 발베르데는 특별히 얼굴 구조에 관심이 많았고, 그가 베살리우스의 오류를 바로잡은 내용에도 눈, 코, 후두의 근육이 포함된다. 발베르데의 치아 묘사는 더욱 상세히다. 발베르데는 베살리우스의 세세석이시 못한 잭 구성을 개선하기 위해 책을 썼다고 주장했다.『인체 구성의 역사』는 베살리우스에 대한 가장 성공적인 모작으로서 16세기에 널리 읽혔다.

12. 생식기와 성의 해부학

후안 발베르데가 콜롬보의 신봉자였다면 가브리엘레 팔로피오

(1523~1562)는 베살리우스의 후계자였다. 베살리우스와 콜롬보처럼 팔로피오도 파도바대학교에서 해부학과 학과장을 맡아 인상적인 경력을 쌓았지만, 39세라는 젊은 나이에 세상을 떠났다. 그는 오늘날 팔로피오관(나팔관)으로 잘 알려져 있다. 나팔관은 난소와 자궁을 잇는 관으로, 팔로피오는 이 부위를 설명하면서 남성과 여성의 생식기관이 단순히 서로의 거울상이라는 오랜 갈레노스식 해석을 수정했다. 그는 생식기와 성의 해부학에 관심이 많아서 콘돔을

가브리엘레 팔로피오(1523-1562)
팔로피오의 이 판화는 이전의 초상화를 바탕으로 사후 100년이 지난 후에 제작되었다.

사용해 매독을 예방하는, 현대식 임상시험에 가까운 시도를 했다. 약초 혼합물에 적신 리넨 싸개를 병사 1100명에게 제공한 결과 한 사람도 매독에 걸리지 않았다(단, 임신 예방 효과는 보고되지 않았으며, 100년 뒤에야 양의 창자로 만든 콘돔으로 임신과 감염을 예방하라는 권고가 처음 등장했다).

팔로피오는 손재주가 아주 뛰어나고 섬세한 외과의사였다. 그는 시체의 해부와 사형수의 생체 해부를 담당한 것으로 잘 알려졌다. 세심한 관찰 덕분에 특히 귀에서 많은 구조물을 발견했고, 고막, 달팽이관, 미로의 이름을 지었다. 또한 그는 뇌로 이어지는 얼굴 신경인 팔로피오 신경관(안면신경관), 직장의 팔로피오 근육(추체근), 큰창자와 작은창자를 분리하는 팔로피오 판막(회맹판)을

3장 르네상스 시대의 해부학   177

발견했다. 파도바에서는 약초 공급처인 식물원을 관리했는데, 오늘날 식물학자들은 그를 마디풀과의 닭의덩굴속 *Fallopia*으로 기억한다(팔로피오 Falloppio의 이름에는 p가 2개이지만 라틴식 이름에서 유래한 명칭에서는 p를 하나만 사용한다).

그는 뛰어난 선생이었고, 그의 강의 노트는 사후에 출간되었다. 생전에 낸 책은『모데나 의사 가브리엘레 팔로피오의 해부학적 관찰 *Gabrielis Falloppii medici mutinensis observationes anatomicae*』한 권인데 끝내 그를 죽음으로 몰고 간 폐결핵과 사투하는 중에 썼다. 사망하기 1년 전인 1561년에 그림 없이 출간된 이 책은 자신이 발견한 내용은 물론이고 베살리우스에게 경의를 표하며 그의 오류를 일부 수정해 실었다. 이 책을 받은 베살리우스는 팔로피오의 죽음을 모른 채, 평소 자신을 비판하는 이들에 대한 본능적인 거부감을 극복하고 그의 명성을 인정하는 편지를 썼다. 그러나 베살리우스 역시 생을 마감했고, 그 편지는 그가 죽고 한 달 뒤인 1564년 5월에 출판되었다.

13. 빛을 보지 못한 해부학자, 유스타키오

팔로피오는 당시의 모든 해부학자처럼 베살리우스의 기초 연구에 신세를 졌다. 그러나 그의 남다른 재주, 그리고 베살리우스의 지식을 개선한 점에서 그는 16세기 최고의 해부학자로 여겨질 만하다. 똑같이 재주가 뛰어났지만 두각을 나타내지 못한 사람도 있다. 예를 들어 바르톨로메오 유스타키오(1500?~1574)는 베살리우스와 동시대 인물로 해부 실력이 출중했다. 그는 파도바에서 수련했고 로마에서 가르쳤으며, 1552년에는 자신의 해부학 지식을 총망라해 47개의 도판을 제작했다. 그러나 베살리우스의 입김이 센 상황에서 마땅한 출판사를 찾지 못해 생전에는 그중 8개만 인쇄되었다. 그리고 거의 200년이 지나 이탈리아 해부학자 조반니 마리아 란치시에 의해 바티칸 도서관에서 재발견되었을 때, 이 도판들은 엄청난 발전을 이룬 꼼꼼한 해부학자의 모습을 드러내 주었다. 유스타키오의 도판은 마침내 1714년에 교황 클레멘스 11세가 비용을 대어 『바르톨로메오 유스타키오의 해부도 Tabulae anatomicae Bartholomaei Eustachii』라는 제목으로 출간되었다.

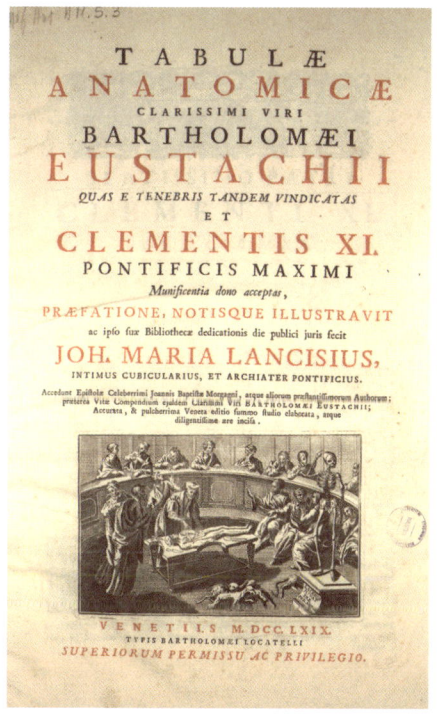

『바르톨로메오 유스타키오의 해부도』
(1714)

유스타키오의 해부학 삽화를 출간하는 데 비용을 댄 교황 클레멘스 11세에 대한 감사의 말이 속표지에 실렸다.

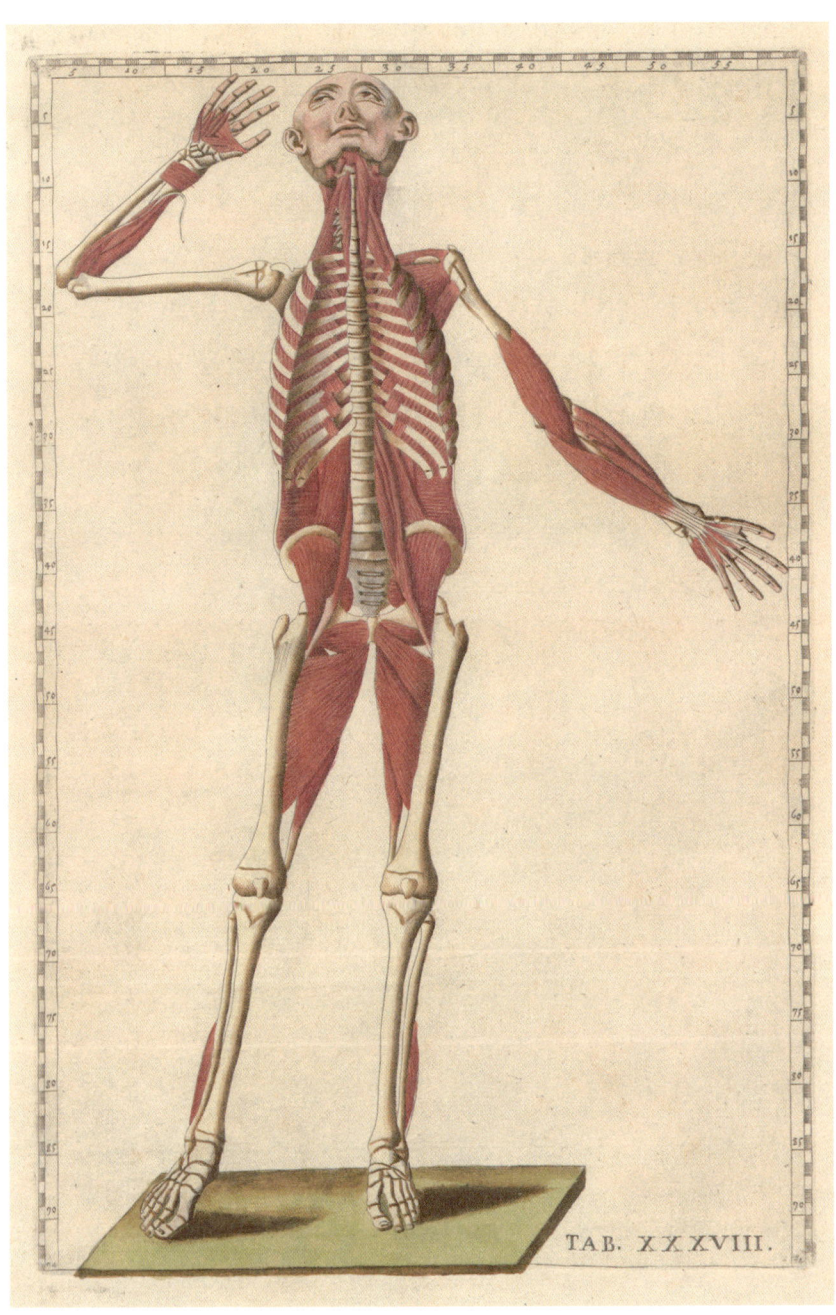

『바르톨로메오 유스타키오의 해부도』(1714)

바르톨로메오 유스타키오의 사후에 출간된 책에서 부분적으로 피부가 벗겨진 골격.

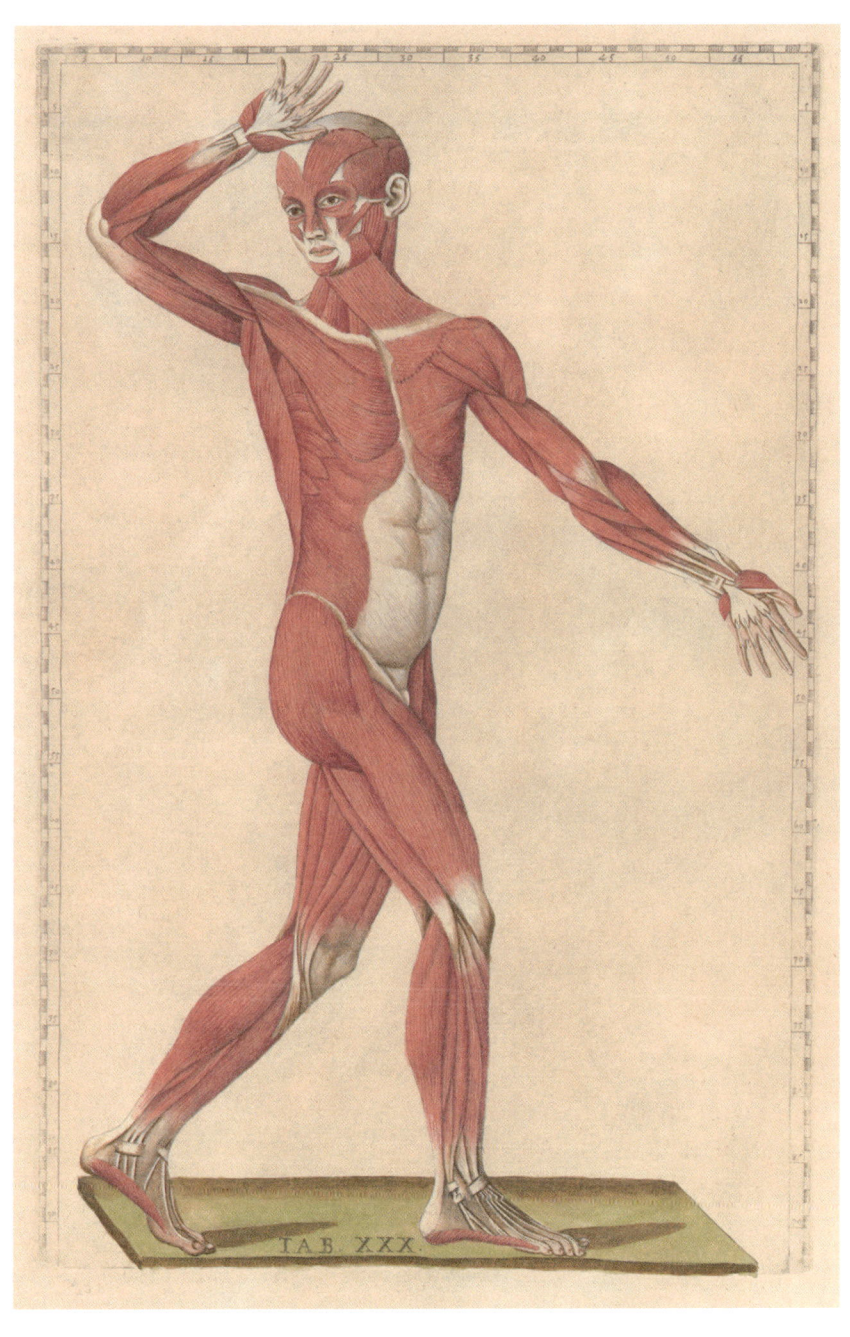

『바르톨로메오 유스타키오의 해부도』(1714)

남성의 근육 구조.

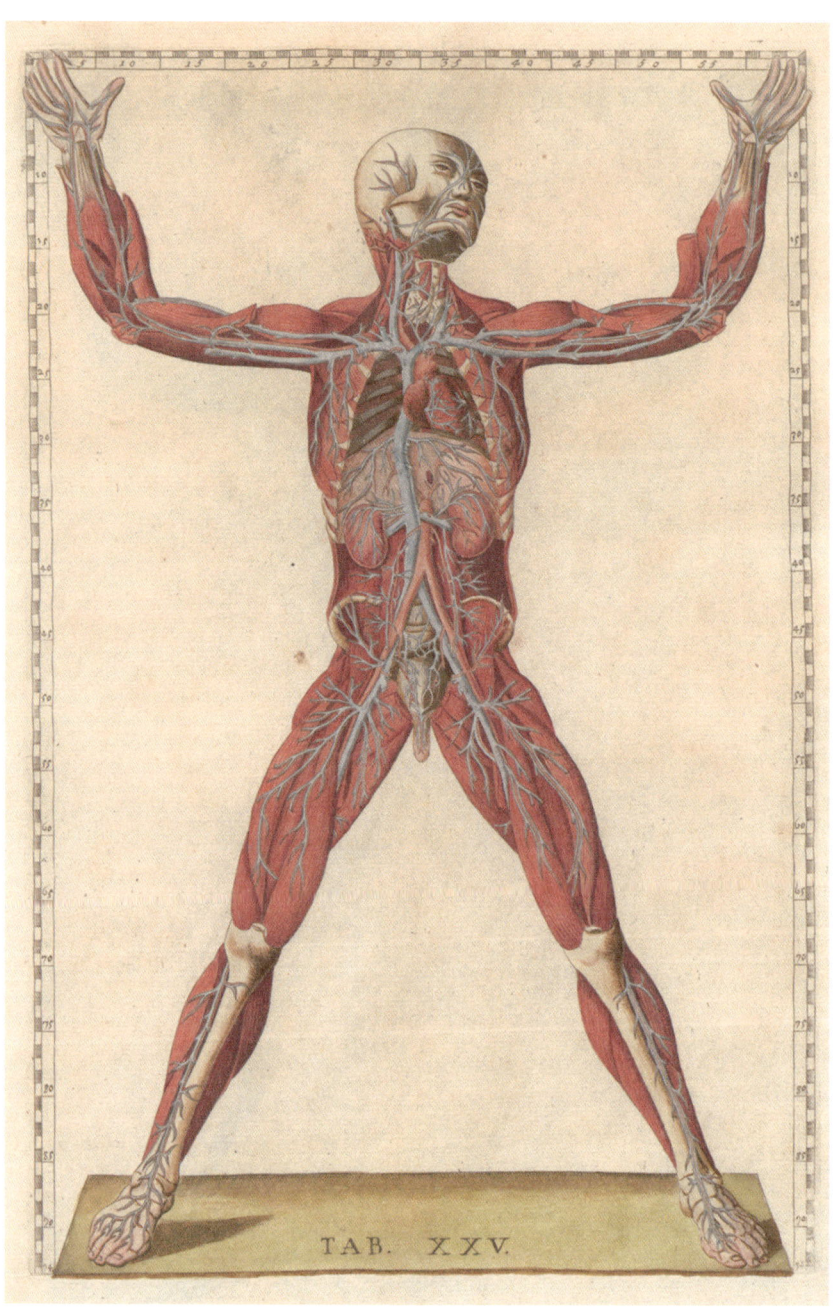

『바르톨로메오 유스타키오의 해부도』(1714)

남성의 신경계.

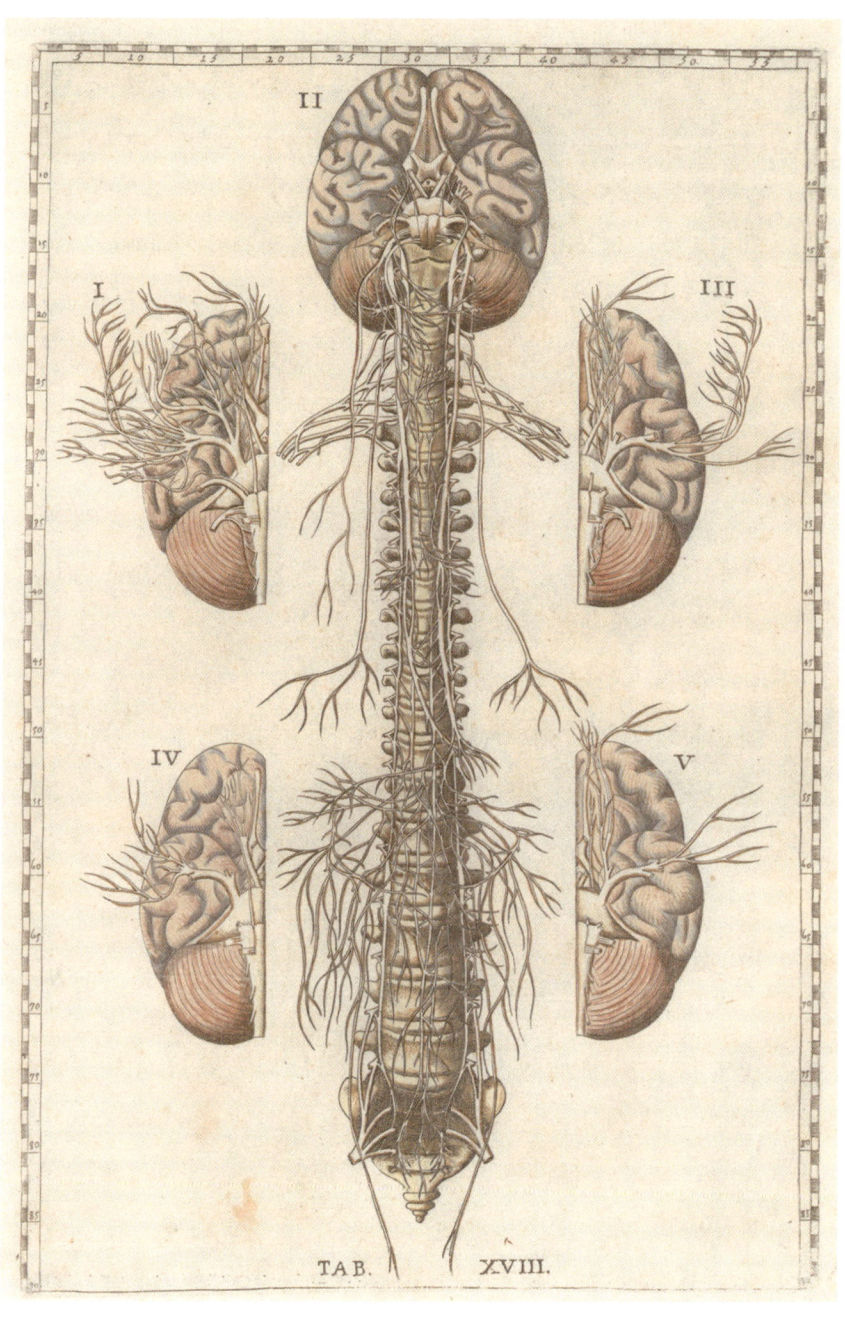

『바르톨로메오 유스타키오의 해부도』(1714)

뇌와 척추의 그림은 신경계에 대한 유스타키오의 지식이 상당히 발전했다는 증거이다.

신경계에 대한 그의 지식은 당시에 대적할 자가 없었고, 귀에 대한 탐구는 팔로피오의 연구를 보완했다. 중이의 일부인 유스타키오관은 원래 고대 그리스 크로톤의 알크마이온이 처음으로 관찰했지만 유스타키오를 기념해 그의 이름이 붙었다. 유스타키오의 삽화들은 베살리우스처럼 예술적이지는 않았지만 대체로 제공하는 정보가 더 많았다. 예를 들어 엉덩이의 신경계는 그 시스템을 더 잘 볼 수 있도록 인물이 어색한 자세로 서 있다.『바르톨로메오 유스타키오의 해부도』의 속표지는 공개 해부장에서 내다버린 내장을 먹으려고 기다리는 개떼까지 묘사하고 있다.

한 전기 작가는 유스타키오의 성격이 퉁명스러웠다고 썼다. 아마 그는 끝내 출간의 기회를 얻지 못한 것에 괴로워했을 것이다. 만약 그가 제때 출간했다면 근대 해부학의 공동 창시자로 베살리우스와 어깨를 나란히 했을 것이라고 주장하는 이들도 있다. 그러나 베살리우스가 갈레노스에 맞서고 있을 때, 유스타키오는 갈레노스 편에 서는 치명적인 실수를 저질렀다.

14. 전쟁 시대의 외과의사

16세기 막바지에 출간된 한 프랑스 서적은 해부학이란 본디 실습 과학이었다는 사실을 새삼 상기시켰다. 앙브루아즈 파레(1510?~1590)는 외과의사로, 특히 전쟁 시 부상병의 상처를 치료하는 전문의였다. 그는 왕실을 담당한 의사로서 네 명의 프랑스 왕을 모셨는데, 이는 그의 실력이 뛰어났음을 방증한다. 하지만 그가 첫 번째 왕인 앙리 2세가 1559년에 마상 시합 중 창 파편이 그의 눈을 뚫고 뇌로 들어갔을 때 치료하지 못했던 전력을 감안하면 놀라운 경력이기도 하다.

그의 첫 번째 책인 『아르크뷔즈 소총과 화기로 인한 상처 치료법 La méthode de traicter les playes faites par les arquebuses et aultres bastons à feu』은 1545년에 파리에서 인쇄되었다. 그 이후로 파레는 광범위하게 책을 냈고, 특히 『앙브루아즈 파레의 작품집 Les oeuvres d'Ambroise Paré』은 1575년에 재쇄를 찍고 네덜란드어, 독일어, 영어로도 번역되었다. 전쟁은 16세기 말과 17세기 초까지 유럽인들에게 일상이나 다름없었다. 파레의 인생 마지막 10년 사이에만 영국과 에스파냐의 전쟁, 네덜란드와 포르투갈의 전쟁, 러시아와 스웨덴의 전쟁이 발발했고 포르투갈과 폴란드에서 왕위 계승 전쟁, 아일랜드의 반란, 쾰른 선제후국의 통제를 둔 내전이 있었다. 따라서 전장에서 부상병 치료에 참고할 설명서가 필요했다.

파레에게 가장 중요한 목적은 통증의 완화였고, 그래서 그는 여러 수술 기법을 고안했다. 예를 들어 당시 팔다리 수술 중에 혈관을 지지고 끓는 엘더 오일 elder oil로 처리하는 치료 과정이 있었는데, 이때 많은 환자가 통증과 치료 중 쇼크로 사망했다. 파레는 지짐술(소작) 대신 결찰술을 실험한 최초의 외과의사였다. 또한 그는 상처를 부드러운 장미유, 달걀노른자, 테레빈유 turpentine 혼합물로 치료했다. 테레빈유는 소독제로 기능했고, 그 연고로 치료한 환자는 더 잘 회복했다. 파레는 여러 수술 도구를 개발했는데, '까마귀 부리 crow's beak'라고 하는 원시적인 결찰 도구는 오늘날 출혈을 막기 위해 사용되는 지혈 겸자 haemostatic clamp로 발전했다.

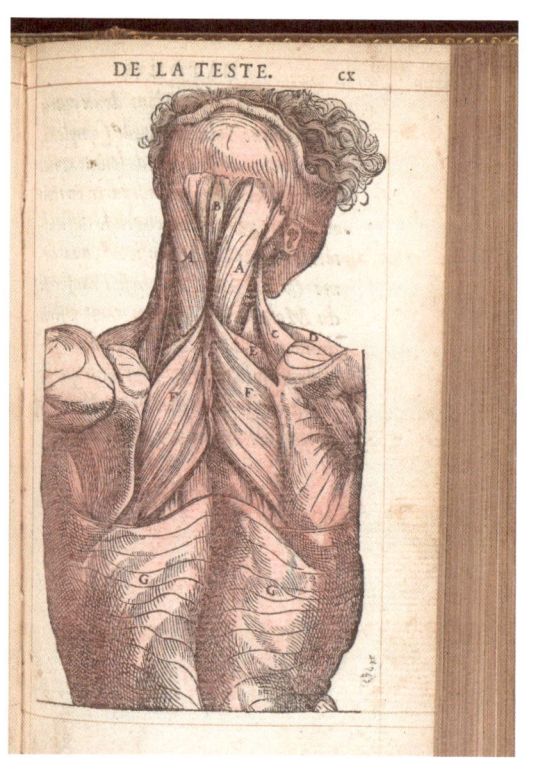

『아르크뷔즈 소총과 화기로 인한 상처 치료법』(1545)

- 등, 어깨, 목 근육의 삽화.
- 파레가 머리 부상 치료용으로 설계한 수술 도구들.

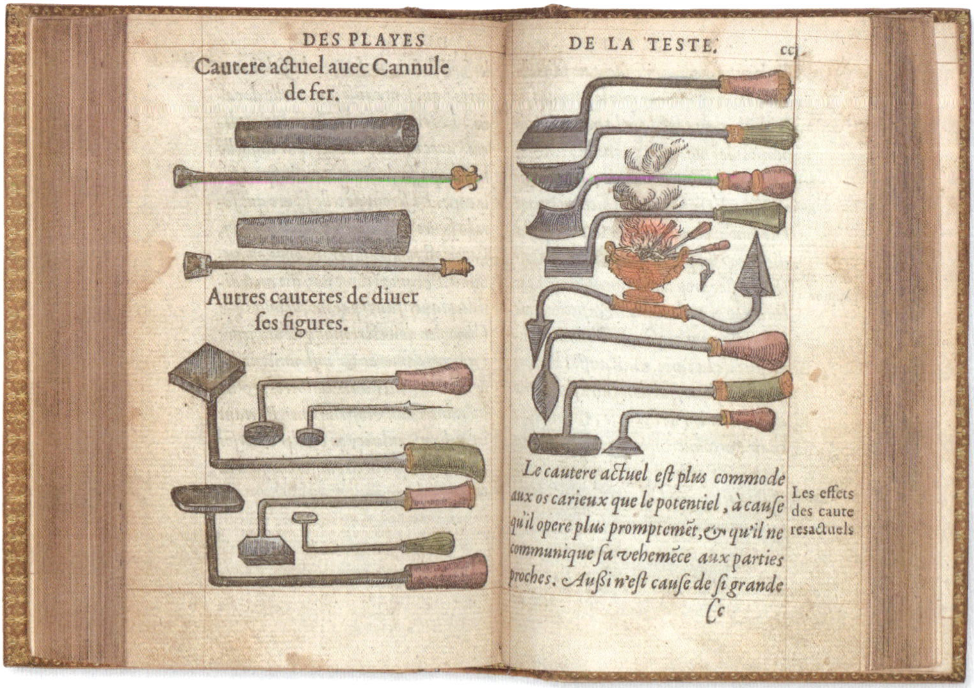

신경학에 관심을 가졌던 그는 환지통 현상을 연구했다. 파레는 팔다리를 잃은 사람이 경험하는 이 거짓 통증은 절단된 부위에서 생기는 것이 아니라 뇌가 느끼는 것이라고 추론했다. 한편 그는 끝없는 탐구심으로 베조아르 bezoar(위돌. 페르시아어로 '해독제'라는 뜻)의 사용에 대한 세간의 미신도 조사했다. 베조아르는 음식, 털, 식물성 재료 등 소화할 수 없는 물질이 뭉쳐서 형성된 돌로, 환자의 몸에서 꺼내어 해독제로 귀하게 쓰였다. 황소의 베조아르는 여전히 중의학에서 사용된다.

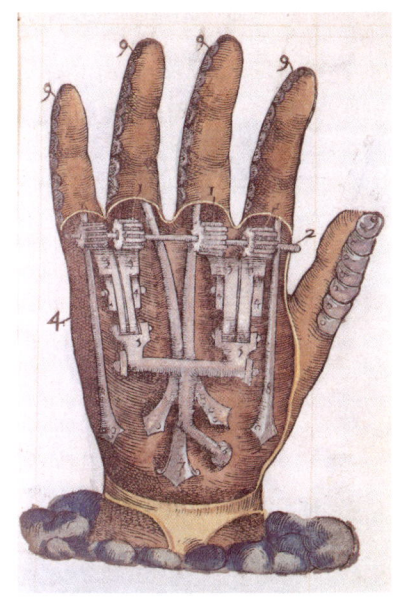

의수(1564)

앙브루아즈 파레는 손, 팔다리, 코와 눈의 여러 보철물을 설계했다.

파레는 이 믿음을 테스트할 방법을 찾았다. 마침 프랑스 궁정의 한 요리사가 절도 혐의로 사형을 선고받았다. 파레는 그를 설득해서 독을 먹인 다음 베조아르를 섭취하게 했다. 그러나 죄수는 7시간 뒤에 고통 속에 사망했고, 파레는 속설과 달리 베조아르는 보편적인 해독제가 아님을 증명한 것에 만족해했다(현대 의학에 따르면 베조아르는 비소를 중화시킬 수 있다). 1603년에 영국에서 어떤 사람이 효능이 없는 베조아르를 판 사람을 고소했는데 결국 재판에서 졌다. 판사는 '카베아트 엠프토르 caveat emptor'(매수자가 조심하라)라는 법적 개념을 도입했다.

파레는 또한 폭력이나 외상으로 인한 죽음이 장기에 남긴 흔적을 연구했는데, 이런 주제로 그가 발표한 글은 법의병리학의 시작이었다. 논문 『법정 보고서*Reports in Court*』는 재판에서 의학적 증거를 기록하는 틀을 제공했다.

르네상스 시대는 예술과 과학 양 분야에서 해부학이 발전한 이례적인 시대였다. 철학에 기반을 둔 갈레노스의 이론에서 증거가 이끄는 실용 학문으로의 전환은 16세기 말까지도 완료되지 않았다. 체액 같은 갈레노스 의학의 핵심 요소는 일부 지역에서 또다시 수백 년 동안 계속 받아들여졌다. 그러나 적어도 끝이 보이

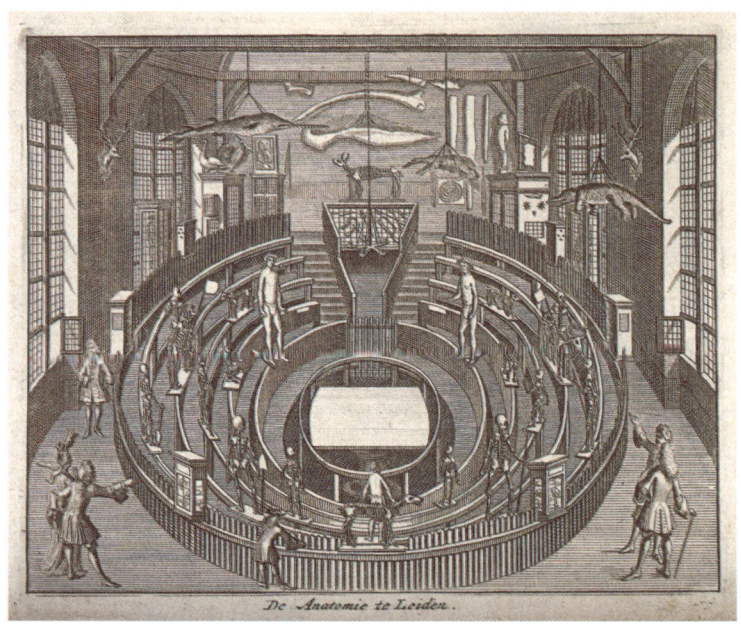

레이던대학교 해부 극장(1596)
개관 직후 라인 인그레이빙line engraving 기법을 써서 만든 동판화 작품. 동물의 뼈대가 천장에 매달려 있고 인간의 해골이 곳곳에 서 있는 모습은 해부학 박물관으로서도 기능했음을 보여준다.

고는 있었다.

　두 가지 해부학적 이정표가 16세기 말을 정의한다. 16세기의 마지막 10년에 최초로 해부 전용 극장이 설립되었다. 16세기에 수많은 해부학자를 양성한 파도바대학교가 1594년에 제일 먼저 나섰고, 레이던대학교가 1596년에 뒤를 이으면서 이후 수십 년 동안 해부 극장이 더 많이 생겼다. 1315년에 몬디노가 최초의 근대식 해부를 수행했던 볼로냐대학교는 1637년에 자체 극장을 지었다. 이 극장은 1563년에 해부 목적으로 처음 사용되었던 건물 안에 자리 잡았다.

　해부학자의 서재에 마지막으로 추가된 16세기 작품은 그 세기의 마지막 몇 년에 나타났다. 하인리히 포크트헤어와 콘라트 게스너의 기초적인 수의학서 출판 이후, 비인간 종에 대한 최초의 완전한 해부서가 1598년에 출간되었다. 저자인 카를로 루이니가 세상을 떠나고 두 달 뒤에 출간된 『말의 해부학 Anatomia del cavallo』은 대표적인 수의학 문헌이다. 이 책의 극적인 삽화는 베살리우스의 형식을 본떴고 전체적으로 많이 표절했다. 루이니는 말을 숭배하는 사람이라 넓은 마구간을 보유했고 승마에서 즐거움을 느꼈다. 그리니 볼로냐 출신임에도 의사나 예술가의 교육을 받지 않았기 때문에 그의 책에는 오류가 많다. 하지만 전체적으로 『말의 해부학』은 전쟁과 상업이 말의 등에서 이루어진 시대, 해부학이 과거 어느 때보다 훨씬 인기를 누린 시대, 인간 해부학이 더는 동물 해부학을 바탕으로 하지 않는 시대를 상징하는 출판물이었다. 루이니의 저술에서 해부학은 예상치 못한 방식으로 발달하게 되었다.

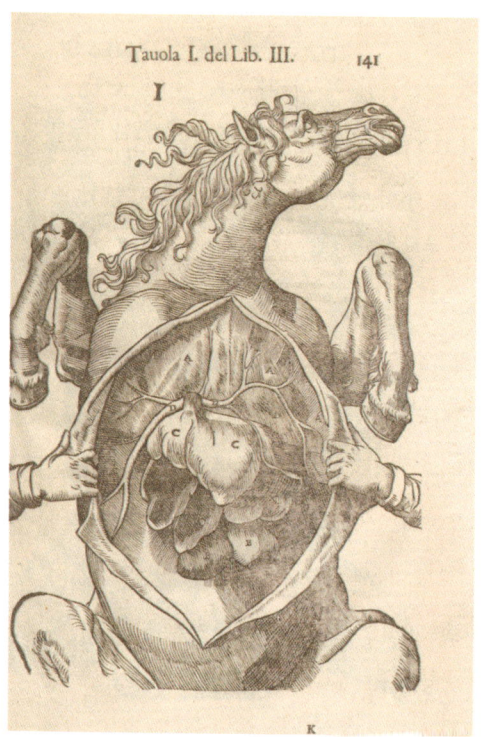
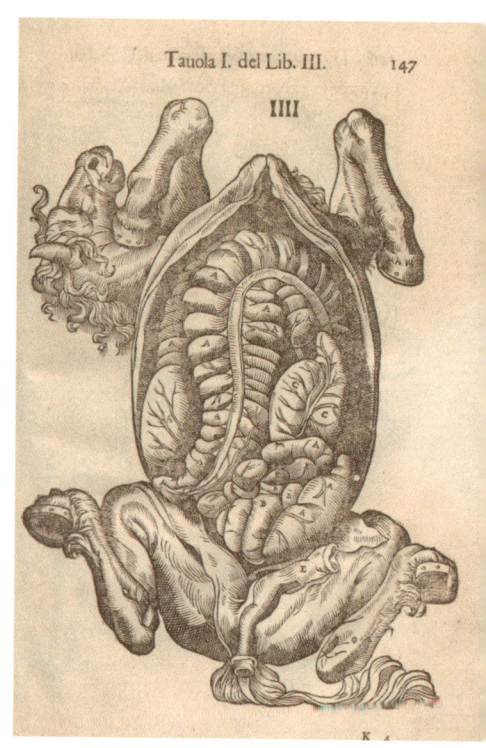

『말의 해부학』(1598)

카를로 루이니의 해부학 책은 인간이 아닌 다른 종을 주제로 쓴 최초의 해부서이다.
- ■□ 양쪽에서 사람의 손이 복부를 열어 안을 보여준다.
- □■ 수컷 말의 해부 구조.

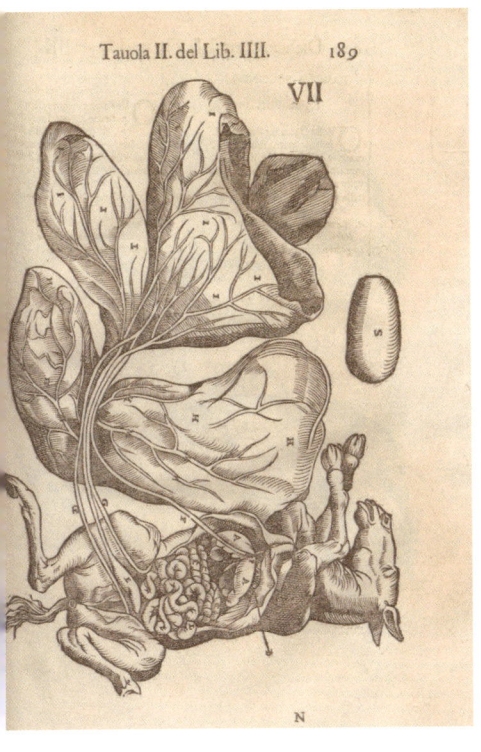
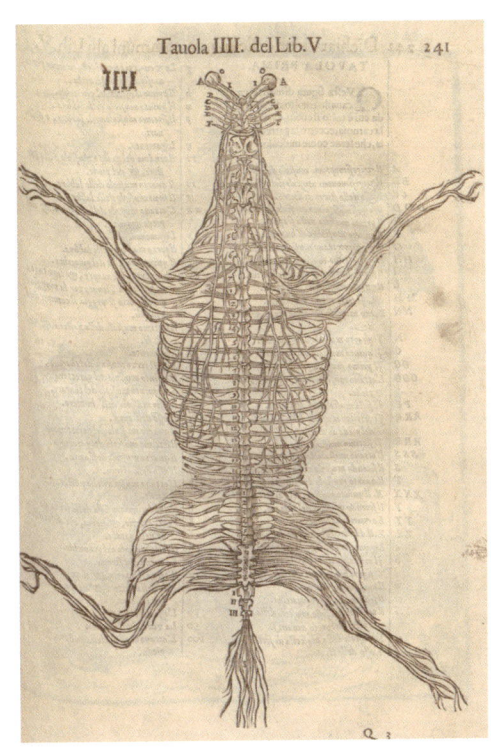

『말의 해부학』(1598)

- 말의 소화계.
- 말의 신경계.

The Age
of the Microscope

현미경의 시대

1601 ~ 1700

16세기 유럽을 해부학이 근대 과학으로 거듭난 빅뱅의 순간으로 본다면, 17세기는 해부학적 우주가 빠르게 팽창하는 시기였다. 케케묵은 신념이 르네상스의 물살에 휩쓸려 내려가고 그 자리를 새로운 과학이 차지했다. 해부학의 성장으로 해부학자들은 전문 분야에 탐닉하는 사치를 누렸고, 그 결과 17세기에는 개별 기관을 심층적으로 다룬 책들이 출간되었다. 그러나 화가와 외과의 모두를 위한 훌륭한 일반 해부학 책의 수요는 아직 채워지지 않았다.

1. 해부학 플랩북

요한 레멜린(1583~1632)은 해부학자 서재의 17세기 칸에 일찌감치 자리를 차지했다. 레멜린의 『소우주의 거울 Catoptrum microcosmicum』은 1613년에 아우크스부르크에서 먼저 플랩북으로 출판되었고, 1619년에 본문이 추가되었다. 『소우주의 거울』은 17세기 내내 여러 판본으로 출간되었다. 라틴어 원본이 프랑스어, 독일어, 네덜란드어, 영어로 번역되었다. 번역된 언어를 보면 해부학 연구가 유럽 대륙의 북쪽으로 확산한 것을 알 수 있다. 파도바는 여전히 해부학계의 중심이었지만, 17세기의 혁신은 북쪽, 특히 영국에서 더욱 활발했다.

  레멜린은 독일 남부 도시 울름의 토박이로 스위스 바젤에서 의학을 연구했다. 그리고 아직 학생이던 1605년에 자기 책의 도해와 플랩을 디자인하기 시작했다. 레멜린은 과거에 출간된 플랩북에 영감을 받아 더 야심찬 버전을 준비했다. 그는 피부와 골격 사이에 플랩을 여러 장 끼워 넣었다. 인쇄에 사용된 8개의 동판 가운데 5개는 여러 단계의 해부 구조를 새겨서 종이에 인쇄한 다음 일일이 오려내어 책에 붙였다. 레멜린은 책의 형식에 더 집중한 것으로 보이는데, 『소우주의 거울』에는 당시 이미 구식으로 취급받은 내용이 버젓이 실려 있기 때문이다.

그럼에도 이 책은 인쇄술의 걸작이고, 오류를 무시한다면 해부학을 공부하는 학생이나 이 주제에 관심이 있는 비전문가에게 시각적 참고서로 유용했다. 특별히 남성의 상체와 여성의 생식계가 자세히 묘사되어 있는데, 초판에서 여성의 생식기관은 플랩 덮개에 악마의 머리를 그려놓았다가 후속 판본에서는 좀 더 순결한 베일로 바꾸었다. 동판을 새긴 사람은 아우크스부르크의 루카스 킬리안이었다. 그는 프라하의 루돌프 2세 궁정에서 일한 양아버지 도미니쿠스 쿠스토스에게서 기술을 배웠다. 킬리안은 요한 로텐하머가 그린 뒤러의 초상화를 새긴 것으로 가장 유명했다.

레멜린은 울름의 공식 해부학자가 되었다. 『소우주의 거울』의 영어판은 1675년에 『소우주의 조사 Survey of the Microcosme』라는 제목으로 출간되었는데, 전체 제목은 『소우주의 조사: 피부, 정맥, 신경, 근육, 뼈, 힘줄과 인대를 정확히 묘사하고, 남녀 신체의 각 부위에 덮개를 부착해 안팎을 모두 정확하게 보여주는 해부서』이다.

영어판의 인쇄를 맡은 사람은 조지프 목슨이라는 매력적인 인물이었다. 그는 영국의 왕이 가톨릭교도이던 시절 네덜란드에서 영어판 개신교 성경을 인쇄한 아버지 제임스 목슨 옆에서 기술을 배웠다. 아들 목슨은 영국 공화정 시대에 청교도 책을 인쇄했다. 그는 실용적인 사람이라 벽돌 쌓기, 금속 가공, 목공, 인쇄술 등에

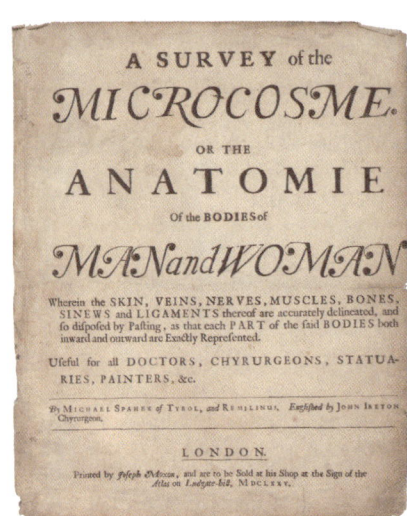

『소우주의 조사』(1675)

요한 레멜린의 『소우주의 거울』 영어판 속표지. 러드게이트힐의 '아틀라스'라는 상점에서 구입할 수 있다고 적혀 있다.

관한 다양한 방법서를 펴냈다. 그리고 1647년에는 『지도와 인쇄물의 소묘, 접착, 도금, 착색에 관한 기법서*A Book of Drawing, Limning, Washing or Colouring of Maps and Prints*』를 출간했다. 그는 뛰어난 수학자였고, 종이로 된 수학 도구들을 출간했으며 최초로 영어판 수학 용어사전을 제작했다. 1678년에 목슨은 장인匠人의 신분으로는 최초로 영국의 저명한 학술 기관인 왕립학회 회원으로 선출되었다.

목슨은 『소우주의 조사』를 영국의 해군성 장관 새뮤얼 피프스에게 헌정했다. 아마 목슨은 찰스 2세의 왕실 수로학자로서 피프스와 알게 되면서 그의 해부 경험에 대해 들었을 것이다. 1663년에 피프스는 런던의 이발사-외과의사 회관에서 신장에 대한 강의와 함께 진행된 해부 시연에 참관한 적이 있었다. 이후 외과의들과의 풍성한 만찬이 있었지만 피프스는 호기심을 주체하지 못해 아무도 없는 해부실에 혼자 들어가 해부된 시체를 자세히 관찰했

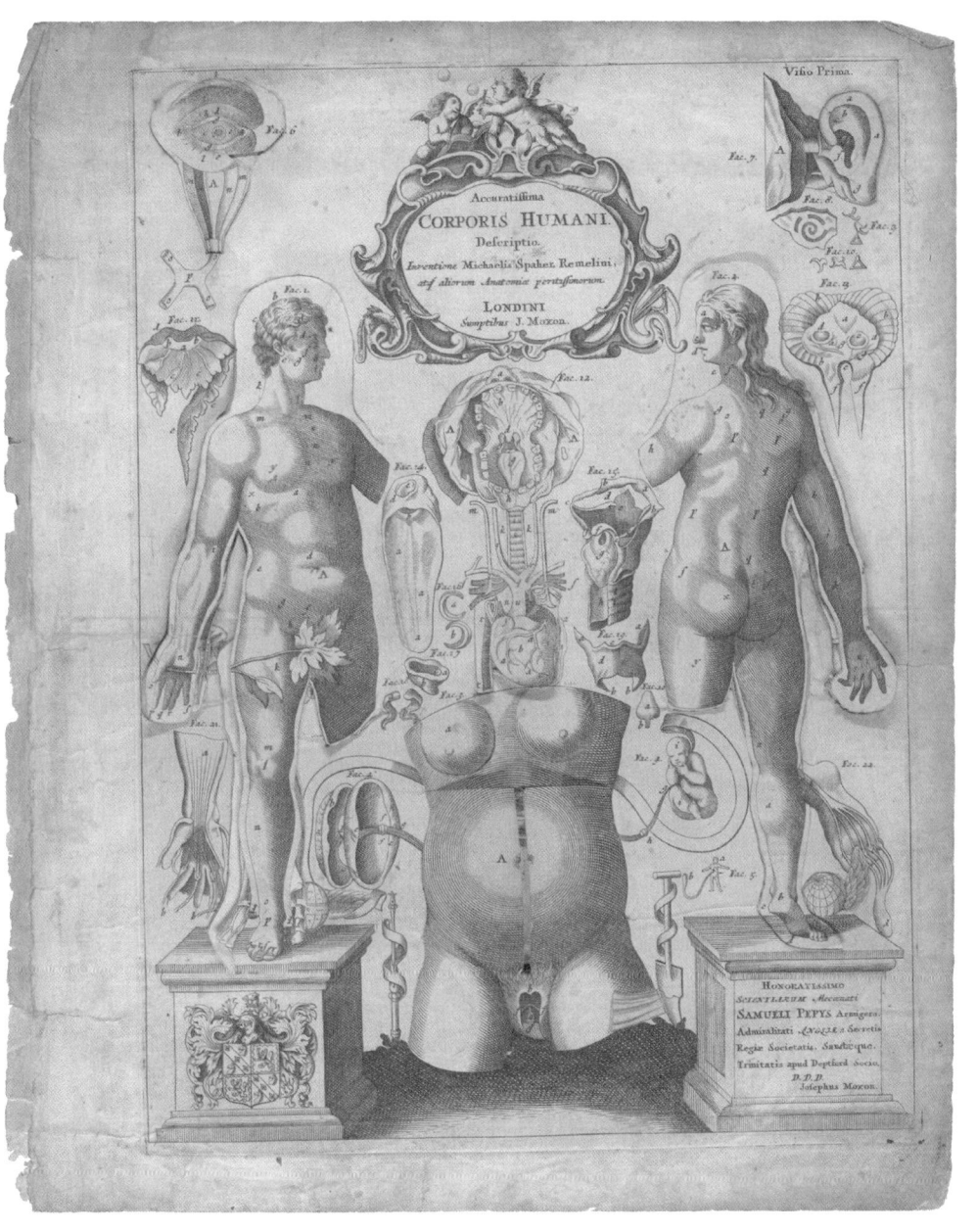

『소우주의 조사』(1675)

『소우주의 거울』 영어판에서 플랩 덮개가 있는 페이지. 조각상 아래 받침대에 인쇄업자 조지프 목슨이 새뮤얼 피프스에게 헌정한다는 글이 새겨져 있다.

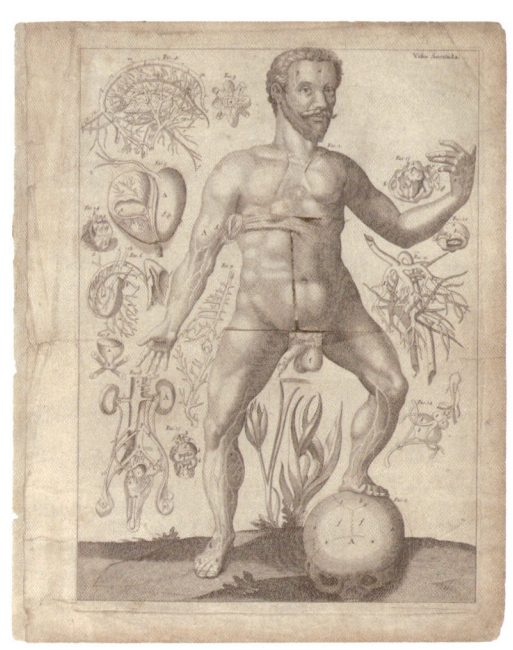

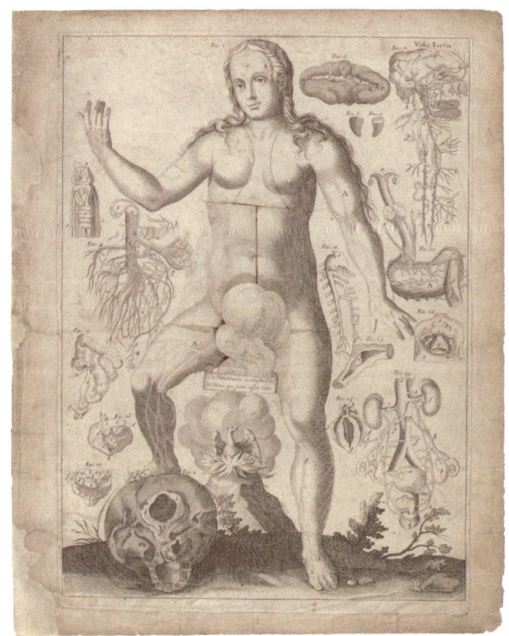

『소우주의 조사』(1675)

플랩형으로 제작된 남녀가 각각 위와 아래를 보는 두개골을 밟고 서 있다. 주위에는 세부적인 해부도가 둘러싸고 있다. 아우크스부르크의 루카스 킬리안이 도판의 원본을 새겼다.

다. 피프스는 자신의 유명한 일기에서 이렇게 적었다. "강도질로 교수형을 당한 건장한 선원의 몸이었다. 죽은 사람의 몸에 손을 대보았더니 차가웠고 몹시 불쾌했다." 목슨이 자신의 책을 피프스에게 헌정한 것은 이 혐오감에 대한 가벼운 장난이었을지도 모른다.

2. 예술가를 위한 『초상화 기법』

목슨이 『소우주의 조사』를 유용하게 써먹을 사람으로 조각가와 화가를 포함시킨 사실이 주목할 만하다. 16세기에 시작된 예술과 해부학의 공생 관계가 17세기까지 계속 이어졌다. 아직 예술가는 외과용 해부학 책에 주로 의존했지만 이미 독립적인 출판 장르가 나타나고 있었다. 뒤러의 『인체 비율에 관한 네 권의 책』이 출간된 후, 그 뒤를 이어 1595년에 주앙 쿠쟁의 『초상화 기법 *Livre de pourtraiture*』의 초판이 출간되었고 다음 세기에 여러 판본이 나왔다.

주앙 쿠쟁(1522?~1595)은 뒤러와 동시대에 활동한 인물로 장 쿠쟁(1490?~1560)의 아들이다. 아버지 쿠쟁은 대단히 명성 높은 화가이자 조각가, 판화가였는데, 아들을 아주 잘 가르쳐서 종종 두 사람의 작품을 구분할 수 없을 정도였다. 1560년에 장 쿠쟁은 『투시원근 기법 *Livre de perspective*』을 출판했고, 당시 아들은 자매서를 작업 중이었다.

그러나 35년이라는 긴 시간이 걸렸다. 아버지는 물론 아들인 주앙 쿠쟁도 자신의 작품이 인쇄되는 것을 보지 못하고 사망했다.

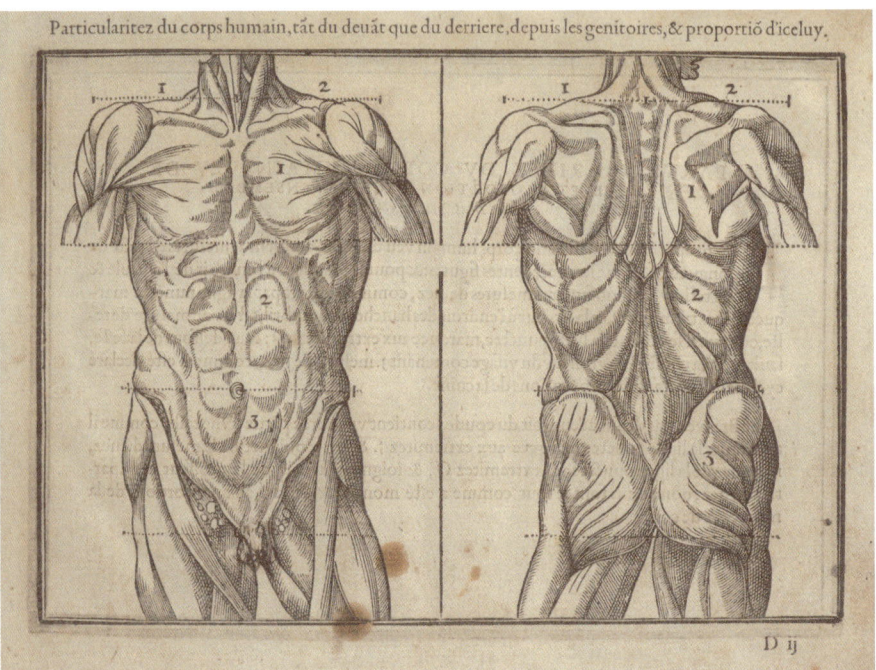

『초상화 기법』(1595)

주앙 쿠쟁이 화가를 위해서 쓴 학습서. 몸통 근육을 보여준다. 아버지 장 쿠쟁의 『투시 원근 기법』(1560)의 자매서이다.

그러니 오늘날 『초상화 기법』은 이 분야의 고전으로 손꼽힌다. 그는 스테인드글라스 작업도 했던 아버지의 기하학 기술을 바탕으로 다양한 인체의 비율을 세 가지 방향에서 보여주어 화가로서의 재능과 인체에 대한 이해도를 함께 증명했다.

이 책의 해부학은 근육계에 제한되었으나, 『초상화 기법』의 전체 제목은 대상 독자를 정확히 짚어준다는 측면에서 레멜린의 책을 능가한다. 『화가이자 기하학자인 주앙 쿠쟁의 훌륭한 초상화 기법. 남성, 여성, 어린이의 전면, 옆면, 뒷면에서 본 전신상과 인체의 모든 부위에 대해 각각의 비율, 측정, 치수 및 예술에서 각 형상을 축소하는 규칙과 함께 사용하기 쉬운 평면도와 그림 수록. 화가, 조각가, 건축가, 금세공인, 자수업자, 목수를 비롯해 회화 및 조각 예술을 사랑하는 모든 이에게 유용하고 필요한 책』이다. 요약하면 예술가를 위한 예술가의 책이라는 뜻이다.

3. 다작한 작가, 파브리치

파도바는 여전히 최고의 해부학자들이 모이는 곳이었다. 베살리우스, 콜롬보, 팔로피오가 유지해온 교수직은 팔로피오의 학생인 지롤라모 파브리치(1533~1619)가 이어갔다. 그는 파도바대학교에 세계 최초로 해부 극장을 설계했다. 파브리치의 제자 세 명이 17세기에 해부학에 중요하게 이바지했고, 그중 두 명은 스승의 자리를 물려받았다.

교수로서의 재능과는 별도로 파브리치는 다작하는 작가로 총 20권의 의학서를 집필했다. 초기에는 태아의 발달에 관심이 많아 1600년에 『닭과 달걀의 형성에 관하여 De formatione ovi et pulli』와 『형성된 태아에 관하여 De formato foetu』를 썼다. 당연한 말이지만 전작에서는 '닭이 먼저냐, 달걀이 먼저냐?'라는 아주 오래된 문제를 제기했다. 이후 그는 발성에 매료되어 1603년에 『동물의 언어에 관하여 De bruiorum loquela』, 그리고 이어서 『언어와 그 기구에 관하여 De locutione et eius instrumentis』를 출간했다.

10년 뒤에는 연구 대상을 넓혀 눈과 귀와 후두를 다룬 『삼중

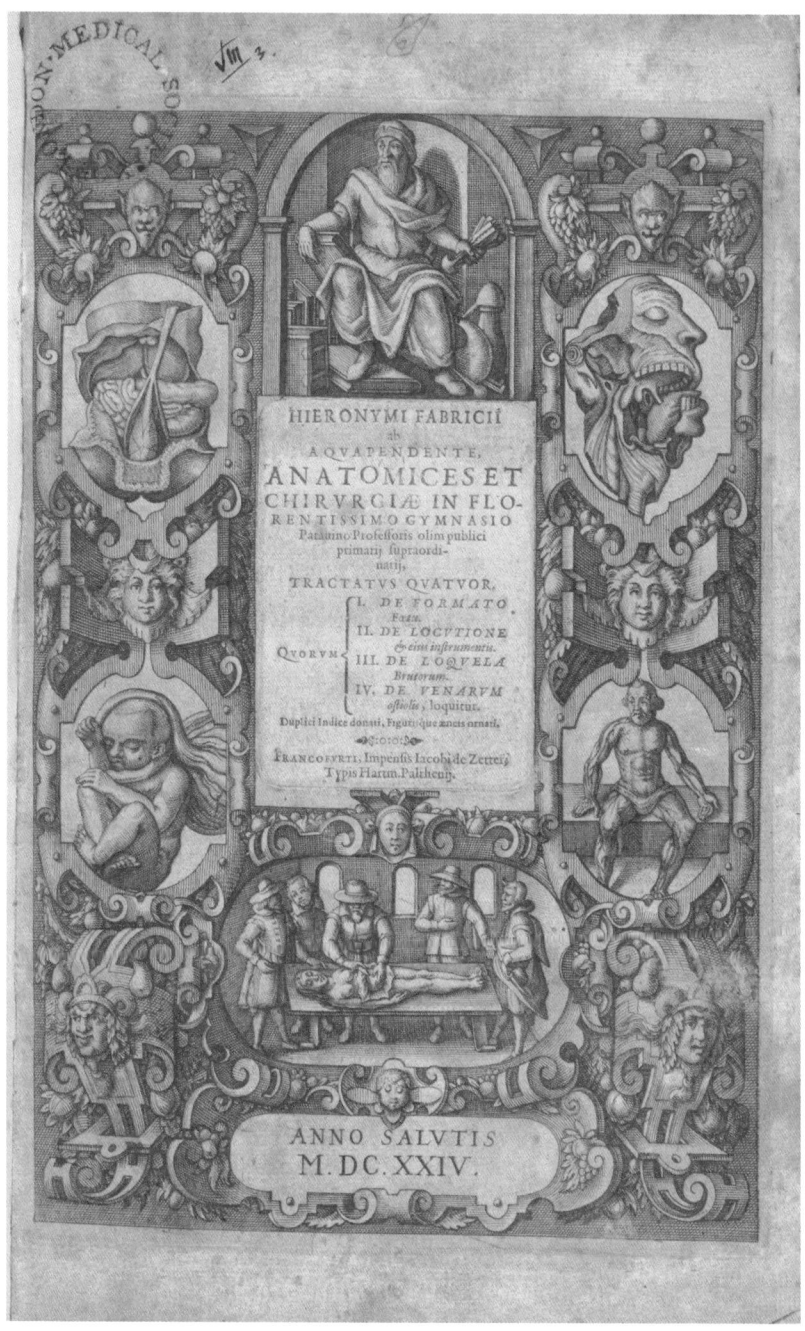

『해부학과 수술 Anatomices et chirurgiae』(1624)

지롤라모 파브리치 사후에 편찬된 책의 속표지. 태아의 형성, 발성, 동물의 소리, 정맥에 관한 소논문과 태아, 혀, 해부 장면이 그려져 있다.

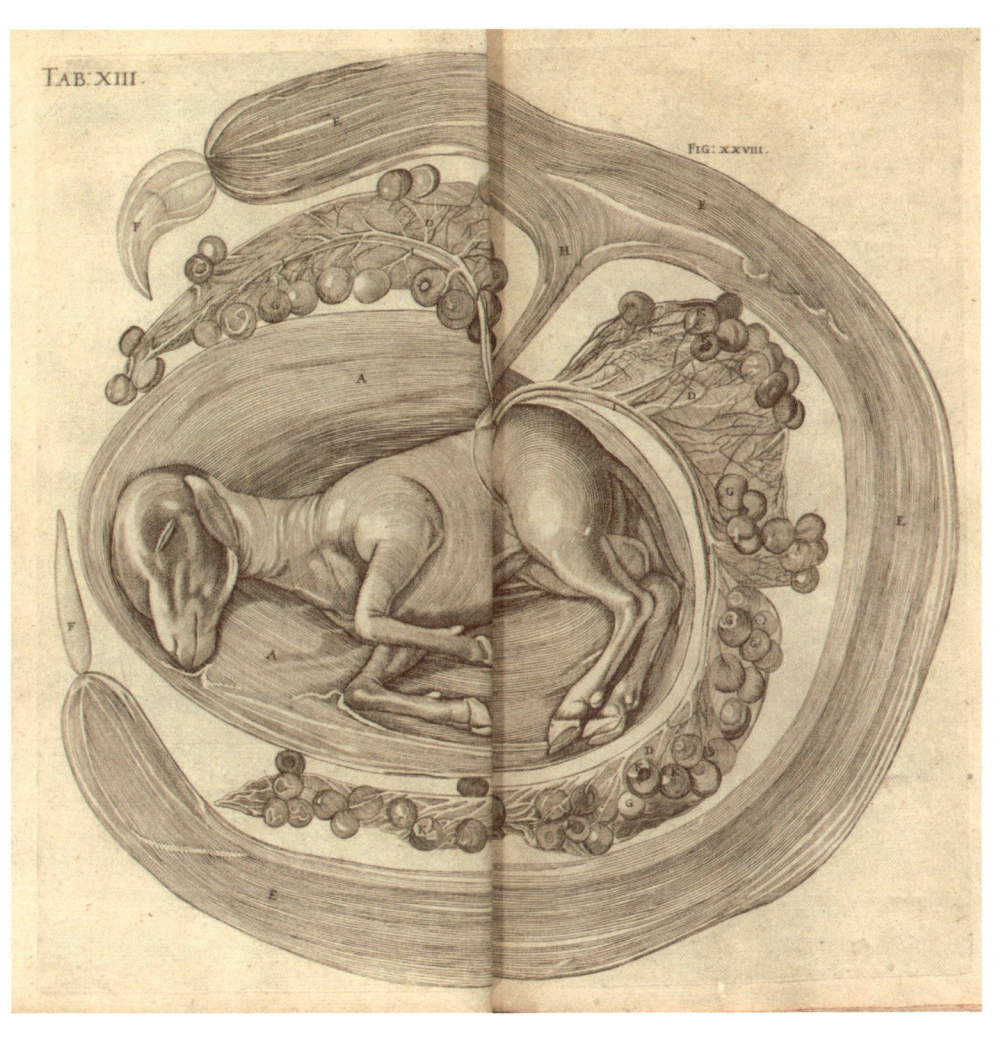

지롤라모 파브리치

자궁 속 양의 태아.

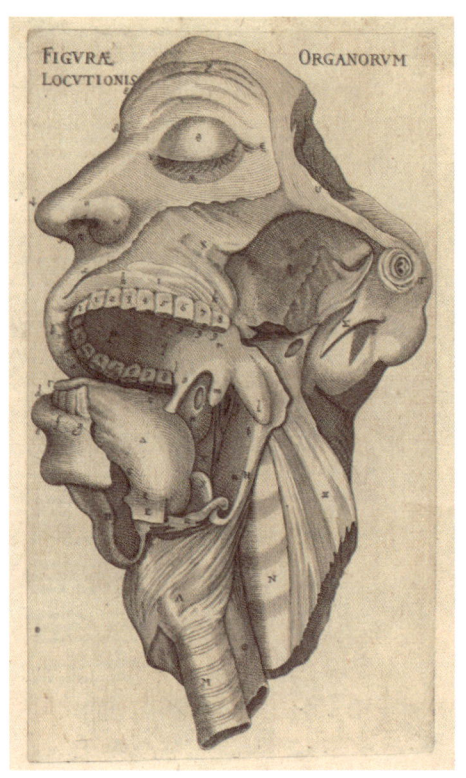

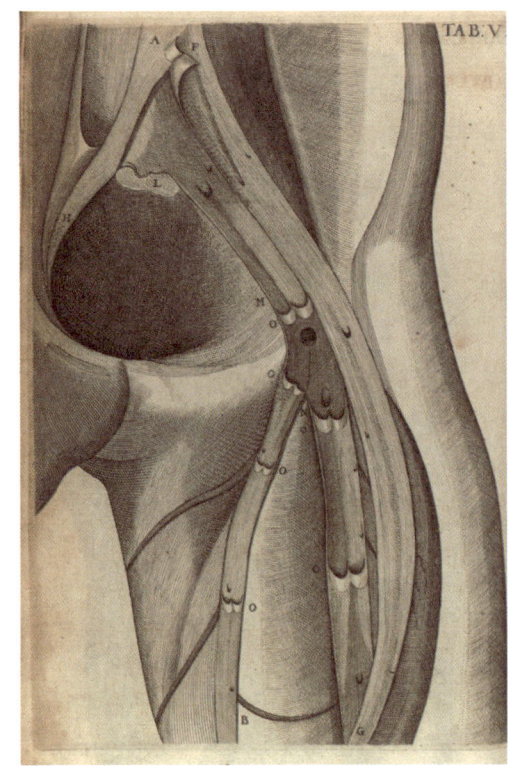

지롤라모 파브리치
- 인간의 발음 기관.
- 허벅지의 정맥.

지롤라모 파브리치
자궁 속 인간의 태아.

TAB. IIII.

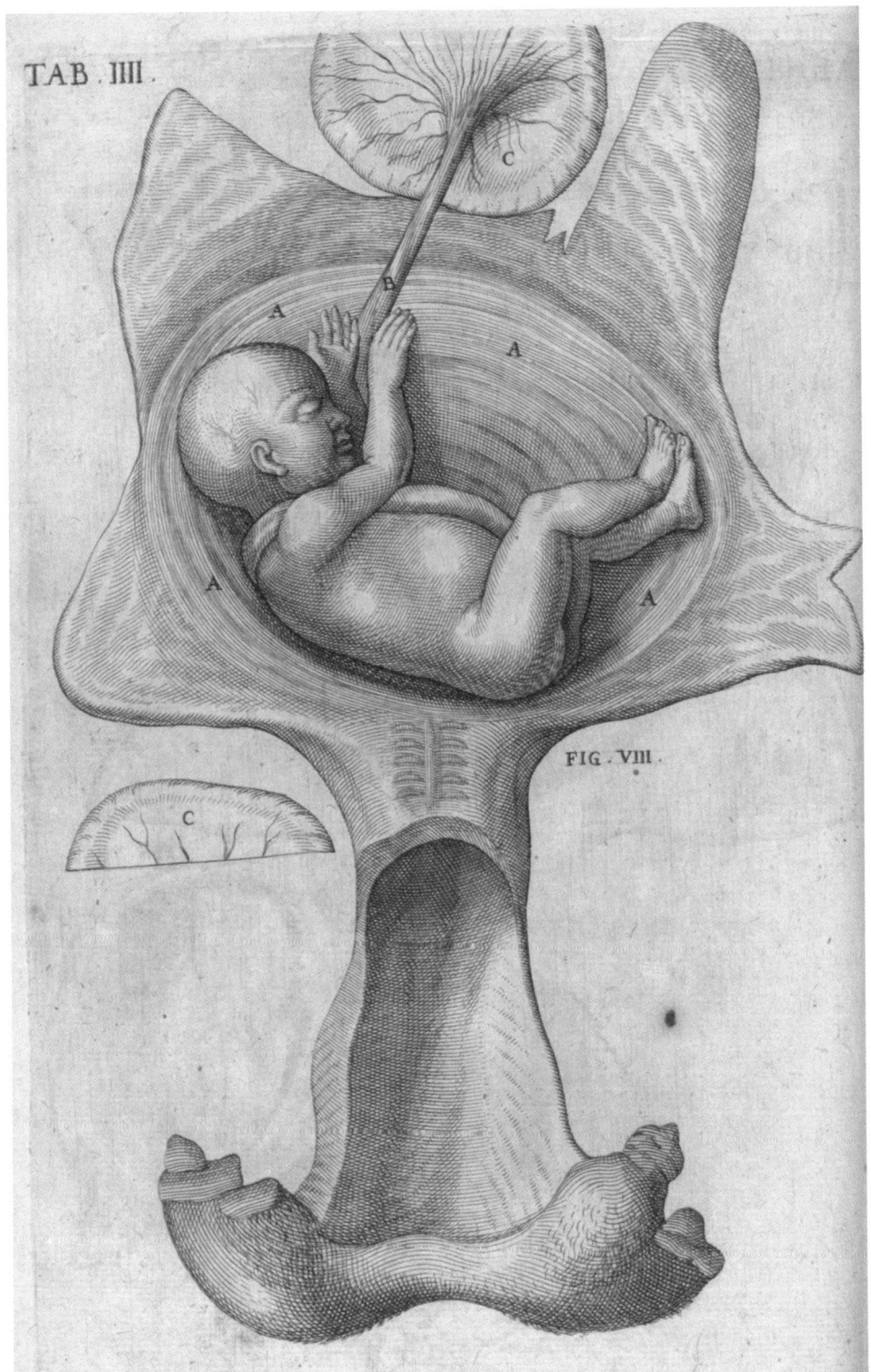

FIG. VIII.

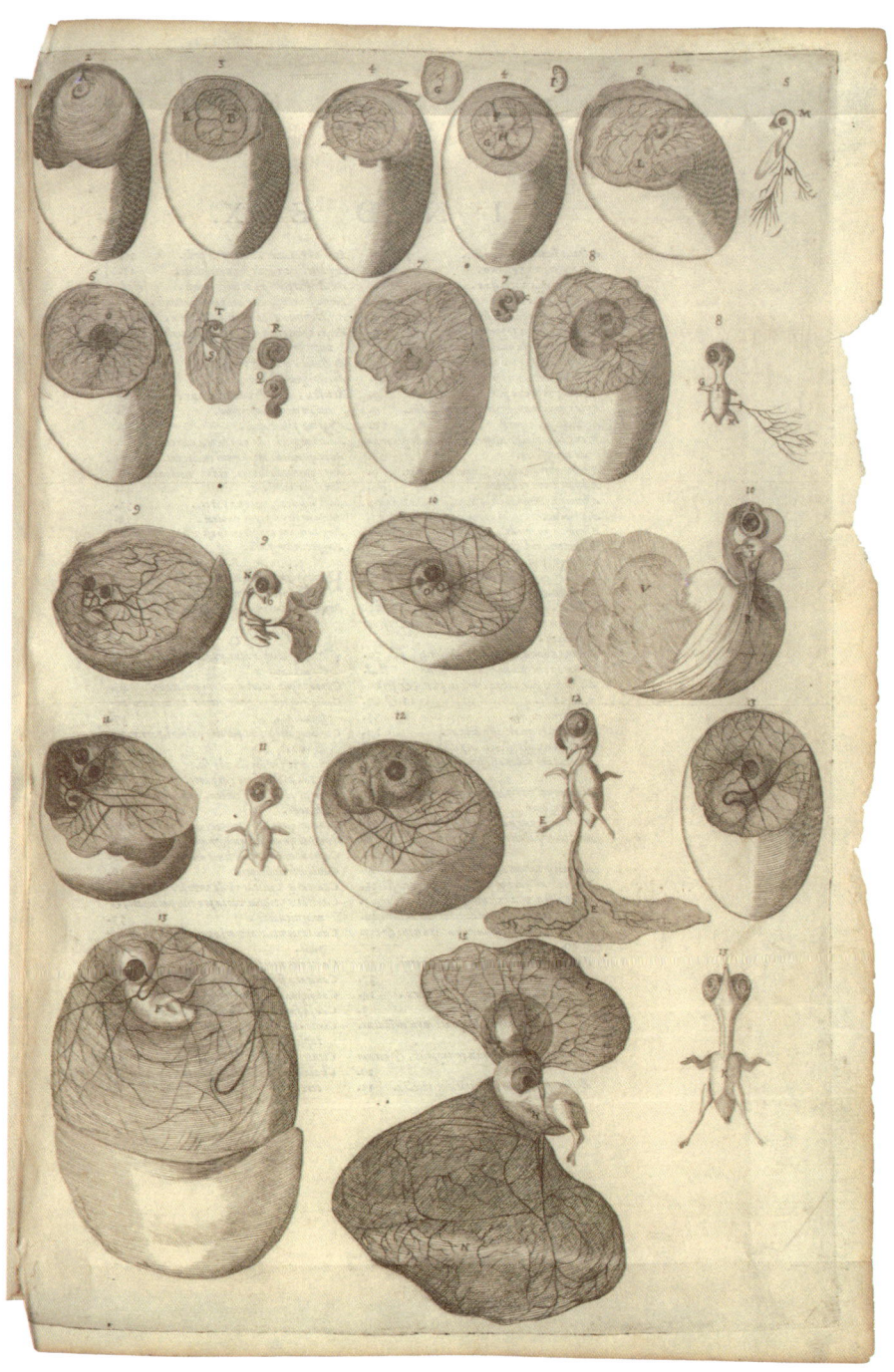

지롤라모 파브리치

달걀 속 닭의 발달 과정.

파도바의 해부 극장(1595)

파브리치가 개관한 세계에서 가장 오래된 해부 극장. 500명의 학생을 수용할 수 있다. 300년 가까이 사용되었고, 1872년에 마지막 해부학 강의가 열렸다.

해부학 논문 *Tractatus anatomicus triplex*』을 발표했다. 그리고 죽기 전까지 근육, 골격, 호흡과 폐, 종양, 목구멍에서 위와 장까지의 소화계, 피부, 걸음걸이의 역학을 다룬 논문을 추가했다. 한 권짜리 종합 해부서를 낸 적은 없지만, 그가 평생 연구한 이 개별 논문들을 합치면 역작이 될 것이다. 그는 주로 동물을 해부했지만 그 내용을 바탕으로 검증되지 않은 가정을 내린 적은 없다. 실력 있고 경험 많은 외과의였던 파브리치는 기관 절개술 절차를 개발했는데, 오늘날 병원에서 사용하는 방식과 유사하다.

4. 파브리치의 제자들

파브리치는 굉장히 뛰어난 해부학자이자 선생이었다. 감염력이 큰 그의 호기심은 학생들에게 가장 큰 유산이 되었다. 줄리오 카세리(1552~1616)와 아드리안 반 덴 스피겔은 파브리치 밑에서 함께 공부했다. 카세리가 파브리치의 의대 학장직을 이어받았고, 스피겔이 카세리의 뒤를 이었다. 두 사람의 대표작은 1년 차이로 출간되었고, 심지어 같은 삽화를 공유했다.

카세리가 먼저 파브리치의 영향을 받았다. 그는 젊은 시절 파브리치의 집에서 하인으로 일했다. 카세리가 해부학에 관심을 보이자 주인인 파브리치가 직접 그를 가르쳤다. 카세리는 1601년에 『음성과 청각기관의 해부학사 *De vocis auditusque organis historia anatomica*』를 출판했는데, 이때는 파브리치의 발성학 책이 나오기 2년 전으로 아마 스승이 같은 주제에 관심을 두게 된 계기가 되었을지도 모른다. 파브리치처럼 카세리도 동물과 인간의 발성 작용을 조사했다. 당시 해부학자들이 동물과 인간의 차이를 받아들이면서 비교해부학이 발달하기 시작했는데, 파브리치와 카세리가 선두에 나선 셈이다.

카세리는 평소 해부용 시신을 준비했고, 해부학자로서의 가능성을 보여 스승이 부재중일 때는 그의 수업을 대신하기도 했다. 그러나 젊고 맡은 책임도 많지 않은 카세리가 학생들에게 더 인기를 얻자 부아가 난 파브리치는 즉각 카세리의 개인 교습을 금지했다. 파브리치가 은퇴할 때 대학은 파브리치의 반대에도 카세리를 후임으로 임명했다. 그러나 첫 번째 공개 시연 이후 카세리는 열병에 걸려 세상을 떠났다.

재능 있는 화가이기도 했던 카세리는 죽음을 앞두고 방대한 인체 아틀라스를 목표로 해부학 삽화 97점을 완성했다. 아드리안 반 덴 스피겔(1578~1625)은 카세리의 해부학 교수 자리를 이어받은 후 그 도판을 소유하게 되었고, 그걸로 자신의 책을 낼 계획을 세웠다. 스피겔은 베살리우스와 같은 벨기에 출신으로 그는 이 책이 저 위대한 인물의 연구에 대한 찬사이자 개정판이 되길 바랐다. 심지어 베살리우스의 『파브리카』 제목까지 따라 하려고 했다. 그러나 카세리 역시 이 프로젝트를 완성하기 전에 사망했다.

『해부도』(1627)

속표지에 실린 이미지. 삽을 든 해골, 살가죽이 벗겨진 남성, 해부학자의 작업 도구가 놓인 탁자가 있다.

카세리의 도판들은 스피겔의 사위에게 넘어갔고, 그가 스피겔의 오래된 원고를 편집하고 카세리의 도해를 일부 사용해 파브리치의 1600년 책과 같은 제목으로 1626년에 『형성된 태아에 관하여 De formato foetu』를 출간했다. 이듬해에 독일 외과의사 다니엘 린트플라이슈(라틴식 이름인 부크레티우스라고도 알려졌다)가 『파브리카』에 대한 스피겔의 노트를 편집하고 주석을 달아 『해부도 Tabulae anatomicae』라는 책을 출간했다.

이 책은 카세리와 스피겔, 그리고 린트플라이슈, 이렇게 세 사

4장 현미경의 시대 209

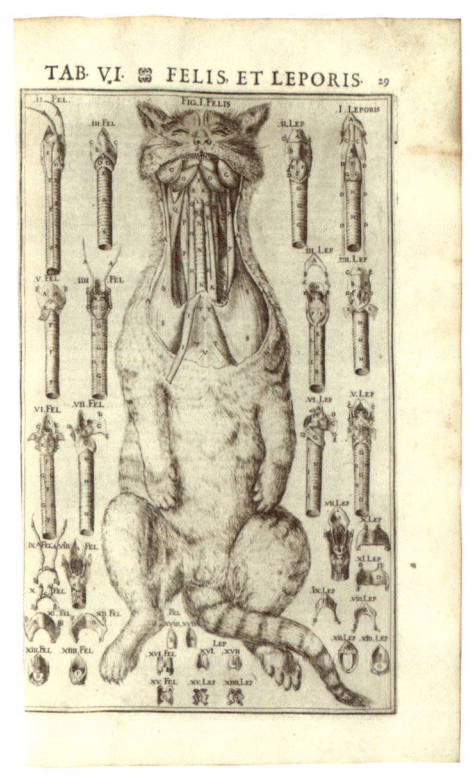

『해부도』(1627)

줄리오 카세리의 삽화는 마침내 그의 후임자인 아드리안 반 덴 스피겔이 쓰고 다니엘 린트플라이슈가 편집한 책에서 빛을 보았다.
- ▪◻ 목의 상세한 해부 구조.
- ◻▪ 고양이와 토끼 목의 해부 구조 비교.

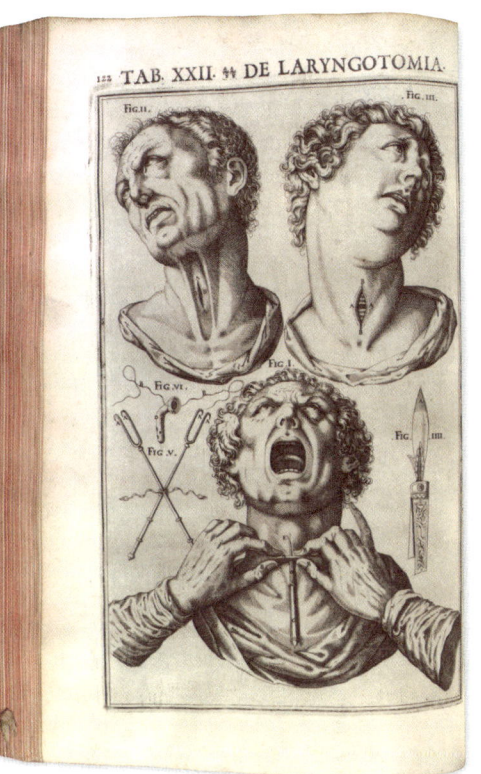
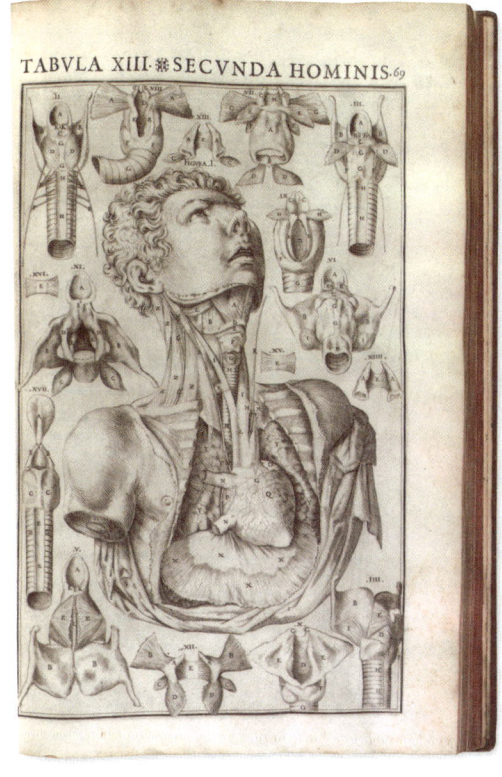

『해부도』(1627)

- 후두 절개술 및 필요한 수술 도구.
- 후두를 둘러싼 근육계의 상세 구조.

 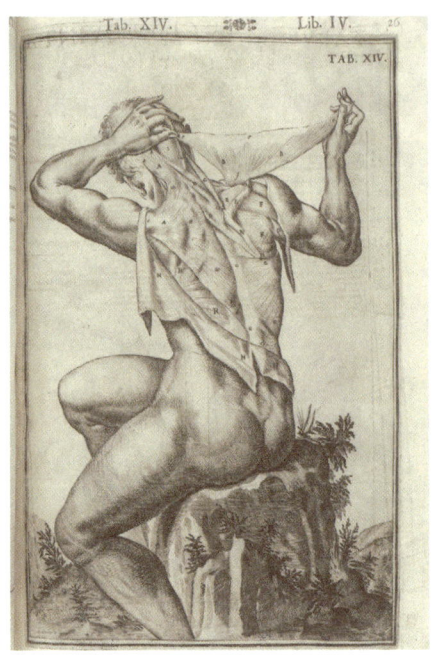

『해부도』(1627)

카세리의 예술적 기교는 해부학적 측면만이 아니라 모델의 몸이 취하는 자세와 해부되지 않은 부분의 팔과 다리, 등 근육을 통해서도 잘 드러난다.

람의 공동 저작으로 인정되어야 한다. 린트플라이슈가 아니었다면 그 둘의 위대한 업적이 빛을 보지 못했을 것이나. 얼마 뒤에 이 책은 『형성된 태아에 관하여』와 합본되었고, 오늘날 『해부도』는 17세기 해부학의 주요 작품으로 평가된다.

『해부도』에 수록된 카세리의 삽화 97점은 베네치아의 가장 위대한 르네상스 화가 틴토레토의 제자 오도아르도 피알레티의 작품을 작업한 판화가 프란체스코 발레시오가 동판에 새긴 것이다. 이 책은 100년 전 베살리우스 책의 목판 삽화가 그랬던 것처럼, 동판 삽화 기술의 정점을 찍었다. 이 책은 남은 17세기에 이 분야를 이

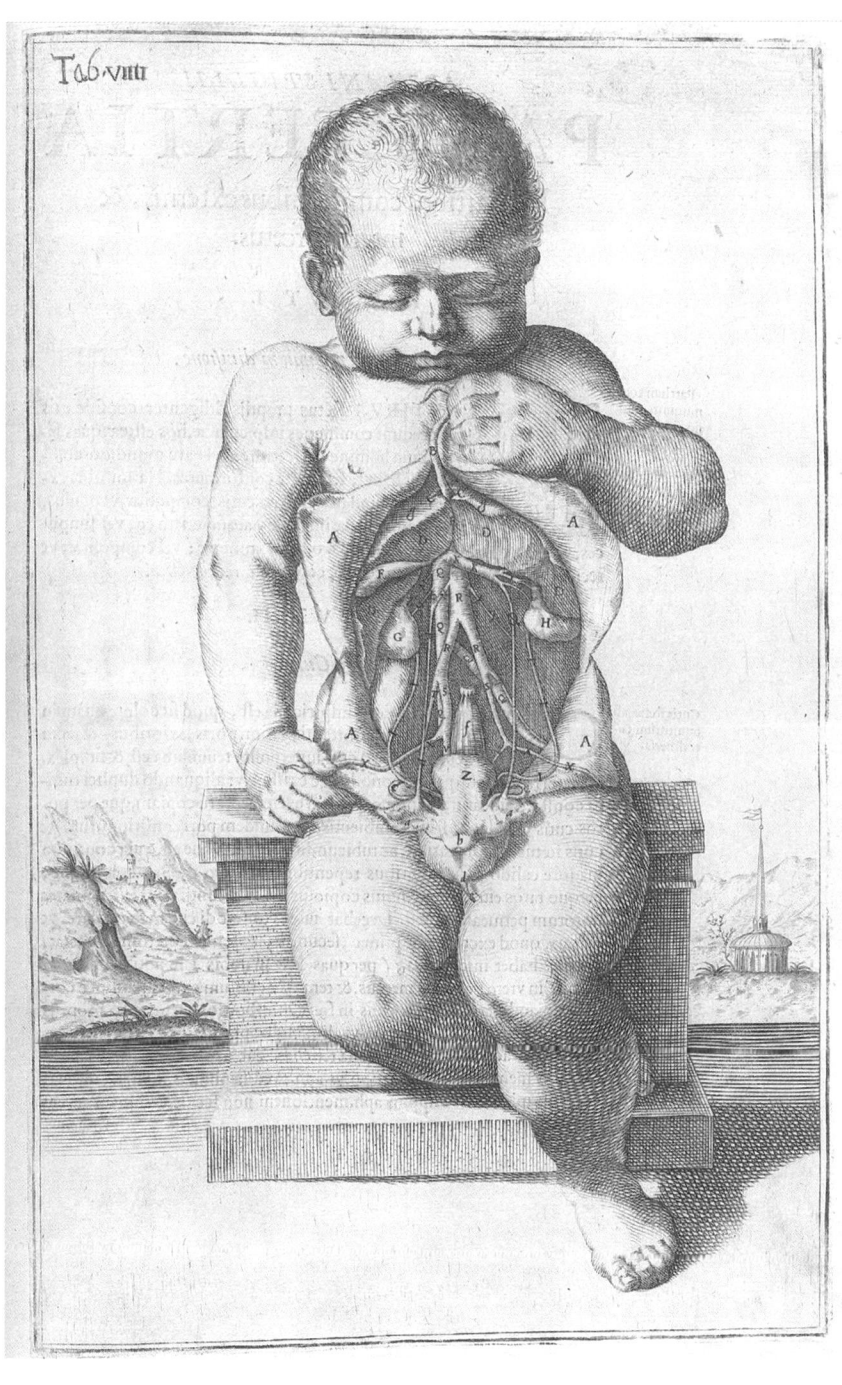

『해부도 Tabulae anatomicae』(1627)

줄리오 카세리의 삽화. 남자 아기의 해부 구조.

끌었고 카세리의 그림은 '덜' 중요한 수많은 작품에서 모방되었다.

이 삽화들은 정확하고 군더더기가 없으며 우아하고 유쾌한, 대단히 뛰어난 이미지이다. 해부된 남녀는 최소화된 풍경 안에 있다. 이 배경은 보는 이의 시선이 몸에서 벗어나지 않도록 세부 묘사를 절제하면서, 눈요깃거리로 강가의 배나 분류학적으로 정확하게 묘사된 식물 등을 보여준다. 피부를 벗기고 기관이 드러나는 부위는, 예를 들어 여성의 생식기관 주변은 마치 꽃잎이 벌어지듯 예술적으로 묘사되었으며, 잠자는 아기는 마치 담요를 끌어당기듯 자기 피부를 들어 올려 붙들고 있다. 심지어 해골은 제 살가죽을 끝까지 벗겨내어 내부가 잘 보이게 한다.

카세리와 스피겔은 해부학사에 의미 있는 족적을 남겼다. 그중에 지금까지 살아 있는 것은 스피겔이다. 스피겔의 이름은 간의 일부인 스피겔 엽, 복부 근육의 스피겔 선과 스피겔 근막에 남아 있다. 그는 오늘날 '스피겔 탈장'이라고 부르는 드문 복부 증상을 기술했다. 카세리는 불운하게도 자신의 작품을 선보이기 전에 세상을 떠난 데다 그가 발견한 뇌의 대뇌 동맥고리에 다른 사람의 이름이 붙어 있다 싸움을 너한다. 훗날 이 부위를 재발견한 토머스 윌리스의 이름을 따서 '윌리스 동맥고리Circle of Willis'라고 부른다.

5. 윌리엄 하비, 순환계 이론을 정립하다

파도바는 유럽 전역에서 학생들을 불러들였다. 1599년에서 1602년까지 파브리치 밑에서 수학한 박사과정 학생 중에 영국인 윌리엄 하비(1578~1657)가 있었다. 그는 파도바에서 파브리치의 강의를 듣기 전에 케임브리지대학교에서 예술로 학위를 받았다. 파브리치는 그의 영민함을 알아보았고, 반대로 하비는 파브리치의 연구를 존경했다. 하비는 박사학위를 받고 1년 뒤에 출판된 파브리치의 책 『정맥의 판문에 관하여 *De venarum ostiolis*』를 읽었다. 그 책에서 파브리치는 정맥의 막질 주름을 처음으로 기술하며 판막이라고 불렀다. 판막은 심장으로 돌아가는 혈액의 역류를 막는 기관인데, 당시 해부학 지식의 한계로 그는 그 기능을 완전히 이해하지 못했다.

최종 시험인 쿰 러디 cum laude 까지 통과한 하비는 케임브리지로 돌아가 의사 자격을 취득한 다음, 빈민 구호기관인 성 바르톨로메오 병원에 취직해 결국 주임 의사까지 되었다. 그곳의 헌장은 그가 "의사로서 자신의 지식을 최대로 발휘해 가난한 자, 또는 언제 집으로 돌려보내질지 모르는 사람들에게 최선을 다하게" 했다.

그는 거의 평생 성 바르톨로메오 병원과의 인연을 유지했다. 그러나 급여는 많지 않았고, 주로 약 처방전을 썼다. 비록 자신이 살리지 못한 환자의 시신으로 연습할 기회는 있었으나 해부학적 소양을 키우는 데 그다지 큰 도움이 되지는 못했다. 그러다가 1615년에 럼리 강좌 Lumley Lectures 의 강사로 임명되면서 경력이 크게 도약했다. 럼리 강좌는 영국 의학계에서 해부학 지식의 발전을 위해 1582년에 이 프로그램을 시작한 럼리 남작의 이름을 붙인 강의이다. 럼리 강좌는 세계에서 가장 오래 이어진 강의로 현재도 영국 왕립의학회에서 매해 제공하고 있다.

하비가 자신을 유명하게 만든 발견을 처음 발표한 것도

1616년 럼리 강좌의 첫 번째 학기에서였다. 그는 오래전부터 해부학자들의 골칫거리였던 문제를 해결했다. '혈액은 어디에서 와서 어디로 갈까?' 하비는 여러 선임자가 해결 직전까지 갔던 순환계를 밝혀냈다. 13세기에 이븐 알나피스는 최초로 폐순환을 제안해 당시 혈액과 프네우마의 두 별도 시스템을 주장한 갈레노스에 도전했다. 그 이후에 콜롬보, 베살리우스, 다빈치 같은 이들이 진실에 가깝게 다가갔지만 갈레노스의 이론은 하비가 이 발견을 출판할 때까지, 그리고 그 이후로도 한동안 통용되었다.

이후 12년 동안 하비는 자신의 이론을 검증하고 발전시켜 마침내 1628년에 『동물의 심장과 혈액의 운동에 관한 해부학적 연구 *Exercitatio anatomica de motu cordis et sanguinis in animalibus*』를 출간했다. 72쪽짜리 이 논문에서 하비는 다른 사람들의 이론을 반박해가며 피할 수 없는 결론에 이른다. 예를 들어 그는 혈액이 간에서 만들어진다는 갈레노스 추종자들의 주장을 가차 없이 비판했다. 만약 심장이 박동할 때마다 약 20ml의 혈액을 뿜어내고, 그렇게 한 시간에 2000번씩 뛴다면 매시간 9.4kg을 운반하는 셈이므로 매일 간은 225.9kg의 피를 생산해야 한다는 계산이 나온다. 이는 평균 영국인 체중의 두 배를 훨씬 웃도는 양이다.

심장이 영혼의 자리인지 아닌지를 따지는 대신 하비는 몸을 순수한 기계적 관점에서 조사했다. 심장은 신의 사원이 아니라 펌프이다. 혈관은 프네우마가 아닌 혈액을 심장으로 또는 심장 밖으로 운반한다. 맥박은 혼자서 뛰는 것이 아니라 심장이 수축하면서 뛰는 것이다. 하비의 접근법은 과학적이고 경험적이고 분석적이었다. 그는 온갖 동물을 해부하고 그 결과 알게 된 내용을 바탕으로 인간 순환계에 관한 이론을 정립하고 시험했다.

그는 기존의 통념과 달리 좌심실과 우심실이 따로 작용하는 것이 아니라 함께 움직인다는 것을 발견했다. 혈액이 순환한다는 가능성에 이르게 된 후 그는 동물, 그다음에는 인간으로 실험했다. 정맥을 묶으면 심장이 비워졌다. 동맥을 묶으면 심장이 부풀어 올랐다. 사람의 팔을 묶었더니 팔 아래쪽이 창백해지고 차가워졌다. 묶은 것을 풀면 다시 혈색이 돌고 따뜻해졌는데, 이는 팔에 더 깊숙이 있는 동맥에 가해지는 압력이 완화되기 때문이다. 하비는 부푼 정맥에서 작은 돌기를 보았는데 그건 스승인 파브리치가 발견한 판막이었다. 판막은 혈액 순환이 일방통행 시스템이라는 증거로서, 그는 정맥으로 피가 거꾸로 흐르게 하는 실험으로 이를 확

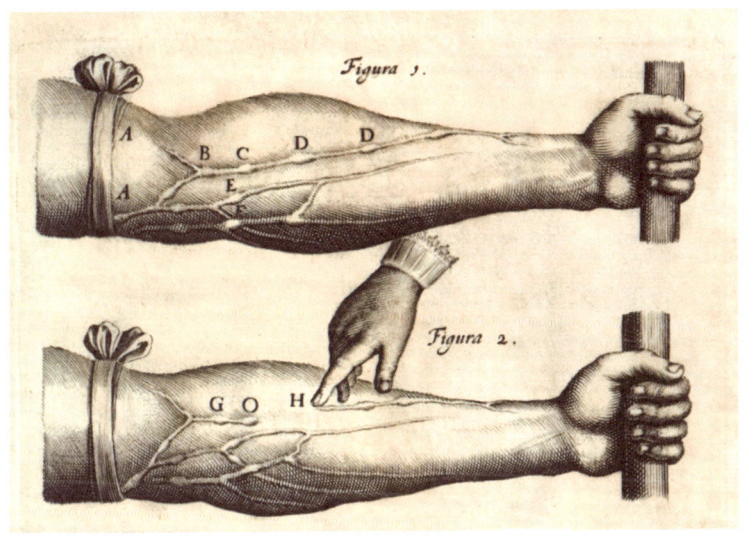

『동물의 심장과 혈액의 운동에 관한 해부학적 연구』(1628)
윌리엄 하비는 그림처럼 결찰을 통해 정맥과 동맥의 차이를 증명했다.

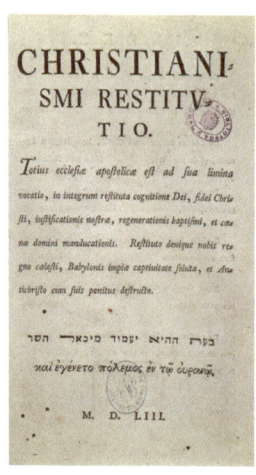

『그리스도교의 회복』(1553)
혈액 순환에 대한 미겔 세르베트의 발견은 그의 급진적인 기독교 교리 때문에 간과되었다.

인했다. 하비의 책은 그가 알아낸 내용 못지않게 발견의 과정으로도 감탄을 자아냈다.

사실 하비를 앞선 사람이 있었다. 에스파냐 사람 미겔 세르베트(1509?~1553)가 1553년에 이미 『그리스도교의 회복 Christianismi restitutio』에서 다음과 같이 쓴 적이 있다. "혈액은 폐동맥에서 폐의 긴 통로를 거쳐 폐정맥으로 간다. 그동안 피는 붉어지고 날숨으로 그을린 연기를 제거한다." 안타깝게도 혁신적인 책은 운명 예정설과 성삼위일체라는 기독교 기본 원리를 거부했다. 이 때문에 그는 이단이라는 판결을 받고 자신이 쓴 책 더미 위에서 산 채로 불태워졌다. 그의 통찰은 일반인의 눈에는 보이지 않는 곳에 감춰져 있었다.

하비는 이 발상에 대한 반발을 이미 예상했고, 그의 예상은 틀리지 않았다. 한 전기 작가의 말처럼 많은 의사는 "하비가 옳다고 말하느니 틀린 갈레노스와 함께 갔다". 그는 "몇몇 사람의 질시가 나를 해칠까 걱정되는 것은 물론이고 인류 전체가 나를 적으로 삼을까 두려워 떨고 있다. (……) 그래도 주사위는 던져졌고, 나의 신뢰는 진리에 대한 사랑과 지식인의 타고난 솔직함에 머무른다"라고 말했다. 폐순환의 개념이 의료계의 정신과 심장을 차지하기까지는 20년이 더 걸렸다.

그는 자신의 연구를 최대한 널리 알리려고 필사본이 교환되던 12세기 이후로 출판의 중심지였던 프랑크푸르트에서 『동물의 심장과 혈액의 운동에 관한 해부학적 연구』를 인쇄했다. 프랑크푸르트에서는 1462년부터 매년 도서 박람회가 열려 새로운 인쇄 기술을 선보였다. 오늘날까지 프랑크푸르트 도서전은 세계에서 가장 규모가 큰 도서 박람회이고, 물론 1628년에도 하비의 진리를 퍼트리는 데 확실히 일조했다.

또한 하비는 온몸을 돌고 심장으로 돌아온 혈액이 다시 몸으로 내보내기 전에 폐를 돌고 온다는 이중 순환계를 식별했다. 실은 그가 자신의 눈과 현미경만으로 증명할 수 없었던 한 가지 순환이 더 있다. 지름이 10마이크로미터 이하의 미세한 모세혈관이 동맥에서 정맥으로 혈액을 운반한다는 사실은 그도 가설로 만족할 수밖에 없었다.

17세기 초에 현미경은 아직 유아기 상태였다. 1609년에 최초로 천문학자 갈릴레오 갈릴레이가 복합(다렌즈) 현미경의 특허를 받았고, 이후 하비가 『동물의 심장과 혈액의 운동에 관한 해부학적 연구』를 출판하기 불과 4년 전인 1624년 제작에 성공했다. 네덜란드는 렌즈 생산의 중심지였고 초기 현미경이 발달한 곳도 대부분 그 지역이었다.

레이던의 해부학 학교 덕분에 네덜란드는 이미 해부학 연구의 중심지로 자리 잡고 있었다. 레이던 해부 극장은 파도바대학교 이후 1594년에 세계에서 두 번째로 건설되었다. 예술과 해부학의 공생은 르네상스 유럽의 남쪽 못지않게 북쪽에서도 끈끈했다. 해부학사의 시재는 그 관계를 보여주는 여러 그림으로 사방을 장식한다. 자크 드 헤인이 원본을 그리고 안드리스 스토크가 새긴 판화는 1615년 레이던 해부 극장에서 있었던 해부 시연을 생생하게 그

『보조 해부학 Succenturiatus anatomicus』(1616)

뇌라는 단일 기관에 초점을 맞춘 초기 논문. 자크 드 헤인이 그리고 안드리스 스토크가 판화로 새긴 권두 삽화에서 책의 저자인 피터 파우가 해부학 수업을 하고 있다. 장소는 피터 파우가 세운 레이던 해부 극장이다.

렸다. 이 해부는 파브리치의 학생이자 레이던에서 최초로 해부학 교수가 된 피터 파우가 주도했다.

레이던 출신 화가 렘브란트는 적어도 두 점의 해부 장면을 그림에 담았다. 〈니콜라스 튈프 박사의 해부학 강의 The Anatomy Lesson of Dr Nicolaes Tulp〉(1632)와 〈데이만 박사의 해부학 강의 The Anatomy Lesson of Dr Deijman〉(1656)이다. 튈프와 데이만은 연이어서 암스테르담의 시

〈니콜라스 튈프 박사의 해부학 강의〉(1652)

암스테르담의 해부학자 튈프 박사가 무장강도 범죄로 교수형을 당한 아리스 킨트의 시신을 해부하고 있다.

해부학자로 일했고, 규정에 따라 1년에 시신을 한 구만 해부할 수 있었기 때문에 그림 속 장면의 날짜와 시신의 신원을 정확히 알 수 있다. 튈프 박사가 해부하는 시신은 1632년 1월 31일에 무장강도 혐의로 교수형을 당한 아리스 킨트이다. 시신의 발밑에 있는 커다란 책은 『파브리카』와 동일한 판형이다. 데이만이 시신을 해부한 또 다른 무장강도, 요리스 '블랙 얀' 폰테인은 1656년 1월 29일에 교수형을 당했다. 렘브란트의 단축 원근은 보는 이로 하여금 해부 현장에 빨려 들어가게 한다.

6. 현미경 해부학의 탄생

해부학, 예술, 렌즈 제작술의 괄목할 발전에도 불구하고 최초로 미세 해부 이미지를 실은 책은 네덜란드가 아니라 시칠리아에서, 그것도 해부학자가 아닌 천문학자가 썼다. 1644년에 조반니 바티스타 오디에르나(1597~1660)가 출간한 『파리의 눈 *L'occhio della mosca*』이다. 오디에르나는 원래 천기힐 때 밤하늘을 연구하던 사제였는데, 그러다가 팔마의 공작 줄리오 토마시에게 발탁되어 천문학자로 임명되었다. 오디에르나가 과학에 크게 기여한 내용은 대부분 시칠리아의 팔레르모에서 출판되었는데, 1985년에 재발견될 때까지 묻혀 있었다. 그에게 해부학은 별다른 관심거리가 아니었고, 『파리의 눈』이 출간된 해에 그는 무게와 측정으로 불순한 금과 은을 가려내는 방법에 관한 논문을 썼다.

책을 구매하는 대중에게 현미경 해부학은 그저 참신한 눈요

깃거리일 뿐이었지만 해부학자들은 서서히 그 무한한 가능성을 깨달았다. 레이던대학교를 졸업한 네덜란드 대학원생 얀 스바메르담(1637~1680)은 이 분야의 선구자였다. 그는 일찍이 곤충의 생활사를 연구했으며, 세상을 떠난 후 한참 뒤인 1737년에야 출간된 『자연의 성서 Bybel der natuere』는 해부와 현미경으로 관찰한 종합 곤충 해부학 책이었다. 그는 아주 작은 생물에서도 신의 지고함을 보았고, 자신의 연구를 신의 경이로움에 바치는 찬사로 여겼다. 그

얀 스바메르담(1637-1680)

렘브란트의 〈니콜라스 튈프 박사의 해부학 강의〉에 나오는 관찰자 가운데 한 사람의 얼굴을 바탕으로 그린 얀 스바메르담의 19세기 초상화. 얀 스바메르담의 초상화라고 확실하게 알려진 작품은 따로 없다.

는 한 미물에 대해 이렇게 썼다. "여기 내가 한 마리 이의 해부 구조를 통해 전능하신 하느님의 손가락을 그대들에게 제공하노니, 그대들은 기적 위에 쌓인 기적을 발견하고 이 미세한 점 하나에도 명백하게 드러나는 신의 지혜를 보게 될 것이다." 1658년에 스바메르담은 최초로 사람의 적혈구 세포를 본 인물이 되었다.

스바메르담의 현미경 연구는 무엇보다 이탈리아 미생물학자 마르첼로 말피기(1628~1694)로부터 자극을 받았다. 말피기는 볼로냐에서 해부학을 연구했지만 인체만큼이나 식물과 곤충에도 관심이 많았다. 1675년과 1679년 사이에 두 권으로 출간된 『식물의 해부학 Anatome plantarum』은 『폐에 관한 서신 De pulmonis epistolae』과 함께 해

부학자의 서재에 나란히 꽂혀 있다.

그는 인체의 호흡기관과 노폐물 처리 시스템에서 여러 발견에 기여했고, 신장의 말피기 소체와 말피기 피라미드처럼 여러 해부 기관에 이름을 남겼다. 그러나 그는 영국의 판화가 로버트 화이트가 삽화를 그린 『식물의 해부학』을 가장 자랑스러워하여, 나중에 이 책을 "문학계를 통틀어 가장 우아한 양식"이라고 설명했다. 화이트는 영국 귀족의 초상화로 잘 알려진 사람이지만 그가 그린 해부도도 주목할 만하다. 화이트의 작품은 존 브라운의 전통적인 분트아르츠트 설명서 『상처에 대한 완벽한 담론A Compleat Discourse of Wounds』(1678), 그리고 카를로 루이니의 16세기 판화를 바탕으로 한 앤드루 스네이프의 『말의 해부 구조The Anatomy of an Horse』(1683)에도 삽화로 실렸다.

말피기가 인체 해부학에 가장 크게 기여한 것은 동물의 폐에 관한 연구 과정이다. 하비의 뒤를 이어 폐순환을 조사한 말피기는 양의 혈액에 검은 잉크를 주입해 그 경로를 추적했다. 그러나 하비와 마찬가지로 동맥과 정맥 사이에서 일어나는 일은 볼 수 없었는데, 고배율의 확대경으로도 모세혈관은 보이지 않았기 때문이다. 그러다가 하비가 사망하고 1년 뒤인 1661년에 개구리를 해부하면서 돌파구를 찾았다. 마침 개구리 폐의 모세혈관이 현미경으로 볼 수 있을 정도로 크기가 컸기 때문이다. 이 획기적인 발견이 하비의 폐쇄 순환계 가설을 검증했고, 같은 해에 말피기는 『폐의 해부학적 관찰De pulmonibus observationes anatomicae』을 출간했다.

말피기의 혈액 연구는 1666년에 쓴 책 『심장의 폴립De polypo cordis』에서 절정에 이르렀다. 이 연구에서도 말피기는 현미경을 통

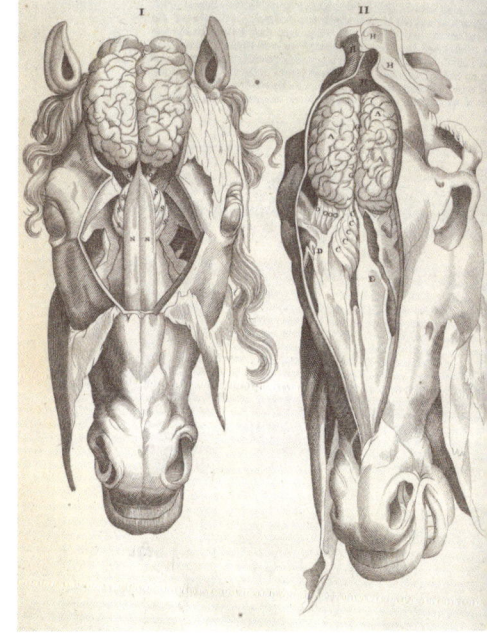

『달걀 속에서 병아리의 형성 과정에 관하여
De formatione de pulli in ovo』(1673)

마르첼로 말피기는 달걀 안에서 닭의 배아가 형성되는 과정을 순차적으로 상세히 연구했다.

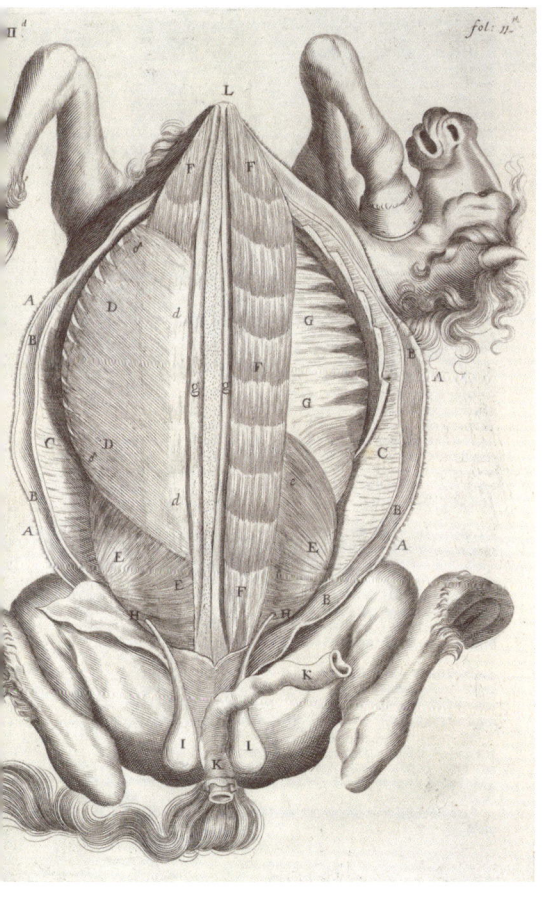

『말의 해부 구조』(1685)

앤드루 스네이프의 책은 카를로 루이니의 16세기 책을 저본으로 삼았고, 영국 판화가 로버트 화이트가 새로 도판 작업을 했다.

- 말의 배 근육.
- 말의 두개골과 뇌의 해부 구조.

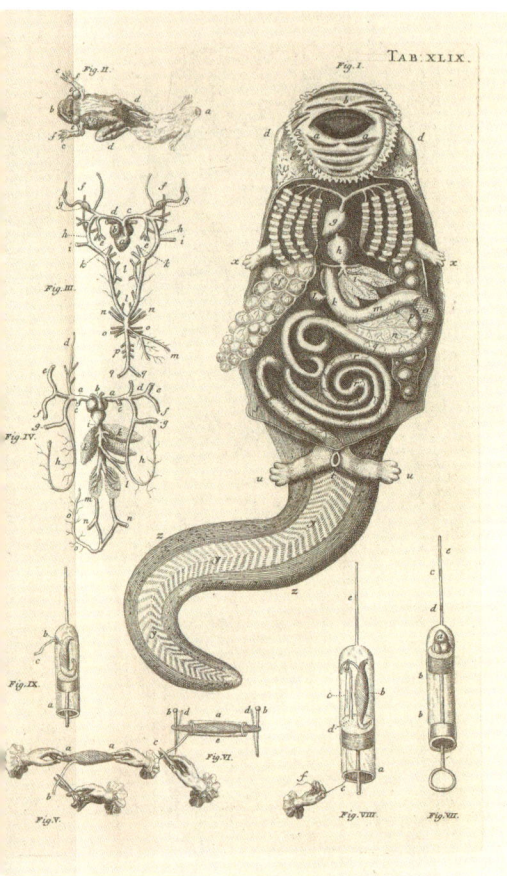
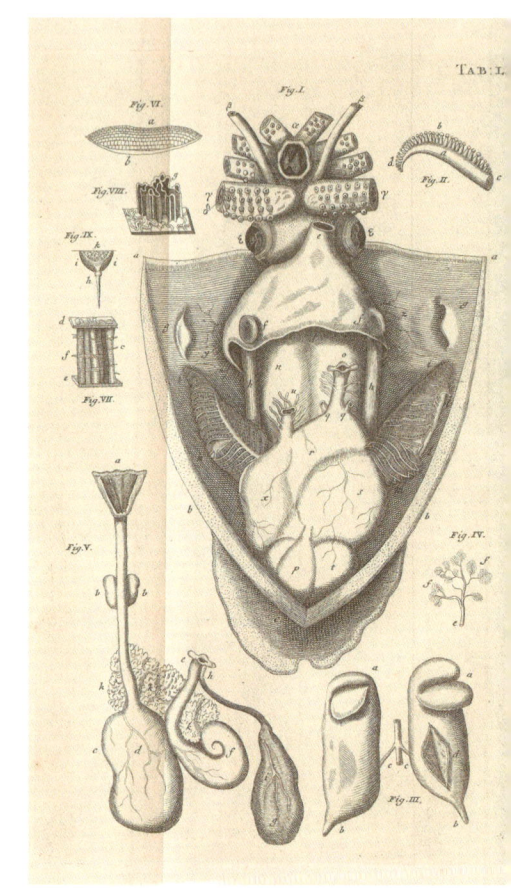

『자연의 성서』(1737)

얀 스바메르담 사후 한참 뒤에 출간된 동물 해부학의 현미경 연구는 엄청난 발견을 드러냈다.
- 올챙이. 얀 스바메르담이 근육 수축 실험을 했다.
- 얀 스바메르담이 해부한 갑오징어.

해 혈전의 속성, 혈전 생성과 좌우 심실에서의 차이점에 대해 중대한 사실들을 발견했다. 스바메르담의 연구를 알지 못한 채, 그는 적혈구 세포도 관찰했고, 또 처음으로 인쇄했다. 뇌졸중으로 사망한 말피기는 자신의 몸을 부검해달라는 유언을 남겼는데, 이는 자신의 몸을 해부용으로 기증한 최초의 사례가 되었다.

7. 영국 왕립학회의 회원들

윌리엄 하비는 1640년대 옥스퍼드대학교에서 학생들을 가르치던 짧은 시기에 런던 성 베드로 대성당의 건축가 크리스토퍼 렌 경(1632~1723)과 만났을 가능성이 있다. 해부학자로서 렌의 경력은 잘 알려지지 않았지만, 사실 그는 하비의 제자인 찰스 스카버러(1615~1694)에게 해부학을 배웠을 뿐 아니라 한동안 스카버러의 해부자로도 일했다. 스카버러는 오랫동안 표준 근육 해부서로 사용된 『근육 강의 요강 *Syllabus musculorum*』을 쓴 인물이고 하비의 뒤를 이어 럼리 강좌를 맡았다. 렌은 지금도 많은 대학생이 그런 것처럼 자신의 대학 시절을 끈끈한 우정이 형성된 시기로 보았고, 실제로 위대한 해부학자들과 인맥을 쌓았다.

  렌은 혁신적인 화학자 로버트 보일과 해부학자 토머스 윌리스(1621~1675)를 비롯해 탐구적인 과학자들이 모인 옥스퍼드 철학학회의 일원이었다. 윌리스는 1650년 유아 살해 혐의로 교수형에 처해졌다 살아난 앤 그린을 치료한 의료진이었다. 그린의 사형이 실패하고 3일 뒤에 담당 검사였던 토머스 리드 경이 갑자기 세상을 떠나면서 이 사건에 신이 개입했다는 소문이 더욱 확산되었다. 그린에게 내려진 형은 취소되었고, 이 충격적인 사건을 계기로 윌리스의 이름이 세간에 알려졌다.

윌리스는 교수형을 받은 범죄자의 뇌를 선호했는데, 그의 주장에 따르면 사형 방식 때문에 뇌혈관이 부풀어 올라 관찰하기 더 쉬웠기 때문이다. 그는 혈관이 더 잘 보이도록 수은이나 색깔 왁스를 주입했고, 그 결과 혈뇌장벽을 포함해 뇌의 주요 특징을 기술한 최초의 해부학자가 되었다.

윌리스는 뇌와 신경계를 상세히 연구했고, 그 결과로 1664년에 『뇌 해부학Cerebri anatome』을 출간했다. 『뇌 해부학』은 과거의 어떤 책보다도 뇌에 관한 설명이 꼼꼼했기 때문에 윌리스는 신경학의 아버지라는 명성을 얻었다. '신경학neurology'이라는 말도 이 책에서 그가 처음 사용했다. 『뇌 해부학』에는 혁신적인 내용이 많은데, 그 중 하나가 원래 줄리오 카세리가 처음 식별한 대뇌 동맥고리를 재발견한 것이다. 윌리스는 1672년에 출간한 『짐승의 영혼에 관한 두 가지 담론. 인간의 생명력과 감수성에 관하여 Two Discourses concerning the Soul of Brutes, which is that of the Vital and Sensitive of Man』로도 인정받을 만한데, 이 책은 의학심리학에 영국이 최초로 기여한 사례로 여겨진다.

『뇌 해부학』의 삽화는 친구인 크리스토퍼 렌이 그렸고, 이 책에는 또 다른 해부학자 리처드 로워와 협업한 내용이 담겨 있다. 이런 협업에는 조수였던 로버트 훅(1635~1703)의 조력도 포함되는데, 그 역시 놀라운 일을 많이 한 인물이다.

이후 로버트 훅은 윌리스와 함께 옥스퍼드 철학학회 회원인 로버트 보일의 조수로 활동했다. 보일은 실험과학에 헌신한 또 다

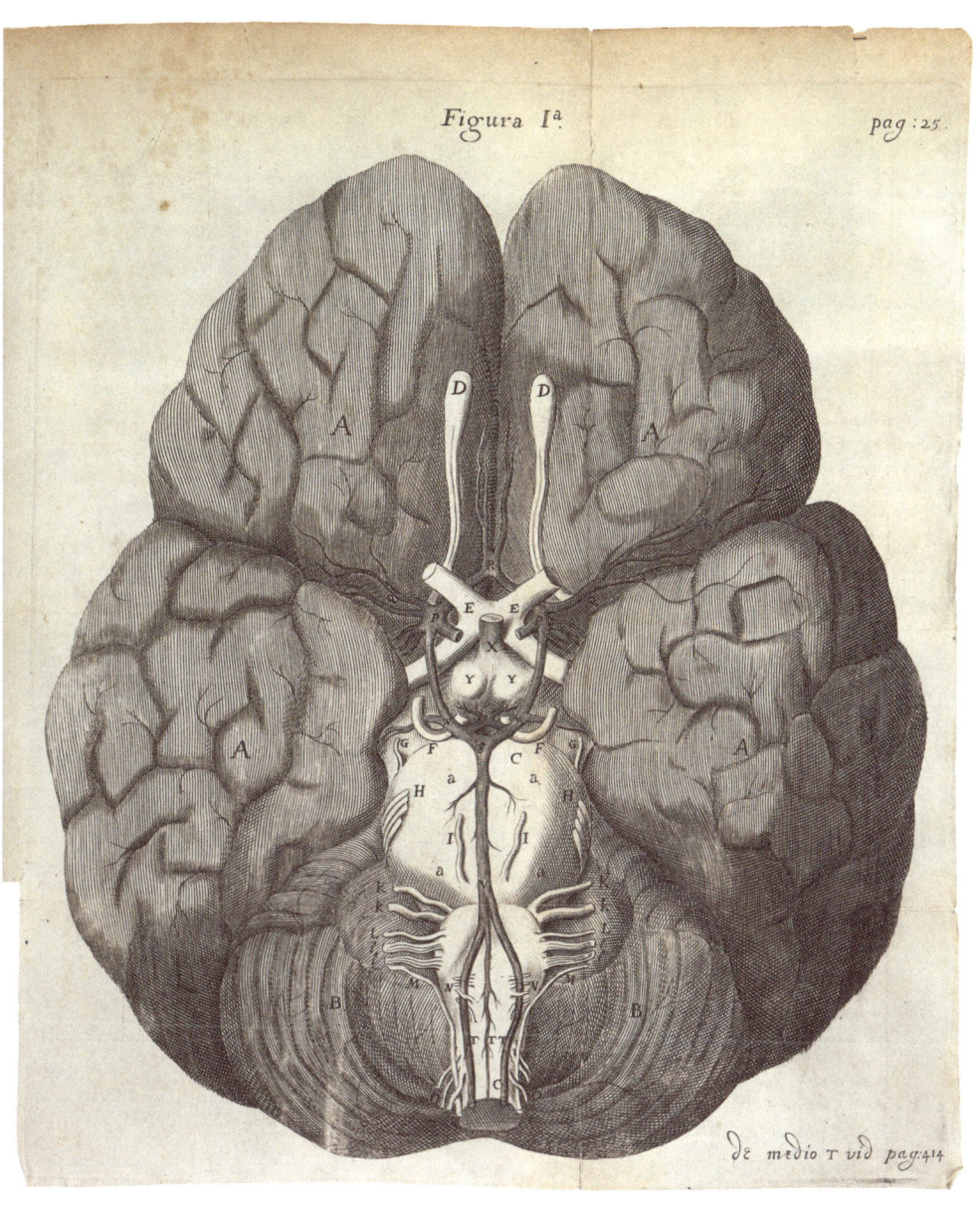

『뇌 해부학』(1664)

토머스 윌리스는 이 모노그래프에서 '신경학'이라는 용어를 처음 썼고, 판화의 중앙에 있는 대뇌 동맥고리에 자신의 이름을 붙였다.

른 집단인 '런던 인비저블 칼리지Invisible College of London'의 중심축이었다. 이 두 학회의 회원들이 찰스 2세의 후원을 받아 과학의 촉진과 발전을 위해 1662년에 창립한 것이 영국 왕립학회이다. 왕립학회 회원은 다양한 과학 분야에서 실용적인 강연을 시도했는데, 시연 준비를 도맡아 할 상설 직책의 필요성이 제기되자 보일이 로버트 훅을 실험 큐레이터 자리에 추천했다. 이 일을 하면서 훅은 과학 기술을 폭넓게 경험했고 자신의 이론도 발표할 수 있었다.

훅은 영국의 레오나르도 다빈치로 자주 지명되는 인물이다. 그는 열, 빛, 고생물학, 지질학, 중력, 수학 등 많은 분야에서 큰 발전을 이룬 대단히 뛰어난 박식가였다. 그는 지도 제작에 수학을 적용했고, 런던의 수석 측량사로 임명되어 1666년 대화재로 런던이 폐허가 되었을 때 새로운 격자형 도시를 제안했다. 그는 렌과의 밀접한 협업으로 화재 후 도시 재건과 교회 재건축에 앞장섰다. 세인트폴 대성당의 돔이 그의 공학 작품이다. 호흡과 연소에 대한 훅의 실험은 산소 발견의 문턱까지 그를 데려갔고, 화석을 현미경으로 조사해 진화론을 예측했다.

그가 해부학에 가장 크게 기여한 부분은 현미경 해부학이다. 스승인 윌리스의 『뇌 해부학』이 출간되고 바로 1년 뒤인 1665년에 출간된 『마이크로그라피아

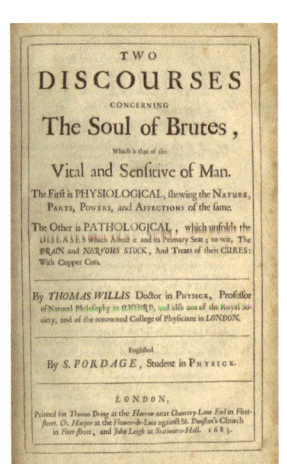

『짐승의 영혼에 관한 두 가지 담론』(1672)

토머스 윌리스의 책 속표지. 영국이 의학심리학에 기여한 첫 사례다.

Micrographia』는 맨 처음 렌즈로 들여다본 세상이 가득 실려 있다. 이 책은 작은 곤충의 상세한 관찰도를 처음으로 실었다. 일부 접혀 있는 페이지를 펼치면 현미경의 성능을 자랑하는 그림이 등장하는데, 예를 들어 스바메르담이 사랑했던 곤충 '이'는 책의 표지보다 네 배나 더 큰 지면을 가득 채운다. 훅은 식물을 구성하는 미세한 구획을 관찰하고 이것을 세포cell(원래 감방이라는 뜻이 있다.—옮긴이)라고 불렀다. 이 단어가 이런 맥락에서 쓰인 것은 처음이다. 『마이크로그라피아』는 미세 유기체인 털곰팡이속의 이미지를 최초로 실었다. 이 책은 사실상 시각적 효과가 뛰어난 해부서이고, 훅은 화석화된 나무에서 동일한 구조를 보면서 화석에 대한 공상적인 설명 대신 좀 더 유기적인 기원을 제시했다. 많은 이미지가 원형의 틀 안에 들어 있어, 독자에게 현미경으로 들여다보는 기분을 느끼게 한다.

『마이크로그라피아』는 핀이나 면도날처럼 흔한 물건도 현미경으로 관찰했다. 이 책이 왕립학회에서 출판되지 않았다면 현미경으로 본 신기한 세상의 예시 정도로 넘어갔겠지만, 결과적으로 훅과 왕립학회

로버트 훅의 현미경

훅이 『마이크로그라피아』를 집필할 때 사용한 현미경. 미국 메릴랜드주이 국립의료박물관에 보존되어 있다.

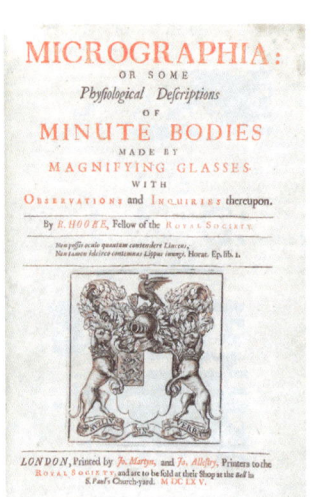
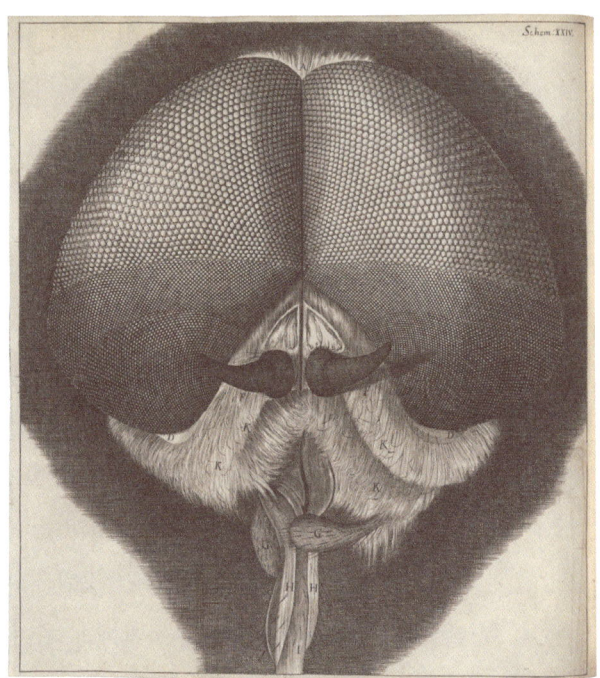

『마이크로그라피아』(1665)

로버트 훅의 이 유명한 책은 영국 대중에게 현미경으로 본 이미지를 소개한다.

- 속표지.
- 파리의 눈.
- 접혀 있던 책장을 펼치면 거대한 벼룩 그림이 나오며 현미경의 확대 성능을 강조한다.

의 명성을 함께 높이면서 양쪽 모두에게 득이 되었다.

말년에 훅은 미래의 왕립학회 회장인 아이작 뉴턴과 사이가 크게 틀어졌다. 중력 이론이 처음 나왔을 때 훅은 자신이 뉴턴에게 그 발상을 제시했다고 주장했고, 이에 앙심을 품은 뉴턴이 훅의 논문을 감추고 학회 벽에 걸린 훅의 초상화를 치워버렸다는 얘기가 전해진다. 지금까지 남아 있는 훅의 초상화는 없다.

훅이 『마이크로그라피아』를 준비하며 사용한 현미경은 런던의 기구 제작자 크리스토퍼 화이트가 만들었다. 과학사의 진정한 보물인 이 현미경은 잘 보존되어 미국 메릴랜드주 국립의료박물관에 전시되어 있다.

8. 레이우엔훅의 편지

이 시기는 과학의 황금시대로 영국과 네덜란드에서 위대한 인물들의 발상과 발견이 쏟아져 나왔다. 영국 왕립학회는 세계적인 협업의 중심지가 되었다. 이 시기 해부학자의 서재에는 비록 책을 내지는 않았지만 안토니 판 레이우엔훅(1632~1723)이 학회와 주고받은 서신 꾸러미를 위한 자리가 마련되어야 한다. 이 편지들은 나중에 출간된다.

레이우엔훅은 네덜란드 공화국 델프트의 시민이었고 그곳에서 평생을 살았다. 직물 상점의 수습 경리로 일을 시작했지만 확대경으로 옷감의 품질을 조사하면서 자연스럽게 렌즈와 현미경에 관심을 갖게 되었다. 그는 평생 500개 이상의 현미경을 직접 제작했는데, 최대 배율이 500배까지 올라가는 고성능 장비였다. 다른 해부학자들이 마지막 수단으로 현미경을 들여다보았다면, 레이우엔훅은 처음부터 이 기구로만 연구했다. 현미경으로 많은 업적을 이룬 로버트 훅도 현미경의 세계는 오직 한 사람, 레이우엔훅이 지배한다고 투덜댈 정도였다.

그는 독학했고, 연구도 어디까지나 취미에 불과했기 때문에 남들이 자신의 연구에 관심을 가지지 않을 것이라고 생각했다. 따라서 그의 벗인 네덜란드 해부학자 레이니르 더 흐라프가 왕립학회에 서신을 보내 레이우엔훅의 현미경 제작 기술을 칭찬하지 않았다면 그가 현미경 속 세상을 향한 열망으로 이루어낸 많은 발견은 영영 세상에 알려지지 않았을 것이다. 더 흐라프가 인정하는 사람이었기에 왕립학회도 레이우엔훅의 연구를 진지하게 검토했고, 다음 학회지에서 레이우엔훅이 벌, 이, 물곰팡이를 관찰한 내용으로 쓴 서신을 실었다.

그가 현미경 제작은 물론이고 현미경 과학에도 재능이 있다는 사실은 금세 분명해졌다. 레이우엔훅은 정자의 존재를 증명했고, 식물의 세포 안에 유독 물질이나 노폐물을 격리하는 액포를 관찰했다. 또한 오늘날에는 원생생물이라고 부르는, 식물도 아니고 동물도 아니고 곰팡이도 아닌 민물 생명체를 발견했다. 그가 사람과 동물의 입에서 찾은 세균은 대단히 중요한 의의가 있었다. 그러나 이런 위업에도 불구하고 1676년에 그가 단세포 유기체를 보았다고 보고했을 때 학회는 의심했다. 어떻게 세포 한 개가 하나의 유기체로 기능할 수 있다는 말인가? 회원들의 반발에도 레이우엔훅이 고집을 꺾지 않자 결국 학회 측은 그의 집으로 대표단을 파견했다. 당연히 대표단은 증거를 보았고, 1677년에 그의 발견을 인정했다.

마침내 레이우엔훅은 1680년에 왕립학회 회원이 되었다. 그는 자신의 발견을 자유롭게 공유했지만, 작업 과정, 특히 렌즈 제작 기술만큼은 아무에게도 알려주지 않았다. 그는 항상 혼자 일했고 모든 렌즈를 직접 갈았다. 레이우엔훅이 얇은 유리막대를 불꽃상에서 합쳐서 렌즈를 만들었다는 사실은 1957년에야 재발견되었고, 로버트 훅도 비슷한 방식을 사용했을 것으로 추정된다.

안토니 판 레이우엔훅(1652-1723)
미생물학의 아버지. 네덜란드 화가 얀 베르콜리어가 그렸다(1684).

9. 뇌 해부학의 초석

토머스 윌리스의 『뇌 해부학』은 신경학이라는 새로운 영역을 개척했다. 그리고 그 세기가 끝나기 전에 적어도 두 명의 다른 저명한 해부학자가 신경학의 초석을 쌓기 시작했다. 윌리스보다 열네 살 어린 후배 레몽 뷰상(1635?~1715)은 뇌와 척수에 관한 연구로 유명해진 후 그 공을 윌리스에게 돌렸다. 뷰상은 몽펠리에의 생텔루아 병원에서 의대 수련을 마친 후 수석 의사가 되었다. 그는 평소 과학적 증거가 뒷받침되지 않은 추측에 탐닉한 것으로 유명했다. 자신의 상상력을 현실의 구속에서 풀어주어 새로운 해부학적 가능성을 타진하려는 시도였다. 하지만 진료할 때만큼은 세부적인 부분까지 철저하게 주의를 기울였다. 그가 1684년에 출판한 『신경학 완성Neurographia universalis』은 신경학 분야의 중요한 해부학 책으로 뛰어난 동판화 작품이 삽화로 수록되었다. 이 책이 출간되고 한동안 대뇌피질의 반半 달걀형 백질은 '뷰상의 추체Vieussens' centrum'라고 불렸다.

레몽 뷰상(1635-1715)

『신경학 완성』(1684)에 실린 저자의 초상화.

뷰상은 그가 크게 관심을 기울였던 심혈관계 요소에도 자신의 이름을 내주었다. 그의 여러 출판물 가운데 1705년에 인쇄된 『신新 인체 혈관계 Novum vasorum corporis humani systema』

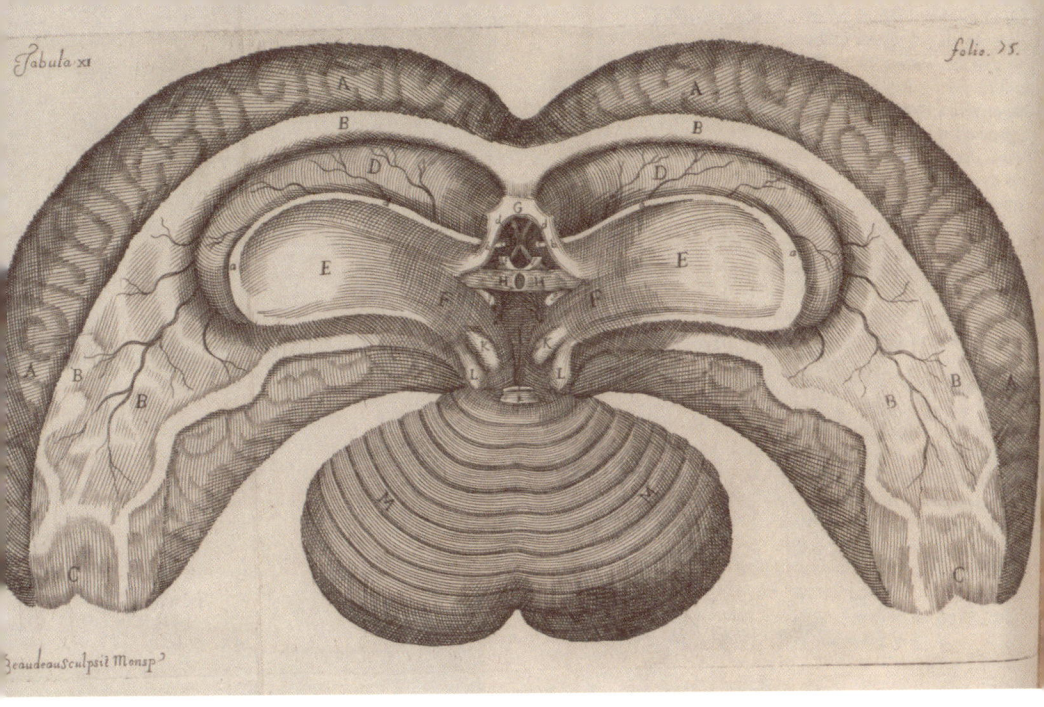

『신경학 완성』(1684)

수막을 제거한 뇌.

는 심장의 구조와 질병에 대한 중요한 초기 연구로 심장의학의 시작을 알렸다.

뷰상과 같은 시대를 살았던 영국의 의사 험프리 리들리(1653~1708) 역시 윌리스의 뒤를 이었다. 리들리는 레이던에서 의학을 공부했고, 성 매개 질병에 관한 논문으로 학위를 받았다. 그러나 그의 대표작은 『뇌 해부서: 두뇌 활동의 메커니즘 및 생리학에 관한 새로운 발견과 고대 및 현대 저자들에 대한 수정 The Anatomy of the Brain』이다. 이 책은 영어로 출간된 첫 신경학 책이며 뇌 해부학의 큰 발전을 이루었다. 오늘날에는 그의 이름이 대체로 잊혔지만 신경학 초기에 중요하게 기여한 인물이다.

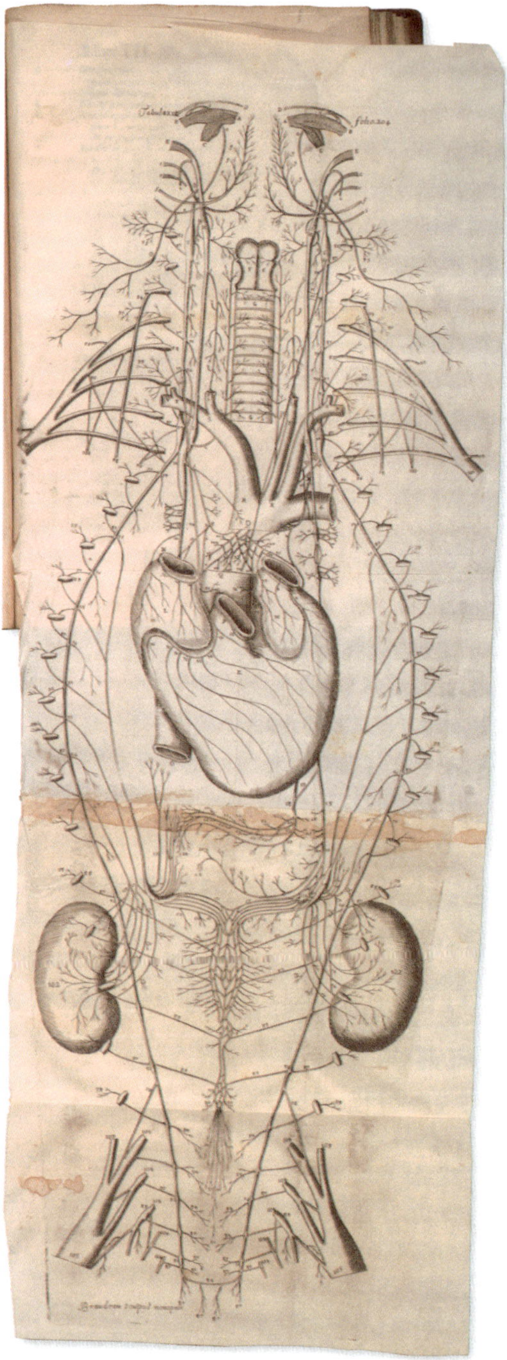

RAYMUNDI
VIEUSSENS
DOCTORIS MEDICI
MONSPELIENSIS
NEVROGRAPHIA
UNIVERSALIS.
HOC EST,
OMNIUM CORPORIS HUMANI NERVORUM,
simul & cerebri, medullæque spinalis
DESCRIPTIO ANATOMICA;
EAQUE INTEGRA ET ACCURATA, VARIIS
iconibus fideliter & ad vivum delineatis, æreque incisis illustrata:
CUM IPSORUM ACTIONE ET USU,
Physico discursu explicatis.
EDITIO NOVA.

LUGDUNI,
Apud JOANNEM CERTE, in vico Mercatorio,
sub signo Trinitatis.
M. DC. LXXXV.
CUM PRIVILEGIO REGIS.

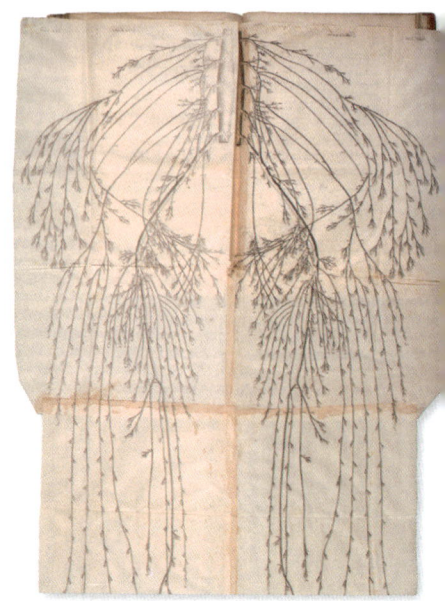

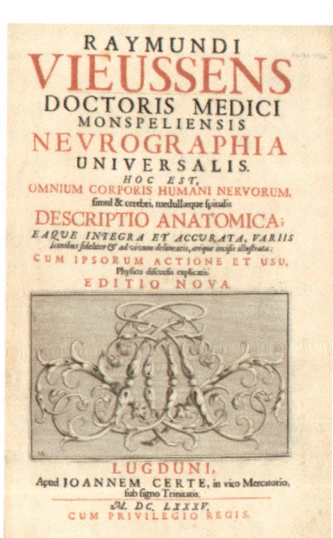

『신경학 완성』(1684)

- 중추신경계의 개괄도. 심장, 폐, 신장, 척수의 관계를 보여준다.
- 척수, 요천골신경총과 다리 신경.
- 이 초기 신경학 서적의 속표지.

10. 빛 바랜 해부학적 발견 1

왕립학회에서 안톤 판 레이우엔훅의 후원자였던 레이니르 더 흐라프(1641~1673)는 많은 해부학 서적을 출판했는데, 특히 생식기관에 대해 기여한 바가 크다. 그는 나팔관의 기능과 지스폿G-spot을 처음으로 기술한 사람으로 알려져 있다. 단, 'G'는 나중에 부인과 전문의 에른스트 그레펜베르크(1881~1957)의 이름에서 따온 것이다. 그레펜베르크는 20세기 초에 지스폿을 재발견했고, 자궁 내 피임장치(IUD)를 개발했다.

1668년에 더 흐라프는 『남성의 생식기관에 관하여. 주사기와 해부학에서 사이펀의 사용에 관하여 *De virorum organis generationi inservientibus, de clysteribus et de usu siphonis in anatomia*』를 출간했다. 이어서 1672년에 출간된 후속작 『여성의 생식기관에 대한 새로운 논문. 난생은 물론이고 인간을 비롯해 태생하는 모든 동물이 알에서 기원했음을 보여주다 *De mulierum organis generationi inservientibus tractatus novus*』에 대해서는 약간의 논란이 있었다. 같은 네덜란드 사람 얀 스바메르담과 요하네스 판 호르너가 같은 해에 『자연의 기적. 자궁이라는 여성의 장치 *Miraculum naturae sive uteri muliebris fabrica*』를 출판했는데, 스바메르담은 더 흐라프가 자궁에 관한 자신들의 연구를 표절했다고 비난했다.

비록 더 흐라프는 혐의를 부인했지만 이 일로 명예가 훼손되었다. 게다가 그는 과거의 다른 책에서 자궁 외 임신의 삽화를 베낀 적이 있다고 직접 인정했다. 진실이 무엇이든 더 흐라프는 그때까지 밝혀진 지식을 총망라하는 책으로 생식기 해부학 역사에 이정표를 세웠다. 하지만, 그도 과거의 오류를 극복하지는 못했다.

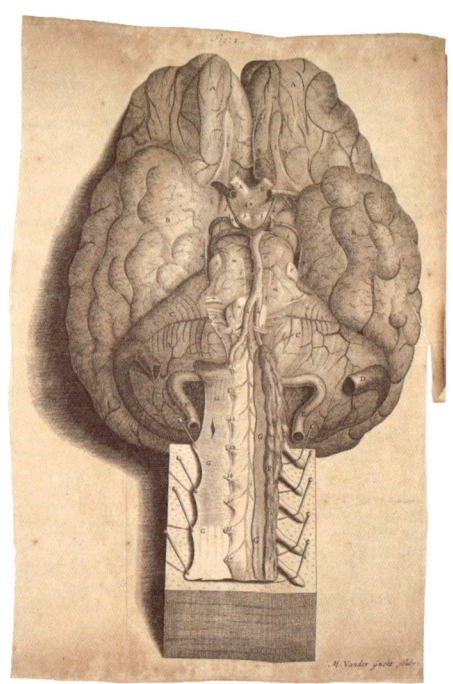
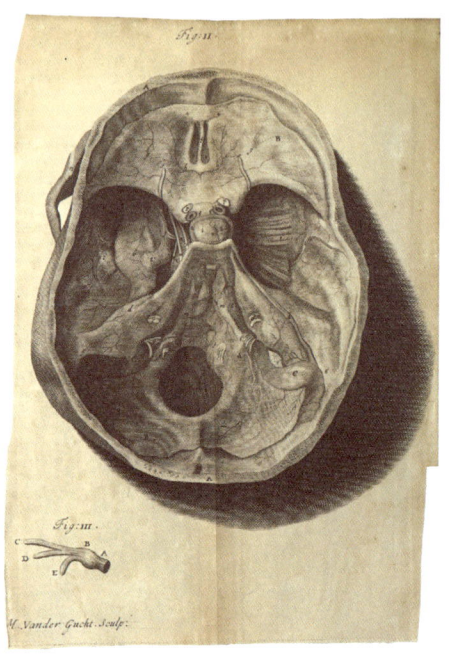
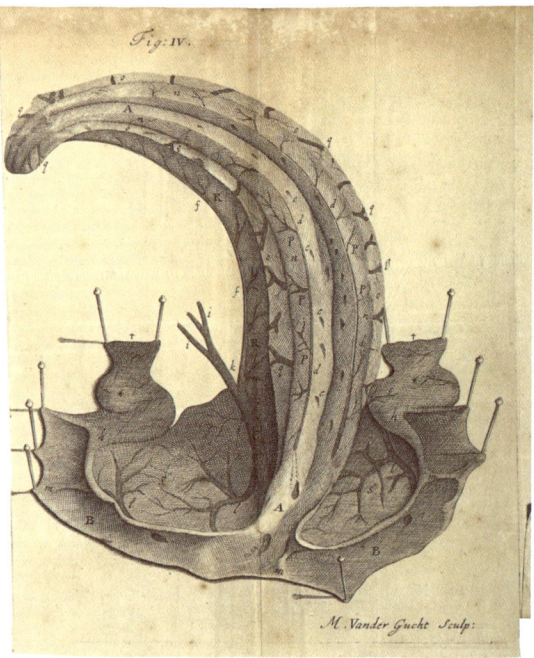
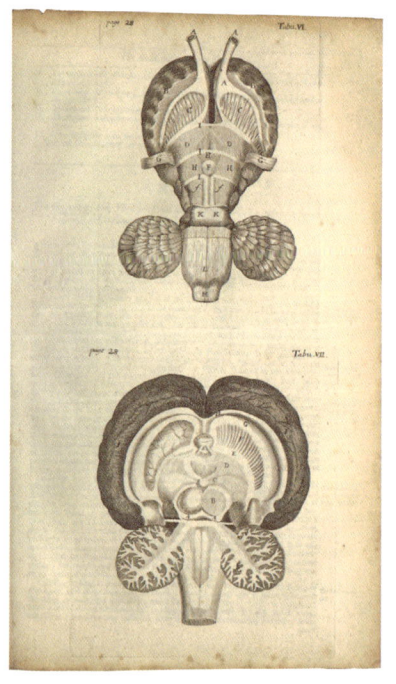

『뇌 해부서 *The Anatomy of the Brain*』(1695)

험프리 리들리는 뇌에 관해 최초로 영어로 책을 썼다.

■■ 밑에서 본 뇌의 바닥 부분(왁스로 채워진 연수와 혈관이 보인다).　　■■ 위에서 본 두개골 내부의 바닥.
■■ 뇌의 정맥동의 시상 단면(뇌를 좌우 반구로 갈랐다).　　■■ 연수 주변을 둘러싼 뇌의 수평 절단면.

해부용 시신이 부족해 그는 대부분 토끼를 가지고 연구했고 원전을 확인하거나 눈으로 본 증거가 없이 오류를 답습했다. 예를 들어 그는 난소에서 완전히 형태를 갖춘 인간이 만들어져 있다가 정자가 도착하면 생기가 돌아 성장하기 시작한다고 생각했다.

더 심각한 표절은 몇 년 뒤에 영국의 해부학자 존 브라운(1642~1702?)이 저질렀다. 1678년에 브라운은 마르첼로 말피기가 쓴 『식물의 해부학』의 판화가 크리스 화이트가 삽화를 그린 『상처에 대한 완벽한 담론』을 출간했다. 그리고 이어서 1681년에 출간된 『인체의 근육에 대한 완전한 논문: 지금까지 발견되지 않은 다양한 해부학적 관찰을 수록하다 A Compleat Treatise of the Muscles as they Appear in the Humane Body and Arise in Dissection』로 성공을 기대했을 것이다.

그러나 그 제목은 잘못된 것이었다. 그가 말한 "아직 발견되지 않은" 관찰은 사실 이미 1648년에 『미스코토미아, 또는 해부 시 나타나는 인체의 모든 근육에 대한 해부학적 설명: 각 근육을 기능과 부위에 따라 정리한 해부학 표. 해부학 분야의 모든 실무자를 위한 공익 추구의 목적에서 출판되다 Myskotomia, or The anatomical administration of all the muscles of an humane body, as they arise in dissection』라는 제목으로 윌리엄 몰린스(1617~1691)가 출판한 책에 실려 있었다. 브라운은 몰린스의 글을 베끼고 줄리오 카세리의 『해부도』에 실린 도판을 삽화로 실은 것이었다.

1684년에 브라운의 표절 사실이 폭로되었지만 그의 책은 10쇄나 찍을 정도로 잘 팔렸다. 이후에 그는 런던의 성 토머스 병원에서 규정 위반을 이유로 해고되었다. 하지만 그러고 나서도 영국의 두 군주, 찰스 2세와 윌리엄 3세의 외과의로 일했다. 찰스 2세

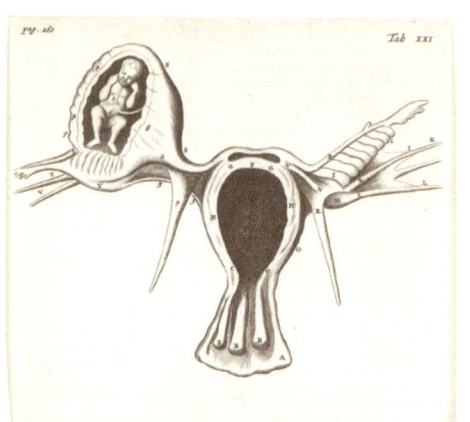
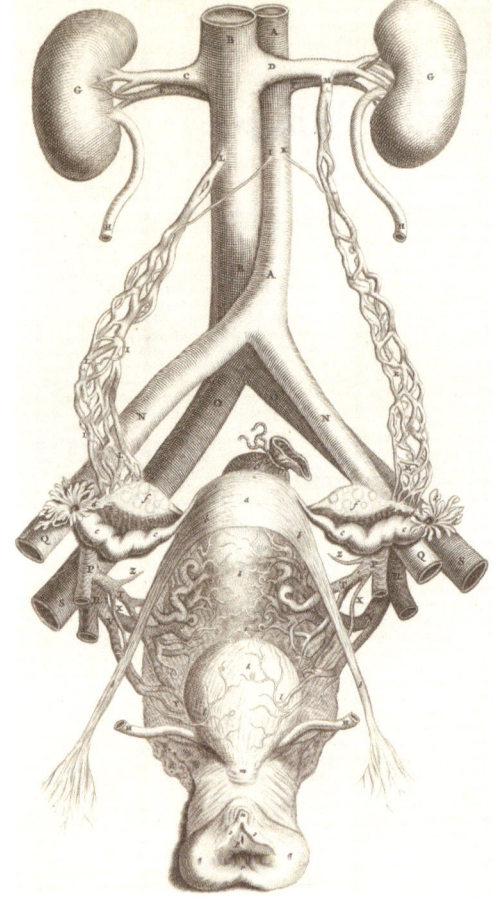
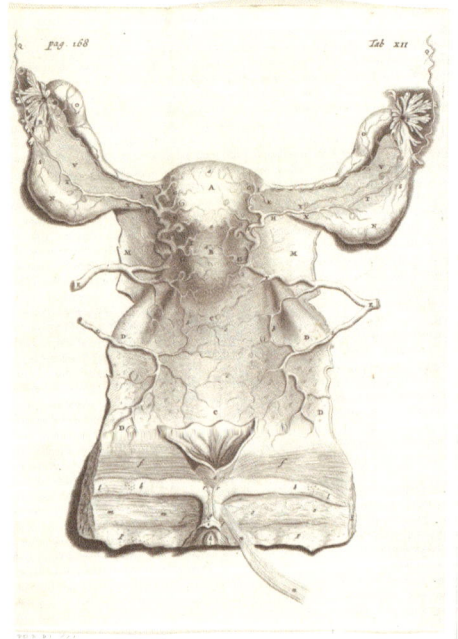

『여성의 생식기관에 대한 새로운 논문』(1672)

레이니르 더 흐라프의 책은 얀 스바메르담의 책과 비슷한 시기에 출간되어 표절 시비에 휘말렸다.
- 자궁 외 임신의 이미지. 다른 책에서 빌려온 이미지라고 더 흐라프 자신이 직접 인정했다.
- 자궁의 내부.
- 여성의 생식기와 비뇨기관.

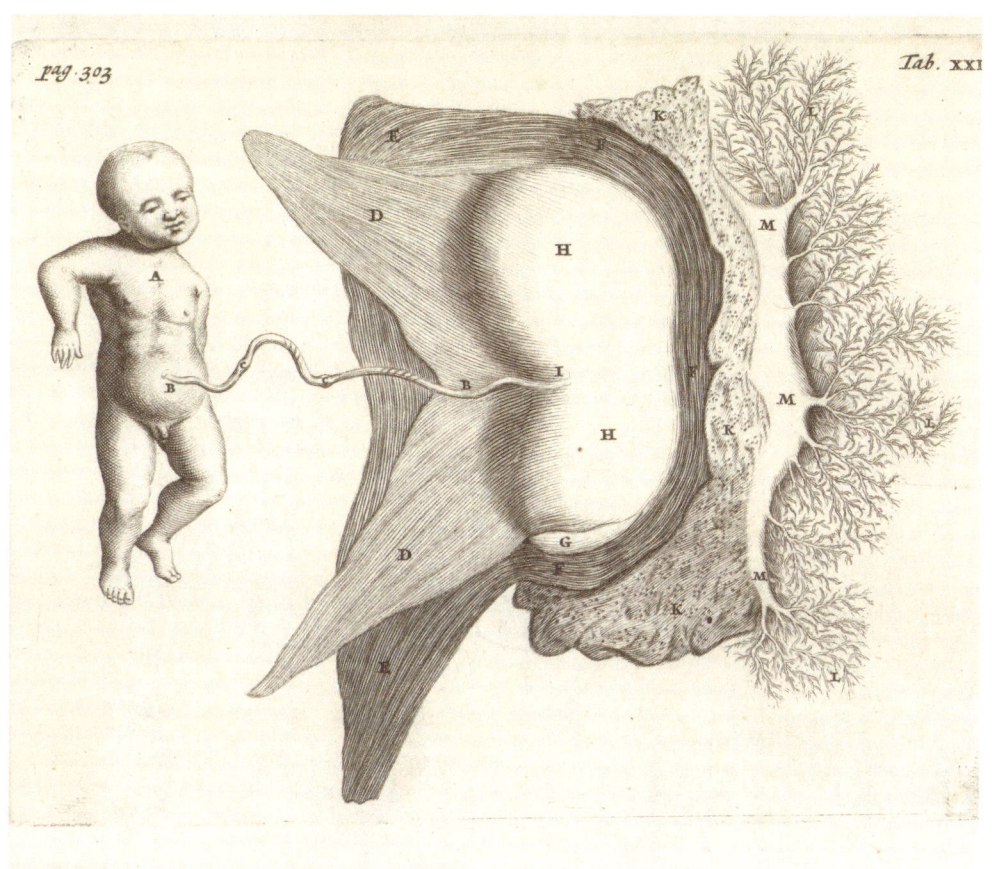

『여성의 생식기관에 대한 새로운 논문』(1672)

자궁의 태반에 붙어 있는 태아. 더 흐라프의 도판은 존경받는 네덜란드 판화가 헨드릭 바리가 작업했다.

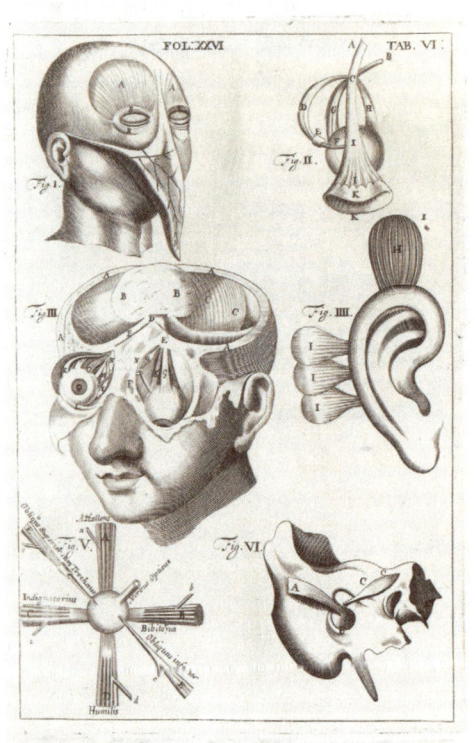 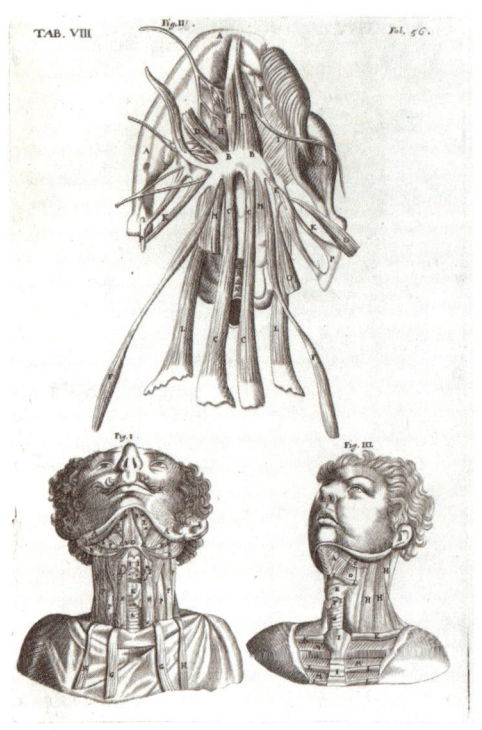

『인체의 근육에 대한 완전한 논문』(1681)

존 브라운은 '지금까지 발견되지 않은 다양한 해부학적 관찰'이라는 부제를 단 이 책에서 윌리엄 몰린스의 글과 줄리오 카세리의 이미지를 표절했다.

- 눈과 귀의 근육.   ■ 목의 근육.

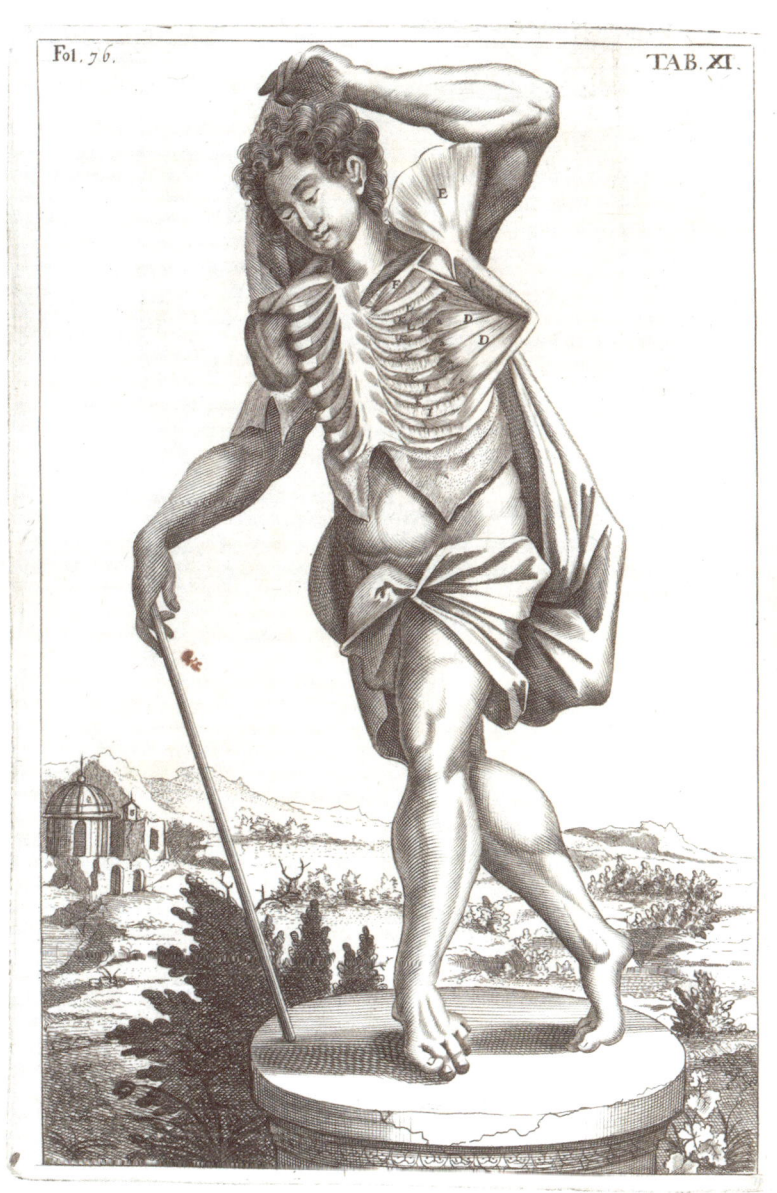

『인체의 근육에 대한 완전한 논문』(1681)

몸통 위쪽으로 갈비뼈 사이의 근육을 보여준다.

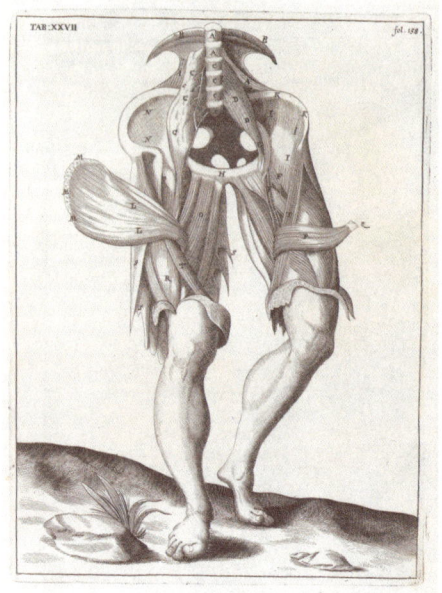 

『인체의 근육에 대한 완전한 논문』(1681)

- 허벅지 근육.
- 이 책에서 유일하게 독창적인 도판은 저자 존 브라운의 초상화뿐이다.

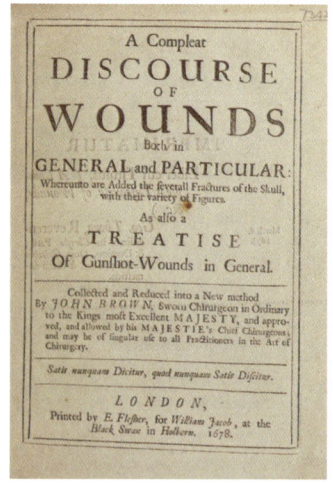

『상처에 대한 완벽한 담론』(1678)

속표지.

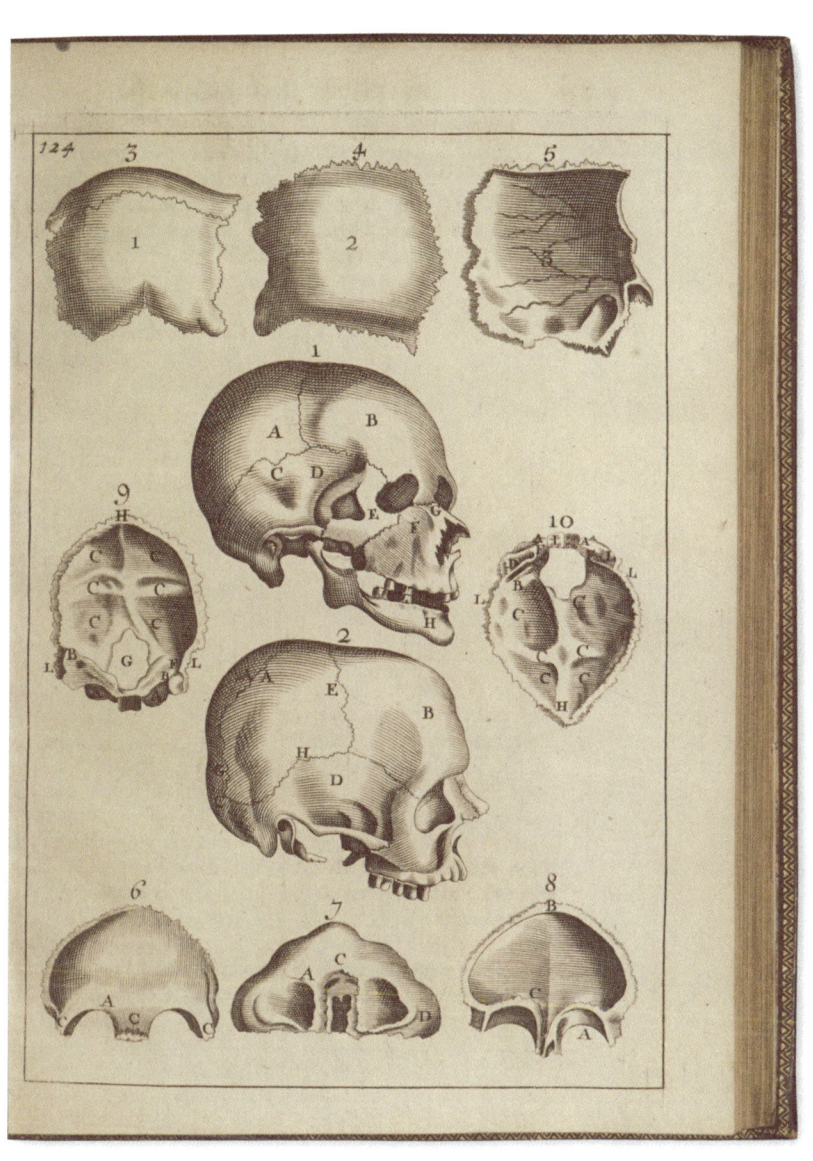

『상처에 대한 완벽한 담론』(1678)

두개골 골절의 예.

『상처에 대한 완벽한 담론』(1678)
모든 연령에서 머리에 생긴 다양한 상처.

는 1685년에 뇌졸중으로 쓰러진 후 방혈, 강제 배설, 부항 등 고통스러운 치료 끝에 며칠 만에 사망했다. 윌리엄 3세는 브라운보다 몇 주 더 오래 살았다.

11. 빛 바랜 해부학적 발견 2

네덜란드인이었던 윌리엄 3세에게는 또 다른 네덜란드인 주치의, 호버르트 비들로(1649~1713)가 있었다. 그 역시 영국인의 손에 의해 표절된 피해자가 되었다. 비들로는 해부학자이자 연극과 시를 쓰는 작가로서, 1686년에는 요한 솅크가 작곡한 최초의 네덜란드 오페라 〈바쿠스, 세레스와 비너스 Bacchus, Ceres en Venus〉의 대본을 썼다(그러나 2011년에야 초연되었다). 이 대본을 쓰기 1년 전에 비들로가 출간한 『인체의 해부학 Anatomia humani corporis』은 화가 헤라르트 더 레레서가 삽화를 그리고 아브라함 블로텔링이 판화를 새긴 총 105점의 충격적인 해부도로 유명하다. 이 책은 손가락 끝의 피부 능선에 대해 설명하고 있어서 오늘날에는 지문을 이용한 범죄 해결에 기여한 책으로 기억된다.

비들로는 1695년에 레이던대학교의 해부학 교수로 임명되었고 1년 뒤에 윌리엄 3세를 보필하러 궁에 들어갔다. 1702년 폐렴에 걸린 왕은 비들로의 품에서 숨을 거두었다. 비들로의 사촌인 니콜라스 비들로는 훗날 러시아 황제 표트르 1세의 주치의가 된다. 비들로가 쓴 책의 판매가 저조하자 출판사에서는 제작비를 회수하기 위해 비용이 초과된 도판 300개를 영국 출판사 한 곳과 그 출판사의 작가인 윌리엄 쿠퍼(1666~1709)에게 팔아버렸다. 쿠퍼는 오늘날 남성 생식기관의 일부인 쿠퍼샘으로 기억되는 재능 있는 해부학자였다. 그는 저서 『미오토미아 레포르마타. 새로운 근육 체계 Myotomia Reformata, or a New Administration of the Muscles』(1694)로 1696년에 왕립학회 회원이 되었다.

1698년에 나온 쿠퍼의 다음 책 『사람 몸의 해부학 The Anatomy of Humane Bodies』은 전반적으로 비들로의 나머지 도판을 갖다 썼으면서도 비들로나 레레서의 이름을 언급하지 않았다. 권두 삽화도 비들

『인체의 해부학』(1685)
해부학적 세부 묘사와 그림이 풍부한 책의 다소 평범한 속표지. 네덜란드어로 썼였다.

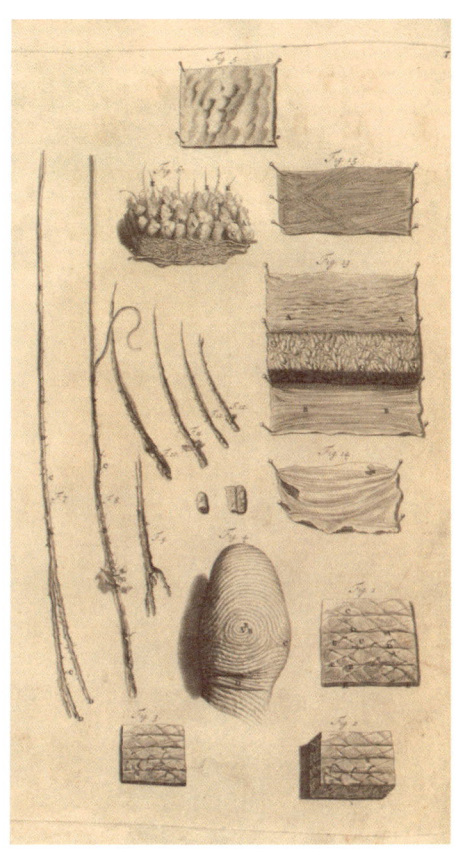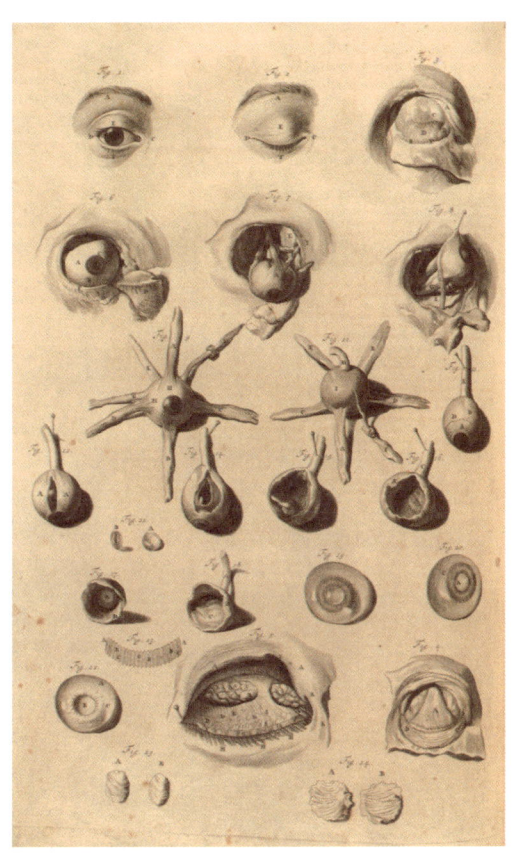

『인체의 해부학』(1685)

- 피부, 모낭, 지문을 보여주는 18개 도판.
- 인간의 눈을 해부 단계에 따라 보여준다.

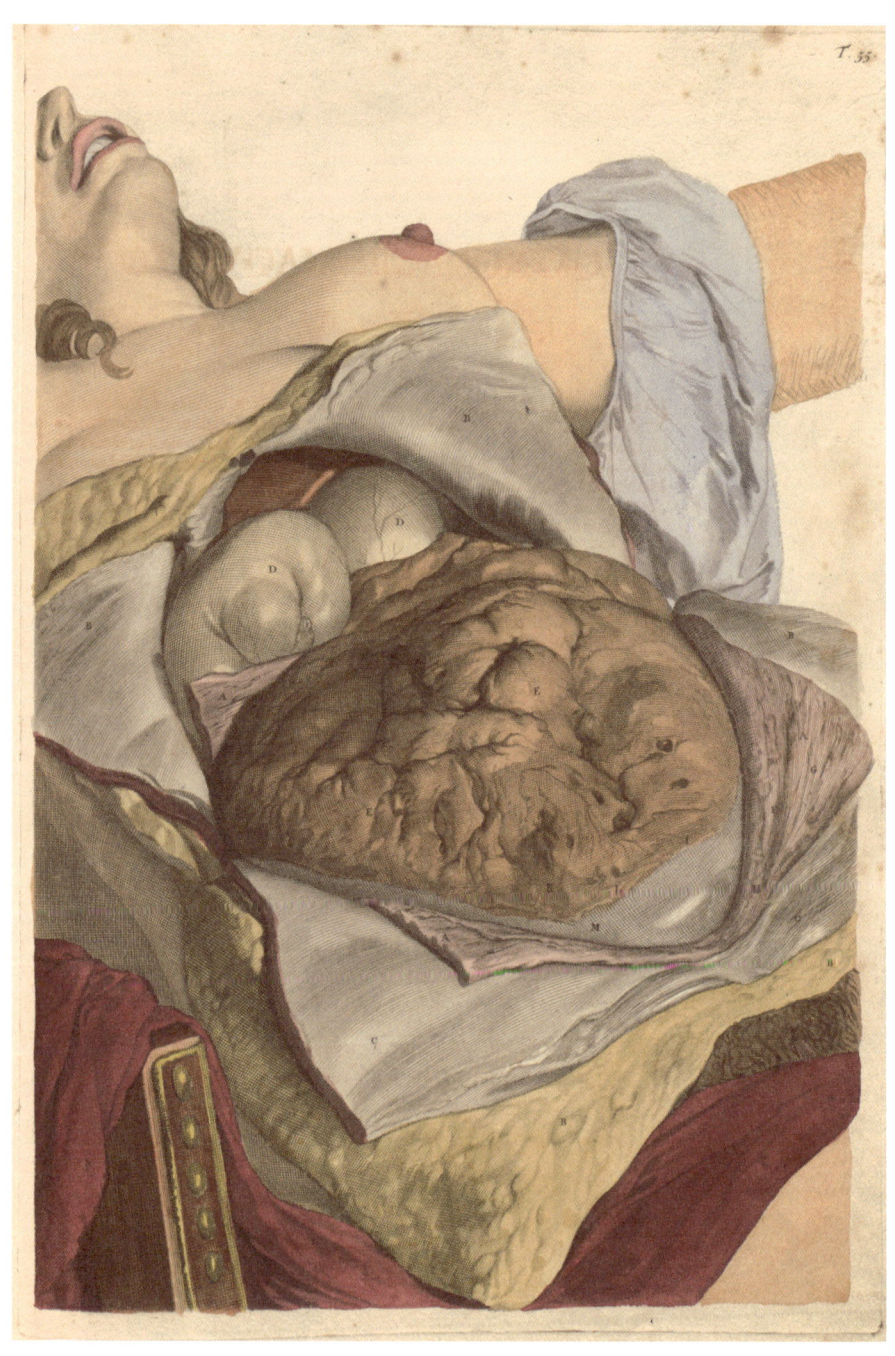

『인체의 해부학』(1685)

자연스럽고 관능적이기까지 한 비들로의 그림은
헤라르트 더 레레서가 판화를 새겼다.

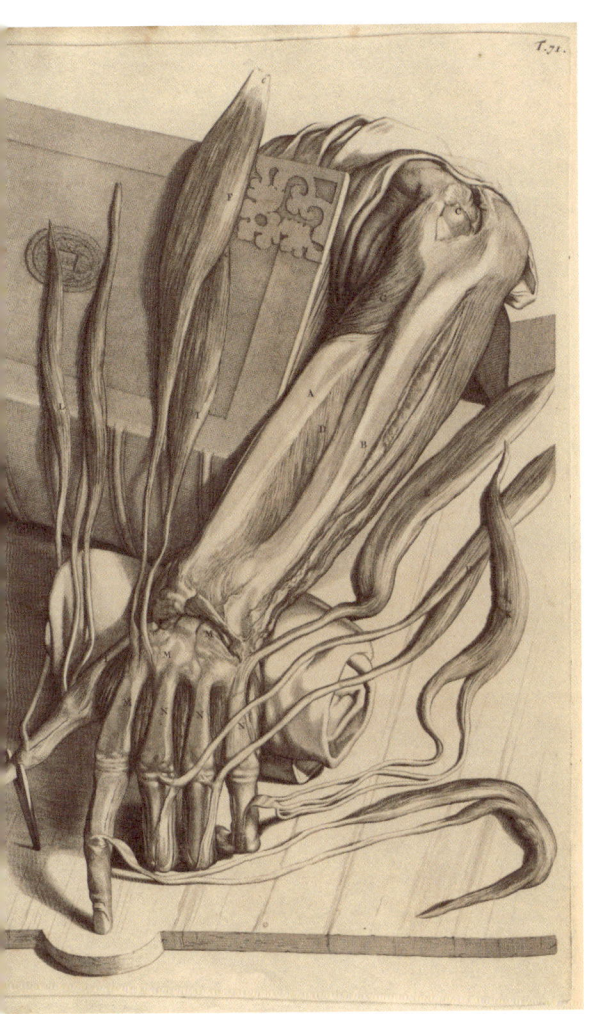
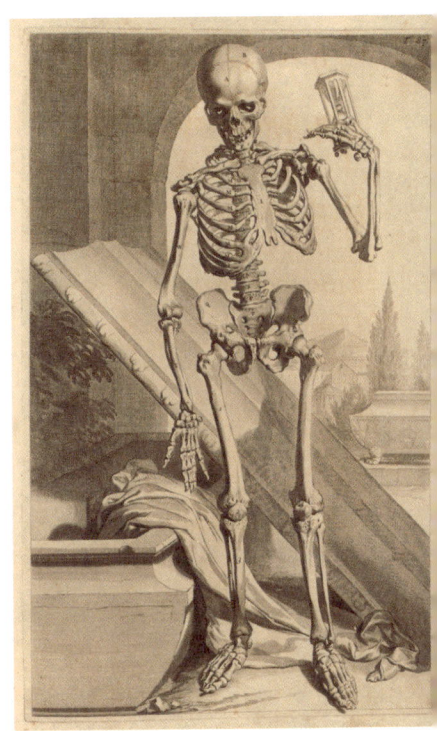

『인체의 해부학』(1685)

- 헤라르트 더 레레서가 상상력을 발휘해 손의 해부 구조를 표현했다.
- 모래시계를 들고 있는 해골. 관에서 나와 수의를 벗어버렸다.

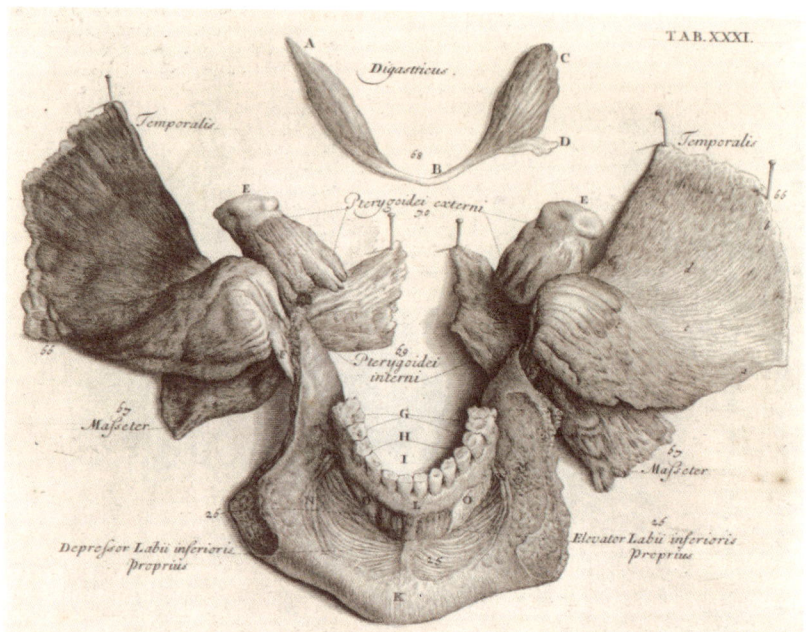

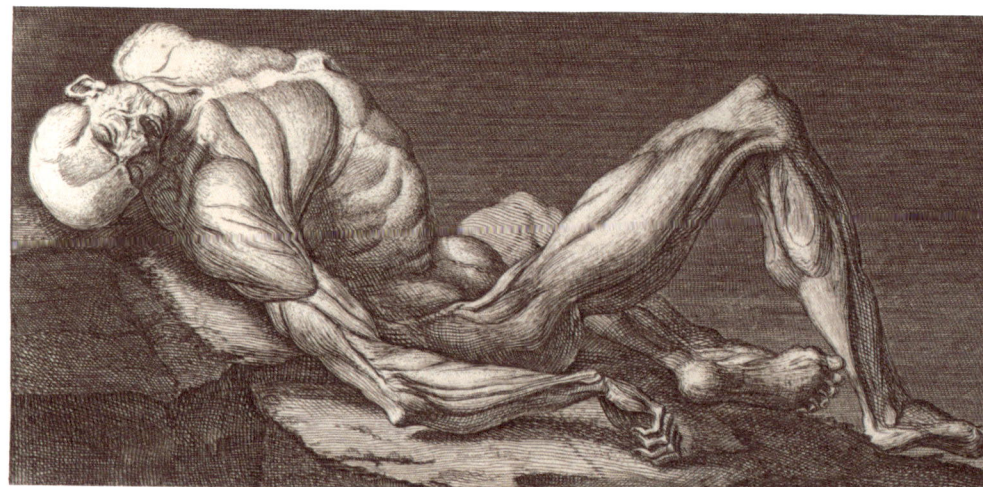

『인체의 해부학』(1685)

- 턱과 그 근육.
- 과거 해부학 책에서 미소를 띠고 있던 사람들과 달리 비틀린 에코르셰écorché(근육이 노출된 상태의 그림—옮긴이)는 몸의 긴장된 근육을 보여준다.

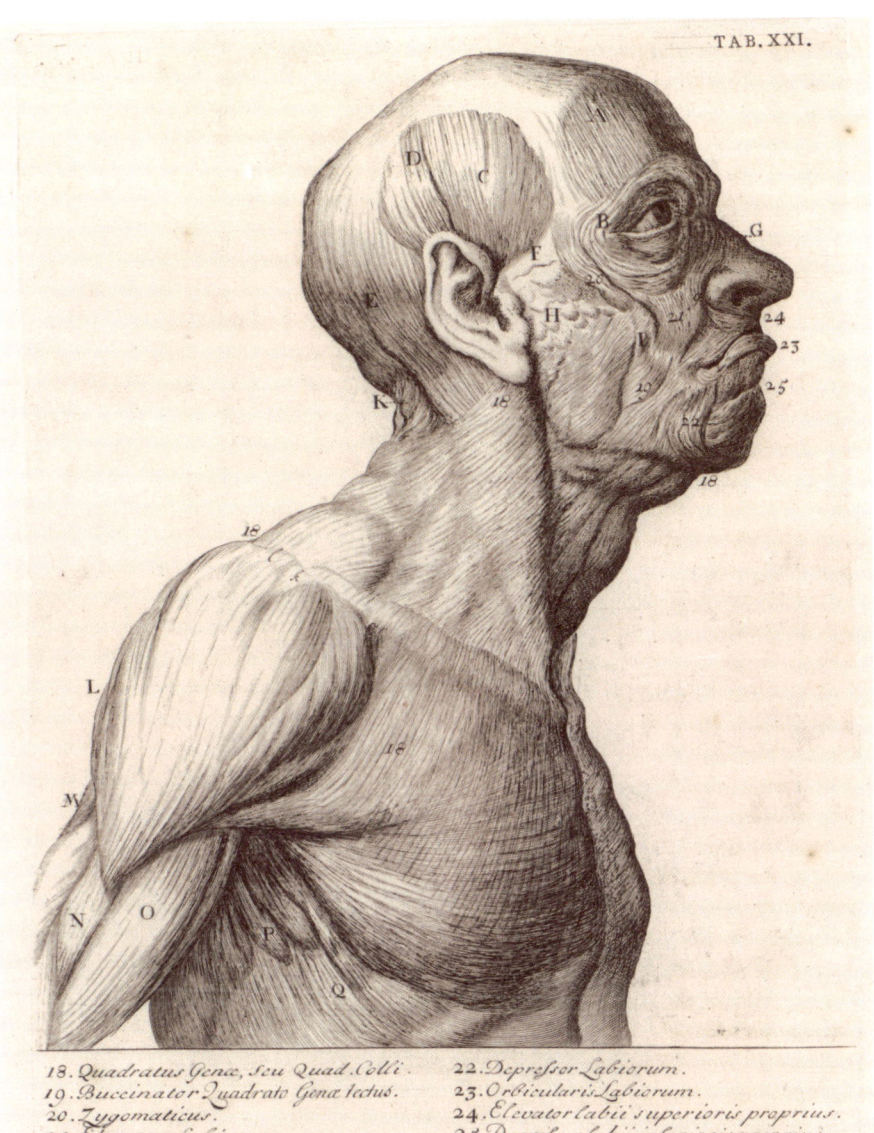

『인체의 해부학』(1685)

어깨와 얼굴의 근육. 이상화된 이미지와는 거리가 멀다.

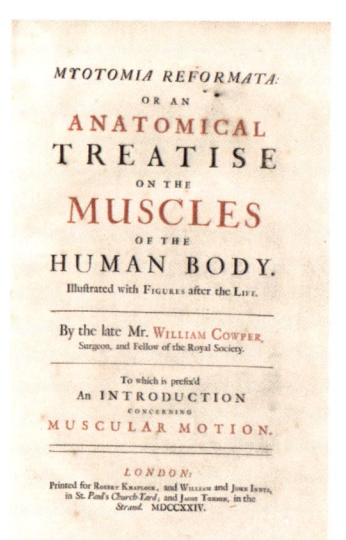

『인체의 해부학』(1685)
윌리엄 쿠퍼는 비들로의 책을 영어로 번역하면서 속표지에서 원저자를 표기하지 않았다.

로의 책에서 저자 이름 위에 작은 종잇조각을 붙여 자기 이름을 쓰고, 제목을 바꾼 것 말고는 동일했다. 비들로는 크게 들고일어났고 두 사람 사이에 공방전이 이어졌다. 쿠퍼는 죽은 얀 스바메르담의 부인에게서 도판을 구입했다고 반박했지만, 그의 주장은 특히 권두 삽화의 작은 종잇조각으로 인해 힘을 잃었다. 그러자 오히려 비들로가 스바메르담의 작품을 표절했다며 걸고넘어졌다.

쿠퍼는 이 책에서 흥미로운 관찰과 새로운 결과로 가득한 완전히 새로운 내용을 실었다. 그리고 영국 화가 헨리 쿡이 삽화를 그리고 플랑드르 화가 미힐 판 데르 휘흐트가 새긴 9점의 새로운 도판을 추가했다. 누군가는 쿠퍼나 그의 출판사가 비들로의 책에서 삽화를 가져왔다고 밝히지 않은 것은 실수였다고 주장할지도 모른다. 그러나 실수였든 고의였든, 이 표절 시비는 쿠퍼의 해부학

이 지닌 진가를 가려버린 셈이 되었다.

12. 해부학 풍자

과학계 바깥에서는 인체 해부에 대한 대중의 반대가 계속되었다. 사람의 몸은 신의 이미지를 본떠서 만든 것이기에 함부로 손을 대는 것에 두려움이 있었다. 사람들에게 공포심과 혐오감을 일으키는 대상에 대한 풍자가 유머의 소재가 된 것은 오래된 일이다. 17세기 말 영국에서는 새로운 코미디가 인기를 끌었다. 에드워드 라벤스크로프트(1654~1707)의 외설스러운 익살극 〈해부학자, 또는 가짜 의사The Anatomist, or The Sham-Doctor〉가 1697년에 초연되었다. 왕정복고와 함께 크롬웰의 공화정에서는 금지되었던 연극이 다시 공연되었고 (여배우와 부적절한 관계였던) 찰스 2세는 예전에는 남자나 소년이 맡았던 여성의 역할을 여성 배우가 연기할 것을 권고했다.

라벤스크로프트는 『타이터스 앤드로니커스Titus Andronicus』가 윌리엄 셰익스피어의 작품이 아니라고 처음 주장한 사람으로 알려졌다. 〈해부학자, 또는 가짜 의사〉에서 그는 몸의 기능과 하녀, 주인, 정부情婦 사이의 은밀한 관계를 강조한 훌륭한 셰익스피어식 로맨틱 코미디를 썼다. 지금 봐도 재밌는 이 연극은 극본이 쓰인 시대의 해부학적 지식수준을 엿볼 수 있는 역사 기록물이다. 걱정 말고 외과의를 찾아가보라는 말에 한 등장인물이 이렇게 대꾸한다.

지금 위험하지 않다고 하셨습니까? 분명 내 다리와 팔과 정맥과 동맥과 근육이 모두 위험에 빠질 겁니다. 횡설수설하는 의사의 말을 듣다 보면 어느새 배는 갈라져 있고 팔다리는 잘리고 수축과 이완을 통해 순환이 위험해지겠지요. 이런 경우에 의사는 사형 집행자가 반역자에게 칼을 대듯 아무 양심의 거리낌 없이 환자를 절단할 겁니다.

의심할 여지없이 오늘날에도 같은 이유로 병원에 가는 것을 두려워하는 사람이 많다.

〈해부학자 The Anatomist〉(1811)

풍자로 유명한 영국 만화가 토머스 롤런드슨(1757~1827)은 의사를 희화화한 그림을 많이 그렸다. 이 그림은 윌리엄 헌터의 해부학 강의에서 착안했다.

5장

The Age
of Enlightenment

계몽의 시대

1701~1800

16세기의 대변혁과 17세기 발견의 골드러시 이후에 18세기에 들어서면서 해부학은 흔해빠질 위험에 처했다. 영국에서는 외과의사의 지위가 높아지고 해부학과가 우후죽순으로 생겼으며, 공개 해부 덕분에 해부학에 대한 일반인의 관심도 커졌다. 그러자 자연히 해부용 시신이 부족해졌는데, 수단과 방법을 가리지 않고 시신을 구하려는 사람이 늘어나면서 큰 사회 문제가 되었다.

18세기 초, 영국 해부학계는 상인 길드인 이발사-외과의 조합 Company of Barbers and Surgeons이 장악했다. 처음에는 외과의사와 이발사가 전장에서 만나 연합했다. 이발사는 날카로운 면도날과 눈과 손의 뛰어난 협응으로 부상병의 팔다리를 자르는 일을 도맡았다. 내과의는 (이탈리아를 제외하고) 수습생 교육이 전부인 이발사-외과의보다 정식 수련을 마친 자신들이 훨씬 우월하다고 여겼다. 메스 기술을 익히기 위해 외과의는 해부학을 배우기 전에 이발하고 면도하는 법부터 배웠다. 특히 수술 받은 환자의 생존율이 아주 낮았던 터라 내과의는 일반적으로 모든 형태의 수술을 멀리했다. 전통적으로 내과의를 부를 때는 이름 앞에 '닥터'를 붙였지만, 외과의는 '씨'라는 호칭으로 불렸다.

이후 해부학 지식이 발달하고 전쟁에서 부상의 종류가 달라지면서 이발사-외과의의 기술이 크게 발전했다. 과거에는 칼과 화살 등 비교적 단순한 무기에 상처를 입었지만, 이제는 머스킷 총이나 포탄 같은 둔력으로 인한 부상이 늘어났다. 수습생으로든 자격 있는 의료진으로든, 외과의는 전쟁에서 엄청난 경험을 쌓았다. 해부를 독점한 이발사-외과의 조합은 18세기에 들어서면서 100년 전에는 네 건만 허용되던 해부를 1년에 열 번씩 수행할 수 있었다.

1. 홍보용 해부 강의

이발사-외과의 조합은 회원들이 허가 없이 부검하는 것을 금지했고, 이를 어기면 강한 징계와 함께 벌금 10파운드를 물어야 했다. 하지만 지식과 수익을 추구한 해부학자들은 조합의 독점을 무시했다. 젊은 영국인 윌리엄 체슬던(1688~1752)은 조합 회원이면서도 그 권위에 공개적으로 도전해 1713~1714년 겨울에 런던의 자택에서 서른다섯 번의 인체 해부 강의를 열었다. 체슬던은 표절 해부학자 윌리엄 쿠퍼 밑에서 공부했다. 그는 조합이 자기처럼 똑똑한 젊은 회원이 나이 많은 기득권층을 앞지를까 두려운 나머지 독점 관행을 통해 해부학의 발전을 가로막고 있다고 항의했다.

체슬던이 시도했던 해부 강의는 조합에 맞서기 위한 것만은 아니었고, 새로 출간한 『인체의 해부학적 구조 The Anatomy of the Humane Body』를 홍보하려는 의도가 다분했다. 이 책은 학생용 교재로 크게 성공했는데, 라틴어가 아닌 영어로 쓴 것이 주효했다. 1713년에 출판된 후 15쇄를 찍었고, 독일어로도 번역되었다. 1806년에는 미국에서 3쇄를 찍었다. 초판에 실린 27점의 이미지(6쇄에서 40점으로 늘었다)는 카메라의 전신인 카메라 오브스쿠라 camera obscura로 제작되어 정확도가 크게 개선되었다.

『인체의 해부학적 구조』는 최신 기법으로 제작되고 모어로 읽을 수 있는 현대적인 책이었다. 또한 실질적인 외과적 처치에 초점을 맞춰 사례 연구와 수술 기법을 함께 실었다. 체슬던 자신도 혁신적인 외과의로서 백내장과 담석 제거를 위한 새로운 수술법을 개발했다. 이 기술로 과거 몇 시간씩 걸리던 담석 제거가 불과

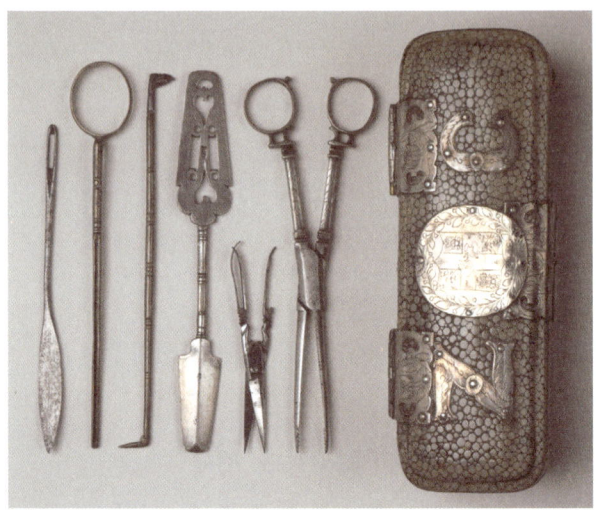

어느 영국 외과의사의 도구 상자(1650년대)

이 상자는 은으로 장식한 상어 가죽으로 만들어졌고 이발사-외과의 조합의 문장이 찍혀 있다.

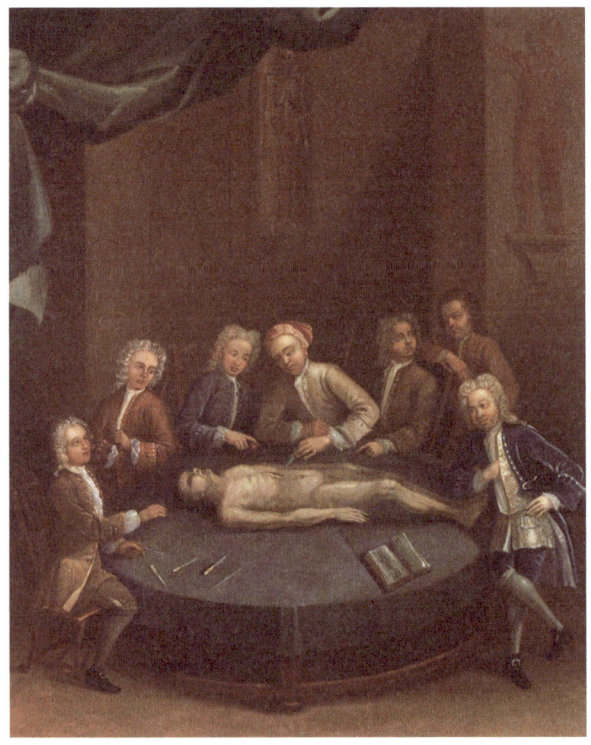

⟨해부 시범을 보이는 윌리엄 체슬던
William Cheselden Giving an Anatomical Demonstration⟩(1730년경)

이 유화는 사교계 전문 초상화가 찰스 필립스(1703~1747)가 그렸다.

몇 분만에 끝났고 사망률도 10% 미만으로 감소했다.

이 책은 체슬던의 가장 성공한 출판물이었지만, 해부학적 가치는 1733년에 출간된 『오스테오그라피아 또는 뼈의 해부학 Osteographia, or The Anatomy of Bones』이 더 크다. 이 책은 인체의 골격만 다룬 최초의 해부학 서적이자 예술과 학술의 합작품이었다. 책에 실린 88점의 삽화는 헤라르트 반데르휘흐트와 야코프 스헤인붓이 판화로 새긴 것이다. 반데르휘흐트는 플랑드르 출신 판화가의 아들로 런던에서 태어나 아버지에게서 기술을 배웠다. 체슬던의 책을 작업한 것 외에도 그는 화가들의 인세를 원본만이 아니라 인쇄본까지 확대해서 적용해야 한다고 목소리를 높였다. 그가 『오스테오그라피아』에서 작업한 56개의 도판은 책에서 두 장씩 실렸는데, 한 장은 뒤에 본문과 연계된 참조 표기와 함께, 다음에는 아무 표기도 없이 이미지 자체로 감상할 수 있게 했다. 한편 영국해협을 오가며 활동한 네덜란드 사람 스헤인붓은 인간과 동물의 골격 구조를 그린 아름답고 섬세한 삽화에 기여했다.

윌리엄 체슬던은 최고의 외과의사였고, 그의 『인체의 해부학적 구조』는 모국인 영국만이 아니라 세계적으로 지속적인 영향을 미치면서 다음 100년 동안 영국을 해부학 발전의 최전선에 내세웠다. 이 책이 미국에서도 출간되면서 그의 영향력은 신세계로도 퍼졌으며, 19세기 초에 의료 선교사 벤저민 홉슨이 개정해 중국과 일본의 의학 변혁에도 기여했다.

이발사-외과의 조합에 대한 그의 비판은 1745년에 왕령으로 외과의사 조합이 세워지면서 결실을 보았다. 이 조합은 훗날 영국 왕립외과대학이 되었다. 한편 이발사 조합은 계속해서 이발사-외

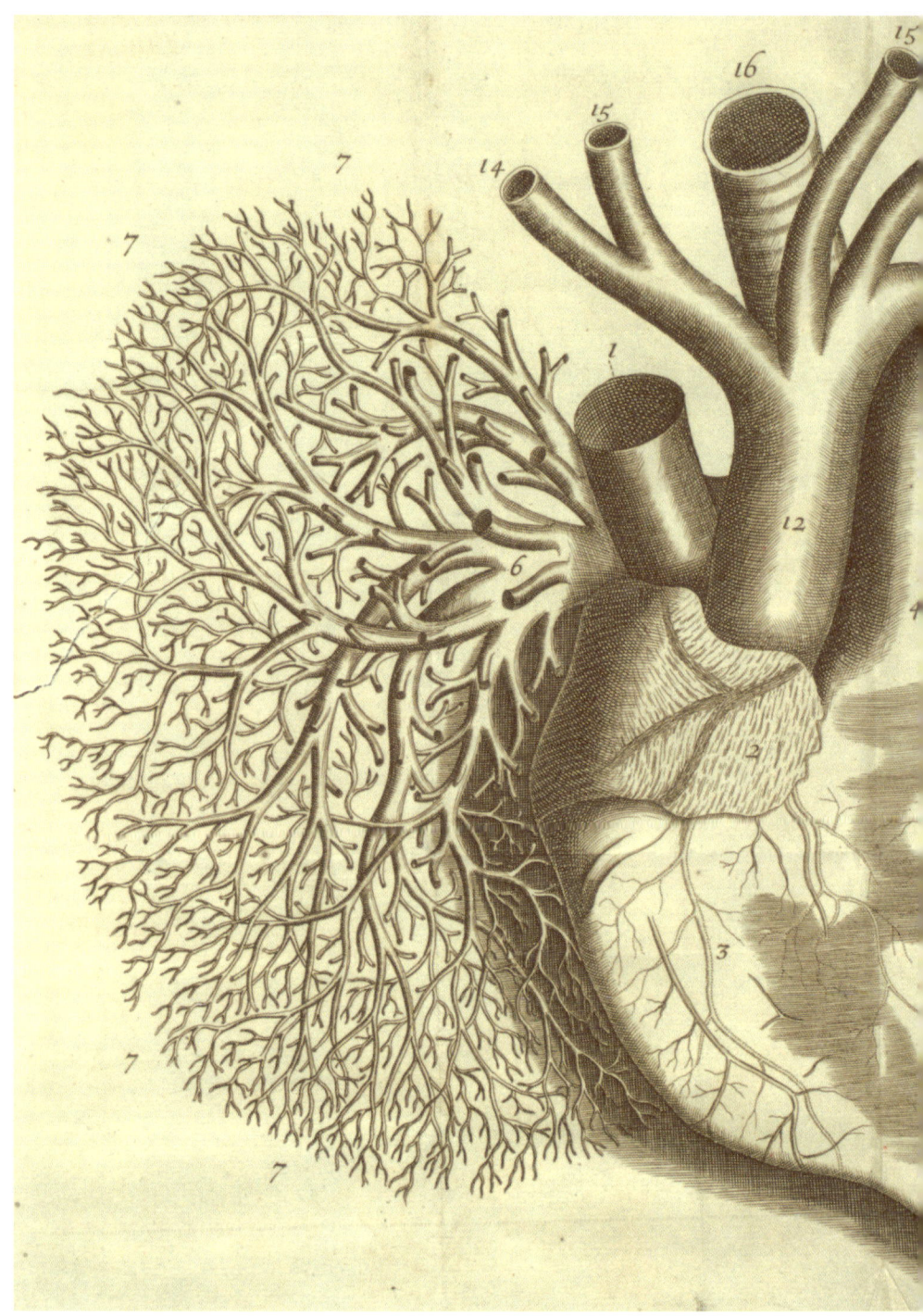

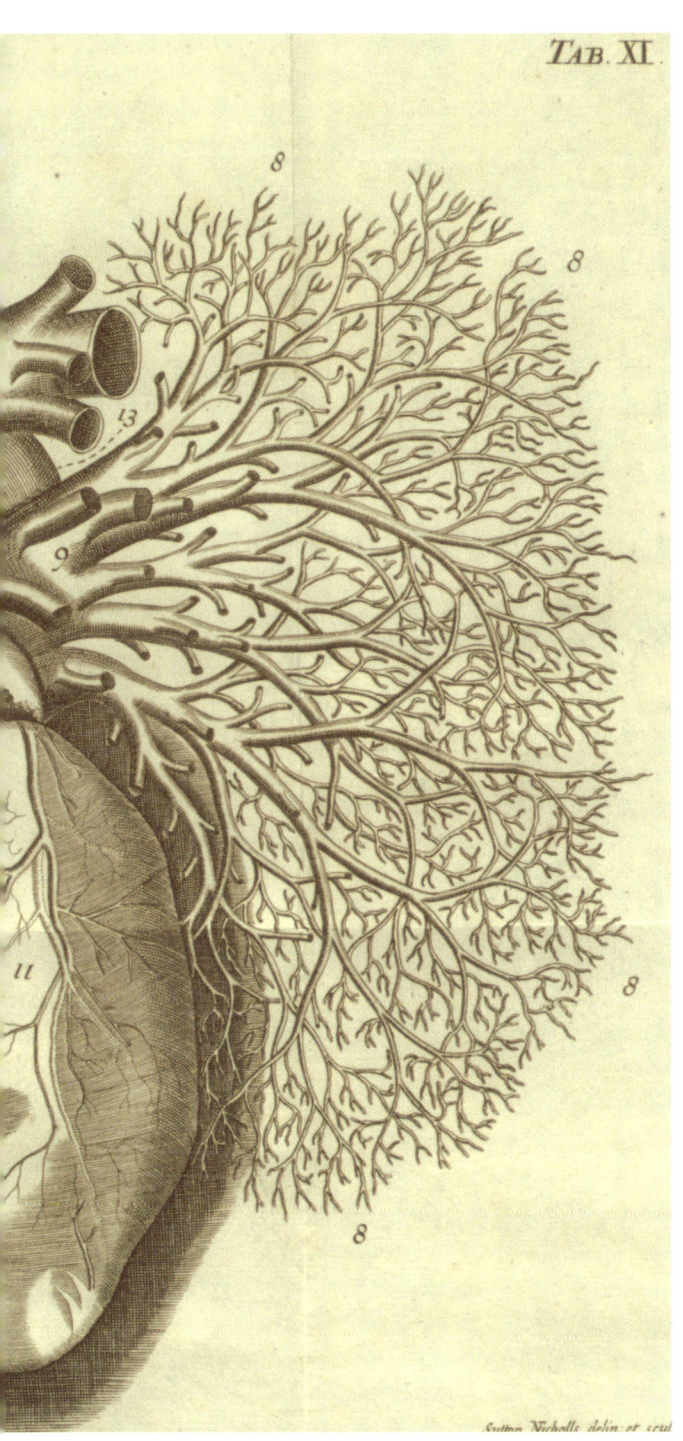

『인체의 해부학적 구조』(1715)

윌리엄 체슬던의 교과서에서 플랑드르 출신 영국 화가 헤라르트 반데르휘흐트(1696~1776)가 판화로 새긴 태아의 심장.

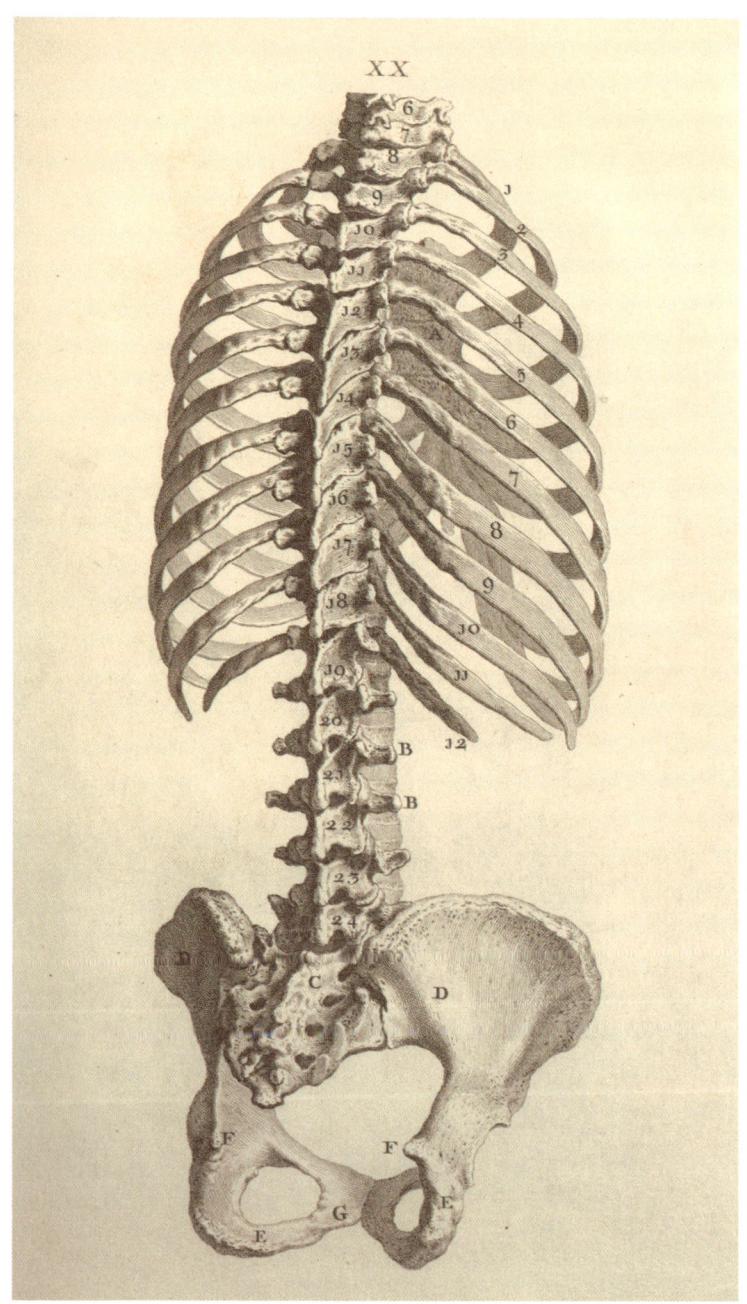

『오스테오그라피아』(1733)

체슬던이 집필한 뼈 해부서는 예술과 학술의 합작품이다. 이 그림은 뒤에서 본 흉곽, 척추, 골반이다.

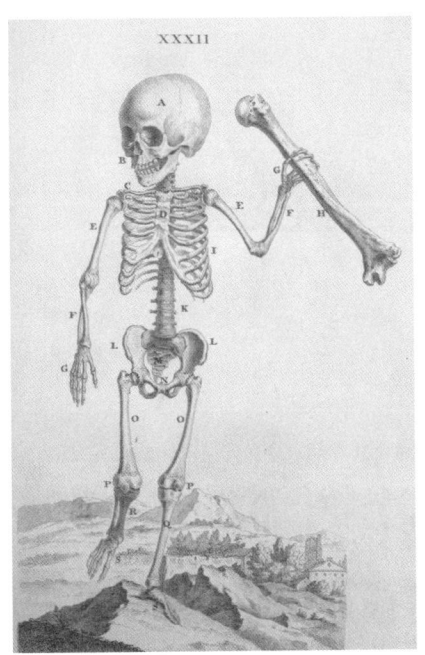
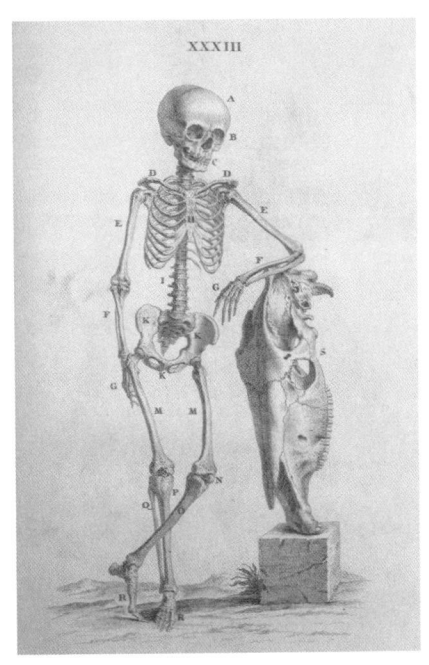
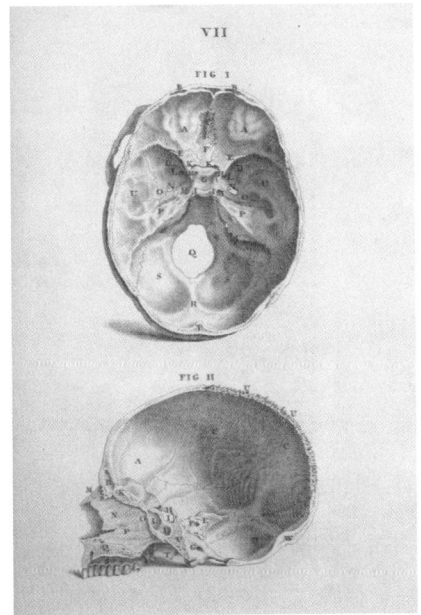
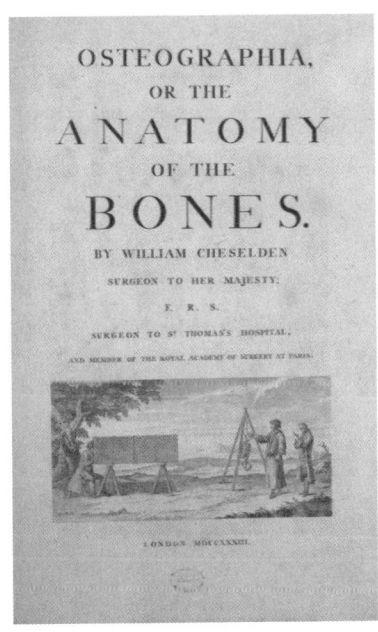

『오스테오그라피아』(1733)

- 18개월 된 아이의 해골이 비교를 위해 어른의 대퇴골을 들고 있다.
- 아홉 살 소년의 해골이 동물의 머리뼈에 기대어 서 있다.
- 두개골의 횡단면과 종단면.
- 오로지 뼈만 기술한 최초 해부서의 속표지.

새뮤얼 우드(1737)

새뮤얼 우드의 오른쪽 팔은 1737년 8월 15일에 풍차 사고로 어깨에서 뜯겨 나갔다. 성 토머스 병원의 외과의사 페른이 그를 수술해 목숨을 구했다. 이 의학적 경이에 대해 적어도 두 편의 서로 다른 판화가 제작되어 대중에게 팔렸다.

과의 회관을 차지했는데, 가까운 뉴게이트 감옥에서 해부용 시신을 조달할 수 있었다. 조합의 해부 극장은 런던 대화재로 회관이 불에 탔을 때 유일하게 살아남은 부분이었다(1784년에 붕괴했다).

2. 외과의사의 독립과 시신 거래

외과의사의 독립은 기능직에서 전문직으로의 전환을 의미했다. 그리고 이를 계기로 마침내 이발사-외과의사의 독점체제가 무너졌다. 1746년에 스코틀랜드 해부학자 윌리엄 헌터(1718~1783)는 해부 실습이라는 참신한 수업을 제공했다. 파리에서 해부학을 배우면서 그는 젊은 외과의들이 죽은 자로 먼저 실습하면 산 자를 덜 죽일 거라고 확신하게 되었다.

헌터는 외과의가 독립하면서 새롭게 등장한 해부학 교사의 물결 중에서도 처음이었다. 그는 마침내 런던에 자신의 해부 극장을 차렸고 그곳에서 수 세대의 해부학자가 일을 배웠다. 헌터가 초기에 집필한 서적 중에는 『관절 연골의 구조와 질환에 관하여 On the Structure and Diseases of Articulating Cartilages』(1743)가 있다. 그는 1764년에 샬럿 왕비의 담당 산과의가 되었다. 1774년에 출판한 『그림으로 보는 임신의 자궁 해부학 Anatomia uteri humani gravidi tabulis illustrata』은 그가 해부학에 가장 크게 기여한 부분이며, 네덜란드 사람 얀 판 림스데이크가 판화로 새긴 도판을 실었다.

윌리엄 헌터(1718-1785)
스코틀랜드 화가 앨런 램지(1713~1784)가 그린 초상화.

헌터는 자기와 같은 스코틀랜드인 윌리엄 스멜리(1697~1763) 밑에서 산과학을 배웠으며, 여성이 지배하는 직종에서 최초의 남성 산파가 되었다. 스멜리는 독학으로 산과학을 익히고 수년 동안 런던에서 성공적으로 학생들을 가르친 후에 글래스고대학교에서 정식으로 학위를 받은 사람이다. 그는 이 일에 과학 정신을 도입해 직접 고안한 인체 모형으로 학생들이 출산 과정을 쉽게 이해할 수 있게 도왔고, 학생들의 참관을 허락하는 조건으로 아기를 무료로 받았으며, 덜 침습적인 분만 겸자를 개발했다. 1759년에 은퇴하고 스코틀랜드로 돌아갈 무렵, 그는 1000명 이상의 아기를 받왔고, 300여 개 강의에서 가르쳤다. 은퇴하면서 그는 평생의 역작인 『조산학의 이론과 실제 *A Treatise on the Theory and Practice of Midwifery*』를 완성했다. 출산이라는 은밀한 순간에 남성이 개입하는 것을 못마땅해하는 사람도 있었지만 누구도 그가 쌓은 경험의 가치를 부인할 수는 없었다. 그는 자신이 그린 그림을 모아 따로 『해부학 표 모음 *A Sett of Anatomical Tables*』(1754)을 냈는데, 상세하기가 이루 말할 수 없다.

스멜리는 자신의 지식을 약 900명의 학생에게 전파했다. 제자인 윌리엄 헌터의 수업도 인기가 있어서 등록한 학생이 1748년의 20명에서 1756년에 100명으로 늘었다. 외과의사 조합의 규칙에 따라 학생들은 진료 면허를 얻기 위해 해부학 수업을 두 과목 들어야 했다. 외과의사들이 수익 창출의 기회를 빠르게 파악하면서 18세기 후반에 학교가 더 많이 세워졌다. 체슬던와 헌터 등의 강의는 해부용 시체 시장을 형성했다. 합법적으로 구할 수 있는 시신이 많지 않았기 때문에 시체 도굴단이 갓 매장된 시체를 파서 해부학 학교에 팔곤 했다.

이런 불미스러운 상황을 타개하기 위해 1752년에 영국 정부는 살인법을 제정해 처형된 살인자의 시신에 한 번 더 칼을 내는 공개 해부형解剖刑을 시도했다. 사형 집행 장소에서 '공식적인' 절개를 마치면 시신을 의과대학으로 옮겨 더 자세히 해부하는 것이 관례가 되었다. 이 법의 목적은 두 가지였다. 해부에 대한 대중의 혐오감을 조성해 범죄 발생을 막고 해부학자에게 더 많은 시신을 제공하는 것이었다.

그러나 두 가지 목적 중 하나가 크게 성공하는 바람에 다른 하나가 실패하게 되었다. 살인법이 시행된 이후 실제로 살인 사건이

해부 시연 중인 윌리엄 헌터

요한 조파니(1733~1810)가 그린 이 그림에서 헌터는 살아 있는 모델과 에코르셰 조각상을 사용하고 있다. 그의 뒤에는 키가 아주 큰 해골이 있는데 아마 아일랜드 거인 찰스 번일 것이다. 그의 시신은 헌터의 동생인 존이 구해왔다.

줄어든 것이다. 18세기 영국에서는 사형으로 처벌하는 범죄의 종류를 늘렸음에도 교수형 집행 건수는 감소했고, 덩달아 합법적으로 해부할 수 있는 시체가 급격히 줄었다. 비슷한 문제로 골치를 썩이던 다른 여러 유럽 국가에서는 빈민, 정신질환자, 죄수의 시체까지 해부용으로 허락하는 법이 통과했다. 그러나 영국에서는 19세기 초에나 이런 법이 통과되어 18세기에는 시신 도굴꾼이 기승을 부리는 것은 물론이고 해부학 학교에 내다팔 목적으로 살인

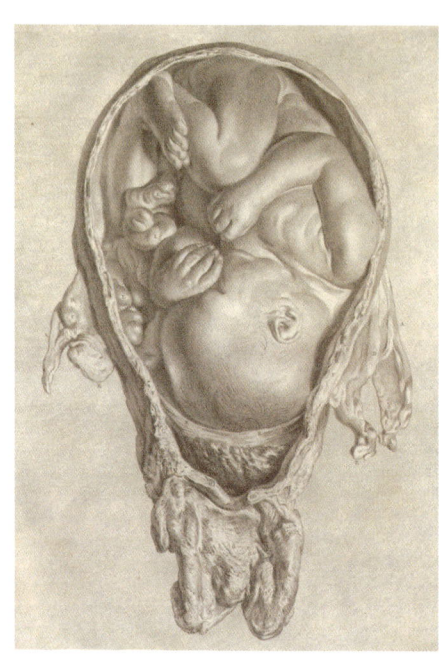

『그림으로 보는 임신의 자궁 해부학』
(1774)

윌리엄 헌터가 임신의 생리학을 연구한 책에 실린 자궁 속 태아.

을 저지르는 일까지 일어났다. 지역 사회는 대응책으로 묘지를 지키는 경비원을 고용하거나, 망자의 몸이 해부학자에게 쓸모없어질 때까지 기다렸다가 안전하게 묻힐 수 있도록 시신용 철제 금고를 제공했다.

21세기에 한 연구자는 (별다른 증거 없이) 윌리엄 헌터가『그림으로 보는 임신의 자궁 해부학』에서 연구한 한 임신부를 살해했다는 혐의를 제기했다. 그건 아마 사실이 아닐 테지만 헌터의 남동생이자 역시 재능 있는 해부학자였던 존 헌터(1728~1793)가 암시장에서 시체를 구했다는 증거는 있다. 존 헌터는 형의 조수로 일하며 해부를 배웠고 윌리엄 체슬던 밑에서 공부했다. 그는 염증을 질병이 아닌 몸의 반응으로 인지하고 관심을 보였다. 또한 군대에서 외과의사로 여러 해 복무하면서 성 매개 질병의 전문가로 인정

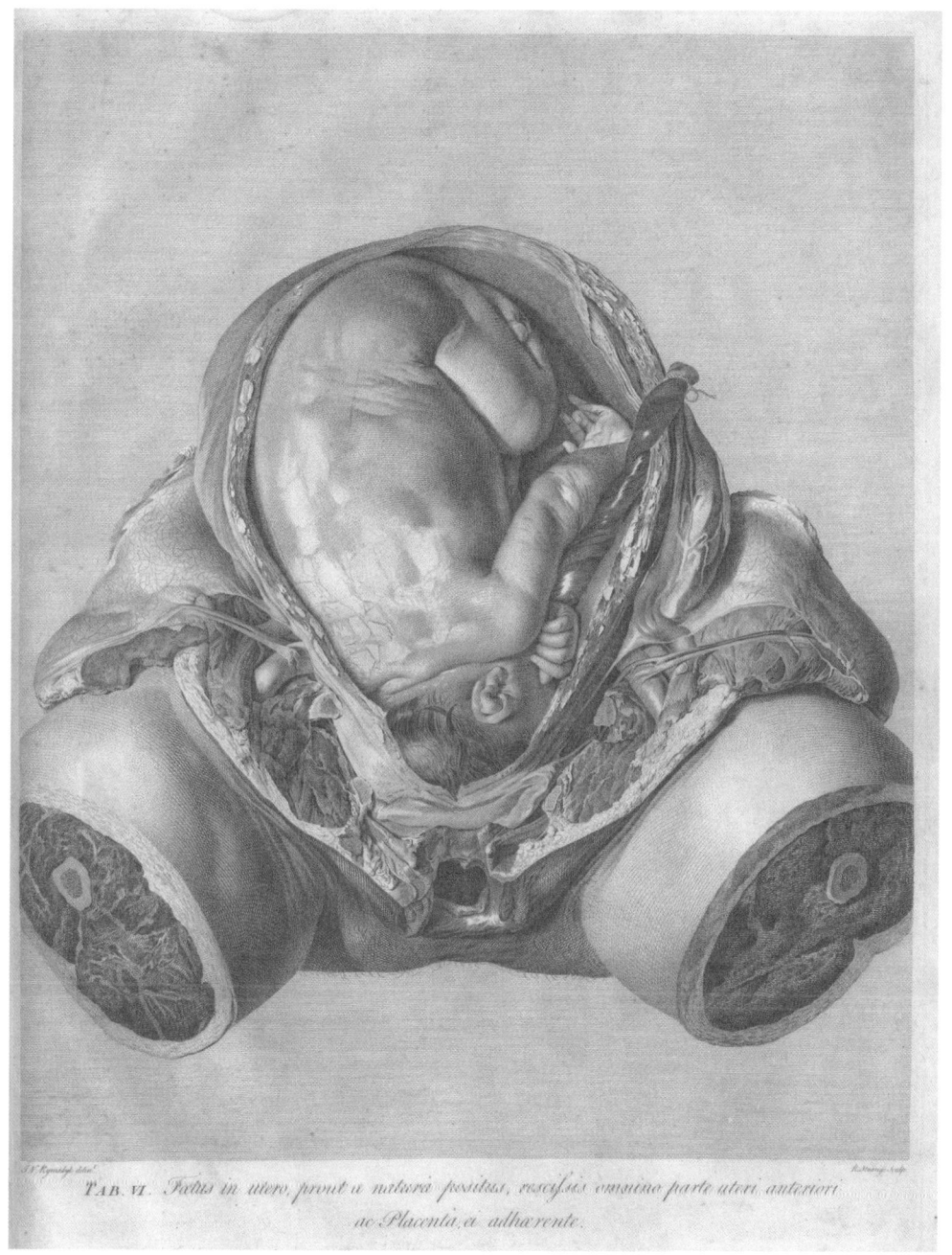

『그림으로 보는 임신의 자궁 해부학』(1774)
헌터의 책에는 해부의 모든 단계가 꼼꼼하게 그려져 있다.

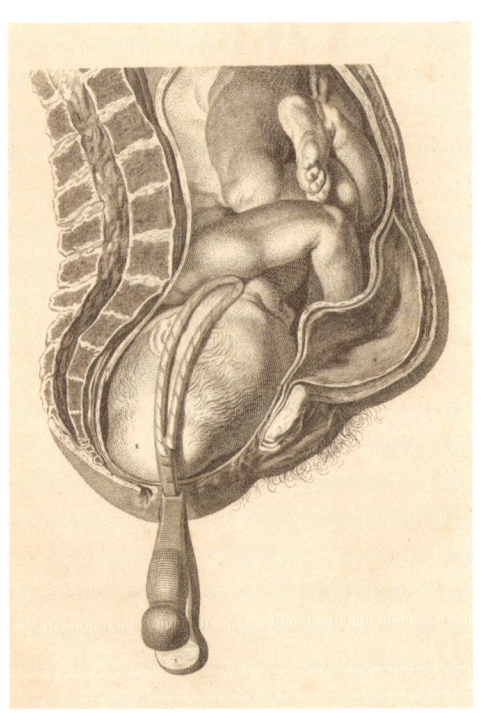
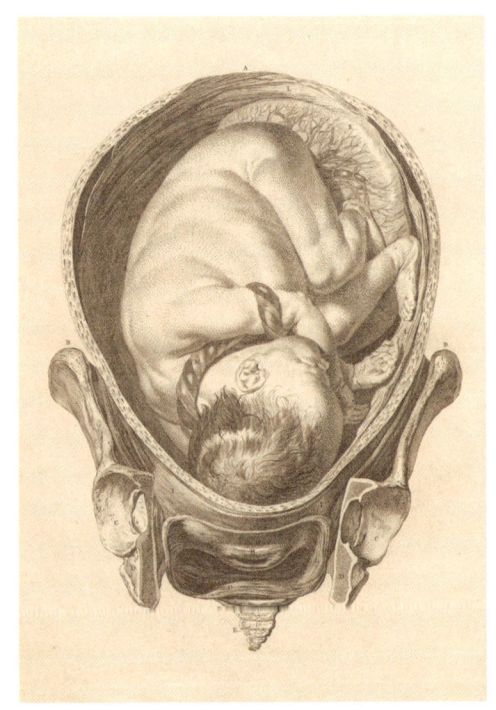

『조산학의 이론과 실제』(1764)

윌리엄 헌터의 스승인 윌리엄 스멜리는 조산학에 관한 교과서를 완성할 무렵 1000번 이상 아기를 받았다.
- 분만 시 겸자를 사용하고 있다.
- 탯줄이 아기의 목과 팔을 감고 있다.

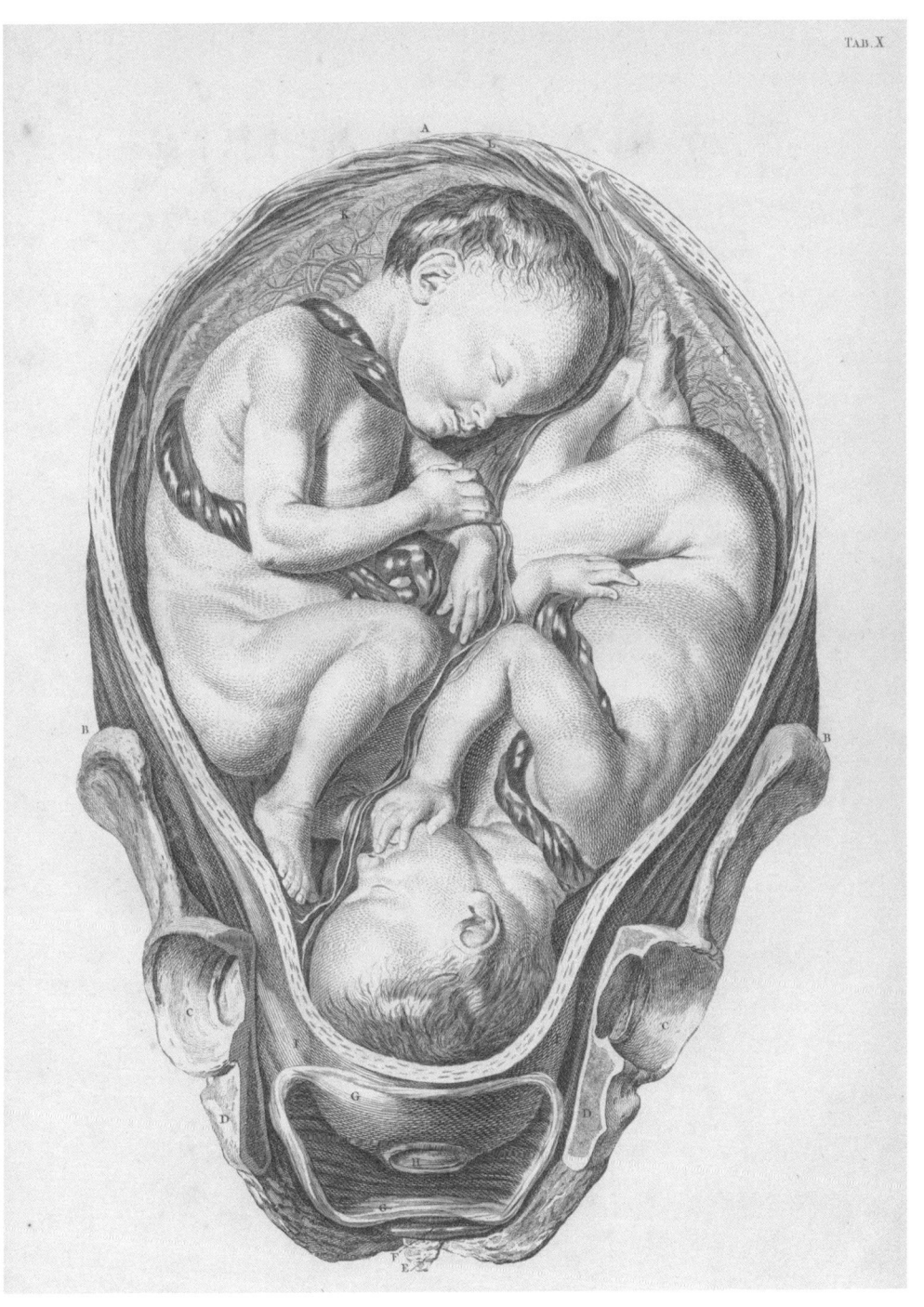

『조산학의 이론과 실제』(1764)

자궁 속 쌍생아.

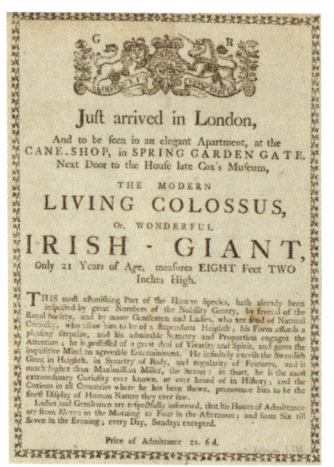

아일랜드 거인이 등장한다는 광고 전단(1782년경)

입장권 가격은 2실링 6펜스(2023년 기준 28.50파운드)로 비쌌다.

받았으며, 1786년에는 이와 관련된 논문도 썼다. 그러나 임질과 매독을 동일한 감염의 다른 증상으로 본 것은 옳지 않았다. 한편 그는 한 리넨 상인의 아내를 위해 기록상 최초의 인공 수정을 시도했다.

존 헌터는 강박적인 표본 수집가였다. 그는 사람 및 동물의 내장과 골격을 보존해 1만 4000점의 표본을 남겼는데, 오늘날 런던에 그의 이름을 붙인 헌터 박물관에 소장되어 있다. 형인 윌리엄이 알았든 몰랐든 그는 형의 해부 시연을 위해서는 물론이고 제대 후 1764년에 직접 해부학 학교를 세웠을 때도 당연히 시신을 구해야 했을 것이다.

그가 소유했던 가장 문제 있는 표본은 찰스 번의 시신이다. 그는 2.31미터의 장신이었고 영국의 기형 쇼에서 '아일랜드 거인'이라는 별명으로 유명했다. 번은 그가 죽으면 시신을 달라는 존 헌터의 엽기적인 요청을 거절했고, 그러고도 미덥지 않아 지인에게 자신을 바다에 수장해달라고 부탁했다. 그러나 번의 시신을 바다로 옮기던 운구차 기사를 헌터가 500파운드로 매수하는 바람에 그의 뜻은 좌절되었다. 1787년에 헌터는 자신의 박물관에 번의 남다른 유해를 전시했다. 번의 유해는 이후 200년 동안 유리 상자에 담겨 현재까지도 헌터 박물관의 중앙에 세워져 있다. 작가 힐러리 맨틀이 찰스 번과 존 헌터의 삶을 다룬 책 『거인 오브라이언_The Giant, O'Brien_』(1998)은 해부학자의 서재에 픽션 칸에 들어갈 만하다. 이 책은 아일랜드 노래와 전설의 문화, 그리고 떠오르는 사실 중심의 과학 시대를 나란히 두고 있다.

18세기에는 해부에 대한 대중의 여전한 불쾌감과 해부학에 대한 식자층의 열의 사이에는 명확한 충돌이 있었다. 진보적이고 부유한 엘리트 집안의 아들이라면 직업으로 삼을 생각이 없더라도 해부학이나 기타 과학에 대한 최소한의 지식을 갖춰야 했다. 그리

아일랜드 거인, 찰스 번(1784)

이 시대에 제작된 동판화로 찰스 번이 두 명의 다른 거인, 나이프 형제와 나란히 서 있고 주변에 변호사들이 있다.

고 새로 설립된 많은 해부학 학교는 이런 비전문가들의 관심을 충족시켰다. 그러나 영혼이 머무는 몸을 과학이라는 이름으로 잔인하게 취급하는 행위에 대한 대중의 반감은 과학 발전을 위한 해부용 시신의 필요와 정반대에서 대치했다.

시신 부족과, 과학에 대한 대중의 반감은 18세기에 해부학적 발견의 속도를 늦추어 17세기 서적이 별다른 업데이트 없이 18세기에도 계속해서 인쇄되었다. 윌리엄 체슬던의 책이 좋은 예이다. 중요한 것은 기존의 해부학 지식을 수술 처치와 생리학에 적용하는 것이지 새로운 세부 구조를 발견하는 것이 아니었다. 이 시기는 강화와 통합의 세기이고, 이 시기의 출판물은 해부학적 혁신의 수준만큼이나 삽화의 질을 중요하게 생각했다.

3. 삽화의 중요성

베른하르트 지크프리트 알비누스(1697~1770)가 집필한 『인체 골격과 근유의 해부도 Tabulae sceleti et musculorum corporis humani』를 좋은 예로 들 수 있다. 1747년에 출판된 이 책은 불과 14년 전에 출간된 체슬던의 『오스테오그라피아』와 내용은 동일하지만 훨씬 아름다웠다. 알비누스는 화가이자 판화가인 네덜란드인 얀 반델라르가 그린 삽화의 쾌활함 때문에 생각지도 못한 비난을 받았다.

반델라르와 알비누스는 정확성을 위해 정사각형의 격자 시스템을 고안하고 그것을 통해 골격을 볼 수 있게 했다. 그러나 해부도의 배경에 대해서는 알비누스가 반델라르에게 재량권을 주었던 것 같다. 전신 골격의 정면 이미지 배경에는 날고 있는 아기 천사가 흩날리는 망토의 뒤를 붙잡고 있는데, 마치 아기 천사가 그 망토(아마도 피부)를 홱 벗겨내어 영광스러운 뼈를 드러내려는 것처럼 보인다. 더욱 놀라운 것은 부분적으로 근육이 붙은 골격(근육계의 '네 번째 단계'라고 알려진)의 두 이미지이다. 이 앞뒤 이미지의 배경에는 뜬금없이 코뿔소가 나타난다. 유럽에 처음으로 도착한 이 코뿔소의 이름은 클라라이다. 해부학적으로 정확한 최초의 코뿔소 이미지가 실린 이 충격적인 반델라르의 판화는 『인체 골격과 근육의 해부도』가 완성되기 5년 전에 책의 정확성을 홍보하기 위해 먼저 공개되었다.

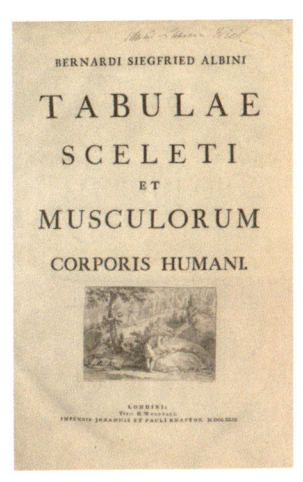

『인체 골격과 근육의 해부도』
(1747)

베른하르트 지크프리트 알비누스의 골격 해부학 책의 속표지.

알비누스는 가문의 독일 성姓인 바이스Weiss의 라틴식 표현이다. 베른하르트 지크프리트 알비누스는 뛰어난 해부학자이자, 해부학자의 아들이었다. 그의 아버지 베른하르트 알비누스는 레이던대학교의 해부학 학과장으로 부임하면서 가족과 함께 고향인 독일을 떠나 네덜란드로 갔다. 아들 알비누스는 그곳에서 열두 살부터 의학을 공부하기 시작했다. 그의 스승은 헤르만 부르하버와 니콜라스 비들로였다. 마침내 그는 아버지의 직업을 이어받았고, 동생인 프레데릭 베른하르트 알비누스가 뒤를 따랐다. 비록 위대한 해부학적 발견이나 혁신에 공을 세우지는 않았지만 베른하르트 지크프리트 알비누스는 다작하는 작가였다. 그는 뼈와 근육, 혈

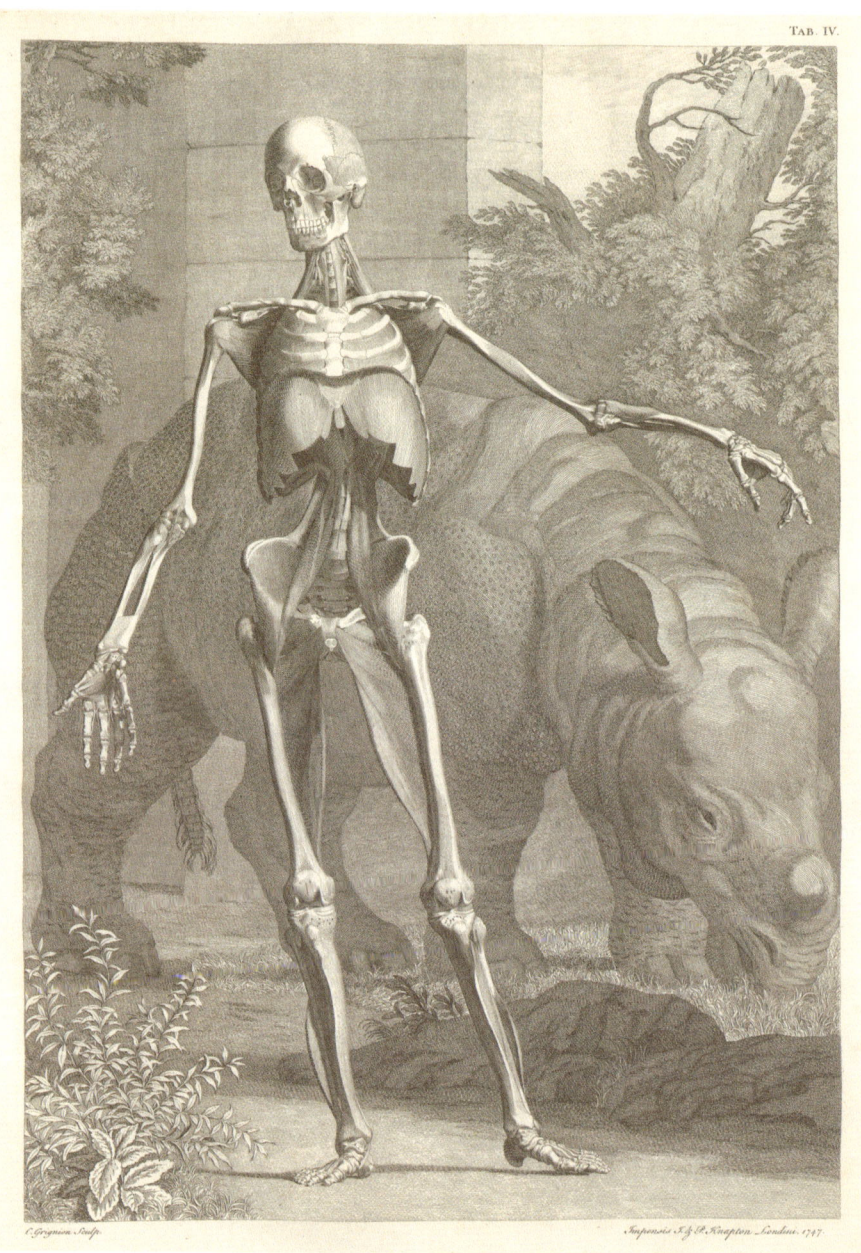

『인체 골격과 근육의 해부도』(1747)

네 번째 근육층을 보여주는 해골은 코뿔소 클라라를 전혀 의식하지 않는다. 나름 유명 인사였던 클라라는 유럽에 최초로 도착한 코뿔소였다.

액 순환과 피부 색소화에 대한 여러 편의 논문을 썼다. 또한 스승인 부르하버와 함께 걸출한 선배 베살리우스와 하비의 작품을 편집했다.

4. 컬러 인쇄 해부학 책의 출현

18세기에 들어서서 영국과 네덜란드가 상승세를 타는 분위기이긴 했어도 해부학계에서 프랑스와 이탈리아의 영향력은 줄어들지 않았다. 오죽하면 윌리엄 헌터가 자신의 강의를 '파리 방식'이라고 선전했겠는가. 18세기 전반부에 (머릿수로만 따졌을 때) 파리 해부학계를 평정한 가문이 있었다. 이 가문의 세 형제 조제프기샤르 뒤베르네, 피에르 뒤베르네, 자크프랑수아마리 뒤베르네, 그리고 조제프기샤르의 아들인 에마뉘엘모리스 뒤베르네가 모두 활발히 활동한 해부학자였다.

해부학계의 관심은 눈의 모서리에서 눈물관을 통제하는 근육을 처음으로 기술한 자크프랑수아마리 뒤베르네(1661~1748)에게 집중되었나. 다른 많은 발견자처럼 자크프랑수아마리 뒤베르네 역시 역사의 뒤안길로 사라졌고, 이 근육은 1824년에 이것을 다시 발견한 버지니아의 저명한 해부학자 윌리엄 호너의 이름을 따서 호너근Horner's muscle으로 불리게 되었다.

자크프랑수아마리 뒤베르네의 연구는 큰 인정을 받지는 못했어도 해부학자의 서재에 중요한 이정표로 꽂혀 있다. 단, 삽화가 자크 파비앙 고티에 다고티(1716~1785)의 이름 아래로 들어간다.

고티에는 인쇄업자이자 판화가이자 화가이자 해부학자였다. 그는 1708년에 노랑, 빨강, 파랑의 음각 인쇄판을 사용해 컬러 인쇄를 발명한 독일 화가 야코프 크리스토프 르 블롱 밑에서 배웠다. 르 블롱은 또한 검은색, 하얀색, 노란색, 빨간색, 파란색 실만을 사용해 태피스트리를 짜는 방법을 고안했다. 그의 인쇄술이 초반에는 영국에서 성공하는 듯했으나 끝내 인기를 얻지 못하자 르 블롱은 결국 파리로 돌아가 고티에와 네덜란드 판화가 얀 라드미랄 같은 학생들에게 예술을 가르쳤다.

얀 라드미랄은 노랑, 빨강, 파랑에 이어 네 번째로 검은색 인쇄판을 추가해 르 블롱의 방법을 개선했고, 1737년에 알비누스의 초기 작품 중에 한 권을 맡아 최초의 원색 해부학 책을 찍었다. 고티에도 검은색 인쇄판을 추가해서 사용했는데, 르 블롱이 사망한 후 르 블롱과 라드미랄을 빼고 자신의 이름으로만 이 기법의 특허를 받아 유족의 분노를 샀다.

고티에는 해부학 책을 여러 권 썼는데, 자크프랑수아마리 뒤베르네와 함께 해부 작업을 공유하고 자신의 삽화를 집어넣었다 첫 번째 책은 1746년에 출간된 인간 근육에 관한 연구로 20개의 도판을 수록한 『실물 크기로 보는 원색 근육학 완성: 해부학 에세이와 그 후속편이 인쇄된 표로 구성되어 있음. 해부학을 공부하는 학생과 아마추어 과학자에게 유용하고 필요한 책 *Myologie complette en couleur et grandeur naturelle*』이다. 2년 뒤인 1748년에는 8개의 도판이 실린 『머리의 해부학 *Anatomie de la tête*』이 출간되었는데, 그 완전한 제목에서는 뒤베르네가 자신의 역할을 인정받았다.

뒤베르네가 사망한 뒤인 1752년에 출간된 세 번째 책 『내장

기관의 일반 해부학: 인체의 각 부위에 대한 맥관학 및 신경학과 더불어 실물 크기와 컬러 해부도*Anatomie générale des viscères en situation: de grandeur et couleur naturelle, avec l'angeologie, et la nevrologie de chaque partie du corps humain*』에서는 그의 부재를 이렇게 설명한다. "뒤베르네는 우리 곁을 떠났지만, 앞으로 메르트뤼드Mertrud가 해부를 대신할 것이다." 18개의 도판을 수록한 이 책은 고티에 최고의 작품으로 여겨진다. 이 책을 집필하면서 고티에는 세 번을 제외한 모든 해부를 직접 수행했다.

원색의 삽화가 당시에는 엄청난 파문을 일으켰을 테고, 해부학적 이미지에 예술적 재능을 결합해 아름다운 작품이 탄생했지만 그 결과 이 그림은 해부도가 아닌 정물화처럼 보이고 '학생들에게 정말 유용하고 필요한' 세부 사항은 부족했다. 독일 의학사학자 요한 루트비히 슐랑은 1852년에 이 책에 대해 "고티에의 해부학 삽화는, 문외한에게는 매혹적으로 보일지 몰라도 보는 눈이 있는 관찰자에게는 오만과 사기일 뿐이고 해부학을 배우는 학생에게도 충실도나 전문성 면에서 추천할 만하지 않다"라고 썼다. 고티에는 그가 1752년에 창간한 학술지 『자연사 관찰*Observations sur l'histoire naturelle*』로 더 많이 기억된다. 『자연사 관찰』은 프랑스 초창기 과학 학술지의 하나로 18세기가 끝나는 해까지 출간되었다.

뒤베르네는 고티에의 이름은 물론이고 자신의 이름으로도 책을 출간했다. 『귀의 전반적인 구조, 기능, 질병을 포함한 청각기관에 관하여*Traité de l'organe de l'ouïe, contenant la structure, les usages et les maladies de toutes les parties de l'oreille*』(1731)는 서명이 없는 16개의 세부적인 흑백 도판을 실었고 아마 뒤베르네 자신이 그림을 그렸을 것이다. 그 외에 사

『실물 크기로 보는 원색 근육학 완성』(1746)

속표지. 전체가 원색인 이 해부학 책은 일반 대중 사이에서 돌풍을 일으켰다.

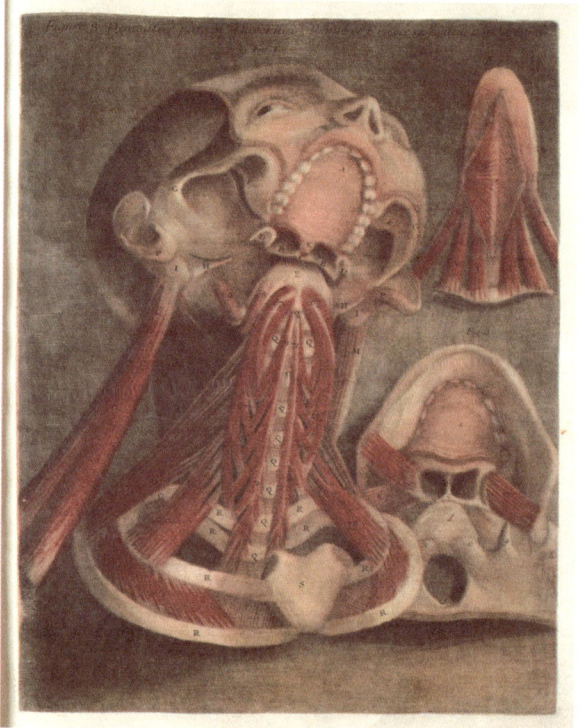

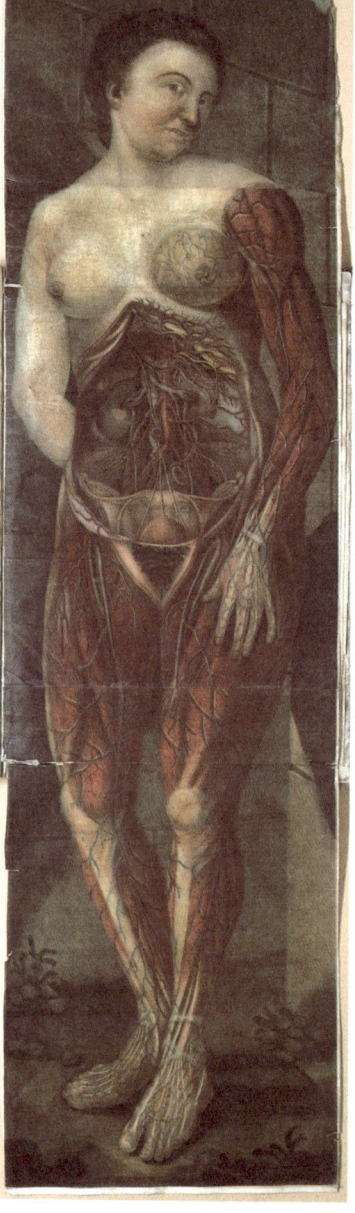

『실물 크기로 보는 원색 근육학 완성』(1746)

목, 혀, 턱의 근육.

『내장기관의 일반 해부학』(1752)

사지 근육과 복강의 해부도.

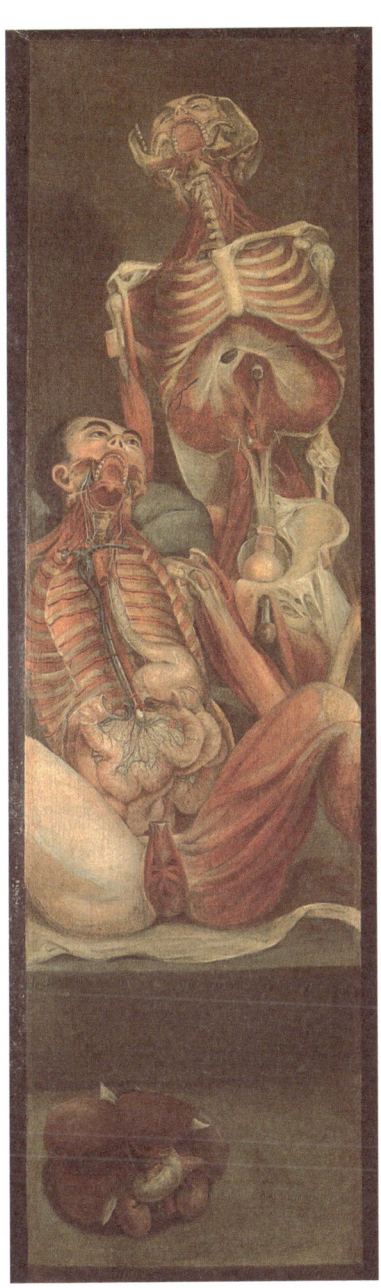
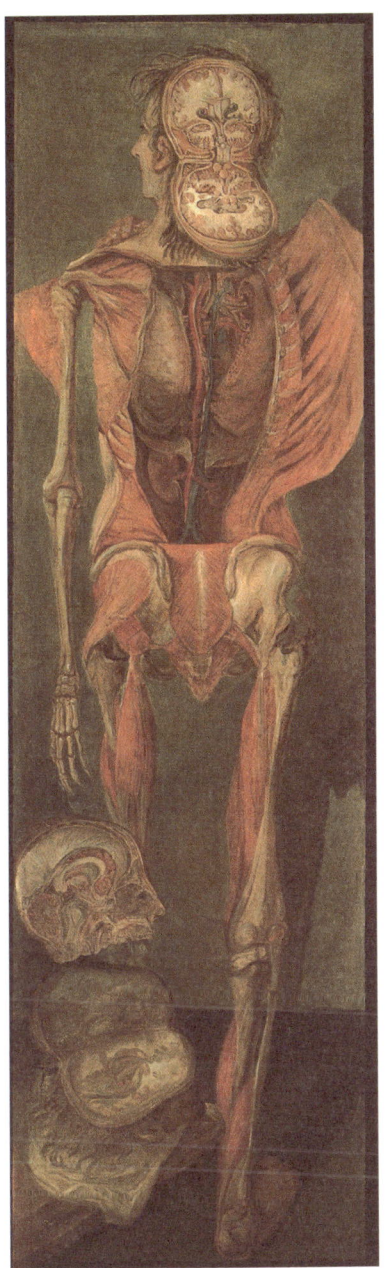

『내장기관의 일반 해부학』(1752)

- 두 명의 소화기관과 비뇨기관을 보여준다. 다른 장기는 앞쪽의 바닥에 떨어져 있다.
- 뒤에서 본 근육과 내장. 뇌가 노출되어 있고 뇌의 다른 단면은 왼쪽 아래에 그려져 있다.

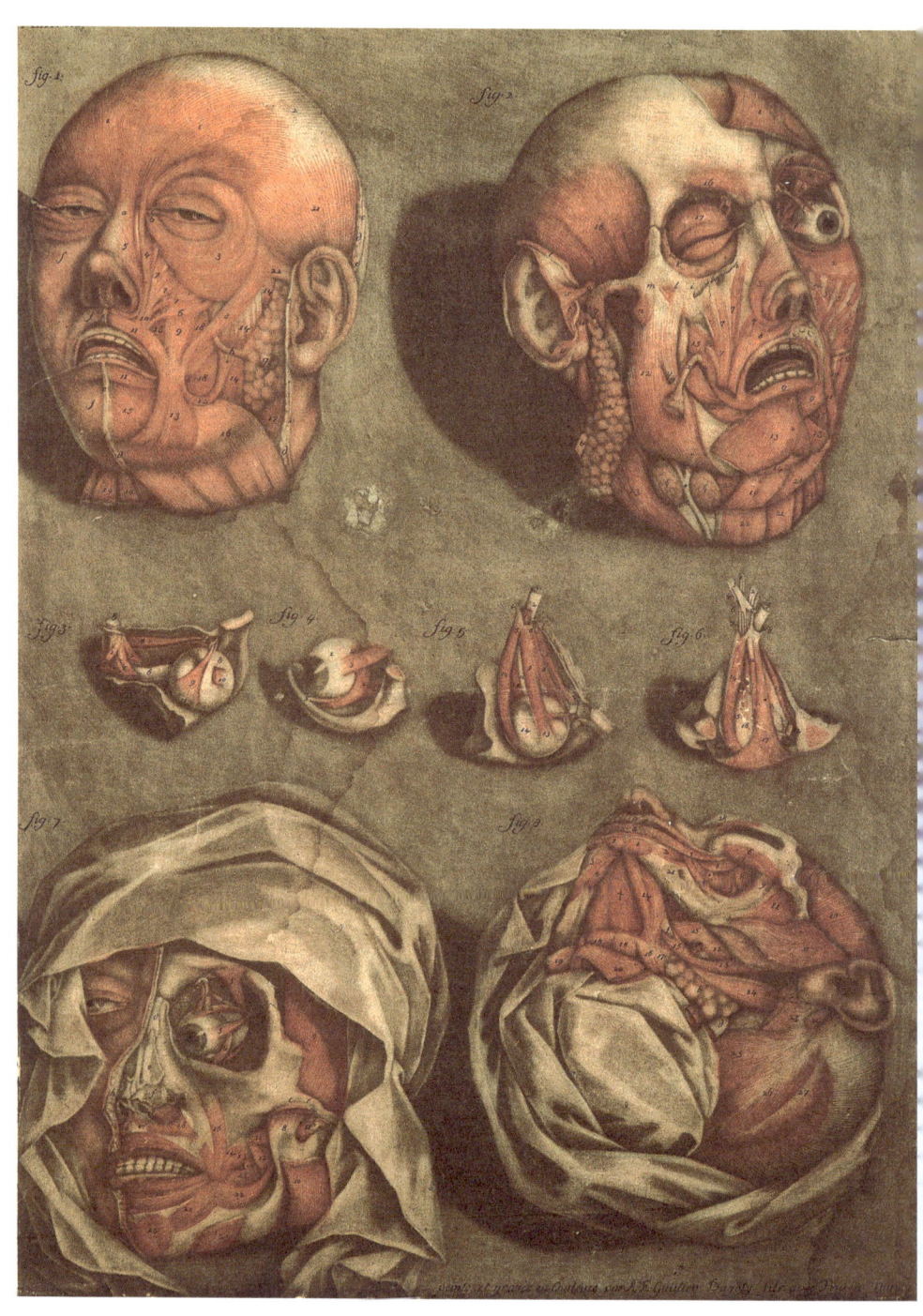

『실물 크기로 보는 원색 근육학 완성』(1746)

얼굴과 눈의 근육.

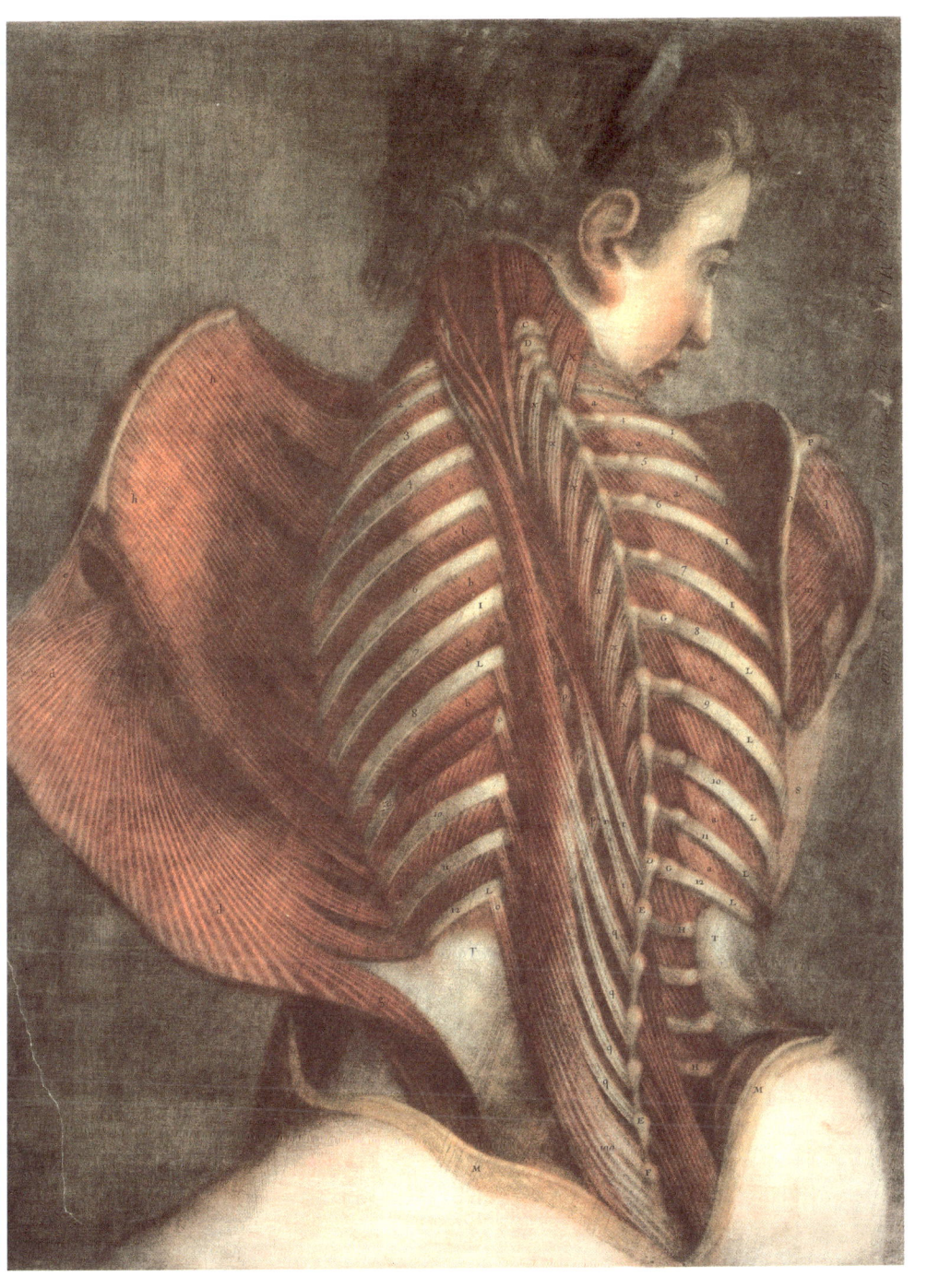

『실물 크기로 보는 원색 근육학 완성』(1746)

앉아 있는 여성의 부분 해부도. 등과 어깨의 뼈와 근육을 보여준다.

후에 출간된 『초보자용 인체 근육 해부 기법 *L'art de disséquer méthodiquement les muscles du corps humain, mis à la portée des commençans*』(1749)도 있다.

5. 해부병리학의 탄생

파도바대학교에서 18세기 대부분을 가르친 해부학 교수는 조반니 바티스타 모르가니(1682~1771)이다. 그는 1712년에 임용되어 1771년에 사망할 때까지 56년 동안 교수직에 있었다. 모르가니는 파도바대학교의 라이벌인 볼로냐대학교에서 수련했고, 마르첼로 말피기의 제자인 안토니오 마리아 발살바의 해부 준비자로 일했다. 모르가니는 발살바의 주요 작품이자 청각기관의 해부 구조와 질병을 다룬 책『인간의 귀에 관한 논문 *De aure humana tractatus*』(1735)에 기여했다. 발살바는 우주비행사가 손으로 코를 막고 호흡하지 않아도 귀에서 일정하게 압력을 조정하게 해주는 발살바 장치로 기념되고 있다(손을 사용하는 일반적인 방법은 '발살바 수기 Valsalva manoeuvre'라고 부른다).

모르가니는 학생들에게 추측이 아닌 상세한 관찰과 논리로 질병을 진단해야 한다고 가르쳤다. 그는 해부학자로서도 명성이 높았지만 파도바에서 교수직에 있는 동안 대부분 후학 양성에 집중했

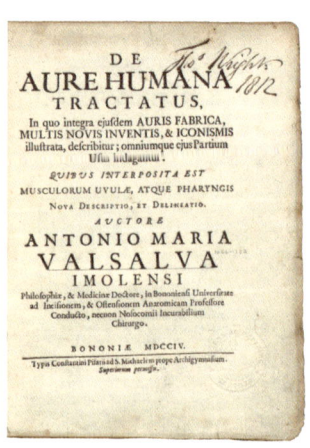

『인간의 귀에 관한 논문』(1735)

안토니오 마리아 발살바가 귀의 해부 구조에 대해 쓴 논문의 속표지.

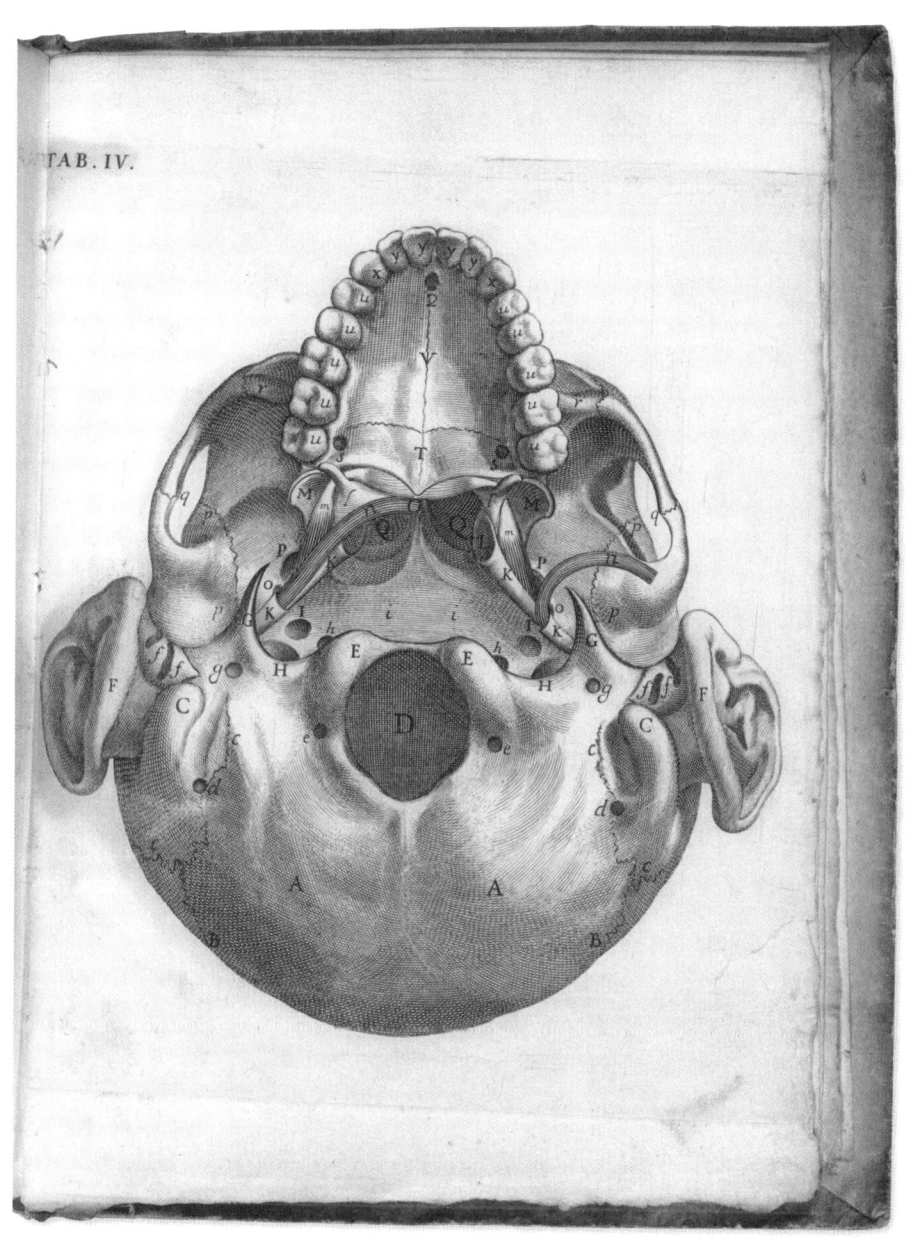

『인간의 귀에 관한 논문』(1755)

두개골의 아랫부분. 아래턱을 제거하고 밑에서 귀 쪽을 향해 보는 모습.

고 1706~1719년에 걸쳐『해부학 주해 Adversaria anatomica』라는 제목으로 담석증, 정맥류, 의료법학 딜레마 등의 주제를 다룬 몇 편의 의학 논문을 출판한 것이 전부였다.

그러다가 79세가 되던 해에 평생의 연구를 집대성하여『해부학을 통해 조사된 질병의 위치와 원인 De sedibus et causis morborum per anatomen indagatis』을 출판했다. 집필에만 20년이 걸린 이 대작은 전체 5부로 구성된 두 권짜리 벽돌 책이다. 그는 이 책에 일생 동안 수집한 모든 지식을 요약했을 뿐 아니라 거의 단독으로 해부병리학이라는 분야를 시작했다.

수 세기의 해부 작업으로 이 무렵 인체의 정상적인 해부 구조를 다룬 해부학은 상당히 완성된 수준에 이르렀지만, 병증이 있는 기관의 해부 구조를 연구한 사람은 거의 없었다. 17세기에 윌리엄 하비는 "교수형을 당한 건강한 열 명의 시체보다 결핵이나 다른 만성 질병으로 죽은 사람 한 명을 해부해서 배우는 것이 더 많다"라고 언급한 바 있다.『해부학을 통해 조사된 질병의 위치와 원인』에서 모르가니가 언급한 이 분야의 다른 중요한 작품은 스위스의 내과의사 데오필 보네(1620~1689)가 1679년에 쓴『묘지: 실병으로 죽은 사체의 해부학 Sepulchretum: sive anatomia practica ex cadaveribus morbo denatis』이다.

그때까지 세간에서는 그간의 병리학적 지식을 총망라한 것을 두고 보네를 높이 샀지만, 모르가니는 보네의 책을 어디까지나 다른 사람의 연구를 바탕으로 병든 신체기관에 대해 지나치게 자극적이고 극단적인 사례에만 초점을 맞춘 파생작이라고 여겼다. 보네에게 과학적 철저함이 부족했다면, 모르가니는 그것을 채우고

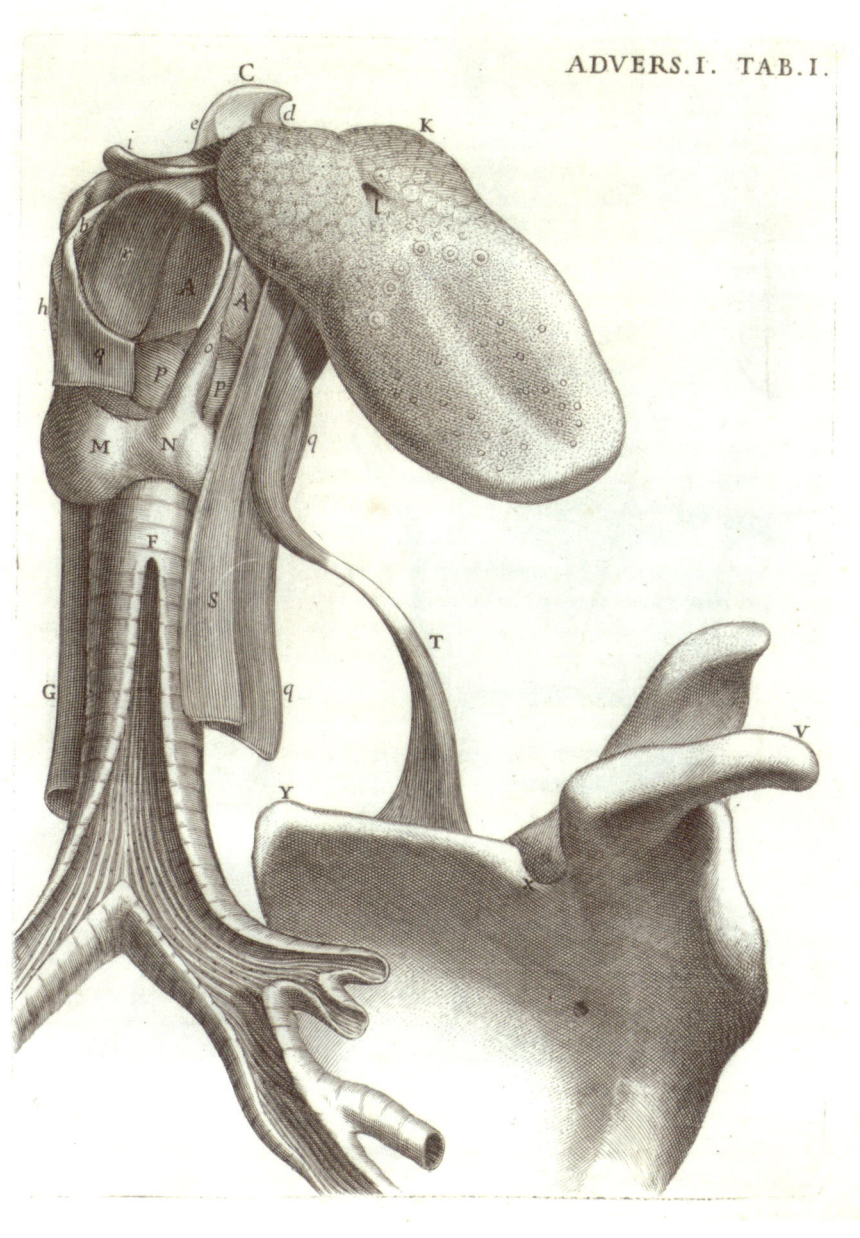

『전소 해부학 주해Adversaria anatomica omnia』
(1723)

모르가니의 저서. 혀와 후두의 근육.

 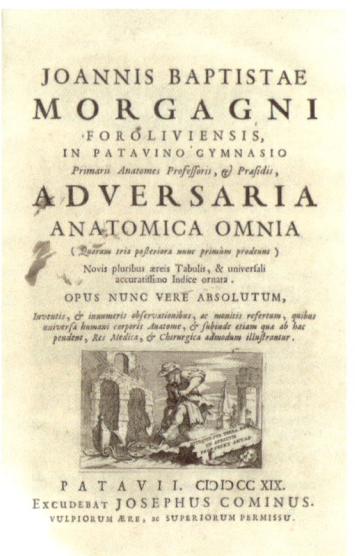

『전소 해부학 주해』(1723)
- 저자인 조반니 바티스타 모르가니의 초상화. 독자적으로 해부병리학을 창시한 인물이다.
- 모르가니의 의학 논문을 모은 책의 속표지.

도 남았다. 그는 집요한 기록자였고, 대부분 직접 수행한 646건의 해부 과정에서 관찰한 내용을 책에 남았다.

『해부학을 통해 조사된 질병의 위치와 원인』은 모르가니가 자신에게 집필을 권한 친구에게 보내는 70편의 서간문이다. 편지 형식이어서 참고 자료로 탐색하기는 어렵지만, 한 분야를 개척하는 과정에 대한 훌륭한 통찰을 제공한다. 이 책은 이내 성공하여 출간 3년 뒤에 4쇄를 찍었고, 10년 만에 프랑스어, 독일어, 영어로 번역되었다.

6. 일본의 해부학

해부학의 역사는 주로 유럽에서 일어났다. 동아시아 지역에서 의학은 대개 비침습적인 분야였다. 예를 들어 일본의 한방의학漢方醫學(영어권에서는 '캄포kampō'라고 한다)은 6세기에 처음 중국에서 들여온 지식에 바탕을 두며 침술, 뜸, 약초, 음식 치료를 포함한다. 일본은 1639년 이후로 폐쇄적인 사회가 되어 중국과 일부 네덜란드 동인도회사의 전초기지, 그것도 나가사키 항구를 통해서만 교역을 했다. 그러나 일본 의사들도 유럽 의사만큼이나 호기심이 강해 14세기 이후로 서서히 해부학에 대한 관심을 드러냈다.

일본에서 과학적 해부는 18세기에 시작되었지만, 과거 서적들을 보면 이미 주요 신체기관에 대해 간략하게나마 이해하고 있었던 것 같다. 사형수에 대한 해부는 과거에도 있었고, 승려이자 의사인 가지와라 쇼젠(1266~1337)이 1304년에 펴낸 50권짜리 『돈의초頓醫抄』의 제1권은 기초 해부학에 관한 것으로 목판화 삽화가 수록되었다.

16세기에 예수회 선교사들이 유럽의 수술법을 일본에 소개했지만 그들은 현지 주민들에게 '남쪽의 야만인'이라는 취급을 받았다. 1639년 이후 나가사키에서 네덜란드 상인과 거래하던 이들이 유럽 의학을 접하고는 '붉은 머리 외과술'이라는 뜻에서 고모게카紅毛外科 또는 '네덜란드 외과술'이라는 뜻에서 오란다게카阿蘭陀外科라고 불렀다. 통역관 모토키 료이(1628~1697)가 1680년경에 요한 레멜린이 쓴 『소우주의 거울』의 네덜란드어 판본을 어설프게 번역했는데, 그나마도 1772년에야 출판되었다.

야마와키 도요(1705~1762)는 한방의학의 전통적인 원칙에 반기를 든 최초의 일본 의사였다. 그는 1754년에 참수된 범죄자의 시신 해부 허가를 받았고, 이후 5년 동안 '내장에 관한 책'이라는 뜻의 『장지臟志』를 집필해 자신의 관찰이 전통 지식과 다른 점이 무엇인지, 그리고 더 나아가 유럽 해부학 책의 내용과 어떻게 일치하는지를 언급했다. 아마도 독일 해부학자 요한 페슬링(1598~1649)의 책이었을 것으로 추정된다.

『장지』는 기존 의학자들로부터 많은 비난을 받았지만, 과학적 사고를 하는 의사들은 지지했다. 이 책은 유럽 해부학을 향하는 일본의 문을 열었다. 『장지』의 뒤를 이어 2년 간격을 두고 출간된 두 해부학 책은 일본 의사들이 얼마나 발빠르고 적극적으로 유럽의 발전을 흡수했는지 보여준다.

1771년에 다시 해부가 허가된 시신은 여성 범죄자였다. 해부 과정을 지켜본 참관자 중에서 마침 세 명이 같은 해부학 책을 들고 왔는데, 1734년에 요한 아담 쿨무스가 쓰고 암스테르담에서 출판한 『해부도표Ontleedkundige tafelen』였다. 야마와키 도요처럼 이들도 그 책의 정확성에 놀라면서 일본어로 번역해야 한다고 의견을 모았다. 그들 중 네덜란드어를 제대로 아는 이가 없었기 때문에 이는 대단히 야심찬 목표였다. 설사 네덜란드어를 알았다고 해도 각 해부학 용어에 해당하는 일본 단어가 없었을 것이다.

한편 가와구치 신닌(1736~1811)은 1772년에 교토에서 화가 아오키 슈쿠야(?~1802)가 목판 작업을 한 해부서 『해시편解屍編』을 서둘러 출간했다. 이 책의 이미지는 상세 설명과 라벨이 잘 정돈되어 단순미가 있었고, 깔끔하게 돌돌 말려 있는 창자 그림처럼 실제와는 다른 모양과 대칭을 사용하는 편이었다.『해시편』은 해부학적 탐구의 여명기에 출판된, 일본 해부학사에서 기념비적인 책이다.

앞서 해부학 시연에 참석했던 세 명의 남성이 네덜란드어를 배우기 시작했다. 그중에서 마에노 료타쿠(1723~1803)는 나가사키의 한 통역사한테서 네덜란드어를 배운 다음 동료를 돕기 위해 네덜란드어로 작은 책자를 만들었다. 스기타 겐파쿠(1733~1817)는 다른 이들보다 네덜란드어를 잘하지 못했지만 이 번역 작업에 대한 열정이 남달라 주 저자가 되었다. 삼총사 중의 마지막인 나카가와 준안(1739~1786)한테 가쓰라가와 호슈(1751~1809)가 합류했다. 이들은 3년 반 동안 힘겹게 네덜란드어를 익히며 새로운 일본 해부학 용어를 만들어나갔다.

1774년에 이들은 쿨무스 작 『해부도표』의 일본어 번역서를 『해체신서解體新書』라는 책으로 출간했다. 이 책은 쿨무스의 원본만이 아니라 여러 해부학 책에서 삽화를 빌려왔다. 그중 하나가 후안 발베르데의 『인체 구성의 역사』(1556)인데, 이 책도 삽화를 베살리우스의 『파브리카』에서 '빌려온' 것이었다. 일부는 호버르트 비들로의 『인체의 해부학』(1685)에 처음 실린 삽화였다. 불과 2년 전에 출판된 『해시편』과 비교하면 놀라운 발전이었다. 가와구치 신닌의 해부도는 400년 전 가지와라 쇼젠의 그림을 상기시켰지만, 『해체신서』는 18세기의 현실성과 정확한 세부 사항을 자랑했다. 네덜란드 책이 일본어로 번역되었다는 것은 엄청난 의의가 있었다. 일본의 고립 정책은 1869년까지 계속되었으나 서양의 해부학은 최초로 그 저지선을 돌파한 과학 중 하나였다. 그리고 19세기에 일본이 전반적인 유럽의 발상을 수용하는 데 큰 몫을 했다.

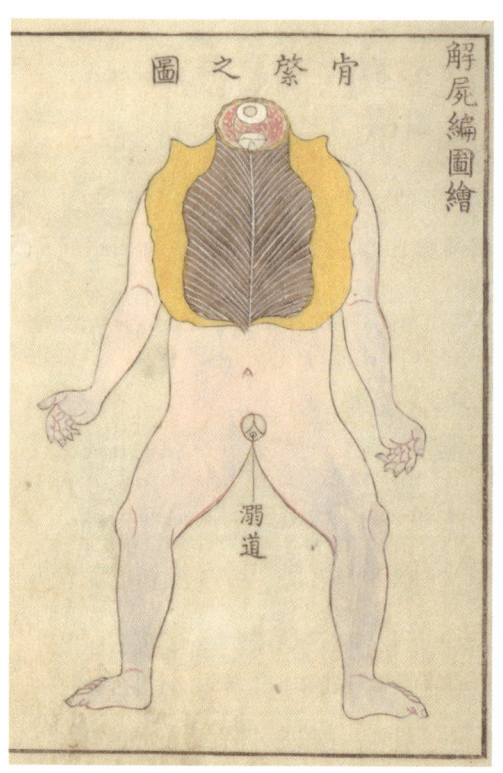

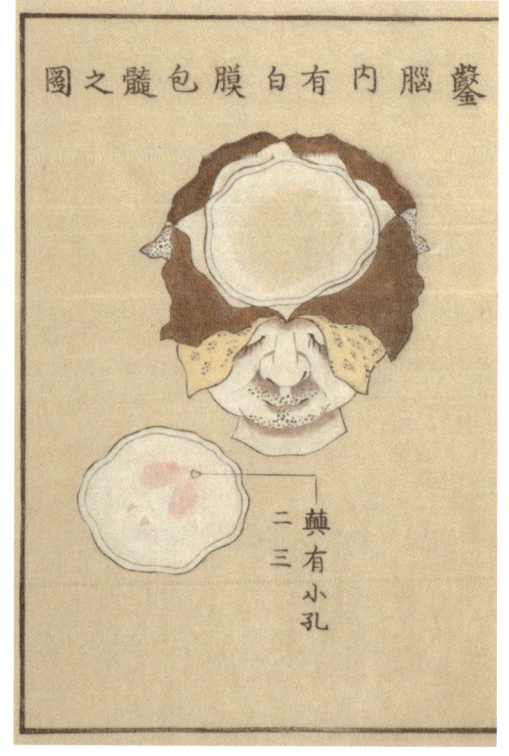

『해시편』(1772)

가외구치 신닌(1736~1811)이 쓴 일본 최초의 근대 해부학 책.
- 목이 잘리고 부분적으로 해부된 인체. 아오키 슈쿠야의 목판화.
- 위에서 본 머리. 두개골 일부가 제거되고 뇌의 내용물이 보인다.

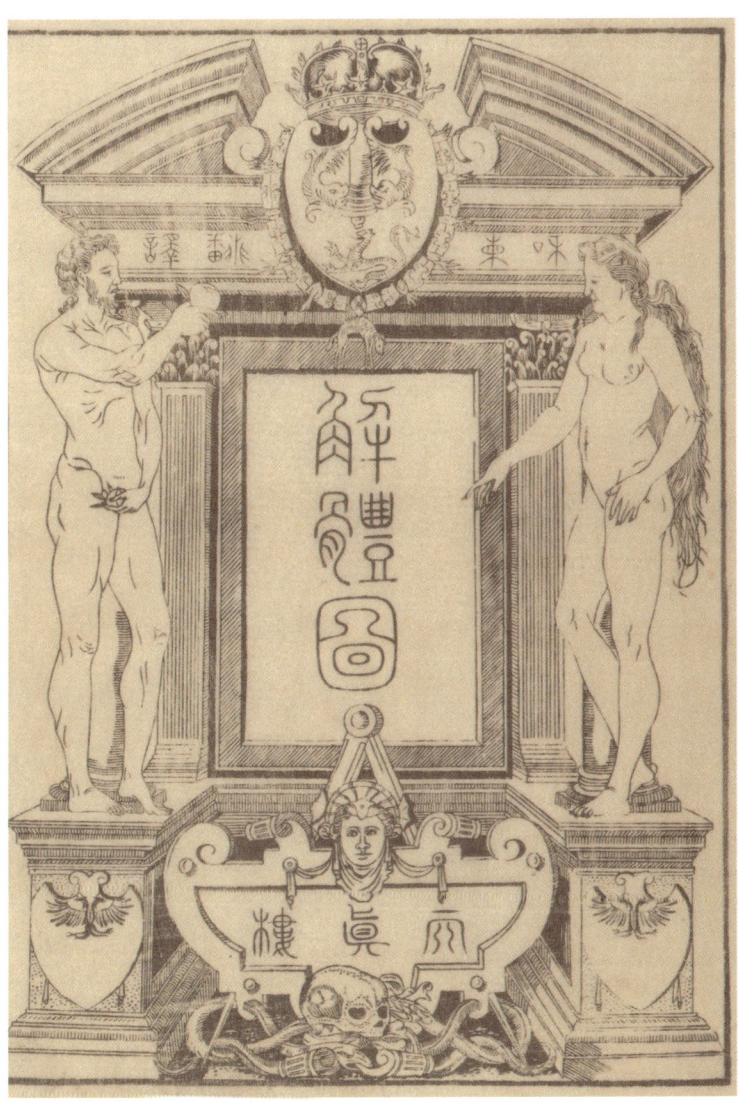

『해체신서』(1774)

요한 아담 쿨무스의 『해부도표』(1734)의 일본어판의 속표지. 유럽식 건축을 배경으로 했다.

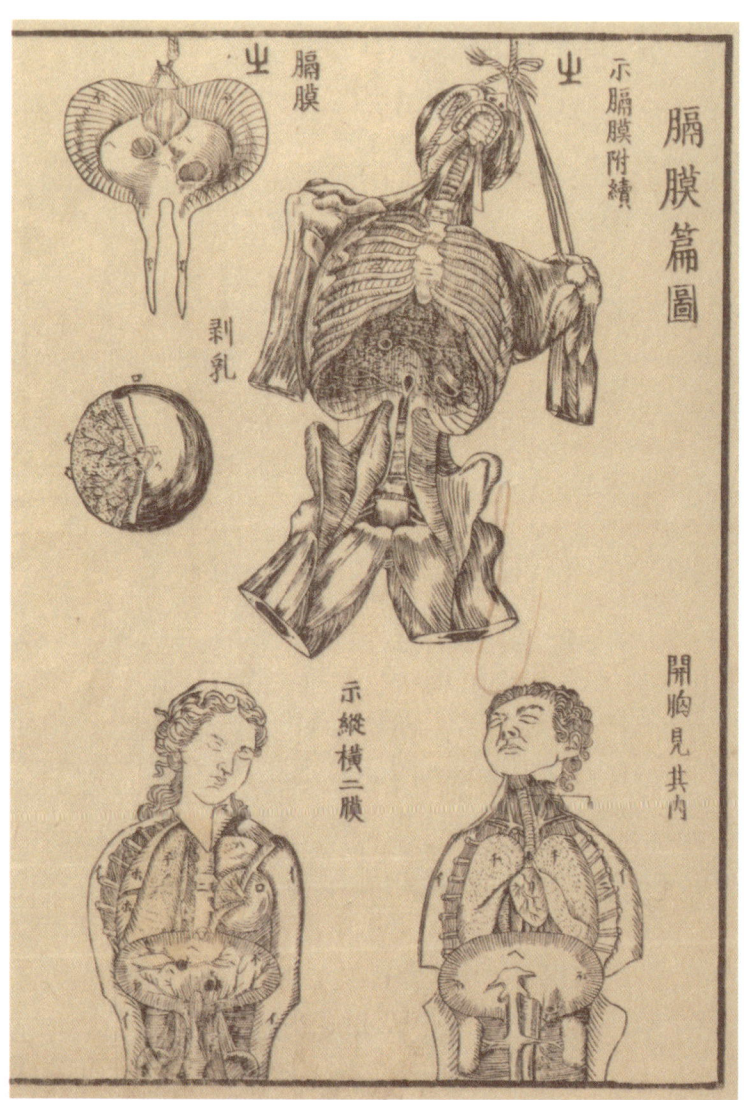

『해체신서』(1774)

아시아와 유럽의 다양한 출처에서 빌려온 이미지. 남녀 시신의 횡격막, 상부 골격 및 내장을 보여준다. 밧줄에 매달린 살가죽이 벗겨진 몸통은 베살리우스의 책에서 빌려왔다(156쪽 참조).

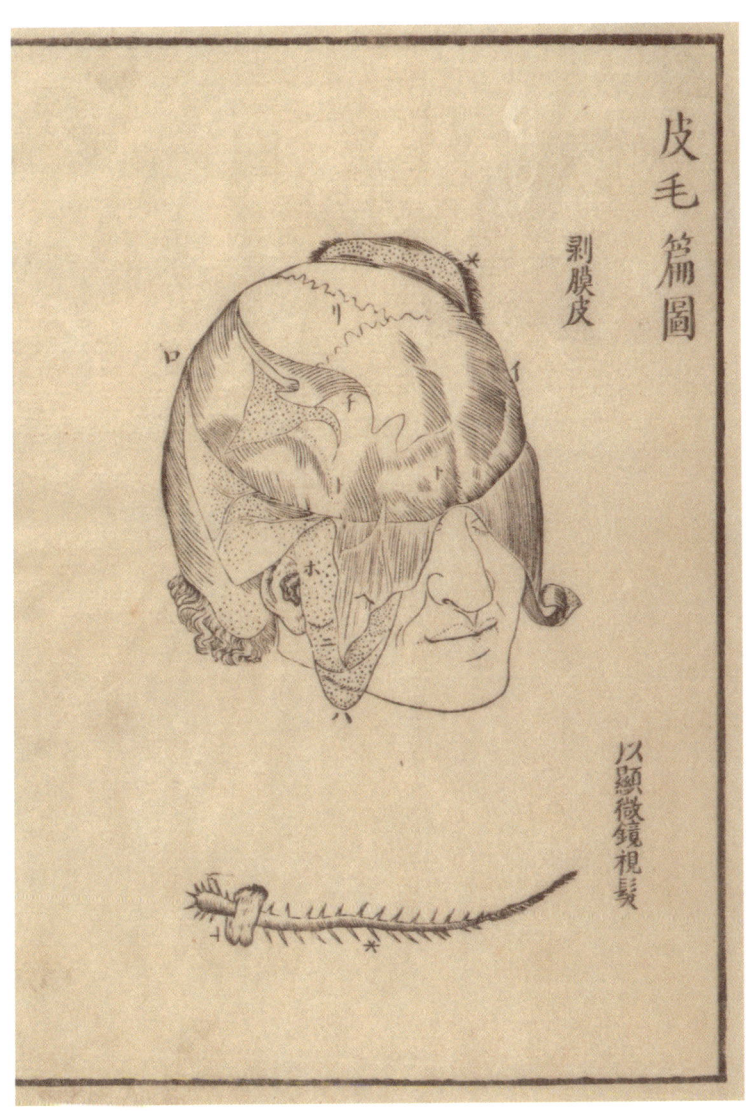

『해체신서』(1774)

남성의 두개골이 노출된 머리. 머리카락의 모낭을 세밀하게 그렸다.

The Age
of Invention

발명의 시대

1801 ~ 1900

인체 해부학에 대한 축적된 지식은 18세기를 거치며 강화되었고, 19세기에는 이를 성문화하고 보호하는 움직임을 보였다. 전문가 집단과 정부가 수련 과정을 규제하기 시작했지만 대중은 (정당한 이유로) 해부 관행에 대한 의심을 유지했다.

1. 일본 외과의사, 하나오카 세이슈

유럽의 해부학을 뒤늦게 접한 일본은 이를 따라잡기 위해 질주하기 시작했고, 때로는 서구를 앞질렀다. 하나오카 세이슈(1760~1835)는 당대 최고의 일본 외과의사였다. 교토에서 태어나 전통 한의학을 훈련받은 그는 난학蘭學을 통해서 해부학을 공부했다. 난학이란 서양 지식과 문화 등을 통칭하는 말로서 직역하면 '네덜란드의 학문'을 뜻한다. 일본이 네덜란드와의 교역을 통해 서양 문물을 처음 접했기 때문이다.

하나오카는 2세기 중국 외과 의서에 심취했다. 중국의 화타(145?~220)는 마비산麻沸散(끓인 대마의 가루)이라는 약물을 사용해 수술한 것으로 정평이 난 인물이었다. 마비산을 복용하면 환자가 의식을 잃고 근육이 마비돼 절개와 치료가 용이했다. 화타는 죽기 직전에 마비산 제조법이 적힌 종이를 태워 무덤까지 가져갔다. 그러나 의학사학자들은 아마 대마초, 흰독말풀, 당귀, 생초오 등을 배합했을 것으로 추정한다.

하나오카는 약초에 관한 지식을 활용해 마비산을 다시 만들어보려고 했다. 무려 20년이 걸리는 일이었고 실험 중에 아내는 시력을 잃었다. 1804년에 그는 자신이 제조한 통선산通仙散을 60세 유방암 환자에게 먹이고 유방 절제에 성공했다. 현대에 와서 분석한 바에 따르면 통선산의 활성 성분은 스코폴라민, 히오시아민, 아트로핀, 아코니틴, 안젤리코톡신 등이 포함된다. 통선산은 복용 후 약 4시간 후에 효과가 나타났고, 환자는 최대 24시간 동안 의식을 잃었다. 하나오카의 유방 절제술은 마취를 시도한 최초의 현대적 수술이었다. 이런 획기적인 사건이 서양에서는 40여 년 후에 일어났다.

당시 일본에서는 책을 출판하는 대신 학생이나 그밖에 흥미 있는 독자를 위해 원고를 쓰고 일부를 베껴가게 하는 것이 관행이었다. 하나오카는 다작하는 사람으로 1805년에 쓴 『유방치험록乳房治驗錄』에서 첫 유방 절제술에 사용했던 절차를 설명했다. 그의 저작들은 사본이 떠돌았고 다른 사람이 삽화를 추가하기도 했다. 하나오카 사후인 1837년에 제작된 『기질외료도권奇疾外療圖卷』은 히구치 탄게츠樋口探月(1822~1896)가 삽화를 그렸다. 누군가는 해부학자 서재의 픽션 칸에서 『하나오카 세이슈의 아내華岡青洲の妻』를 발견할지도 모른다. 아리요시 사와코가 하나오카의 삶을 바탕으로 1966년에 출간한 이 소설은 많은 이에게 사랑받았다.

살아생전 하나오카의 집은 환자들로 문전성시를 이루었고, 기노카와시에 있는 집은 여전히 성지처럼 보존되어 그를 기념하고 있다. 일본의 국경이 폐쇄된 시기라 그의 명성이 세계로 퍼지지 못한 것은 안타까운 일이다. 하나오카가 사망한 지 20년 후인 1854년에 비로소 일본이 베일을 들어 올렸을 때, 서양에서는 다른 마취 기술들이 발명되고 있었다.

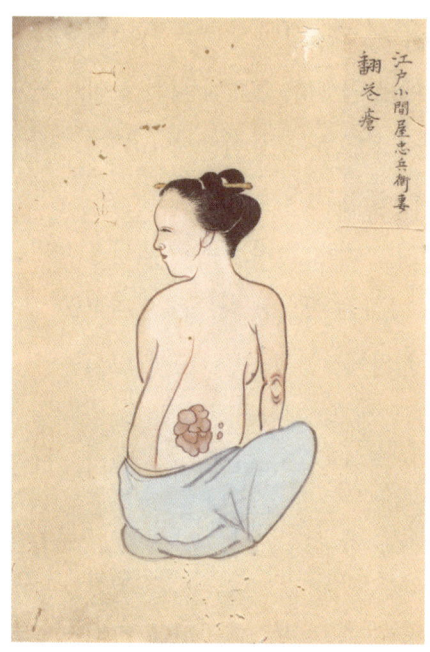

『기질외료도권』(1837)

- 하나오카 세이슈의 책에 히구치 탄게츠가 그린 삽화, 여성의 등에 난 종양을 보여주고 있다.
- 턱에 생긴 종양을 제거하는 수술.
- 유방암 수술 과정을 보여주는 그림에서 네 번째 단계.

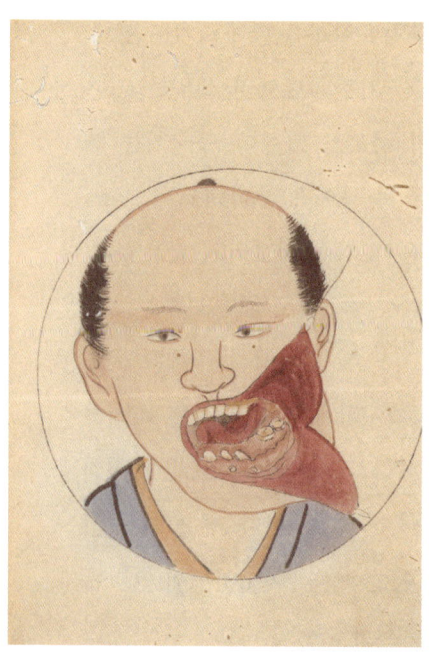
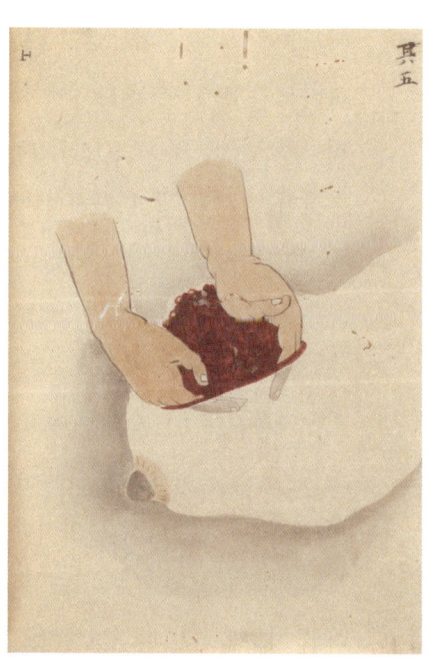

2. 19세기의 기대주들

유럽에서 새로운 세기의 첫 10년에 여러 주요 서적이 출간되었다. 특히 조반니 바티스타 모르가니의 제자 셋이 두각을 나타냈다. 레오폴도 마르코 안토니오 칼다니(1725~1813)는 볼로냐대학교와 파도바대학교에서 수련했고, 파도바대학교에서 모르가니의 뒤를 이어 이론 의학과 해부학 교수가 되었다. 1799년에 같은 이탈리아 사람인 알레산드로 볼타가 전기 배터리를 발명하면서 과학자들에게 처음으로 안정적으로 실험할 수 있는 전기를 공급했다. 칼다니는 전기를 이용해 신경계와 척수의 기능을 실험했다.

칼다니는 그의 대표작 『해부학 이미지 Icones anatomicae』의 초판이 출간된 직후인 1805년에 은퇴했다. 이 책은 당시에 여전히 해부학 화가들의 중심지였던 베네치아에서 1801년부터 1814년까지 13년 동안 레오폴도의 조카인 플로리아노 칼다니의 도움을 받아 단계적으로 인쇄되었다. 다섯 권의 주석에 동반된 두 권짜리 삽화는 (앞으로 19세기를 거치면서 구식으로 전락하겠지만) 페이지마다 우아한 예술적 기교가 섬세한 세부 사항과 조합하여 동종 서적 중에서도 으뜸으로 손꼽힌다. 학습 보조 도구로서는 해부도가 좀 더 유용하지만 이런 고전적 작품의 우아함이 사라진 것을 애통해하는 사람도 있을

레오폴도 칼다니

화가 미상.

것이다.

안토니오 스카르파(1752~1832)는 파도바대학교에서 모르가니와 칼다니 둘 다에게서 배웠다. 파도바에는 교수 자리가 없었으므로 그는 모데나로 가서 교수가 되었다. 이후 파비아대학교에서 성공한 그는 대학을 설득해 새로운 해부 극장을 세우게 했는데, 그곳은 지금도 '스카르파 홀Aula Scarpa'로 알려져 있다. 스카르파는 자신의 책으로 이탈리아는 물론이고 외국에서도 널리 명예를 얻어 영국 왕립학회, 스웨덴 왕립과학원 회원으로 선출되었다. 1805년, 이탈리아의 왕으로 등극한 나폴레옹 보나파르트가 파비아를 방문해 스카르파를 만나기를 청한 적도 있다.

스카르파는 결석으로 인한 방광염으로 사망했고, 그의 조수였던 카를로 베올킨이 그의 시신을 해부한 다음 자세한 과정을 기록해 출간했다. 그리고 이 위대한 해부학자에게 보내는 그릇된 찬사의 방식으로 그의 머리를 보존해 대학 해부학 연구소에 전시했는데, 지금도 여전히 파비아대학교 역사박물관에서 볼 수 있다.

스카르파는 특히 뇌와 감각기관에 관심을 보였고, 1801년에 『주요 안과 질환에 관한 논문Saggio di osservazioni e d'esperienze sulle principali malattie degli occhi』을 썼는데, 관련 논문으로는 처음으로 이탈리아어로 쓰였다. 이어서 그는 1789년에 (라틴어로 쓴) 『청각과 후각에 대한 해부학적 조사Anatomicae disquisitiones de auditu et olfactu』를 출간했다. 가장 으뜸인 작품은 1794년에 발표한 『신경학 기록Tabulae neurologicae』으로 심장의 신경을 처음으로 완전하게 설명했다. 이 책에서 그는 내이가 훗날 스카르파 유체로 불리는 액체로 채워졌다는 사실을 밝혔다. 또한 그의 이름은 복부 내벽의 일부인 스카르파 근막과 허벅지 위

『해부학 이미지』(1801)

권두 삽화는 해부 중인 어느 시골의 동굴 속을 보여준다.
레오폴도 마르코 안토니오 칼다니는 전기로 해부 실험을
한 근대인이었다.

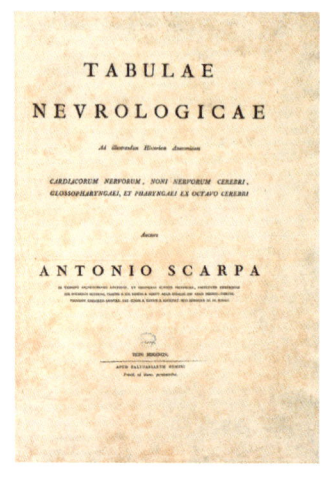

『신경학 기록』(1794)
속표지.

쪽의 스카르파 삼각으로 기억된다.

안토니오 스카르파는 성격이 사나운 사람이라 적에게 가차 없었고 종종 친구들의 인내심을 시험하곤 했다. 나폴레옹이 파비아로 그를 만나러 갔을 때 그는 소신 있는 정치적 발언과 서약 거부를 이유로 해고되었다가 다시 복직했다. 그는 평생 혼인하지 않았지만 사생아를 많이 낳았는데, 자식들의 일자리를 알아봐주는 데 힘을 썼다. 『신경학 기록』을 집필하던 시기에는 일을 마칠 때까지 판화가를 작업장에 가두었다는 소문도 있었다. 그는 평생 적을 많이 만들었기에 그가 죽은 후 여러 사람이 그의 명망에 흠집을 냈고 일부는 그를 위해 세워진 기념비를 훼손하기도 했다. 그러나 스카르파의 해부학 실력에 대한 의심은 없었다.

반대로 도메니코 코투뇨(1736~1822)는 검손하고 교양 있는 사람이었다. 그가 해부학자의 서재에 기여한 점을 생각하면 크게 존경받아야 한다. 그는 나폴리의 난치병 병원Ospedale degli Incurabili에서 해부학을 배웠고, 의학 지식을 연마하기 위해 두루 다니며 모르가니를 비롯해 많은 이에게 배웠다. 그는 나폴리대학교에서 30년 동안 해부학 교수로 일하면서 공익을 위해 의학을 탐구하는 순수한 영혼으로서 학생들을 감화시켰다. 그는 좌골신경통과 천연두, 그리고 스카르파보다 먼저 내이의 수도관에 관해서 썼다. 스카르파도 코투뇨가 비구개신경(재채기를 일으키는)을 발견한 것을 인정했

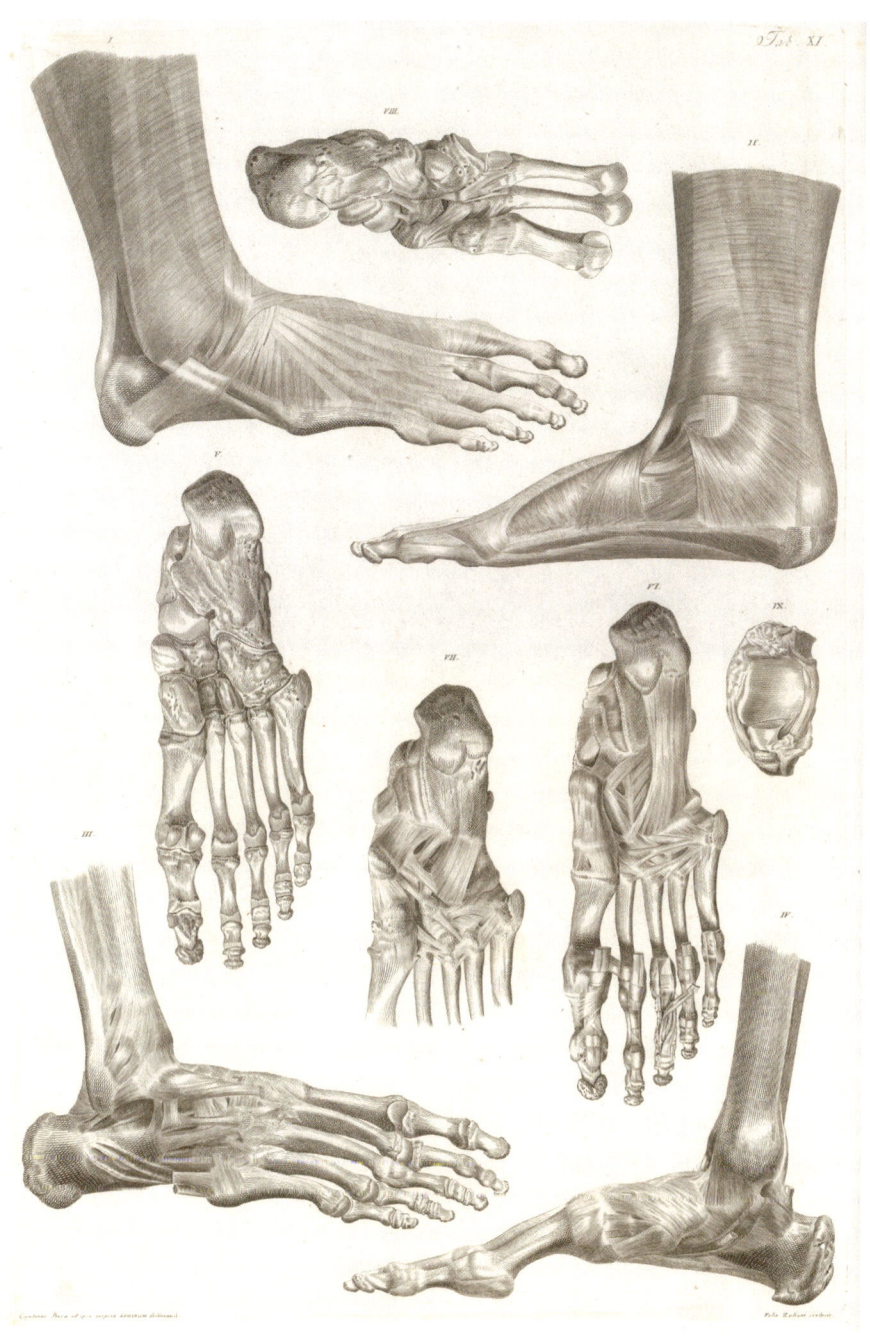

『신경학 기록』(1794)

발의 복잡한 근육과 뼈대.

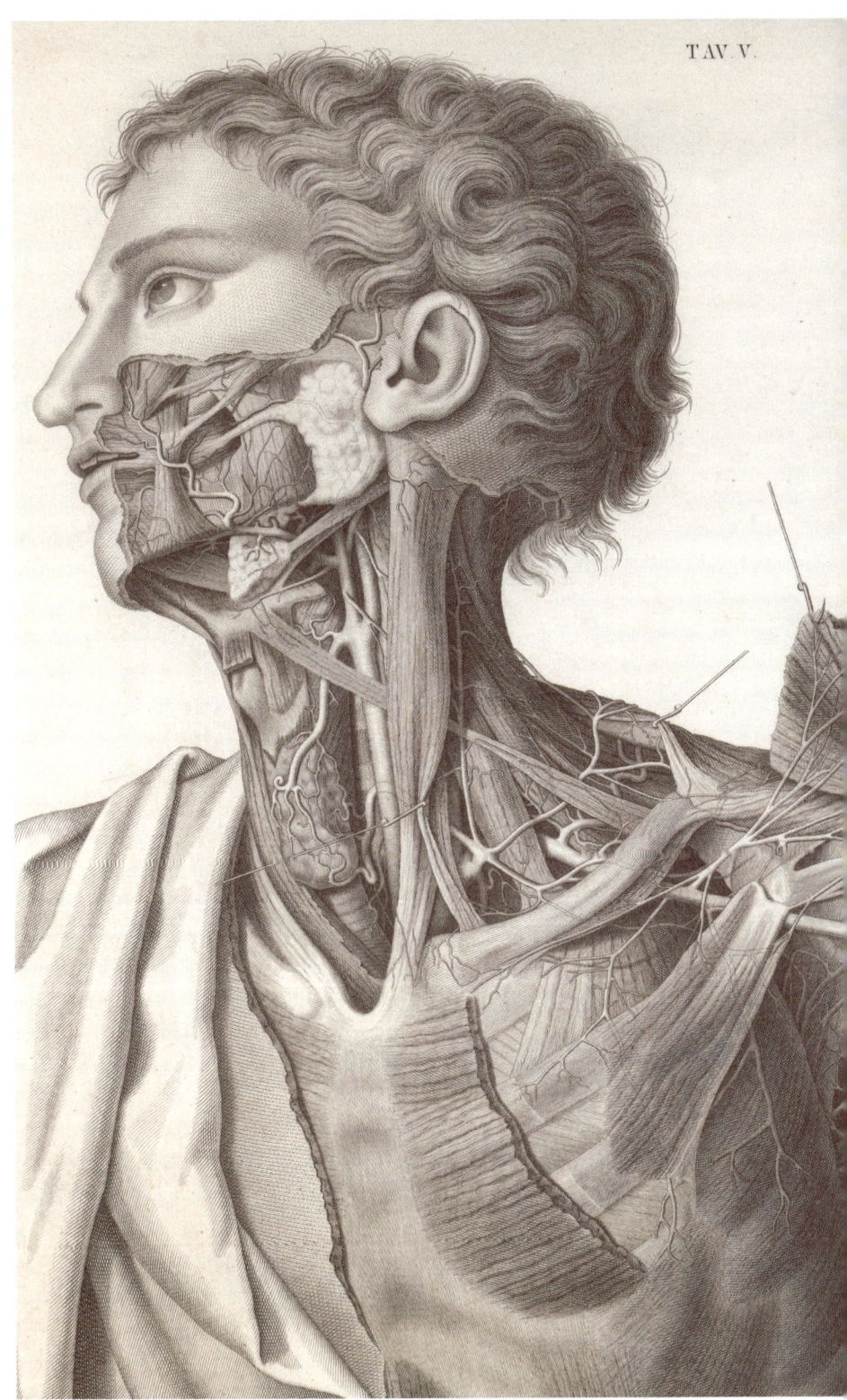

TAV. V.

『신경학 기록』(1794)

갈고리바늘이 살갗을 뒤로 끌어당겨 어깨, 목, 턱의 근육과 혈액 공급을 보여준다.

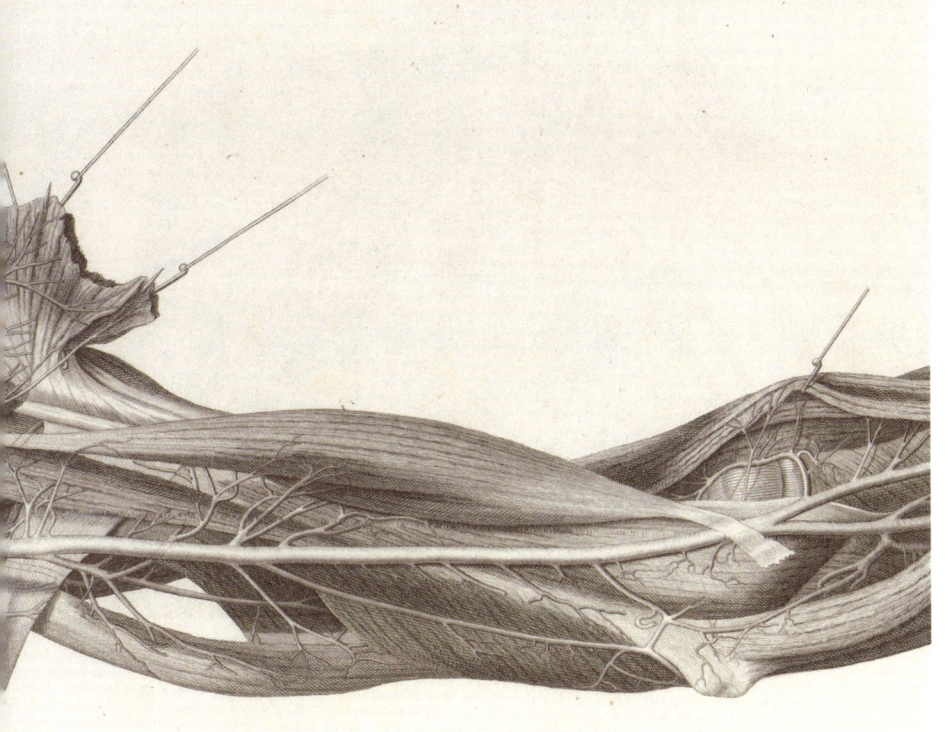

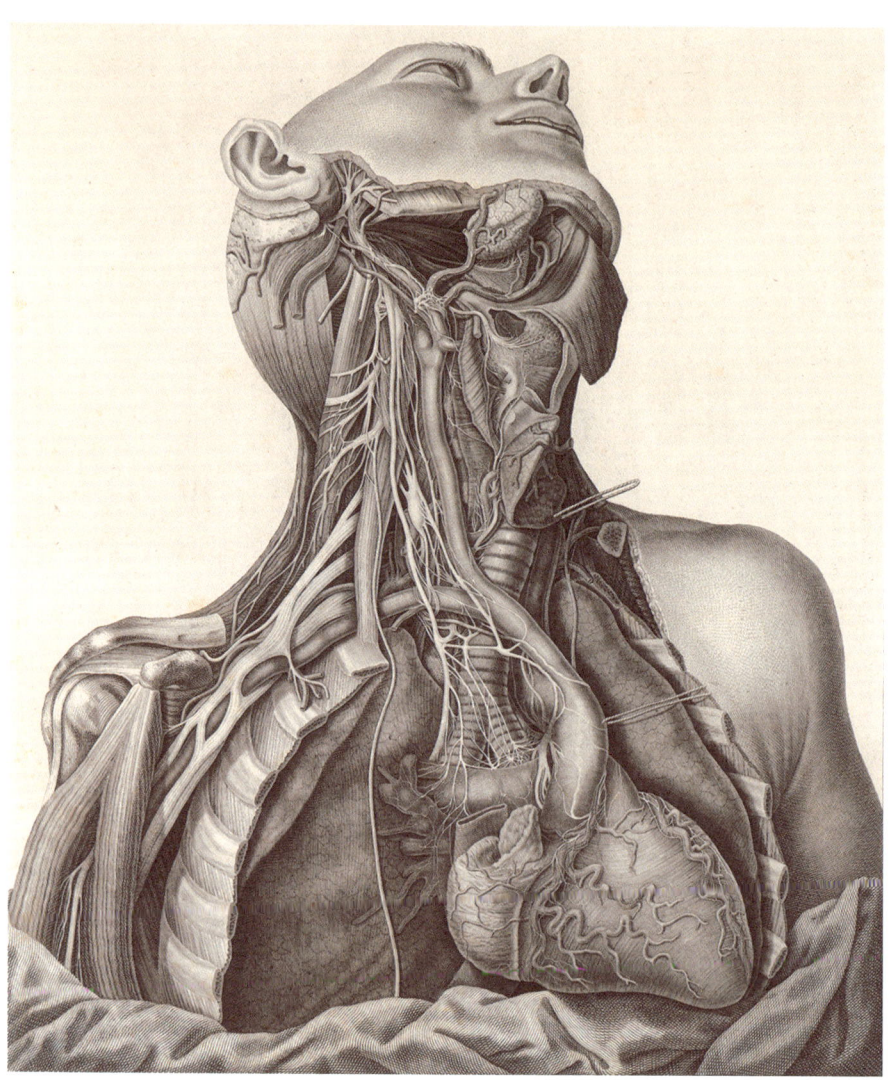

『신경학 기록』(1794)

가슴과 목의 내장과 폐순환계.

다. 코튜뇨의 저작은 1830년에 네 권짜리 『유고집 Opera posthuma』으로 출간되었다.

3. 조직학의 탄생

칼다니의 『해부학 이미지』 제1권이 출간된 1801년에 그자비에 비샤(1771~1802)의 『해부학 총론 Anatomie générale』도 출간되었다. 비샤는 짧은 생을 살았지만 더 오래 산 대부분의 사람보다 더 많은 것을 성취했다. 열여덟 살이 되던 해에 프랑스 혁명이 일어나자 그는 알프스 혁명군의 외과의사로 복무했다. 프랑스를 뒤흔든 이 역사적 사건으로 인해 해부학에 비샤가 기여한 내용은 여러 해 동안 바깥 세상에 알려지지 못했다.

1800년에 출간된 첫 번째 책에서 그는 인체 해부학을 보는 완전히 새로운 시각을 제공했다. 『막에 관한 논문 Traité des membranes』에서 그는 인체의 21가지 조직tissue을 정의하면서 신체기관은 별개의 단위가 아닌 저 조직들의 각기 다른 조합의 결과물로 봐야 한다고 주장했다. 그는 이를 단일 원소가 결합해 화합물을 만드는 화학에 비교했다.

같은 해 말에 출간된 『삶과 죽음에 관한 생리학적 연구 Recherches physiologiques sur la vie et la mort』는 동일한 관점에서 신체기관의 병리학적 측면을 설명했다. 두 책 사이에 비샤는 파리 오텔디외 병원의 의사로 임명되어 병든 조직이 기관에 미치는 영향과 약이 조직에 작용하는 효과를 탐구하기 시작했다. 이는 약물의 효과에 대한 최초의 과학적 연구였다. 그는 6개월 만에 시신 600구 이상을 해부해 방대한 데이터를 생산했고, 이를 『삶과 죽음에 관한 생리학적 연구』와 『해부학 총론』에서 논의했다. 이 연구에서 비샤는 조반니 바티스타 모르가니의 병리학적 발상을 발전시키면서 이 새로운 과학에 상당히 기여했다.

『삶과 죽음에 관한 생리학적 연구』에서 그는 생명을 해부학적 측면에서 정의했다.

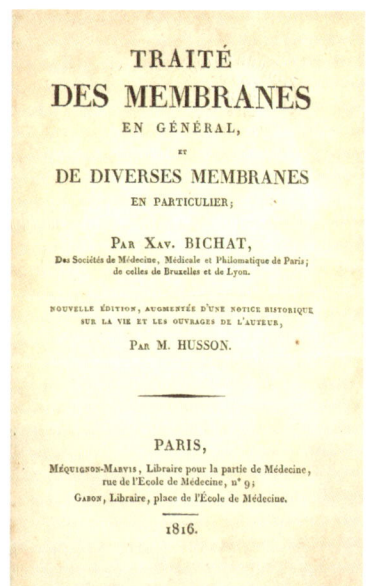

그자비에 비샤(1771~1802)

- 비샤는 현미경의 도움 없이 현미경 해부학의 씨를 뿌렸다.
- 비샤의 첫 번째 책 『막에 관한 논문』(1800)의 속표지. 1816년 개정판이다.
- 『해부학 총론』(1801)의 속표지.

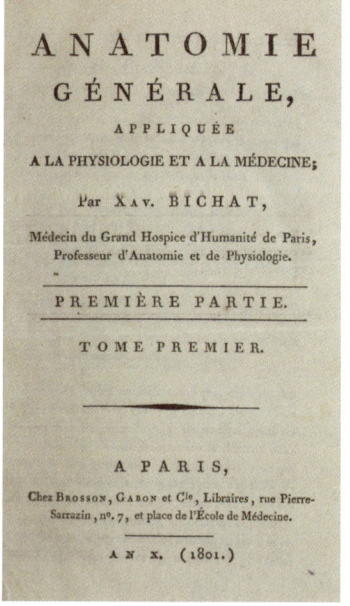

그는 생명이란 "죽음에 반항하는 기능의 완전체"라고 했다. 이어서 "사방에서 자기를 파괴하려 달려드는 상황에서 살아 있는 몸이 존재하는 방식이다"라고 했는데, 아마도 비위생적이고 피비린내 나는 프랑스 혁명을 겪으며 얻은 통찰일 것이다. 병들고 썩어가는 수백 구의 시체에 둘러싸여 일하던 그가 결국 장티푸스에 걸려 고작 서른 살에 세상을 떠난 것은 어쩌면 당연한 결말인지도 모른다.『해부학 총론』을 출간한 지 1년 만이었고, 당시 그는 질병을 분류할 새로운 방식을 연구하고 있었다.

비샤의 연구는 그가 세상을 떠난 후에야 서서히 다른 나라에 알려졌다. 1872년에 영국 작가 조지 엘리엇이 소설『미들마치』에서 비샤에 대한 존경을 표했고, 그의 조직론은 오늘날의 조직학, 즉 현미경 해부학의 근간이 되었다. 비샤의 연구는 그가 현미경 사용을 거부했기 때문에 더욱 놀랍다. 그가 더 오래 살아 세포 수준에서 조직을 보았다면 얼마나 더 대단한 발견을 했을지는 알 수 없다.

프랑스 혁명은 국경을 넘어 유럽의 다른 나라에까지 영향을 미쳤다. 이웃 국가들이 혁명을 진압하기 위해 연합했을 때 프랑스는 반격했다. 1792년과 1797년에 프랑스 군대는 독일 마인츠까지 진격했고, 1814년까지 머물며 통제했다.

4. 다재다능한 해부학자

당시 마인츠에서 피난을 간 사람들 중에는 마인츠대학교 의과대학 학장이었던 저명한 독일 해부학자 자무엘 토마스 폰 죄머링(1755~1830)이 있었다. 프랑크푸르트로 피신한 그는 그곳에서 천연두 백신의 초기 옹호 활동에 나섰다. 죄머링은 1804년에 뮌헨의 바이에른 과학원에 합류하기 전에 이미 해부학 책을 다수 발간했다. 예를 들어 뇌신경에 대한 그의 묘사는 갈레노스, 베살리우스, 팔로피오, 유스타키오, 토머스 윌리스의 계보를 이으며 오늘날에도 사용되고 있다. 또한 그는 1795년에 프랑크푸르트에서 출간한 『여성 골격 차트 Tabula sceleti feminine』에서 남성과 차별되는 여성의 골격 구조를 정확히 묘사한 최초의 남성이었으며, 여성의 꽉 조이는 속옷이 주는 해부학적 위험에 관한 논문을 써서 불가능할 정도로 가는 허리에 집착하는 18세기 후반의 유행에 마침표를 찍었다.

죄머링은 감각기관에 관한 다음 네 권의 책을 연달아 출간해 19세기를 시작했다. 『인간의 눈 해부도 Abbildungen des menschlichen Auges』(1801), 『인간의 귀 해부도 Abbildungen des menschlichen Hörorgans』(1806), 『인간의 미각기관과 음성기관의 해부도 Abbildungen des menschlichen Organe des Geschmacks und der Stimme』(1806), 『인간의 후각기관 해부도 Abbildungen der menschlichen Organe des Geruchs』(1809).

이 네 권은 그의 마지막 해부서이자, 지금까지 출간된 해부학 책 중에서 인체 내부 기관에 대한 가장 상세한 연구 결과물이었다. 뮌헨에서 죄머링은 다른 과학에 정신을 빼앗겼다. 그는 화석 악어에 관해서 썼고, 최초로 익룡을 기술했다. 또한 천문 망원경을 설계했으며, 바이에른 최초의 전신 시스템을 지었는데, 여전히 시市의 독일과학박물관에 보존되어 있다. 바이에른의 겨울이 불편했던 그는 65세에 제2의 고향인 프랑크푸르트로 옮겨가서 여생을

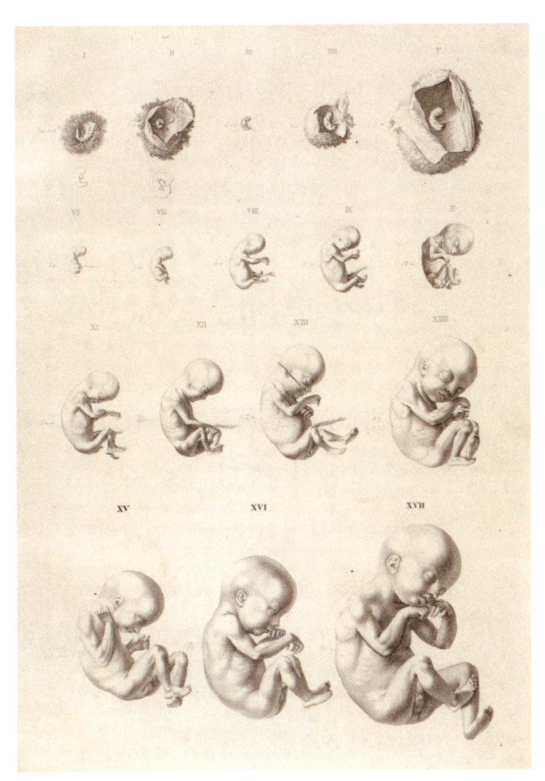

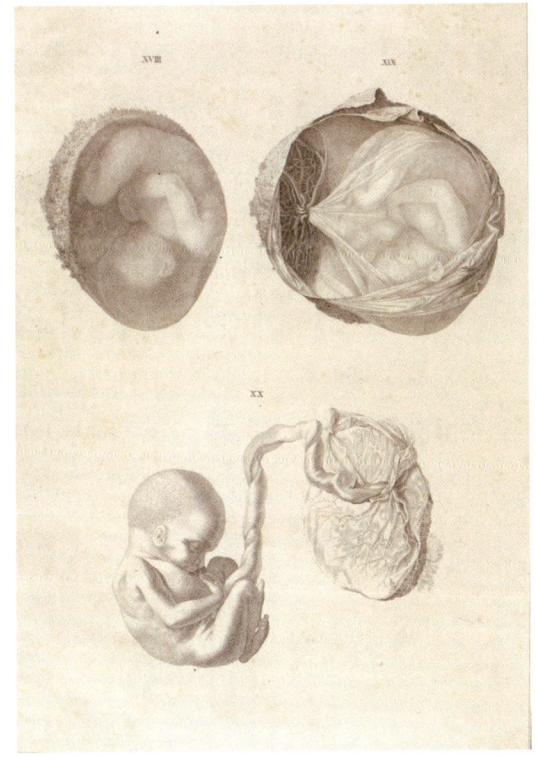

『**인간 태아의 이미지**
Icones embryonum humanorum』
(1799)

토마스 폰 죄머링 책의 두 페이지. 태아의 발달 과정을 최초로 보여주었다.

보냈으며 시 공동묘지에 묻혔다. 그의 이름은 죄머링슈트라세에 있는 죄머링 와인바로 기억된다.

5. 내시경의 발명

박식가 죄머링은 해부학의 발전과 과학 시대에 쇄도하는 발명의 물결에 모두 기여했다. 칼을 대지 않고 인체 내부를 볼 수 있게 만든, 필리프 보치니(1773~1809)의 창의적인 도구를 시작으로 여러 가지 발명이 해부학에 변화를 일으켰다.

필리프 보치니는 대프랑스 동맹전쟁 중에 오스트리아 군대에서 외과의사로 복무했다. 그는 마인츠 대형 야전병원의 어둡고 열악한 환경에서 부상병을 치료하기 위해 밤낮없이 일했다. 그곳은 때로 산 자와 죽은 자를 구분하기도 힘들 정도로 어두침침했다. 그래서 보치니는 체강에 조명을 비추고 이미 상처가 심한 부상병에게 탐색 수술을 진행하지 않고도 진찰할 수 있는 도구를 고안했다. 이 도구는 안에 있는 촛불의 불빛이 상설관을 따라 반사되어 다양한 부속물을 비교적 고통 없이 삽입할 수 있었다. 보치니가 발명한 것이 최초의 내시경이다.

프랑스 군대가 마인츠에서 승리하자 보치니는 죄머링처럼 망명해 프랑크푸르트에서 살았다. 1806년, 자신이 발명한 기구가 의료용으로 사용 허가를 받은 뒤에는 이것을 '리히트라이터Lichtleiter(도광기)'라고 부르며 홍보에 열을 올렸다. 1807년에는 『리히트라이터. 살아 있는 동물의 몸 내부의 체강과 틈새를 비추는 간단한 기계와 그 사용법 *Der Lichtleiter oder die Beschreibung einer einfachen Vorrichtung und ihrer Anwendung zur Erleuchtung innerer Höhlen und Zwischenräume des lebenden animalischen Körpers*』이라는 논문으로 전 세계에 소개했다. 이 책은 가히 해부학자의 서재에 한자리를 차지할 가치가 있다.

보치니는 솜씨 좋은 제도사였고, 죄머링처럼 해부학을 벗어나 화학에도 관심을 가졌으며, 레오나르도 다빈치처럼 항공학에도 조예가 깊어 날틀을 디자인했다고 전해진다. 그는 프랑크푸르트에서 산과의사로 생계를 유지했는데, 리히트라이터가 진가를 발휘했다. 또한 보치니는 프랑크푸르트의 공식 '역병 전문의' 네 명 중 하나로 도시의 전염병 관리를 책임졌다. 그러나 그자비에 비샤처럼 업무 중에 장티푸스에 감염되어 젊은 나이에 세상을 떠났다.

보치니의 리히트라이터는 시대를 훨씬 앞선 발명품이어서 이후 50년 동안 개선되지 않았다. 19세기 전반부에 전기를 활용해 빛을 생산하려는 초기 시도가 있었지만, 마침내 리히트라이터의 디자인을 처음으로 개선한 사람은 프랑스의 내과의사였다. 1853년에 앙토냉 장 드소르모는 테레빈유와 알코올을 섞어서 태운 램프로 촛불을 대체했다. 드소르모는 처음으로 이 새로운 기구를 기벼운 수술에 사용했다. 10년 뒤, 더블린의 비뇨기과 전문의 프랜시스 크루즈는 드소르모의 리히트라이터를 개선해 요도 절개 및 기타 수술에 사용했다.

1879년에 토머스 에디슨이 믿음직한 백열전구를 발명한 이후 근무 시간이 늦은 밤까지 연장되면서 사람들의 삶이 영원히 달라졌다. 또한 전구는 수술 방식과 해부학 연구를 바꾸었으며, 더 작은 전구가 개발되면서 20세기 초에 내시경에 사용되었다. 보치니의 리히트라이터 이후 불과 1세기 만이었다.

6. 해부용 시신을 둘러싼 사회 문제

19세기 초반에 해부학은 외과 수련의 필수 과목으로 자리 잡았다. 이로 인해 영국에서 두 가지 문제가 발생했다. 첫째, 외과 수련생의 수요를 감당하기 위해 해부학 학교가 늘어나면서 교육의 질을 보장할 수 없었다. 학생들은 두 과목만 들으면 되었다.

1822년을 시작으로 왕립외과대학은 학교가 최소한의 기준을 갖추어 인증을 받도록 규제했다. 이 움직임은 성공적이었다. 인증을 받지 못한 학교는 학생 수가 줄어 끝내 폐교했고, 수준 높은 새로운 학교들이 시장에 입성했다. 1858년에 제정된 의료법 이후로 모든 의료인은 영국의 국가의료평의회General Medical Council에 등록해야 했다. 더 나아가 평의회는 양질의 의료 교육을 강조했다. 1871년에 한 곳을 제외한 모든 해부학 학교는 대학이 운영했으며, 의과대학 병원에 밀려 있었다.

해부학을 공부하는 학생이 늘어나면서 동반된 두 번째 문제는 합법적으로 해부할 수 있는 시신의 수가 부족해졌다는 것이다. 1752년 살인법으로 범죄 예방 효과가 높아짐에 따라 해부할 수 있는 사형수의 시신도 줄었다. 18세기에 해부학자와 거래하며 등장한 시신 도굴꾼은 19세기 초까지 활개를 쳤다. 모든 학교에서 해부 실습을 하는 것은 아니었지만, 런던에서만 475구가 해부되었고, 대부분 시신 도굴꾼한테서 공급받았다. 이런 식의 거래는 공공연하게 이뤄졌으며, 심지어 합의된 요율까지 있었다. 예를 들어 해부학 강사는 어린이의 시신을 기본 30cm에 6실링으로 시작해 2.54cm 추가될 때마다 9펜스를 지불했다. 기형이거나 특이한 시신은 더 높은 값에 거래되었다. 대중이 해부학을 곱지 않은 시선으로 보는 것도 당연했다.

충격적인 뉴스들이 반감을 부추겼다. 영국의 주요 도시에서 구역마다 시신 도굴단이 형성되었다. 한 도굴단은 명망 있는 외과 의사 여덟 명을 위해 일하면서 교회 묘지 서른 군데를 포함해 시 공동묘지, 런던 램버스 지역 빈민 매장지에서 시체를 훔쳤다. 런던의 도굴단이 국내 다른 지역으로 시신을 반출할 정도로 전국에서 수요가 증가했다. 1826년에 리버풀 항구에서는 악취의 원인을 조사하다가 '쓴 소금'(황산마그네슘)이라고 쓴 큰 나무통 3개에서 소금에 파묻힌 11구의 시신을 발견했다. 당시 해부학 학교로 명성이 높아지던 스코틀랜드 에든버러로 가는 수하물이었다.

일부는 최후의 수단으로 살인까지 저질렀다. 가장 유명한 사건은 에든버러에서 벌어졌다. 그곳에서 윌리엄 버크와 윌리엄 헤어는 해부학 선생 로버트 녹스에게 시체를 공급하기 위해 최소 16명의 남녀를 살해했다. 두 사람은 피해자가 만취할 때까지 술을 권한 다음 질식시킨 것으로 밝혀졌다. 이런 수법은 범인인 윌리엄 버크의 이름을 따서 '버킹burking'(해부용 살인)이라고 알려졌다. 버킹은 다른 시신 도굴꾼들에게도 전파되어 런던에서는 존 비숍과 토머스 윌리엄스가 '런던 버커스London Buckers'라는 이름으로 활동했다. 해부대 위에서는 시신이 살해된 것인지 자연사했는지 알 수 없었다.

에든버러 사건으로 돌아가면, 헤어는 증거 불충분으로 풀려났지만 버크는 1829년에 2만 5000명의 군중이 지켜보는 가운데 교수형에 처해졌고 그의 몸은 해부되었다. 이 장면을 지켜본 에든버러 의과대학 교수 몬로는 펜을 꺼내어 종이에 이렇게 썼다. "이 글은 에든버러에서 교수형에 처해진 윌리엄 버크의 머리에서 나온 피로 쓴 것이다." 에든버러 의과대학은 버크의 유골을 보존했고, 2022년 에든버러에서 열린 해부학 박람회에서 전시되었다.

버크와 헤어에 관한 책이 여러 권 출간되었다. 두 사람의 재판이 열리고 몇 주 만에 존 맥니가 공판의 속기 기록을 바탕으로 쓴

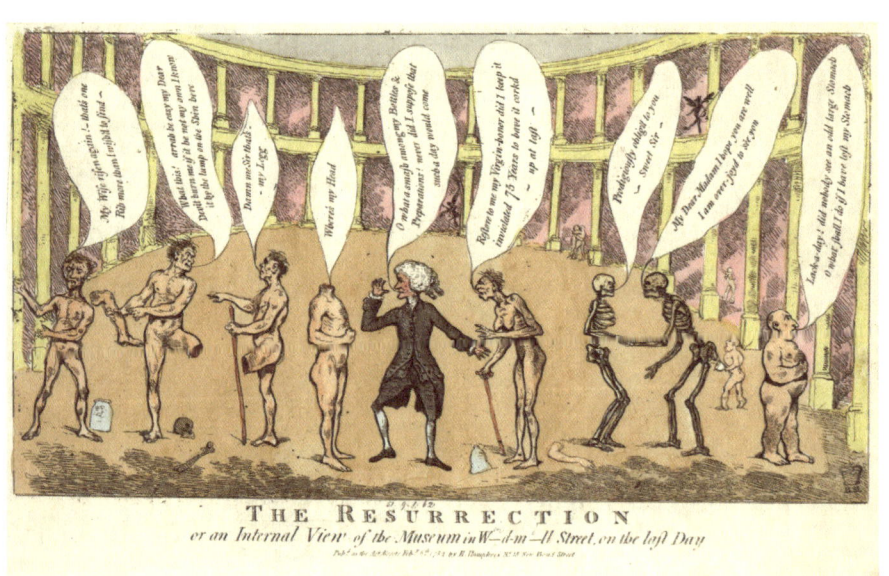

〈**부활** The Resurrection〉(1782)

토머스 롤런드슨의 풍자적인 만화. 런던의 윌리엄 헌터 해부학 박물관에서 심판의 날에 망자들이 되살아나는 상상을 했다. 머리가 없는 사람이 중앙의 헌터에게 자신의 머리가 어디 있는지 묻고 있다. 맨 오른쪽의 살찐 남성은 자신의 잃어버린 위를 발견한 사람이 있는지 묻고 있다.

『윌리엄 버크와 헬렌 맥두걸 재판: 제임스 윌슨과 다프트 제이미를 살해한 혐의로 윌리엄 헤어를 재판에 회부하기까지 전 과정을 포함함. 웨스트포트 살인사건에 대한 기이하고 흥미로운 정보를 부록에 수록했음 The trial of William Burke and Helen M'Dougal』이 나왔다. 책이 잘 팔리자 그는 이 살인사건에 대한 다른 내용들이 담긴『재판 부록 Supplement to the Trial』을 이어서 출간했다.

이 사건은 범죄 소설 작가들에게 영감을 주었다. 유명한 스코틀랜드 극작가 제임스 브라이디의 연극 〈해부학자 The Anatomist〉는 버크와 헤어의 행각을 바탕으로 한 코미디로 1931년에 초연되었다. 윌리엄 버크와 직접적인 연관이 있다고 할 만한 책은 한 권뿐이다. 에든버러 왕립외과대학이 소장한 이 작은 노트는 버크의 살가죽으로 장정되었고, 표지에는 "버크의 살가죽 수첩"이라는 글씨와 테두리가 금박으로 장식되어 있다. 뒤에는 누군가가 "1829년 1월 28일에 처형되었음"이라고 적어놓았다.

에든버러 살인사건에 대한 대중의 분노에도 불구하고 시신 탈취 관행은 계속되었다. 1831년, 북쪽의 스코틀랜드에서는 개가 땅을 파헤치다가 시체 한 구를 발견했는데, 애버딘 왕립대학 해부 극장에서 해부한 후 부주의하게 묻은 것이었다. 소문이 퍼지면서 100명 이상의 군중이 모여서 시위를 벌였다. 시위대 일부가 대학 건물에 난입해 마침 연구를 위해 준비된 시신 3구를 더 발견했고, 애버딘시의

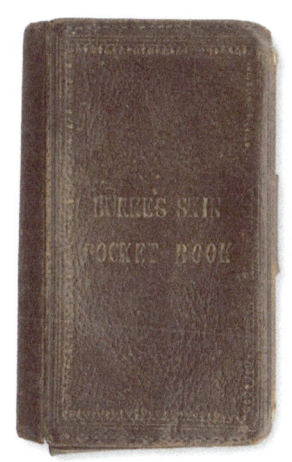

버크의 살가죽 장정 노트
(1829)

에든버러의 강도 살인자 윌리엄 버크의 살가죽으로 장정한 기념 수첩.

첫 번째 해부학 강사였던 앤드루 모이어를 폭행하고 거리에서 추격했다. 군중은 이미 2만 명가량으로 불어나 '버킹 숍 burking shop(살인자 가게)을 타도하라'라는 구호를 외치며 건물에 불을 질렀다.

이런 시위 결과로 영국 정부는 1832년에 해부학법을 통과시켰고, 해부 가능한 시신의 종류를 확대했다. 이 법은 1752년 살인법으로 허용되었던 사형수 시신 해부를 중단하고 대신 영국의 자선병원이나 작업장에서 사망한 사람에 대해 48시간 안에 유가족이 나타나지 않을 경우 해부를 허가했다.

이 법은 특히 1834년에 통과된 신新구빈법으로 빈곤층이 작업장으로 몰리면서 크게 성공했다. 사람은 많고 운영 자금은 부족한 기관에서 많은 사람이 죽어 나갔고, 결과적으로 해부용 시신도 늘어났다. 작업장의 감독관은 비용 충당을 위해 시신을 판매했고, 합법적 거래가 가능해지면서 시신의 가격이 낮아지자 마침내 시신 도굴단과 불법으로 거래할 필요가 없게 되었다. 그 효과는 금지 약물의 합법화와 비슷했다.

해부학법은 영국의 악명 높은 계급 체계를 부각시키는 효과가 있었다. 부유하고 권력 있고 교육을 많이 받은 사람들은 과학의 발전을 내세우며 해부를 지지했다. 자신의 몸이 난도질당할 일은 없었기 때문이다. 작업장에서 아무도 찾아가지 않는 시신은 가족이 장례조차 치러줄 수 없는 빈곤한 사람의 것이었다. 해부학법의 예기치 않은 결과는 망자의 주검에 대한 굴욕스럽고 경멸적인 공개 해부를 가난한 사람들의 몫으로 만든 데 있었다. 해부는 더 이상 범죄에 대한 형벌이 아닌 가난한 죄에 대한 형벌이 되었다.

7. 해부학 교재 발간

해부학 교육을 규제하려는 왕립외과대학의 움직임으로 근대적인 해부학 교과서가 필요하게 되었다. 한 아일랜드 형제와 그 사촌이 유용한 해부학 교재를 발간했다.

형인 존스 콰인(1796~1865)은 1825년에 코크주에서 런던으로 자리를 옮겨 올더스게이트 의과대학에 임용되었다. 올더스게이트 의대는 그해 왕립외과대학이 내놓은 새로운 정책에 대놓고 반대하면서 개교한 학교였다. 사립학교 중에서도 좋은 축에 속했지만 차츰 경쟁 기관에 교수진을 빼앗기면서 결국 1848년에 폐교했다. 설립자 윌리엄 로런스는 왕실의 권위에 저항했음에도 나중에 왕립외과대학의 총장이 되었다. 콰인은 1825년에 왕립외과대학에 합류했고, 1831년에는 유니버시티칼리지 런던에서 일반 해부학 교수로 임명되었다.

존스 콰인은 올더스게이트에서 가르친 경험을 바탕으로 『학생을 위한 기술 해부학 및 실용 해부학 기초 Elements of Descriptive and Practical Anatomy for the Use of Students』를 써서 1828년에 출간했는데, 출간 직후부터 표준 교재로 빠르게 자리 잡았다. 이후 19세기 동안 주기적으로 업데이트되어 이어지는 60년 동안 총 열 번 개정판이 나왔다. 마지막 4개 판본은 그의 사후에 개정된 것이다. 1858년에 헨리 그레이의 『그레이 해부학 Gray's Anatomy』이 나오기 전까지는 경쟁자가 없었다.

존스의 동생인 리처드 콰인(1800~1887)은 올더스게이트에서 존스의 학생으로 있다가 1828년에 유니버시티칼리지 런던에서 해부 시연자가 되었고, 그곳에서 또 잠시 형의 해부 시연자로 일했다. 그러다가 1년 뒤인 1832년에 리처드는 유니버시티칼리지 런던 기술 해부학 학과장 자리를 제안받았고 마침내 그 대학 노스런던 수련병원에서 임상외과 특별 교수가 되었다. 하지만 그는 고약한 성미와 타인에 대한 질시로 승진이 좌절되곤 했다. 그때마다 그는 그들에게 속셈이 있다고 비난했다. 하지만 그는 잘나가는 형을 못마땅해했어도 형이 쓴 『학생을 위한 기술 해부학 및 실용 해부학 기초』의 개정판 편집을 그만두지는 않았다.

1844년에 리처드 콰인 자신도 많은 찬사를 받은 『인체 동맥의 해부학과 병리학 및 수술 외과학의 적용*The Anatomy of the Arteries of the Human Body, with its Applications to Pathology and Operative Surgery*』(이하 『인체 동맥의 해부학』)을 출간했다. 이 책은 그가 직접 관찰한 약 1040건의 해부를 바탕으로 쓴 것이다. 삽화는 런던에서 일하는 아일랜드 화가 조지프 맥리즈가 그렸다. 해부된 시신을 여전히 사실적으로 표현

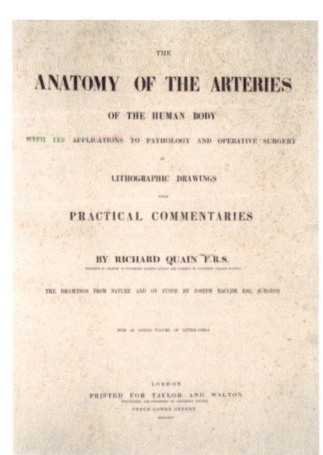

『인체 동맥의 해부학』(1844)
리처드 콰인(1800~1887)이 집필한 책의 속표지.

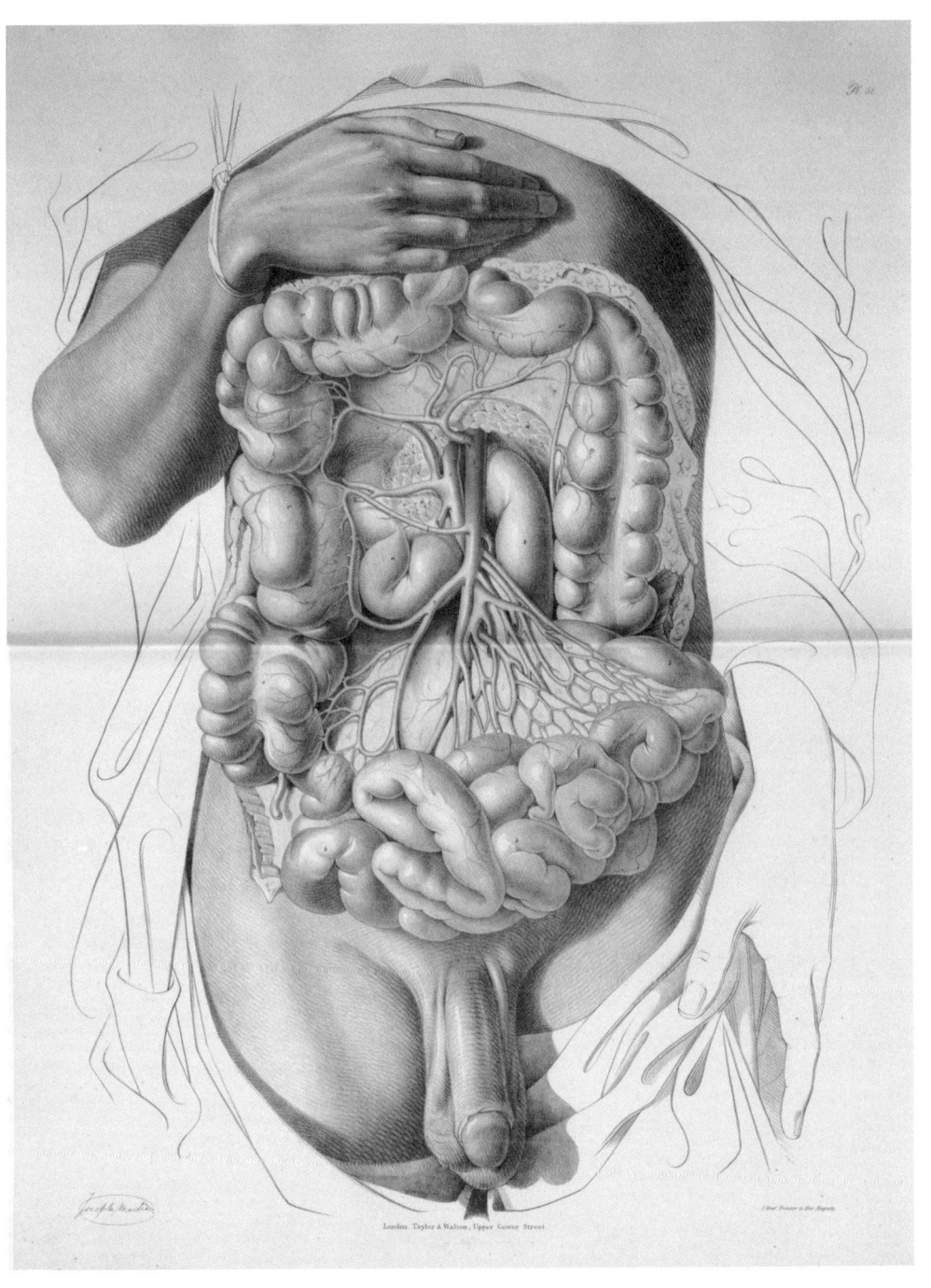

『인체 동맥의 해부학』(1844)

복부 해부도. 오른손은 붕대에 묶여 치워져 있다. 주변의 수의는 개략적으로 표현되어 해부학적 세부 사항의 정확성을 부각한다.

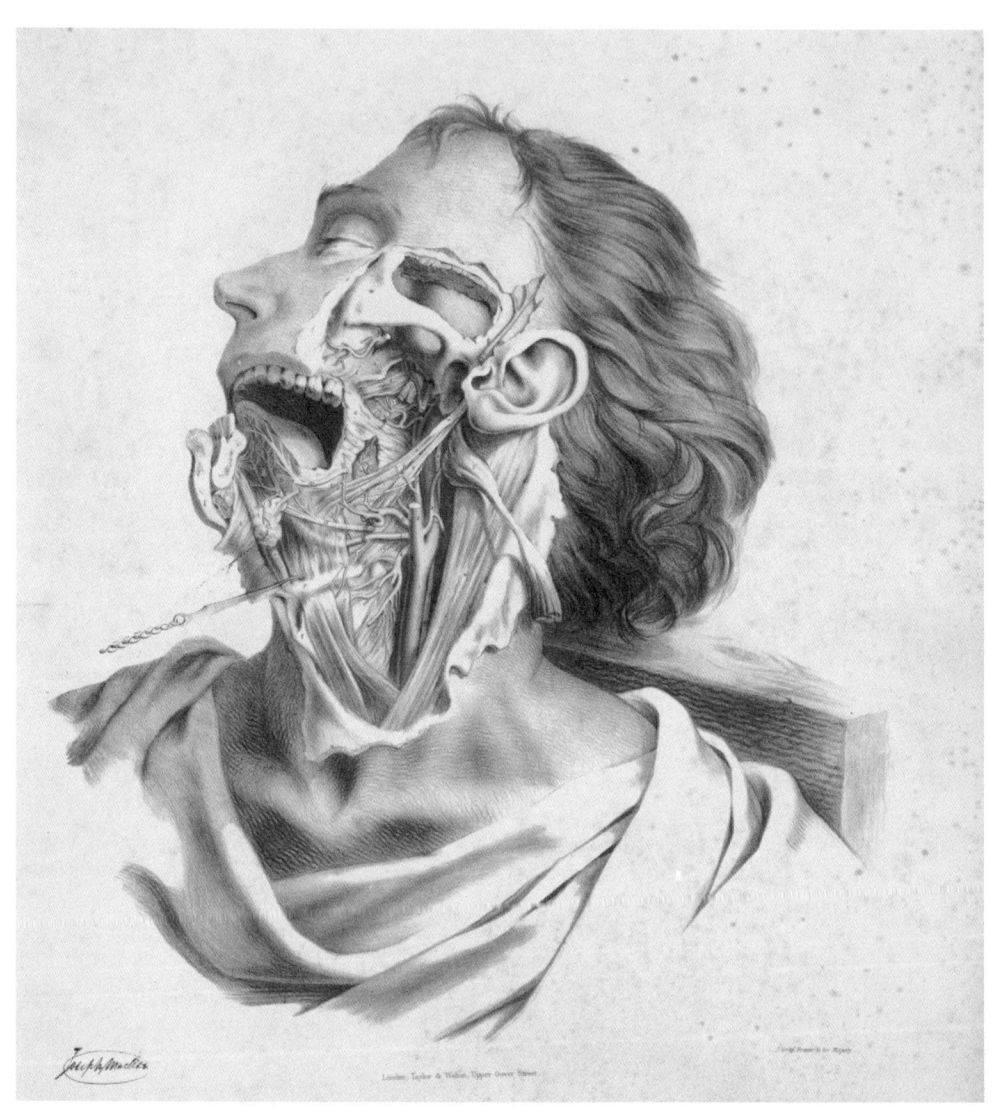

『인체 동맥의 해부학』(1844)

머리가 나무 토막 위에서 뒤로 젖혀져 목과
아래턱의 구조를 드러낸다.

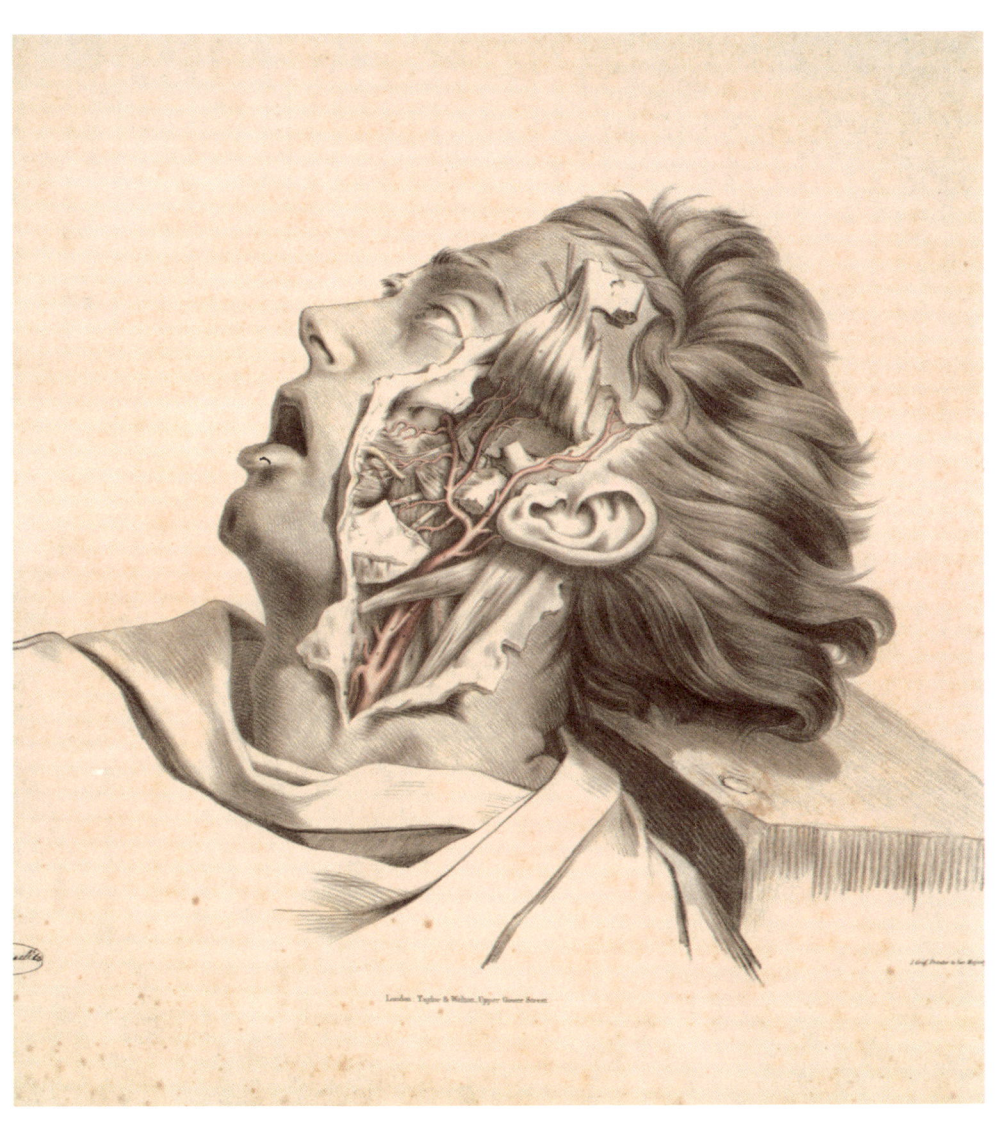

『인체 동맥의 해부학』(1844)

볼의 해부 구조.

『인체 동맥의 해부학』(1844)

리처드 쾌인의 책에 실린 조지프 맥리즈의 그림은 예술적 기교가 굉장히 뛰어나다. 여기에서는 여성의 골반 부위에 자리 잡은 내장의 조직 단면도를 포함한다.

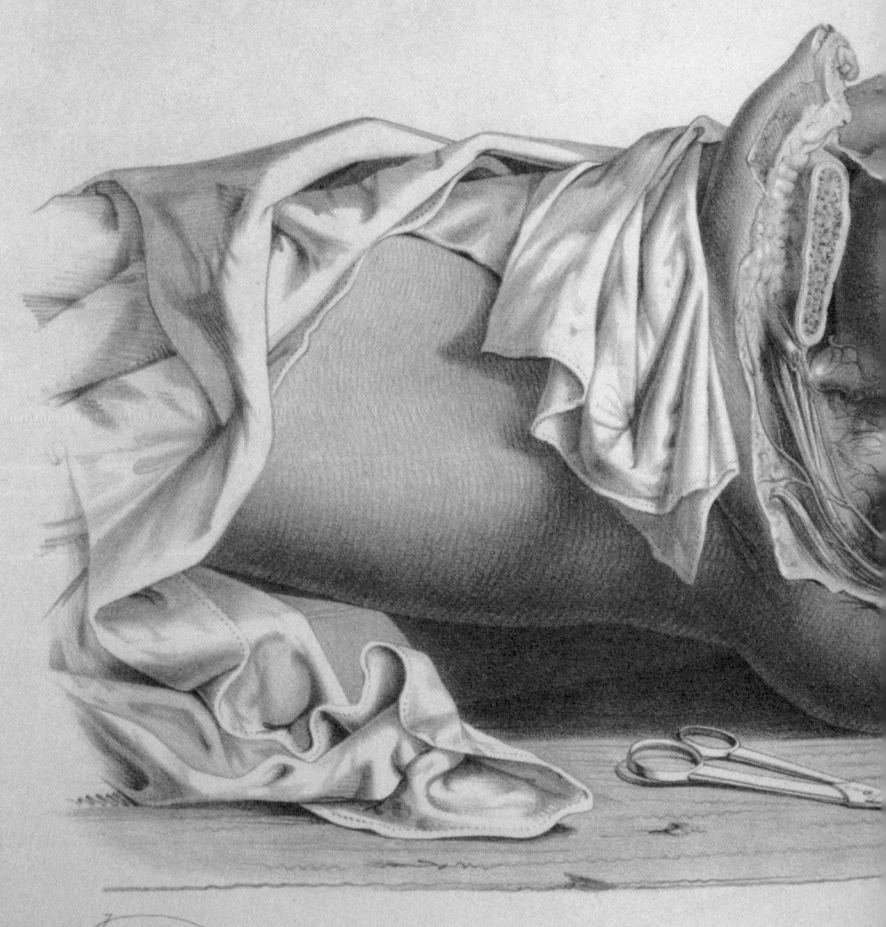

Pl. 59.

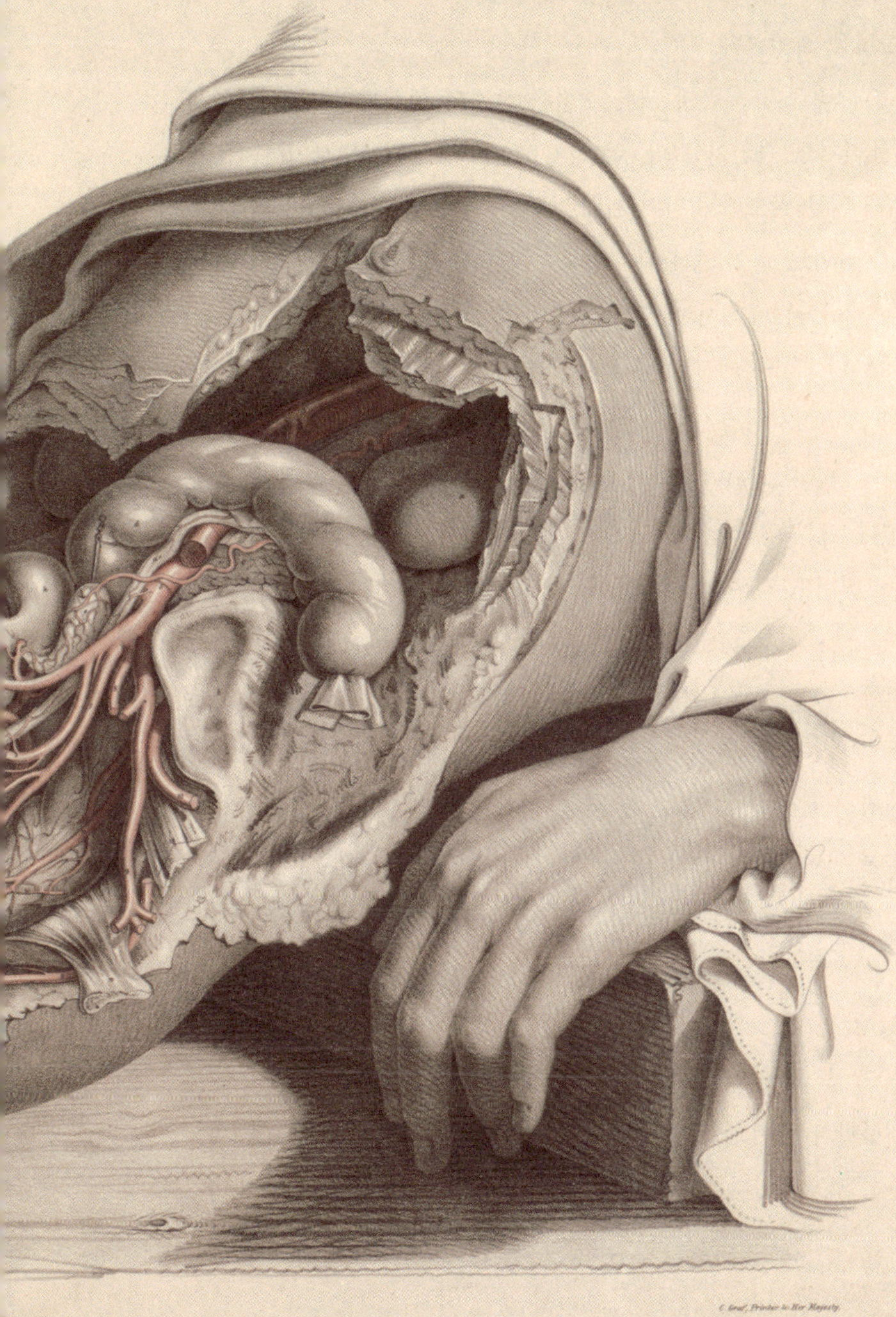

Gower Street. C. Graf, Printer to Her Majesty.

하면서도 관심 부위의 주변 지역은 선을 부드럽게 처리하고 대략의 윤곽만 그려, 보는 이의 시선을 중요한 부위에 집중시키는 아름다운 책이었다.

맥리즈의 도판에 대한 주석은 존스와 리처드의 사촌인 또 다른 리처드 콰인이 썼다. 이 리처드 콰인은 훗날 빅토리아 여왕의 주치의를 맡으며 준남작 지위를 받아 리처드 콰인 경이 되었다.

리처드 콰인 경(1816~1898)은 유니버시티칼리지 런던에서 사촌인 리처드에게서 해부학을 배운 게 틀림없고, 의학 연구를 위해 1837년에 그곳에 등록했다. 이윽고 그는 한때 사촌 존스가 차지했던 유니버시티칼리지 런던의 일반 해부학 교수 자리에 임명되었다. 그러나 1850년에 사임하고 수입이 좀 더 나은 병원 일에 집중했다. 그는 영국 남부의 3개 병원에서 자문 의사로 활동했다.

리처드 경은 자신이 쓰고 편집까지 한 『콰인의 의학 사전Quain's Dictionary of Medicine』으로 의학 출판의 신기원을 이루었다. 7년의 편집 끝에 1882년에 초판 제1권이 나왔는데 의과 학생들의 빈 무기고를 채우며 20세기까지 인쇄되었다. 그는 1850년에 훗날 '콰인의 지방성 심장Quain's fatty heart'으로 알려지게 될 심장 지방 질환에 관한 논문을 발표해 생리학 분야에서 기억된다.

8. 골상학

해부학의 발전은 신체 구조에 대한 미신을 타파하고 진실을 발견하는 과정이었다. 따라서 적어도 현대에 와서는 이 학문이 막다른 골목으로 간 적은 드물었다. 그러나 19세기 전반부에 의학계를 장악한 흥미로운 유행이 있었으니, 바로 골상학이다. 두개골의 돌출 모양을 통해 개인의 성격을 파악할 수 있다는 골상학의 기본 개념은 잘못된 해부학적 추론에 기반을 두었고 19세기 중반에 그 오류가 증명되었다. 그럼에도 골상학은 빠르게 대중화되었고 사람들 사이에서 이 그릇된 믿음은 오래 남았다. 오늘날 골상학은 과학의 엄밀함이 지닌 중요성을 상기시킨다.

독일 의사 프란츠 요제프 갈(1758~1828)은 어릴 때부터 가족 구성원 간의 성격 차이에 흥미를 느꼈다. 그는 1796년에 자신의 이론을 바탕으로 강연을 시작했다. 그는 뇌가 여러 '근육'으로 구성되었으며 각각 행동의 여러 측면을 다스린다고 믿었다. 그리고 각 '근육'의 발달 정도에 따라 두개골 표면에 불규칙한 굴곡이 생긴다고 주장했다. 그는 1819년에 『신경계의 일반 해부학 및 생리학, 특히 인간과 동물의 지적·도덕적 성향을 머리 형태로 짐작할 수 있다는 가능성에 대한 주장과 함께 뇌를 다루고 있음 _Anatomie et physiologie du système nerveux en général, et du cerveau en particulier, avec des observations sur la possibilité reconnoître plusieurs dispositions intellectuelles et morales de l'homme et des animaux, par la configuration de leurs têtes_』에

프란츠 요제프 갈(1758~1828)

골상학자의 초상화. 화가 미상.

요한 가스파르 슈푸르츠하임 (1776~1832)

갈의 조수 슈푸르츠하임은 골상학을 대중화했다.

6장　발명의 시대　335

서 자신의 이론을 발표했다.

갈과 그의 조수 요한 가스파르 슈푸르츠하임(1776~1832)은 이미 1809년에 공동으로 『신경계의 일반 생물학 및 뇌에 대한 연구 Untersuchungen über die Anatomie des Nervensystems überhaupt, und des Gehirns insbesondere』를 발표한 바 있지만, 두 사람은 이 새로운 '과학'의 성격과 영향에 대한 의견이 달랐다. 결국 슈푸르츠하임은 혼자서 독자적인 강의 시리즈 〈갈 박사와 슈푸르츠하임 박사의 골상학 강의 The Physiognomical System of Drs Gall and Spurzheim〉를 시작했다. '골상학 phrenology'이라는 용어를 만든 것도 슈푸르츠하임이었다. 갈이 인지한 서로 다른 '근육'

〈골상학자들 The Phrenologist〉(1825)

에드워드 헐(활동 시기 1820~1834)은 두개골이 괴이한 골상학자들이 정상인 젊은 여성의 머리를 조사하는 장면을 통해 골상학 열풍을 풍자했다.

336

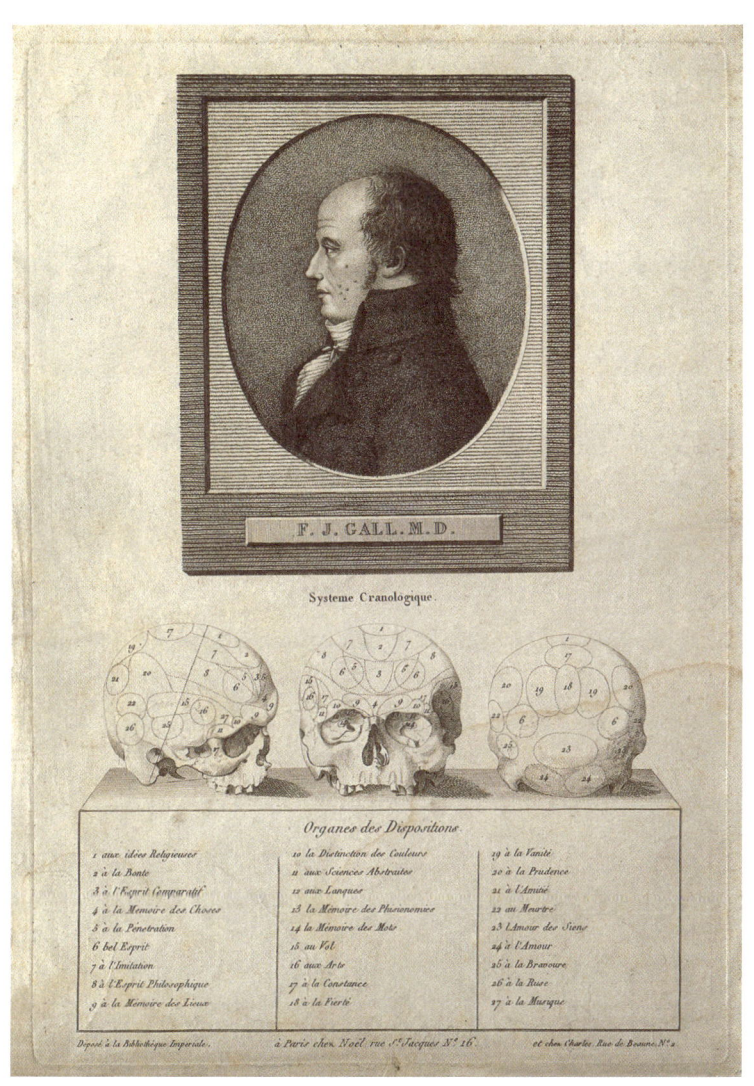

프란츠 요제프 갈 (1758~1828)

갈이 골상학 이론에 대해 쓴 책의 프랑스어 판본 삽화. 그의 초상화 아래로 3개의 두개골이 머리의 비정상적인 돌출 형태와 성격 사이의 연관성을 설명한다.

은 27개였지만, 슈푸르츠하임은 40개나 찾았다. 그는 유럽 전역을 돌아다니면서 골상학 이론의 대중화를 선도했다. 그는 골상학적으로 서로 형태가 다른 흰색 세라믹 머리 모형을 보조 도구로 들고 다니며 사람들에게 설명할 때 그 위에 표시된 지형도를 가리키곤 했다.

스코틀랜드의 에든버러는 1816년에 슈푸르츠하임이 자신의 이론을 비판한 학술지 논문을 반박하려고 방문한 이후로 골상학 연구의 특별한 중심지가 되었다. 프랑스 역시 골상학을 열정적으로 받아들였다. 그중에서도 가장 대표적인 저술은 조제프 비몽(1795~1857)의 『인간 및 비교 골상학 논문 Traité de phrénologie humaine et comparée』이다. 이 두꺼운 책에는 실물 크기의 인간 및 동물의 두개골 이미지가 수록되었는데, 유명한 석판화가 고드프로이 엥겔만이 작업했다. 이 책의 시장성을 파악한 출판사는 1832년에 제1권을 출간하면서 본문과 그림 캡션에 프랑스어와 영어를 함께 표기했다.

골상학은 미국에서도 인기를 끌었다. 슈푸르츠하임은 1832년에 미국 순회강연을 다녔는데, 보스턴에서 장티푸스로 사망하면서 중도에 종료되었다. 보스턴에서는 슈푸르츠하임의 뇌, 두개골, 심장을 전시하고 정성껏 장례를 치른 뒤 매사추세츠 공동묘지에 기념 석관을 세웠다.

머리의 돌출 형태와 성격 사이에는 아무런 상관관계가 없다. 그러나 슈푸르츠하임은 관계가 있다고 여겼을 뿐 아니라 나름의 인간 서열이 있다고 주장했다. 선천적 우월성이나 열등성이 두개골 모양으로 구현된다는 논리 때문에 인종차별주의자, 성차별주의자, 지성주의자들은 골상학을 떠받들었고, 이후에도 비슷한 유

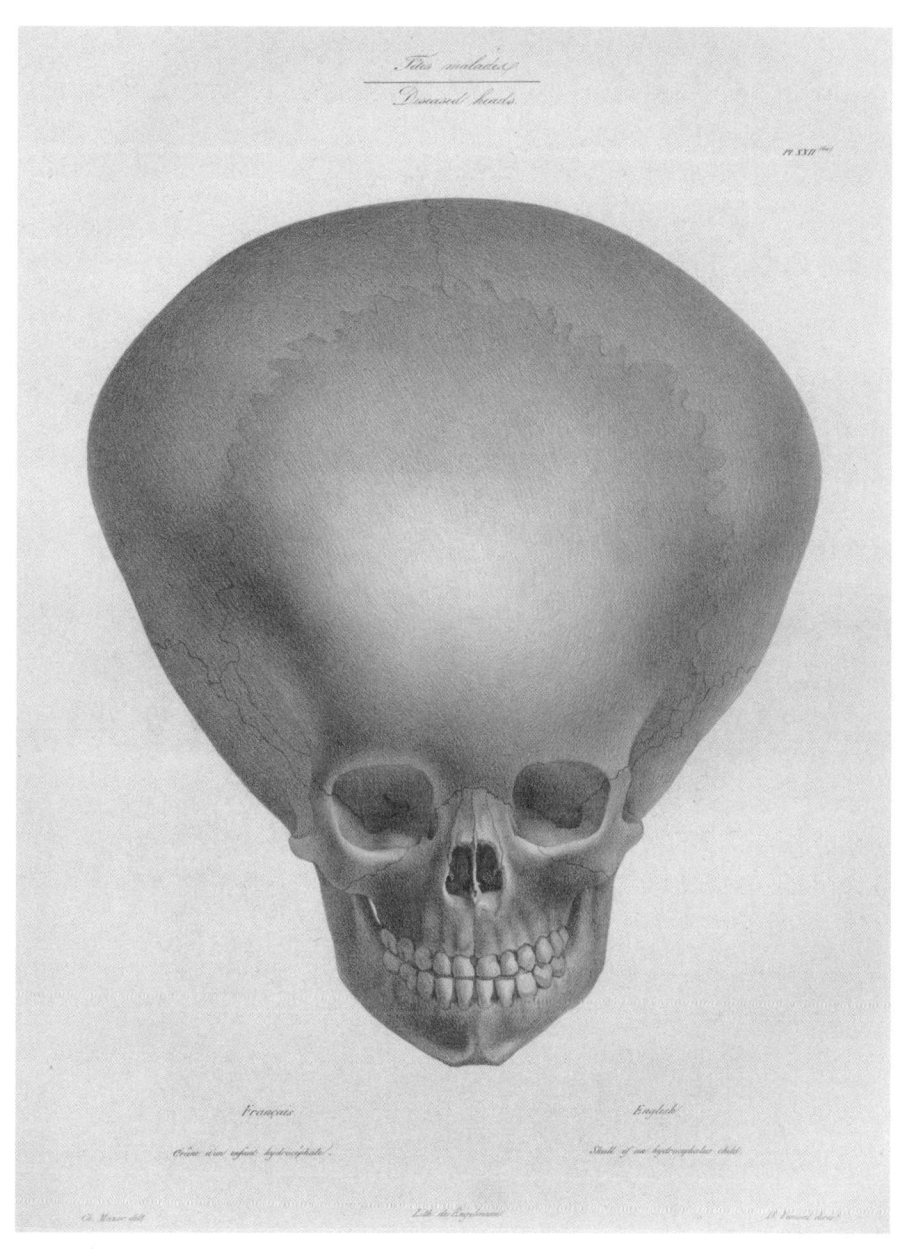

『인간 및 비교 골상학 논문』(1832)

뇌수종(뇌에 유체가 쌓이는 증상)을 앓은 아이의 두개골. 조제프 비몽의 골상학 책에서 기초했다.

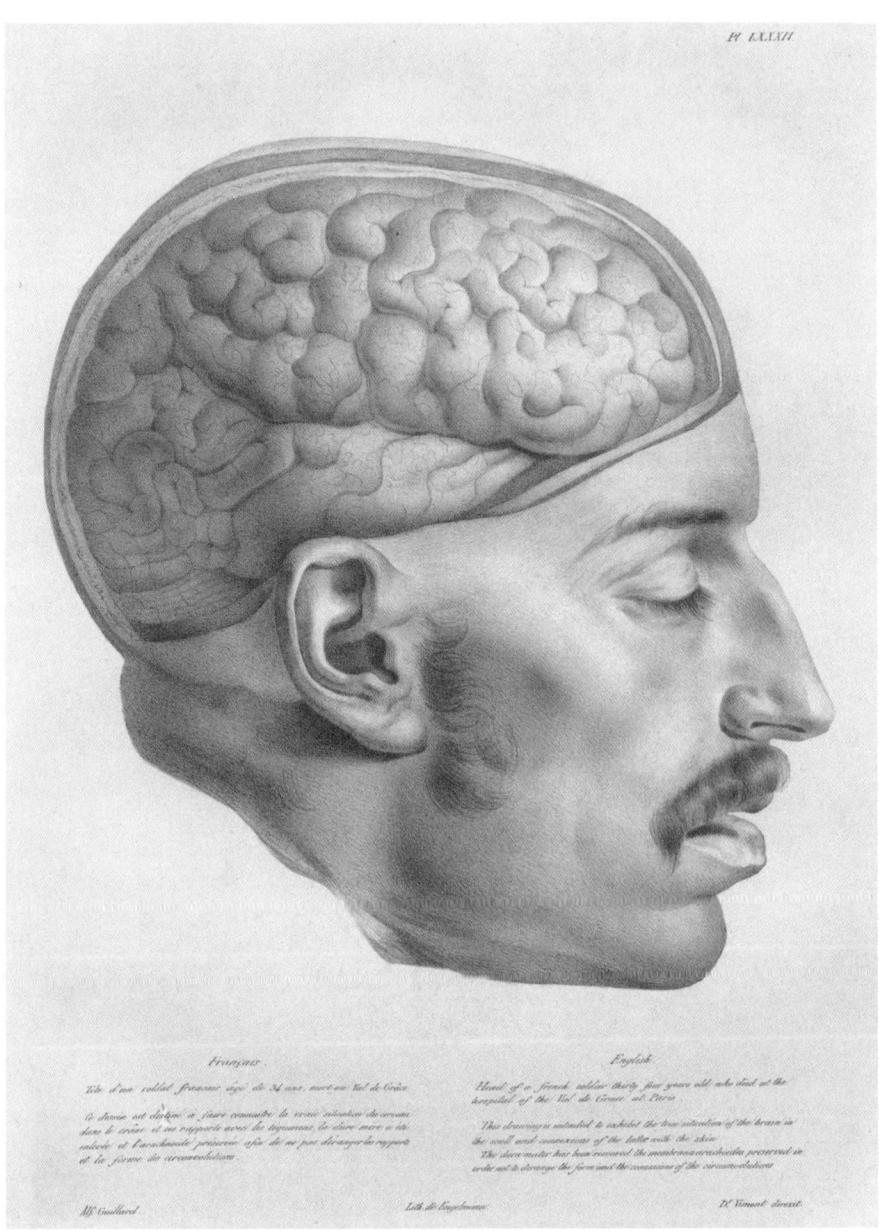

『인간 및 비교 골상학 논문』(1832)

어느 프랑스 병사의 머리. 두개골에서 뇌의 실제 상태. 그리고 피부와의 연관성을 보여준다.

사과학에 빠져들었다.

골상학의 과학적 근거는 약했지만, 뇌의 각 영역이 저마다 맡은 역할이 있다고 처음 제안한 사람이라는 점에서 프란츠 요제프 갈은 인정을 받을 만하다. 골상학 이론의 오류를 주도적으로 증명한 사람은 같은 분야에서 일했던 프랑스인 피에르 폴 브로카(1824~1880)였다. 오늘날 브로카 영역이라고 알려진 발화 관련 영역에 대한 연구는 뇌 기능의 국소화를 맨 처음 과학적으로 증명한 사례였다. 초기에 브로카는 흑인을 유인원과 인간의 중간 단계로 보는 인종차별적 발언을 했지만 말년에 발언을 철회했다.

브로카는 발화와 뇌에 관한 연구를 1861년에 『파리 해부학회 회보Bulletin de la Société Anatomique de Paris』에 「음성 언어의 자리에 대한 비고Remarques sur le siège de la faculté du langage articulé」라는 제목으로 처음 발표했다. 이 혁신적인 결과는 찰스 다윈(1809~1882)의 『종의 기원』이 출간된 지 2년 만에 발표되어 더욱 큰 반향을 일으켰다. 다윈은 해부학자가 아니었지만, 그의 진화론은 생물학의 모든 분야에 지대한 영향을 미쳤다.

9. 살아 있는 해부학 교과서, 『그레이 해부학』

『종의 기원』이 출간되기 1년 전에 해부학자들이 더 즉각적인 관심을 보인 것은 모두가 알고 있는 어느 해부학 책의 출간이었다. 『해부학: 기술 해부학과 수술 해부학Anatomy: Descriptive and Surgical』, 또는 좀 더 친숙한 제목인 『그레이 해부학Gray's Anatomy』은 현재 42번째 개정

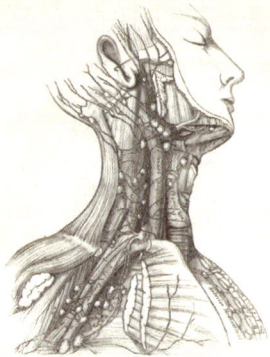
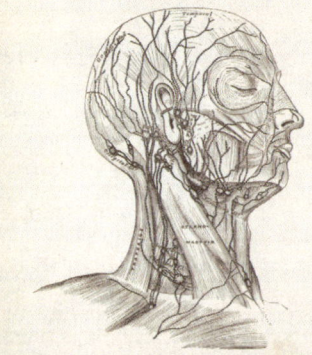

『그레이 해부학』(1858)

헨리 그레이가 쓴 『해부학: 기술 해부학과 수술 해부학』의 초기 성공 열쇠는 헨리 반다이크 카터가 그린 단순하고 명료한 소묘에 있다.

- 목과 가슴 깊숙이 있는 림프관과 샘.
- 머리, 얼굴, 목에 얕게 있는 림프관과 샘.

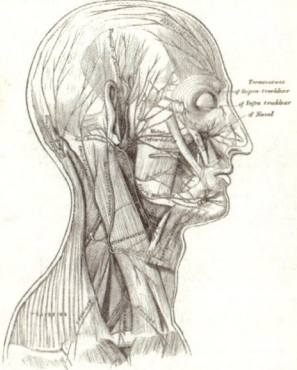
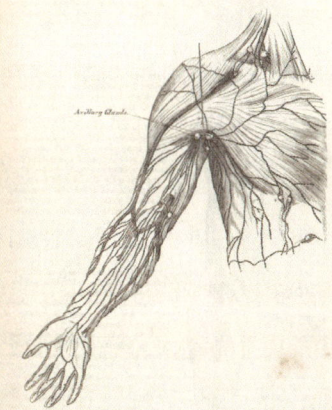

『그레이 해부학』(1858)

■ 두피, 얼굴, 목의 옆쪽을 흐르는 신경.
□■ 팔 위쪽에 얕게 흐르는 림프관과 샘.

판이 나왔고, 42권 모두 해부학자의 서재에서 여러 선반을 차지하고 있다. 이 책은 단순한 역사적 맥락보다는 실사용의 측면에서 가장 오랫동안 출판되고 있는 해부학 책이다. 첫 두 판본을 제외한 나머지 모두 그레이가 천연두로 일찍 세상을 떠난 후에 출간되었다는 사실은 이 책의 변치 않는 유용성을 보여준다.

헨리 그레이(1827~1861)는 런던 세인트조지 수련병원의 장래가 촉망되는 의대생이었다. 그는 교육 수준을 높이려는 영국 왕립외과대학의 포부와 해부용 시신 공급을 개선한 1832년 해부학법의 훌륭한 산물이었다. 그레이는 신중한 해부학자이자 예리한 관찰자였고, 1848년에는 척추동물의 눈을 비교한 논문으로 왕립외과대학에서 주는 상을 받았다.

그는 1853년에 세인트조지 수련병원에서 강사로 일을 시작하면서 학생들을 위해 잘 구성된 저렴한 해부학 교과서가 필요하다고 느꼈다. 그는 세인트조지 수련병원의 전직 해부자이자 자신과는 이미 비장에 관한 논문을 함께 쓴 적이 있는 헨리 반다이크 카터(1831~1897)와 뜻을 모았다. 카터는 『그레이 해부학』의 삽화를 그렸는데, 이 책의 성공에 상당한 지분을 가진 만하다. 초판은 내면서 출판사는 원래 두 사람의 이름을 표지에 같은 크기로 인쇄하려고 했으나 그레이의 고집으로 카터의 이름은 축소되었고, 뭄바이 그랜트칼리지 해부학과 교수라는 그의 직함 역시 삭제되어 '전직 해부자'라고만 표기되었다.

그레이는 과거에도 비장에 관한 논문에서 카터의 이름을 넣지 않은 채 출판했고 이 논문으로 300기니의 상금을 탔다. 그는 『그레이 해부학』 판매 부수 한 권당 3실링의 인세를 받았으나 카터에게는 통틀어 한 번에 150파운드만 주었다. 두 사람은 대개 친구로 묘사되지만, 일기에서 카터는 그레이를 '속물'이라고 언급한 적이 있고, '아무래도 타인에 대한 시기'에 의해 동기부여를 받는 것 같다고 썼다. 카터의 훌륭한 삽화는 이후 60년 동안 후속 판본에서 계속 사용되었다.

초판에는 363점의 삽화가 실렸고, 전체 분량은 750쪽이었다. 이 책은 그림이 명료하고 방대한 영역을 다루었기 때문에 인기가 있었다. 『그레이 해부학』은 초심자를 위한 입문서를 넘어 전문가에게도 유용한 참고 서적이었다. 이 책의 절대적 권위를 유지하기 위해 새로운 판본이 나올 때마다 점점 더 많은 항목을 추가해 1990년에 나온 38번째 개정판은 2092쪽이나 된다.

그때부터 교육용 자료라는 이 책의 원래 목적을 되돌리려는 노력이 일어났다. 그러나 『학생용 그레이 해부학 Gray's Anatomy for Students』과 『그레이 해부학 도해집 Gray's Atlas of Anatomy』 같은 자매서를 낳았다는 사실은 이 책이 얼마나 의학계에 깊이 뿌리를 박고 있는지 보여준다. 카터의 삽화가 사진이나 3차원 모형 같은 첨단 기술에 자리를 내주고, 그레이의 기관계 중심의 접근이 (비록 최근의 39번째 개정판에서이긴 하지만) 신체 부위별 구성으로 바뀌었을지는 몰라도, 이 책의 명성과 위상을 쉽게 무너뜨릴 순 없을 것 같다.

10. 세포 수준의 해부학

『그레이 해부학』은 1858년이라는 적절한 시기에 나왔다. 같은 해

루돌프 피르호(1821~1902)

피르호의 목판 초상화. '생명을 위한 싸움', 세포병리학의 아버지.

에 영국에서 '의료 및 수술 종사자를 규제하는 법률 (……) 의학적 도움이 필요한 환자가 의료인 자격이 있는 사람과 그렇지 않은 사람을 구분하게 하기 위한 목적'의 의료법이 실시되었다. 또한 루돌프 피르호(1821~1902)의 『조직생리학과 조직병리학에 기초를 둔 세포병리학*Die Cellularpathologie in ihrer Begründung auf physiologische und pathologische Gewebelehre*』도 출간되었다. 해부학의 이런 놀라운 발전은 『그레이 해부학』의 나중에 나온 개정판에만 반영되었다.

그자비에 비샤가 현미경을 거부하지 않고 연구를 계속했다면 루돌프 피르호 같은 병리학자가 되었을 것이다. 비샤가 장기를 구성하는 조직을 보고 이해했다면, 피르호는 그 조직을 이루는 세포를 보았다. 피르호는 질병 때문에 세포가 변하는 방식을 연구했고, 『조직생리학과 조직병리학에 기초를 둔 세포병리학』은 응용 해부학의 새로운 단계, 즉 조직학의 시작을 알렸다.

이제부터 해부학의 중요한 혁신은 세포 수준에서 이루어진다. 피르호가 자신의 책에 "모든 세포는 세포에서 온다"라고 쓴 것은 "모든 살아 있는 것은 하나의 살아 있는 것에서 온다"라고 선언한 이탈리아 생물학자 프란체스코 레디의 말을 반복한 것이다. 하등생물은 환경에서 자연적으로 발생한다는 통념에 대한 역공격이었다. 오늘날 우리는 구더기가 파리의 알에서 부화한다는 것을 알고 있지만, 당시 사람들은 썩은 살점에서 저절로 구더기가 생긴다고 생각했다.

1845년에 출간된 첫 번째 책에서 피르호는 최초로 백혈병을 병리학적으로 설명했다. 그리스어로 '흰색 피'라는 뜻의 백혈병 leukaemia이라는 용어도 그가 만든 것이다. 피르호는 질병이란 건강한 세포가 변한 결과이며, 세포 집단은 다양한 질병에 영향을 받는다고 확신했다. 의사가 오로지 증상만으로 병을 진단했던 시대

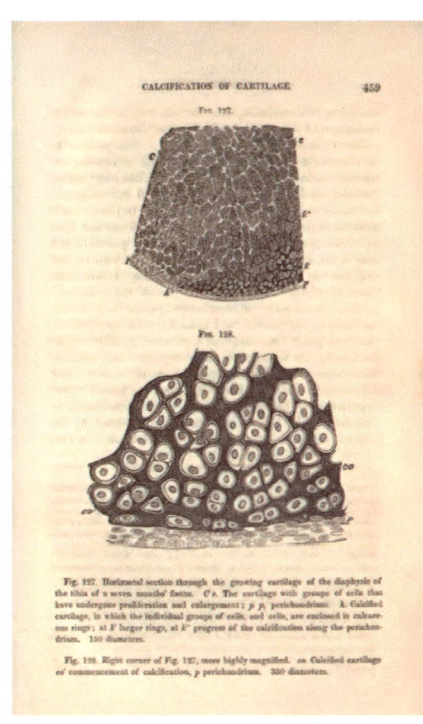
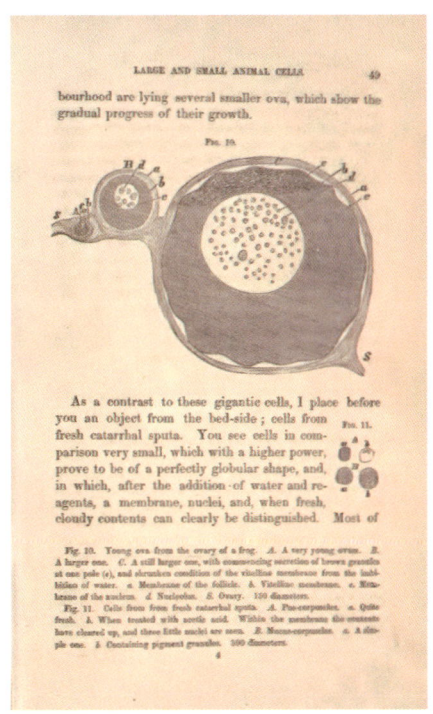

『조직생리학과 조직병리학에 기초를 둔 세포병리학』(1858)
- 7개월 된 태아의 정강이뼈에서 석회화된 연골. 2단계 확대.
- 개구리의 난소. 다양한 발달 단계의 난자가 들어 있다.

에 피르호는 환자의 병든 세포를 조사하면 좀 더 정확한 결론에 도달할 것이라고 주장했다. 그는 평생 질병 연구에 헌신했고, 혈전, 색전증, 척색종, 갈색증 등 많은 병증을 기술하고 이름 붙였다.

자기가 하는 일이 틀렸다는 말을 듣고 싶어 하는 의사는 없을 것이다. 하지만 피르호는 상당한 반대에 부딪혔다. 학술지들이 그의 논문을 출판하지 않겠다고 거부하자, 아예 자신이 직접 『병리해부학, 생리학, 임상의학 서고 Archiv für pathologische Anatomie und Physiologie, und für klinische Medizin』라는 학술지를 창간해 난관을 극복했다. 이 학술지는 근대적 접근과 철저한 연구를 고집했으며, 현재도 『피르호 서고: 유럽 병리학 저널 Virchows Archiv: European Journal of Pathology』이라는 학술지로 정식 발간되고 있다.

피르호는 공중보건을 강력히 옹호하는 의사이자 정치인이었다. 장티푸스로 타격을 입은 독일의 고향을 방문했을 때 그 지역의 가난을 목격하고 큰 충격을 받았다. 그는 "의학은 사회 과학"이며 "정치는 대규모로 확장된 의학으로 그 이상도 이하도 아니다"라고 선언한 바 있다. 피르호는 1848년 유럽을 휩쓴 사회주의자 혁명에 가담했다는 이유로 파면되었고, 후에 독일진보당을 공동 설립했다. 피르호가 군대 예산에 대해 오토 폰 비스마르크의 의견에 반대하자 그는 결투를 신청했다. 이 도전에는 두 가지 버전의 결말이 떠돈다. 야만적이라는 이유로 피르호가 결투를 거절했을 가능성이 좀 더 크지만, 다른 주장에 따르면 결투 신청을 받은 쪽인 피르호에게는 무기 선택권이 있었고, 그는 소시지를 골랐다. 두 소시지 중에서 하나는 먹어도 안전했고, 다른 하나는 회충의 유충이 들어 있었다. 이 버전에서 결투를 거절한 쪽은 비스마르크였다.

피르호는 원래 프로테스탄트 목사의 길을 선택했었다. 그는
『일과 수고로 가득 찬 삶은 짐이 아닌 축복이다Ein Leben voller Arbeit und
Mühe ist keine Last, sondern eine Wohlthat』라는 논문으로 졸업했다. 그는 81세
에 움직이는 트램에서 뛰어내려 다리가 부러진 후 노환으로 세상
을 떠났다.

11. 마취술

19세기 후반부에 해부학은 계속해서 발명의 수혜자가 되었다.
1804년에 하나오카 세이슈가 통선산으로 유방 절제술에 성공

호러스 웰스(1815-1848)

웰스는 1845년에 아산화질소로 마취술을 시연했다.

크로퍼드 롱(1815-1878)

롱은 1846년에 에테르로 마취술을 시연했다.

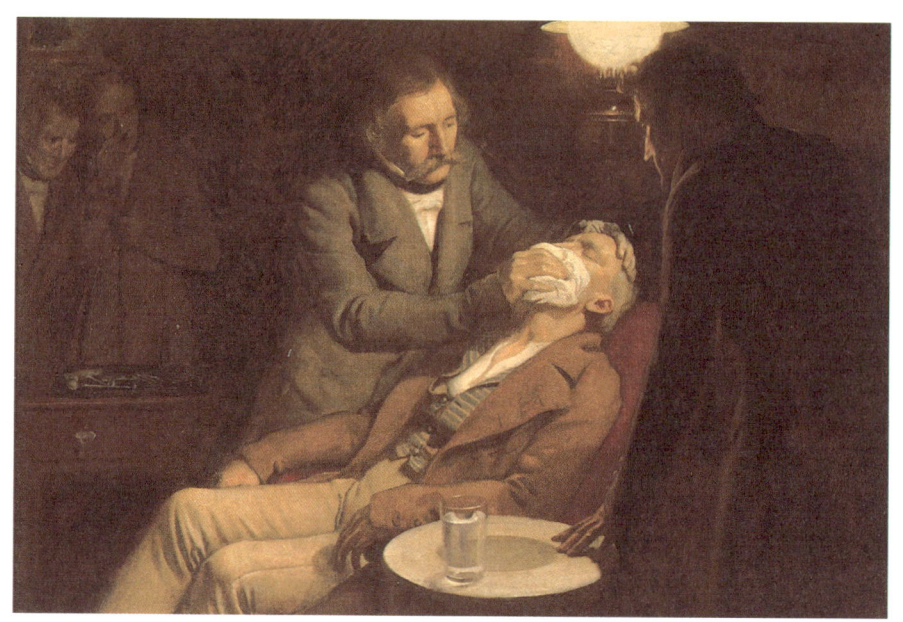

〈에테르를 사용한 최초의 치과 수술 The First Use of Ether in Dental Surgery〉(1846)
어니스트 보드(1877~1934)가 그린 이 그림은 윌리엄 모턴이 관객을 초청해 그 앞에서 마취 과정을 보여주는 장면이다. 보드가 독지가 헨리 웰컴을 위해 의학사의 주요 사건을 그린 시리즈 중 하나.

한 이후 서양에서 환자를 마취해 수술하기까지는 40년이 더 걸렸다. 미국 매사추세츠주의 치과의사 허러스 웰스(1815~1848)는 1845년에 보스턴에서 아산화질소를 이용한 공개 시연을 시도했는데, 투여량을 너무 적게 잡은 바람에 환자가 고통스러워했다.

1846년에는 미국 조지아주의 외과의사 크로퍼드 롱(1815~1878)이 디에틸에테르(에테르)로 마취한 학생의 몸에서 2개의 종양을 제거했다. 롱은 그 학생이 다른 이들과 '에테르 유희 ether frolics'라는 것에 탐닉하는 것을 보았다. 디에틸에테르를 흡입한 상태에서 기분 좋게 뒹굴다가 가끔은 다치기도 했는데 통증을 느끼지 못하는 것에서 마취 효과를 인지했다.

같은 해 말에 호러스 웰스의 치과 병원 파트너인 윌리엄 모턴 (1819~1868)은 롱의 성공을 알지 못한 채 보스턴의 매사추세츠 종합병원에서 한 환자에게 디에틸에테르를 처치하고 목에서 종양을 제거하는 과정을 공개했다. 이 자리에 있던 한 외과의사는 처음엔 회의적이었다가 수술 후에 다른 참관자들을 보고 "여러분, 이것은 사기가 아닙니다"라고 말했다. 이 수술을 했던 극장은 오늘날

호러스 웰스가 아산화질소를 마취제로 사용해 치과 진료의 시범을 보였으나 실패했다

나중에 환자는 아파서가 아니라 놀라서 소리를 질렀다고 주장했지만, 마취술이 실패하면서 웰스는 돌이킬 수 없는 타격을 입었다.

제임스 영 심프슨(1811~1870)
마취에 클로로포름을 사용한 최초의 인물. 헨리 스콧 브리지워터(1864~1950)가 그렸다. 심프슨의 동시대 인물이 아니었던 브리지워터는 과거 심프슨의 사진을 보고 이 그림을 그렸다.

'에테르 돔 Ether Dome'이라 불린다. 스코틀랜드 산부인과 의사 제임스 영 심프슨 (1811~1870)은 1847년에 최초로 환자에게 클로로포름의 효능을 선보였다. 얼마 지나지 않아 클로로포름은 가연성이 높고 종종 구토를 일으키는 에테르를 대체했다.

안전한 마취술은 수술을 응급 치료가 아닌 선택 사항으로 탈바꿈시켰다. 또한 수술 과정도 위급한 상황에서 목숨을 살리기 위해 급하게 진행되는 것이 아니라 신중하게 준비해서 실시되었다. 이 기술이 해부학이라는 순수 과학에 가져온 가장 큰 이점은 (환자에게는 꼭 이익이 되지 않더라도) 살아 있는 몸의 내부 시스템과 기관을 관찰할 수 있는 새로운 가능성이었다. 과거에는 전투가 한창일 때, 또는 검투사의 싸움 이후에만 가능하거나 아예 실행 불가능한 것이었다.

12. 냉장 기술

해부학 교사와 학생이 아주 오랫동안 겪어온 가장 큰 문제는 시체가 금방 부패한다는 점이었다. 그래서 해부 수업은 날씨가 추운 겨울에만 할 수 있었다. 따라서 해부학 발전에 가장 보탬이 된 발명은 냉장 기술이었다. 각 기관이나 기타 표본은 알코올에 보관하면 되지만, 시신을 통째로 처리하는 것은 현실적으로 불가능했다. 프랑스의 페르디낭 카레와 독일의 카를 폰 린데가 1860년대에 냉장 기술을 연구했지만, 해부학에서 최초로 사용된 냉동법은 훨씬 구식이었다.

크리스티안 빌헬름 브라우네(1831~1892)는 라이프치히대학교의 해부학 교수였는데, 그는 방수된 상자 안에 시신을 넣어 밀봉한 다음, 그 상자를 다시 큰 수조에 넣고 그 주위를 얼음과 소금으로 채워 시체를 얼렸다. 이 방식으로 상자 안의 기온이 5일 동안 영하 21도까지 떨어졌다. 인간의 사체는 영하 18도에서 냉동된다. 브라우네는 냉동된 사체를 꺼내 날이 고운 톱으로 잘라냈는데, 톱질을 하면 열이 발생하기 때문에 조직을 찢지 않고 깔끔하게 잘라내려면 상당한 기술이 필요했다.

브라우네가 잘라낸 절편은 오늘날의 기준으로는 굉장히 두꺼운 편으로, 몸을 왼쪽에서 오른쪽으로 가르는 수평 절단은 두께가 2~3센티미터였다. 앞뒤로 자르는 수직 절단은 더 두꺼웠다. 이 표본은 냉동 상태에서 절편 위에 종이나 유리를 올려서 직접 따라 그리는 것이 가능했다. 해동되면 알코올로 단단하게 굳히거나 전시용으로 독주 같은 것에 보존했다. 이 기술은 오늘날의 CT 촬영 이미지 같은 세부적인 해부 구

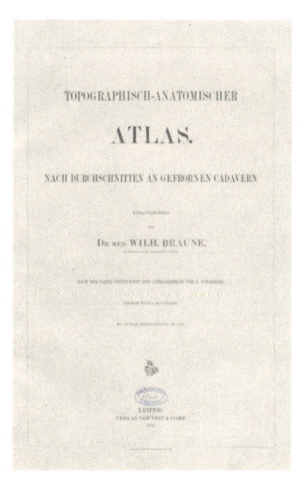

『국소 해부학 아틀라스』(1867)
속표지. 이 책은 새로운 2차원 단면 도판으로 해부학을 표현했다.

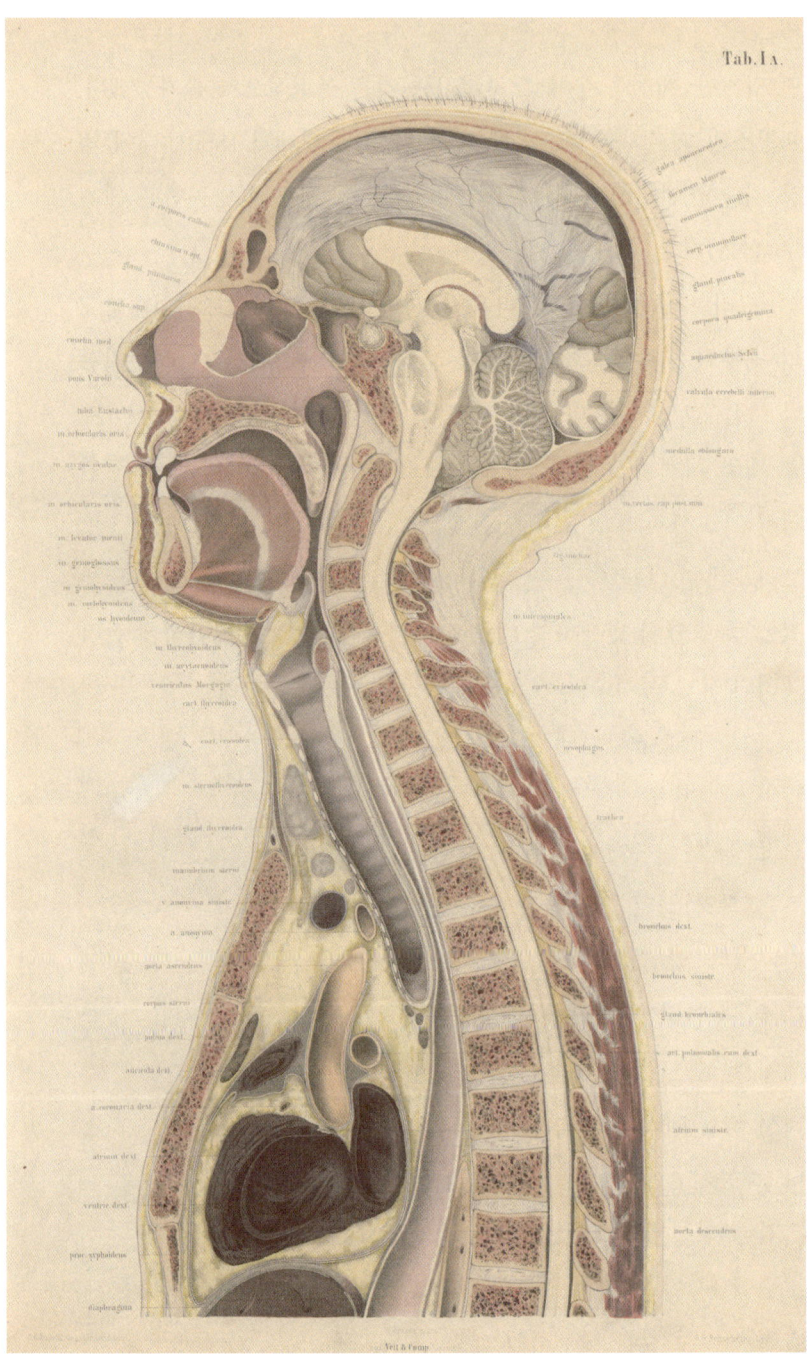

『국소 해부학 아틀라스』(1867)

크리스티안 빌헬름 브라우네의 해부학 책에서 C. 슈미델이
그린 도판. 냉동 사체의 머리와 가슴을 세로로 잘라낸 단면.

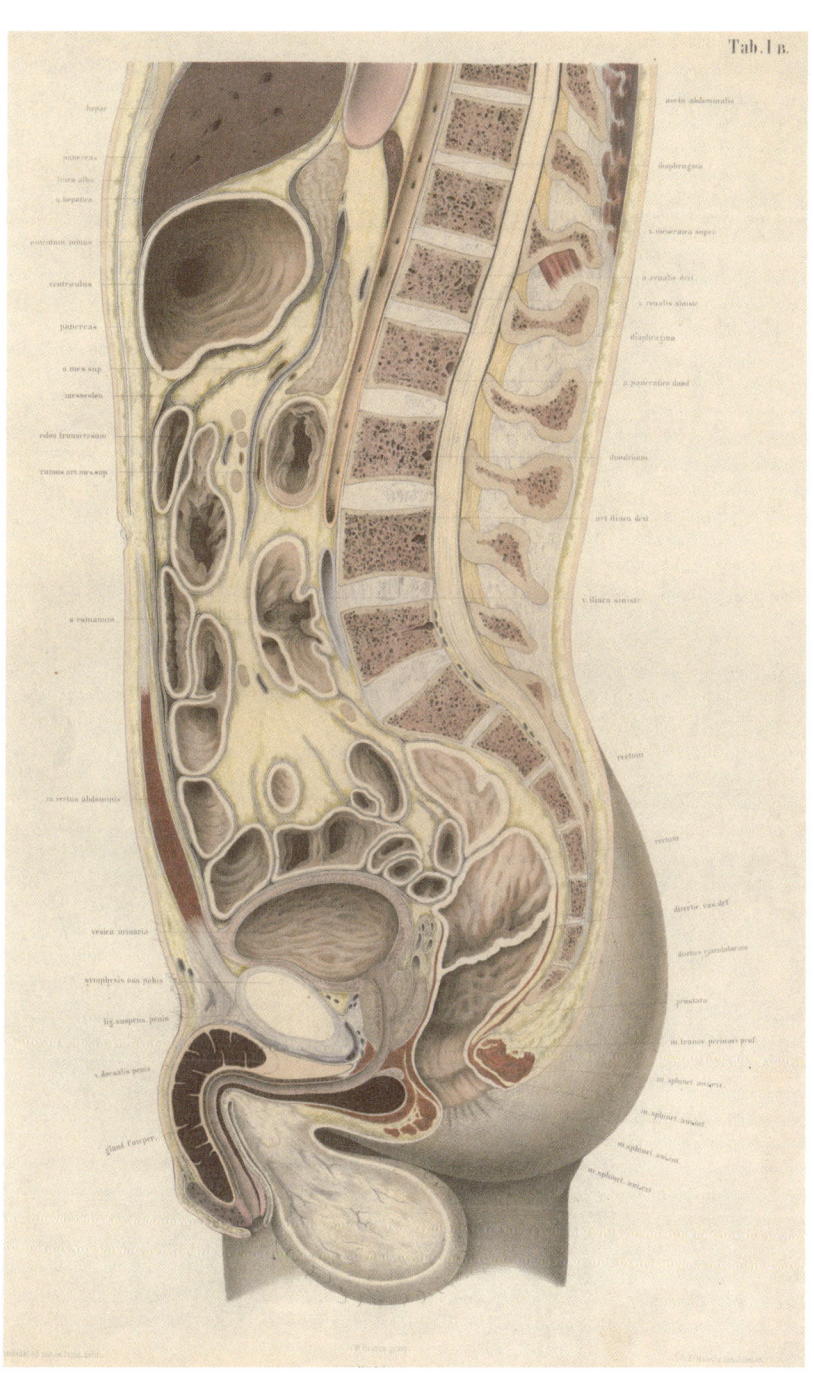

『국소 해부학 아틀라스』(1867)

남성의 복부 단면도.

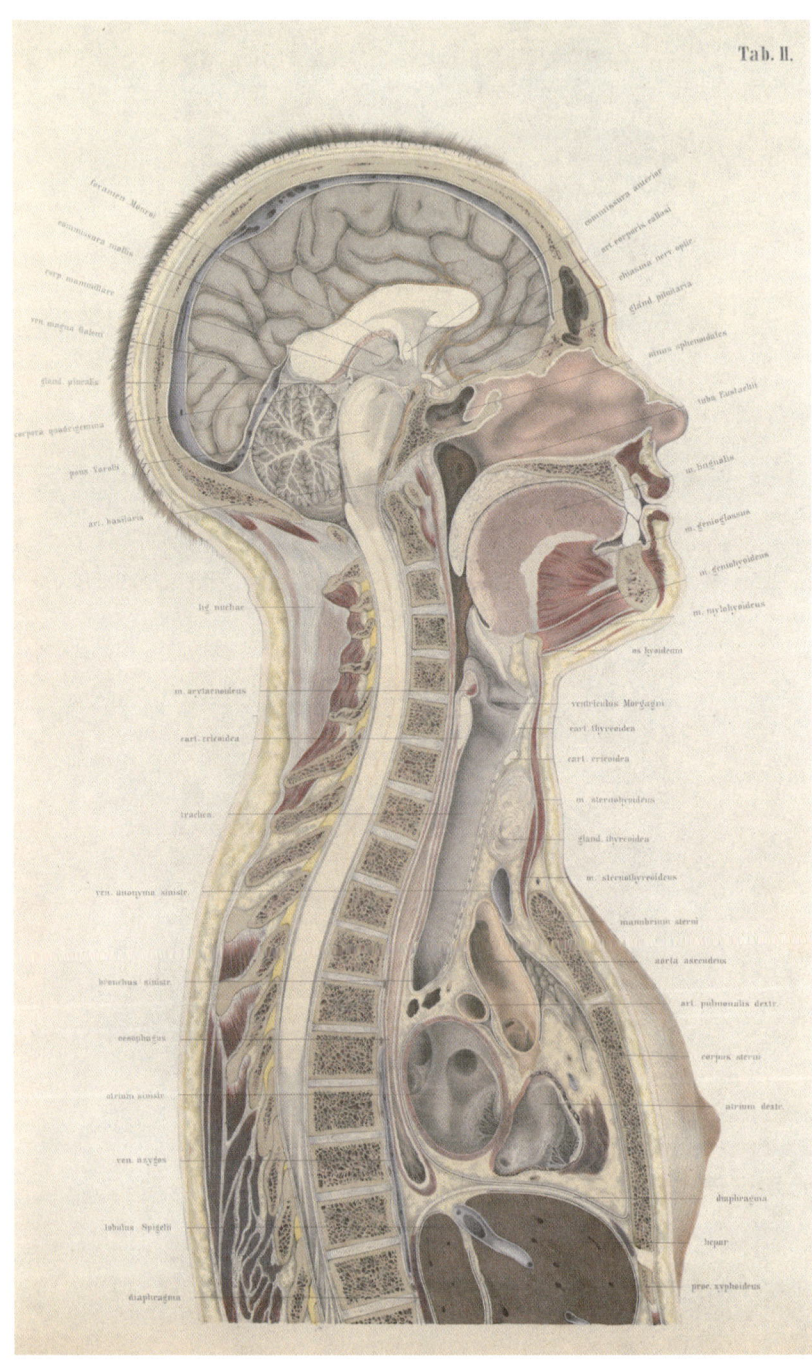

『국소 해부학 아틀라스』(1867)

여성의 머리와 몸통 이미지.

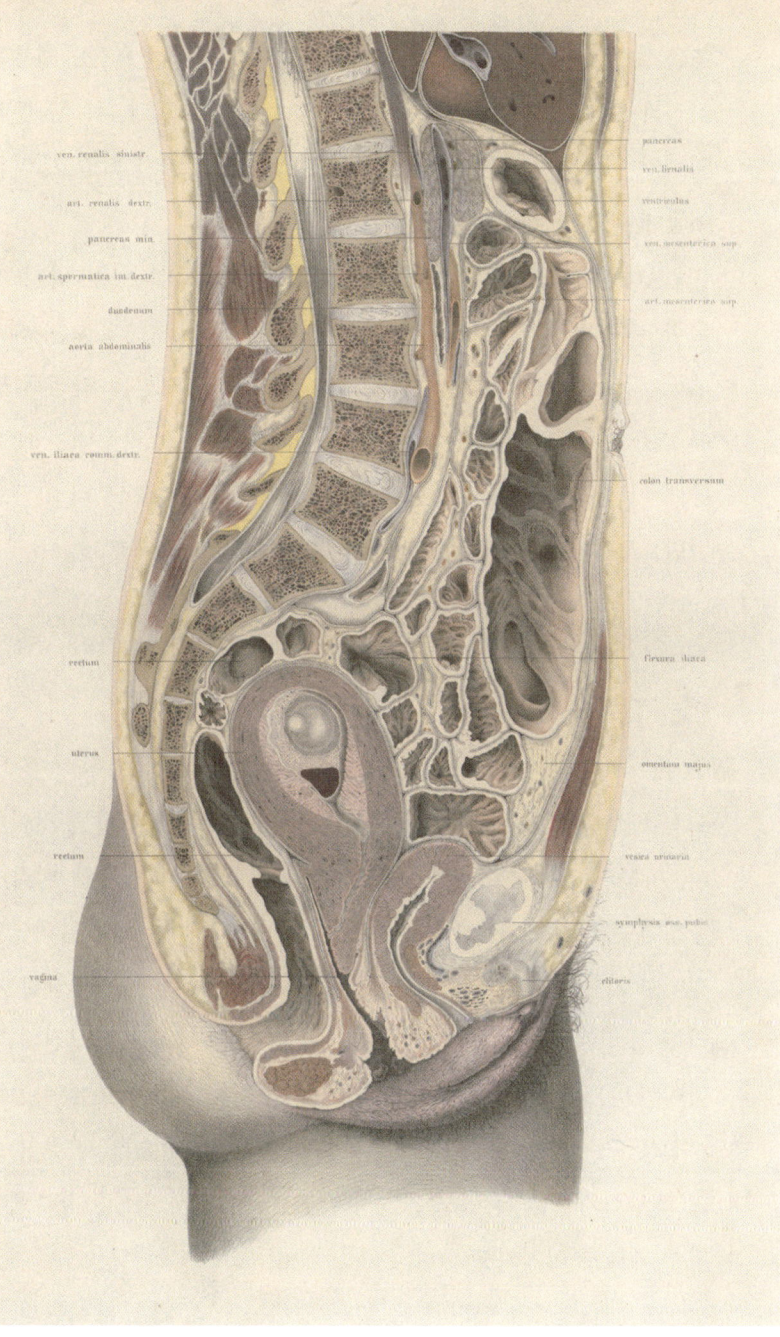

조를 보게 해주었다. 브라우네가 1867년에 출간한 『국소 해부학 아틀라스: 단면으로 본 냉동 사체*Topographisch-anatomischer Atlas*』는 돌풍을 일으키며 독일에서 가장 인기 있는 해부학 교과서가 되었고, 다른 이들에게도 영감을 주었다.

브라우네는 이어서 『냉동 사체의 단면으로 본 임신 말기 자궁과 태아의 위치*Die Lage des Uterus und Fötus am Ende der Schwangerschaft nach Durchschnitten an gefrorenen Kadavern*』(1873)를 펴냈는데, 시신은 임신 막달에 스스로 목숨을 끊은 가엾은 젊은 여성이었다. 브라우네는 1870년에 이 시신을 받아서 얼린 후 엄마와 아기를 위에서부터 아래로 절반으로 자른 다음, 태아의 두 반쪽을 다시 합쳤다.

13. 시신 방부 처리

시신을 보존하는 오래된 방법의 중 하나는 방부 처리하는 것이었다. 이는 아타카마 사막의 친초로Chinchorro인들이 제작한 미라가 증명하듯 적어도 8000년 이상 된 방식이다. 바빌론에서 알렉산드리아로 가는 길에 알렉산드로스 대왕의 시신은 썩지 않게 꿀로 처리했다. 방부 처리는 고대 이집트에서 의식용 과정으로 정점에 올랐지만, 유럽에서는 해부학이 인기를 누리고 상대적으로 적절한 시신을 구하기가 어려워지면서 아주 현실적인 필요가 되었다. 초기 해부학자들은 몸에 밀랍을 주입했고, 한때는 비소를 방부제의 필수 재료로 여기기도 했다.

18세기 윌리엄 헌터와 존 헌터 형제는 근대 최초로 시신의 보존 기간을 연장하는 방부 기름을 개발해 혈관과 체강에 주입했다. 이 관행은 해부 극장에서 시작되어 고인을 최대한 온전한 모습으로 보존하고 싶은 유가족의 바람에 따라 장례업계로 퍼져나갔다. 장의사는 19세기에 탄생한 새로운 직업이었다.

방부 처리 기술이 발달하고 철도 체계가 확장하면서 유족은 사망한 곳이 아닌 멀리 떨어진 다른 지역에 묻히고 싶은 망자의 유언을 지킬 수 있게 되었다. 방부 기술은 미국 남북전쟁(1861~1865) 기간

아우구스트 빌헬름 폰 호프만
(1818~1892)

호프만은 시체를 보존하는 유용한 물질로 포름알데히드를 발견했다.

에도 널리 사용되어 병사의 시신을 가족에게 돌려보낼 수 있었다.

독일 화학자 아우구스트 빌헬름 폰 호프만이 1869년에 발견한 포름알데히드는 보존 성질이 뛰어나다고 밝혀졌는데, 아이러니하게도 피부를 자극하는 특징도 있다. 이 외에도 폴란드 해부학자 지그문트 라스코프스키(1841~1928)는 1866년에 페놀과 글리세린의 혼합물로 시신 보존에 성공해(이후에 글리세린과 알코올로 대체되었다) 이 주제로 1885년에 『해부학적 표본의 보존 절차*Les procédés de conservation des pièces anatomiques*』, 그 이듬해에 『표본의 방부 처리 및 보존, 그리고 해부 준비 과정*L'embaumement et la conservation des sujets et des préparations anatomiques*』을 발표했다.

두 책을 합본해 라스코프스키의 제2의 고향인 제네바에서 『인체의 정상적인 해부 구조에 대한 도해집*Anatomie normale du corps humain: atlas iconographique*』(1893)이 출간되었다. 이 책은 19세기를 내다보는

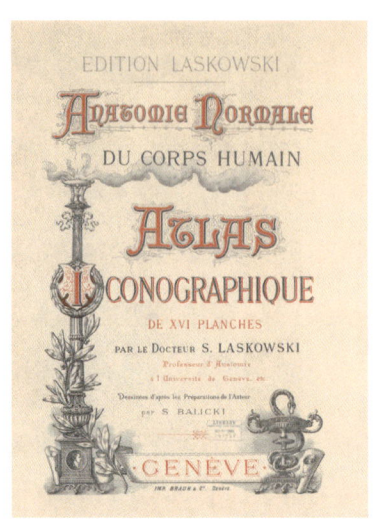

『인체의 정상적인 해부 구조에 대한 도해집』(1893)

지그문트 라스코프스키(1841~1928)는 페놀과 알코올 혼합액에 표본을 보존했다.

훌륭한 형식을 취했다. 정밀하게 인쇄된 16개의 원색 도판은 명료한 해부도의 전형과도 같았고, 각 이미지는 중요하고 의도된 것만 보여주었다.

이런 근대적인 삽화는 라스코프스키의 지도하에 그의 폴란드 망명 동료이자 전우였던 지그문트 발리키(1858~1916)가 그렸다. 두 사람은 당시 제정 러시아의 위성국가였던 고국의 정치적 개혁을 위해 활동하던 비밀조직 리가 나로도바Liga Narodowa의 일원이었다. 발리키는 『인체의 정상적인 해부 구조에 대한 도해집』이 출판된 1893년에 이 조직의 설립에 크게 기여했다. 라스코프스키는 1863년의 바르샤바 봉기가 실패하면서 파리로 강제로 망명했고, 발리키는 1883년에 폴란드 사회주의 고민의 지도자로 체포된 후에 스위스로 추방되었다.

라스코프스키는 1870년에 일어난 프로이센-프랑스 전쟁에서 프랑스군 군의관으로 복무했다. 상트페테르부르크에서 예술을 공부한 발리키는 1896년에 『정치 사회의 강압적 조직으로서의 국가 L'état comme organisation coercitive de la société politique』로 출판의 길에 들어섰다. 그는 1916년에 상트페테르부르크에서 러시아 혁명의 준비에 큰 역할을 하다가 심장병으로 세상을 떠났다. 독일 제국의 부상과 러시아

제국의 몰락은 다가오는 세기의 정치적 격변을 예고하고 있었다.

해부학은 허공에 존재하지 않았다. 해부학의 발전은 시대와 문화에 따라 형성되었고, 종교적 관행에 의해 제한되거나 잔혹한 전쟁과 부상병 치료 중에 발전했으며, 해부학 자체나 전혀 다른 분야의 기술 혁신으로 진보했다. 그러나 어떤 경우든 넘치는 호기심과 용기로 실험에 도전한 과학자들이 주도했다.

해부학의 역사에서 자주 간과되는 것은 해부학자의 실험실이 되었던 몸과 그 영혼이다. 이들이 없었다면 해부학의 발전은 한없이 더뎠을 것이다. 이들은 살아 숨 쉬던 진짜 사람이었다. 빈 의과대학의 설립자 카를 폰 로키탄스키(1804~1878)는 1846년에 출간된 후 오스트리아-헝가리 제국에서 모든 의대생의 필독서가 된 세 권짜리 『병리해부학 편람Handbuch der pathologischen Anatomie』의 저자이다. 그는 1876년에 이런 글을 썼다.

> 당신이 이름 모를 시신 위에 허리를 숙이고 딱딱한 메스의 칼날을 들이댈 때, 그 몸은 두 영혼의 사랑으로 태어난 존재임을 기억하라. 그는 그를 가슴으로부터 아끼고 보호한 사람의 믿음과 희망으로 키워졌다. 어린이였을 때, 젊은이였을 때, 그는 당신과 같은 꿈을 꾸며 미소 지었다. 그는 사랑했고 사랑받았으며, 행복한 내일을 희망하고 소중히 여겼고, 먼저 떠난 이들을 그리워했다. 이제 그는 이 차가운 슬레이트 위에 그를 위해 눈물 한 방울 흘려줄 이 하나 없고, 기도해줄 이 하나 없이 누워 있다. 그의 이름은 신만이 아실 것이다. 그러나 거침없는 운명이 그에게 인류에게 봉사할 힘과 위대함을 주었음을 기억하라.

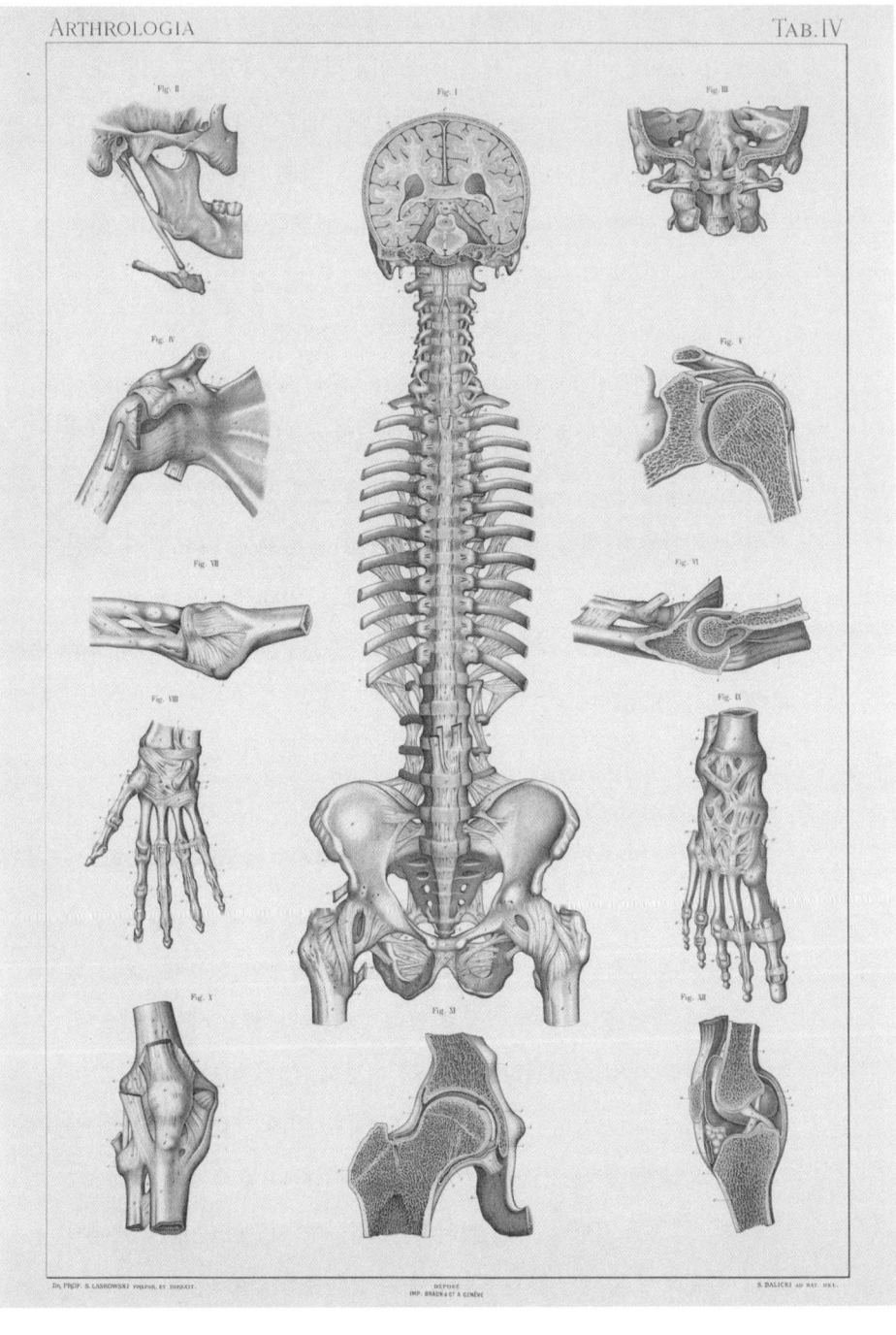

『인체의 정상적인 해부 구조에 대한 도해집』(1893)

지그문트 발리키(1858~1916)가 라스코프스키를 위해 그린 척추와 관절의 세밀화.

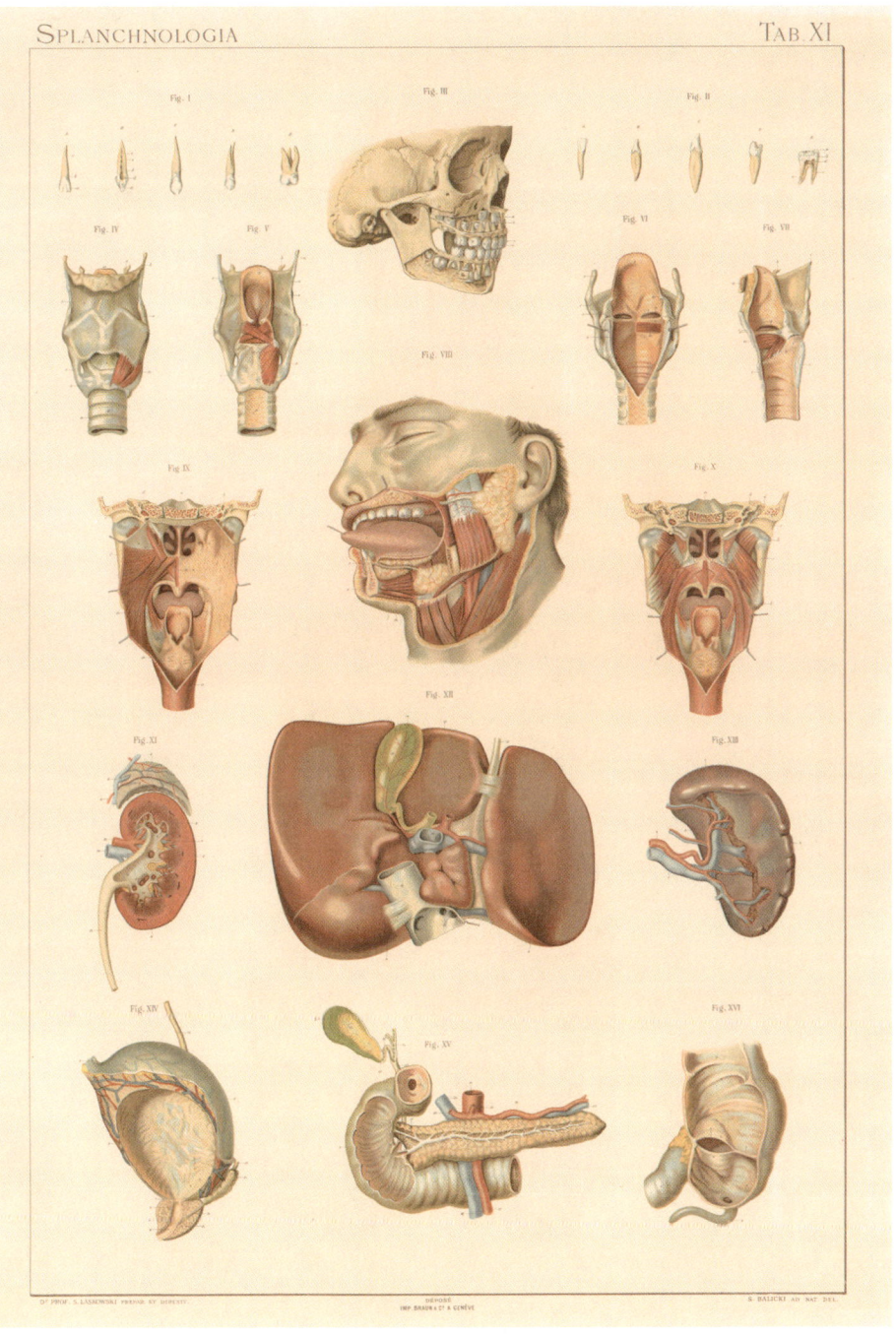

『인체의 정상적인 해부 구조에 대한 도해집』(1893)

치아, 목구멍, 입, 기타 다른 내장기관의 세부도.

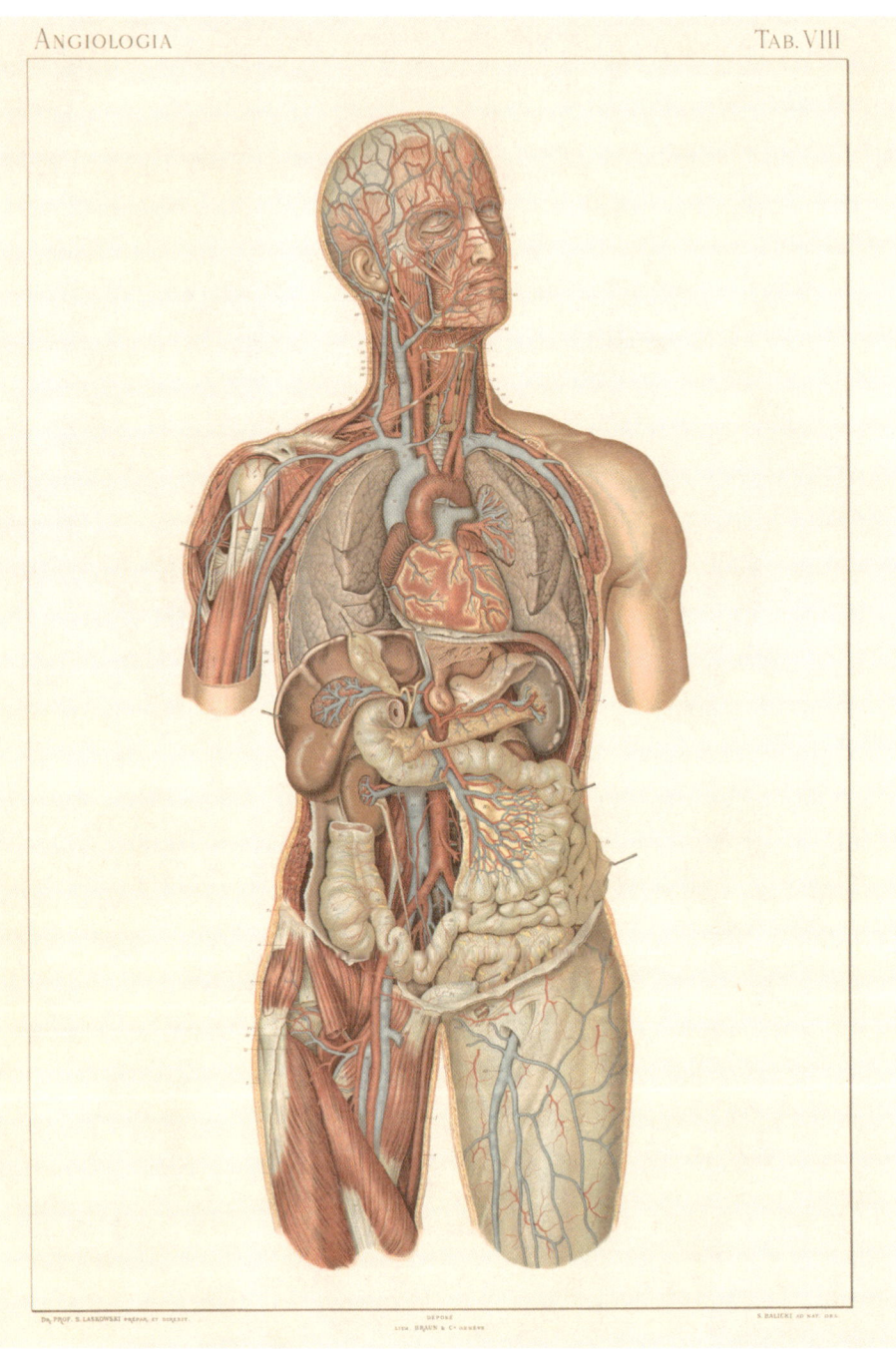

『인체의 정상적인 해부 구조에 대한 도해집』(1895)

근육, 호흡계, 내장기관의 개요도.

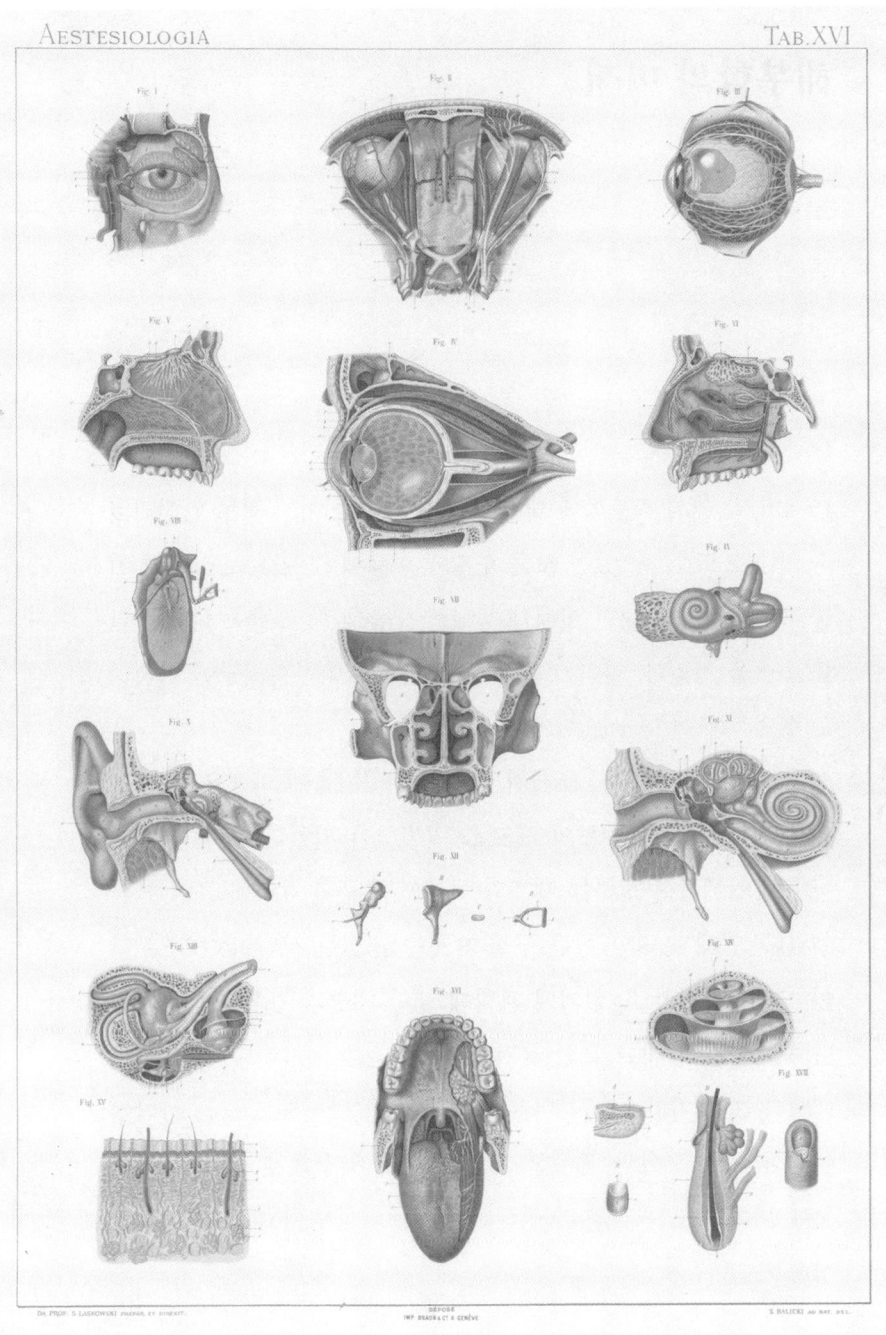

『인체의 정상적인 해부 구조에 대한 도해집』(1895)
눈, 코, 귀, 입의 감각기관과 모낭에 관한 연구.

해부학의 미래

19세기 말 인체 해부학에 대한 거시적 이해는 어느 정도 완성되었다. 맨눈으로 볼 수 있는 모든 부위에 이름이 붙여졌고, 각각의 기능과 상호작용에 대한 이해가 상당한 수준에 이르렀다. 신화는 발 붙일 곳을 잃었다. 멀리 고대 이집트 이후로 해부학자들이 밝히려고 했던 해부학 연구는 이제 완료되었다.

그러나 20세기 초, 18세기 현미경 선구자들에 의해 시작된 조용한 혁명이 의학 연구의 새로운 원동력이 되었다. 해부학의 새 시대는 인체를 구성하는 세포와 아세포 수준의 요소에 초점을 맞추었다. 인체 조직의 이런 구성 요소는 평범한 사람의 눈으로 확인하거나 이해할 수 없기에 과학에 대한 대중의 관심이 사라지거나 해부학자에 대한 불신이 커질 수도 있었다. 그러나 실상은 반대였다. 20세기와 21세기의 지속적인 기술 발전으로 모든 사람이 이전 세대보다 훨씬 풍부한 과학 지식을 갖추게 되었다. 그리고 눈에 보이는 모든 것을 다 이해하지 못하더라도 우리는 과학에 관심을 가진다.

몸속을 들여다보는 기술

지난 120년 동안 가장 위대한 기술 발전은 필리프 보치니가 제작한 최초의 내시경, 리히트라이터였다. 살아 있는 사람의 몸속을 들여다본다는 것은 1817년 이전에는 상상할 수 없던 일이었지만, 1895년에 빌헬름 뢴트겐이 엑스레이를 발견하면서 현실이 되었다. 의료계가 이 놀라운 도구를 사용하게 된 시기에 출간된 첫 번째 교과서는 1938년에 아서 애플턴, 윌리엄 해밀턴, 이반 차페로프가 공저한 『표면 해부학과 방사선 해부학Surface and Radiological

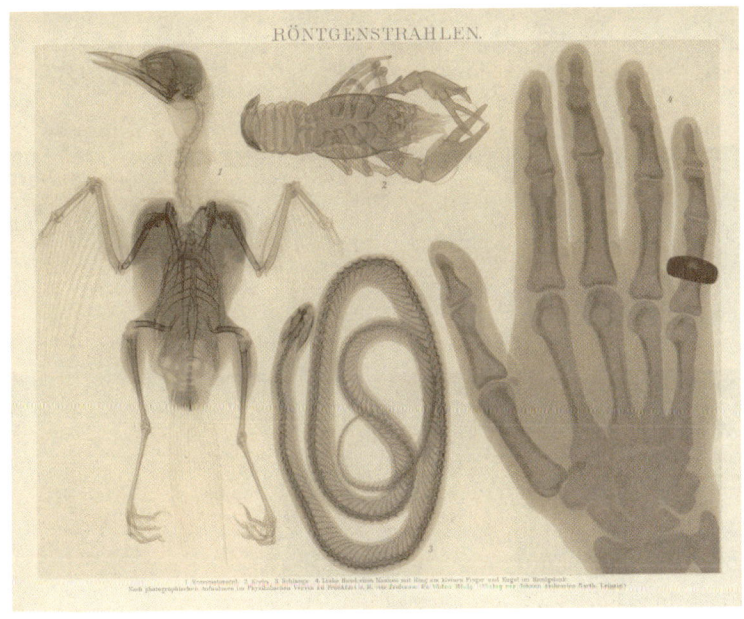

엑스레이
초기 엑스레이로 찍은 사진의 콜라주. 회색머리지빠귀, 바닷가재, 뱀, 결혼반지를 낀 왼손.

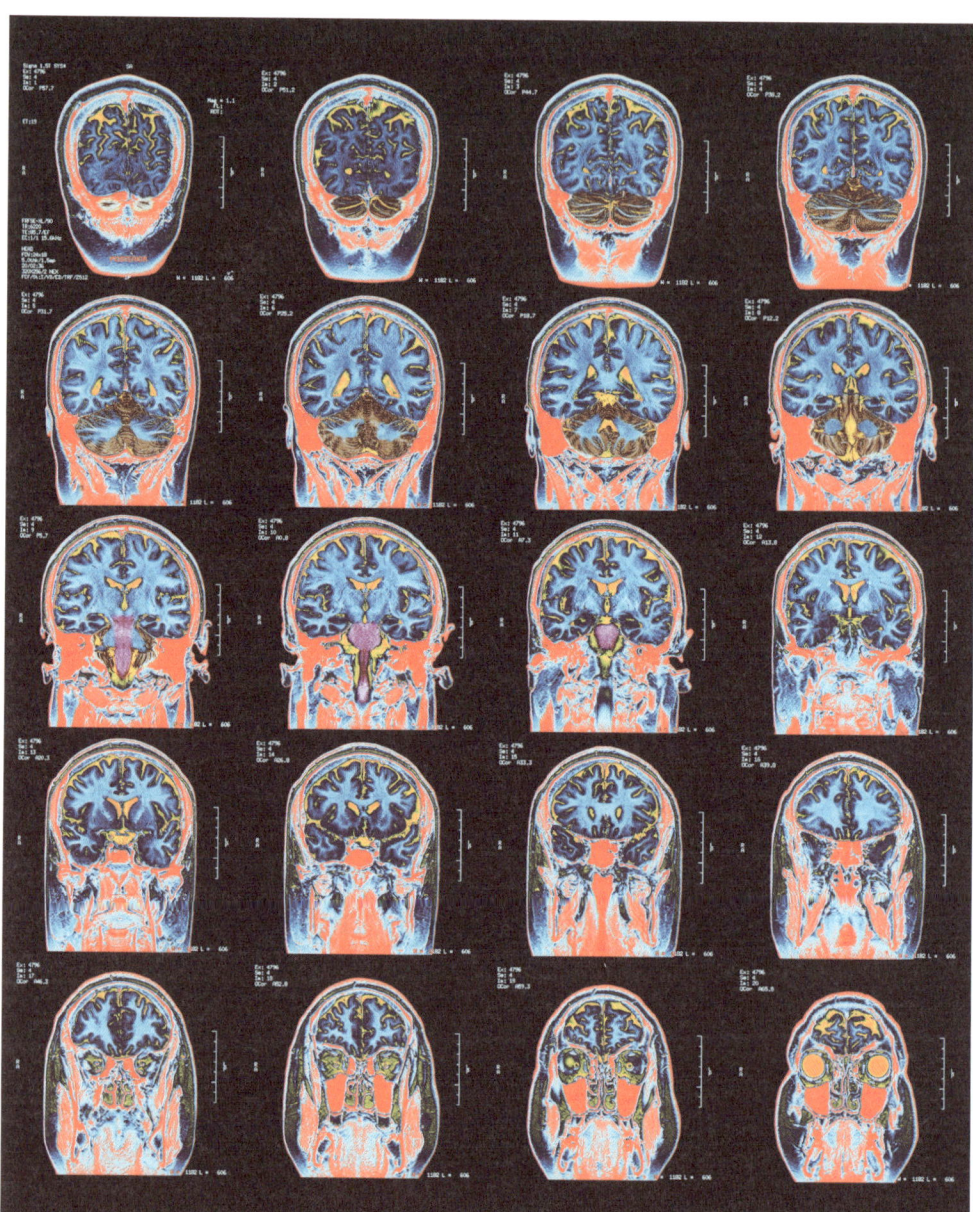

MRI 촬영

자기공명영상으로 찍은 뇌. 위에서 아래까지의 횡단면.

Anatomy』이다. 30년 뒤에 이저도어 메샨은 『방사선 촬영 위치 및 관련 해부 구조Radiographic Positioning and Related Anatomy』에서 원하는 신체 부위를 잘 보이게 하는 지극히 실용적인 문제를 탐구했다.

하지만 엑스레이도 이제는 구식이 되었고, 지난 세기말 더 상세한 촬영 기법이 개발되었다. 오늘날 컴퓨터단층촬영(CT)과 자기공명영상(MRI)은 흔한 기술이고, 주사전자현미경(SEM)은 300만 배로 확대가 가능해 해상도가 1나노미터(1미터의 10억분의 1)에 이른다. 현재 가장 애용되는 설명서는 클라이드 헬름스, 낸시 메이저, 마크 앤더슨, 피비 캐플런, 로버트 뒤솔이 공저한 『근골격계 MRI』이다. 2008년에 초판이 발간된 이후로, 이 주제는 빠르게 발전해 2020년에 이미 세 번째 개정판이 나왔다.

출판계의 기획

현재 해부학 교재는 최신 장비로 생산한 이미지를 전통적인 사진과 함께 사용한다. 그러나 여전히 해부도는 해부학을 가르치는 가장 좋은 방법이다. 간간이 새로운 해부학 책이 출간되어 『그레이 해부학』이 독점한 교육 시장에 자리를 노렸다. 1942년에 한 해부학 책이 뒤늦게 데뷔했다. 허버트 E. J. 비스가 쓰고 조르주 뒤퓌가 삽화를 그린 『여성 해부학 및 생리학 도해서Popular Atlas of the Anatomy and Physiology of the Female Human Body』는 아마도 전적으로 여성만을 다룬 최초의 출판물일 것이다. 이 책을 펴낸 발리에르Baillière(후에 발리에르·틴달·콕스 출판사)는 19세기의 선도적인 해부학 출판사로 부

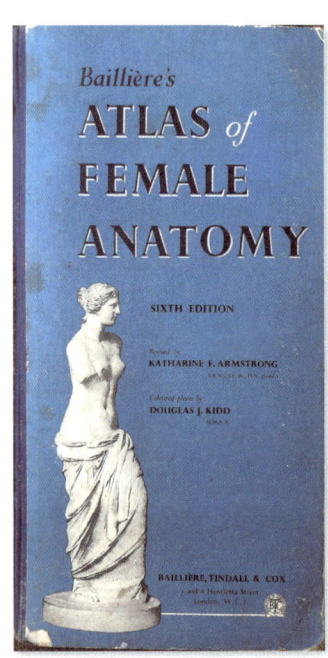

『여성 해부학 및 생리학 도해서』
(제6판)

여성만을 다루는 희귀한 해부학 책. 1942년에 초판이 출간되었다.

상했고, 『여성 해부학 및 생리학 도해서』는 1969년에도 일곱 번째 개정판이 나왔다.

제1차 세계대전 이후 간호사의 전문적인 역할이 중요해지면서 해부학 저자와 출판사에 새로운 시장이 열렸다. 어니스트 윌리엄 헤이 그로브스와 존 매슈 포티스큐브릭데일은 네 권짜리 『간호사를 위한 교과서 Text-book for Nurses』(1921)에서 해부학, 생리학, 수술, 약물을 설명했다. 캐서린 암스트롱의 『해부학 및 생리학 보조 자료: 간호사를 위한 교과서 Aids to Anatomy and Physiology』는 1939년에 초판이 인쇄되었고, 『그레이 해부학』처럼 책이 저자보다 오래 살아 최소 아홉 번의 개정판이 나왔다. 암스트롱은 이후 발리에르 툴핀사의 『여성 해부학 및 생리학 도해서』의 후속 판본을 편집했다. 암스트롱이 편집한 『해부학 및 생리학 보조 자료』가 인쇄될 무렵, 에벌린 피어스의 『간호사를 위한 해부학 및 생리학 Anatomy and Physiology for Nurses』은 1929년에 초판이 나온 이후로 이미 네 번째 개정판을 냈고, 열여섯 번째 개정판은 1975년에 나왔다. 피어스는 간호사를 위해 많은 책을 썼고, 그중 『의학 및 간호 사전 및 백과사전 Medical and Nursing Dictionary and Encyclopaedia』(1935)은 50년 전에 리처드 콰인 경이 『콰인의 의학 사전』을 통해 의사에게 제공한 정보를 간호사에게 주었다.

오늘날에도 여전히 사용되지만 사람들의 입에 거의 오르지 않고, 참고서로서의 우수한 내용에도 불구하고 1994년에 절판된 책이 있다. 에두아르트 페른코프의 『인체의 국소 해부학』이다. 1937년에 제1권이 출간된 이 책에는 지금까지 출간된 해부학 책 중에서 가장 훌륭한 삽화가 수록되었다. 지금도 이 책을 참고하는 외과의사들이 있지만, 환자에게 이 책의 배경을 이야기하지 않고는 책을 사용할 수 없다고 생각하는 사람이 많다. 오스트리아 출신의 페른코프는 아돌프 히틀러의 열렬한 지지자로 나치 제복을 입고 출근할 정도였다. 그는 빈대학교에서 가르쳤고, 그곳에서 세 명의 노벨상 수상자를 포함해 모든 유대인 직원을 내쫓았다. 그의 네 권짜리 걸작에 실린 훌륭한 이미지는 나치 체제에서 사형당한 사람들의 몸이었다. 당시 나치는 동성애자, 집시, 반체제 인사, 유대인을 학살하여 인종 순수성을 추구했다.

『인체의 국소 해부학』은 그런 잔인함과 죽음의 결과물을 다른 목숨을 살리는 데 사용하는 것에 대한 윤리적 문제를 제기한다. 페른코프는 제1차 세계대전 이후에 빈대학교로 돌아왔다. 제4권은 그가 죽은 직후인 1955년에 출간되어 전 세계에서 번역되었다. 1990년대가 되어서야 페른코프의 전쟁 시 행적에 문제가 제기되었다. 유대인 공동체 지도자들은 『인체의 국소 해부학』에 실린 이미지의 진실이 알려진다면 의학을 위해 사용될 수 있다는 입장이다.

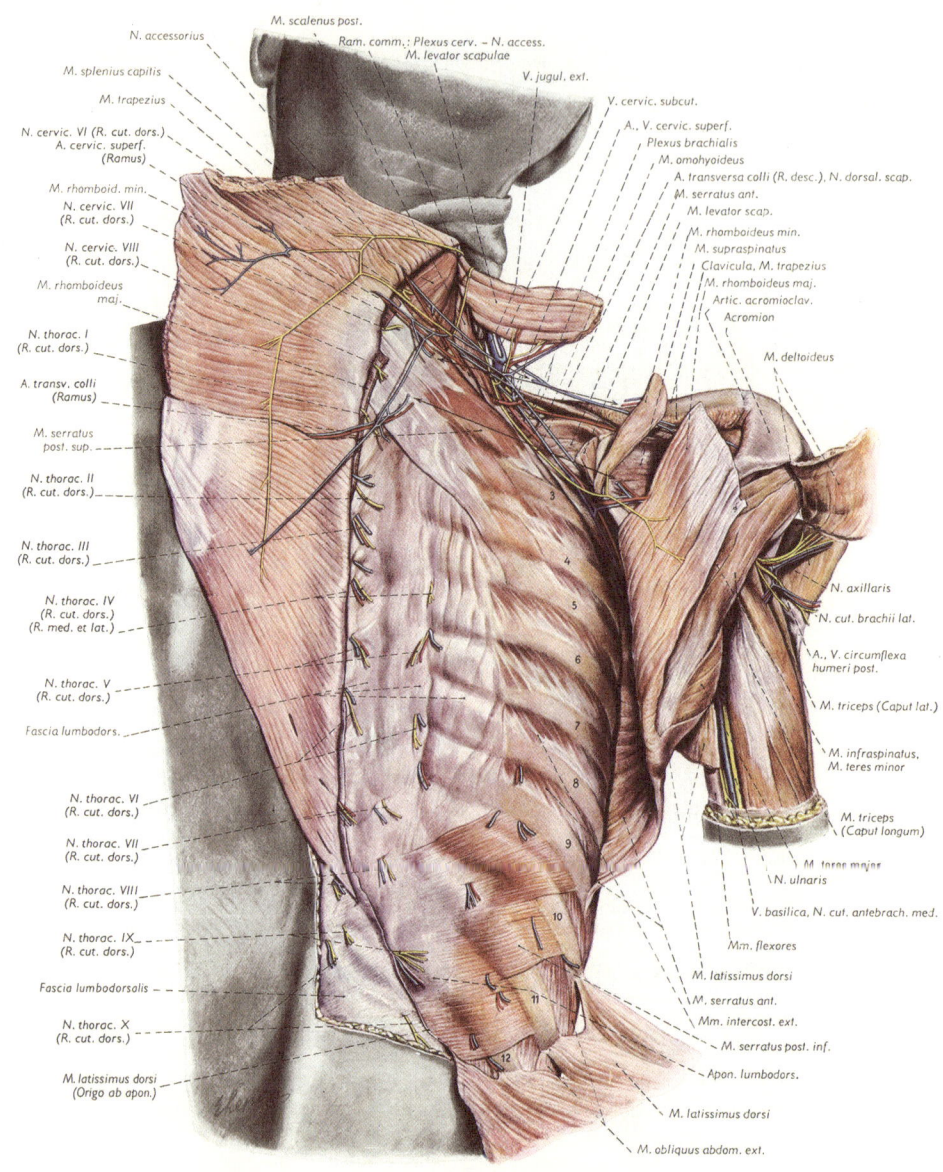

『인체의 국소 해부학』(1957)

훌륭하지만 비윤리적 배경에서 제작된 해부학 책. 흉곽 옆의 근육층.

해부용 시신 공급

현대식 촬영 기법은 조사와 진단에 크게 유용했을 뿐 아니라 그 덕분에 해부학 강사가 시신에 의존하지 않아도 되었다. 18세기 후반 이후로 회반죽과 플라스틱으로 만든 해부학 교재 모형이 실제 시신을 대체했고, 촬영된 이미지를 중심으로 학습이 진행되었다.

그러나 인간을 대체하지 못하는 경우도 있었다. 미국의 캘리포니아대학교 버클리 캠퍼스와 여타 기관에서는 해부학을 배우는 학생들에게 내부에 있는 해부 구조의 증거를 찾아 자신이나 다른 사람의 몸을 직접 탐구하도록 본인이나 자원자(화가의 모형에 대한 해부학적 대체물)를 촉진觸診하게 한다. 촉진은 병을 진단하는 아주 오래된 방식으로 마취술의 발달로 진단용 탐색 수술이 도입되기 전에 흔하게 사용되었다. 영국의 버밍엄대학교 해부학과에서는 해부용 시신의 수를 줄이기 위해 16세기의 공개 해부 방식으로 돌아갔다. 여러 구의 시신을 해부하는 대신, 학생들이 단체로 모여 해부 준비자와 해부자가 시체 한 구를 해부하면서 설명하는 것을 지켜본다.

이는 19세기 초까지 400년 동안 지속되었던 교육 방식이다. 그 시대에 도입된 규제를 따라 해부학 수련은 점차 대학의 교육과정으로 흡수되었고, 대중의 눈을 피해 폐쇄된 공간에서 해부가 이루어졌다.

해부학에 대한 대중의 관심

그러나 대중의 호기심은 사그라지지 않았다. 제2차 세계대전 이후로 출판계는 일반인 독자, 그리고 그들의 자녀를 겨냥한 해부학 책이 늘어나는 것을 보고 이런 사실을 인식했다. 1964년에 뉴욕에서 출판한 일제 골드스미스의 『어린이를 위한 해부학Anatomy for Children』이 초기 사례이다. 21세기에는 전 연령대를 대상으로 해부학 컬러링북까지 출간되었다. 예를 들어 켈리 솔로웨이의 『요가 해부학 컬러링북The Yoga Anatomy Coloring Book』(2018)은 해부학과 마음챙김의 만남이다. 한편 『인체 해부학 및 생리학 컬러링북The Human Anatomy and Physiology Coloring Book』(2020)은 어린 환자의 마음을 위로하기 위한 선 그리기 책이다.

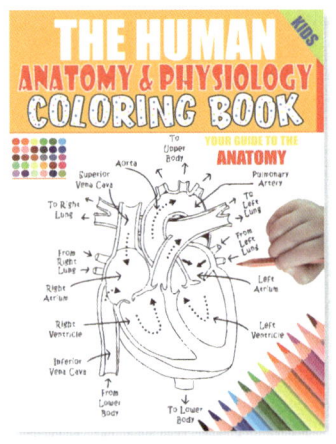

『인체 해부학 및 생리학 컬러링북』(2020)

어린이를 위한 해부학 책은 한때 금기였던 주제에 대한 사회의 태도가 달라졌다는 증거이다.

일반인은 사실성이 뛰어난 유명 의학 드라마들을 보며 즐거워했다. BBC는 〈생명의 주관자들Your Life in Their Hands〉로 새로운 시대를 열었다. 〈생명의 주관자들〉은 수술을 주제로 한 장수 프로그램으로 초창기인 1958년에서 1964년까지는 찰스 플레처가 제작했고, 1970년대 초반에는 조너선 밀러, 1979년에서 1987년까지는 로버트 윈스턴이 제작했다. 밀러는 1978년에 13부짜리 〈의혹의 육신The Body in Question〉도 제작했다. 윈스턴은 1998년의 〈인체대탐험The Human Body〉을 포함해서 많은 TV 시리즈에 등장했다.

해부학에 대한 대중의 지속된 관심을 이용해 논란을 일으킨 작품이 있다. 군터 폰 하겐스는 인간의 조직을 보존하는 방법으로 플라스티네이션plastination(신체에서 수분과 지방을 제거하고 합성수지를 채워 보존하는 기법―옮긴이)이라는 기술을 개발했다. 처음에는 작은 표본으로 시작했고 나중에는 인간과 동물의 몸 전체를 보존했다. 그는 〈인체의 신비전Body Worlds〉이라는 공개 전시물에서 다양한 단계의 해부 구조를 보여주었다(현재까지 네 번의 〈인체의 신비전〉이 열렸다). 인체를 플라스티네이션 방식으로 보존하려면 작업 시간이 1500시간까지 걸린다. 〈인체의 신비전 3〉에서 전시된 기린 한 마리는 작업에 총 3년이나 걸렸다.

하겐스는 전시된 시신들이 모두 자발적으로 기증된 것이라고 주장했지만, 일부 종교단체는 이런 식으로 인간의 몸을 공개 전시

군터 폰 하겐스(1945~)

쇼맨십이 강한 이 해부학자가 트레이드마크인 검은 페도라를 쓰고 자신이 직접 사체를 보존한 말 옆에 서 있다.

하는 것에 반대하는 입장이다. 하겐스에 대한 반대는 러시아 노보시비르스크에서 해부학자가 시신 도굴꾼에게서 시신을 매입했다는 증거 없는 비방, 중국과 키르기스탄에서 처형된 죄수의 시신을 사용했다는 비판까지 해부학자들에게는 익숙한 것이기도 하다. 2002년에 하겐스는 군중이 들어찬 한 런던 극장에서 불법으로 공개 해부를 실시했다. 극장은 이 장면을 영국의 채널4 텔레비전을 통해 방송했다. 하겐스는 기소되지 않았지만 아마 대중 시장에서 해부학의 한계를 알아챘을 것이다.

하겐스는 공개 부검을 할 때마다 검은색 페도라를 썼는데, 렘브란트의 〈니콜라스 튈프 박사의 해부학 강의〉를 참고한 것 같다. 해부학은 계속해서 화가의 중요한 훈련 방식으로 유지되었고, 20세기 말 예술 학교에서 관심이 되살아났다. 20세기에는 화가를 겨냥한 책이 많이 출간되었고, 그중 대다수가 동료 화가들이 수입을 늘리기 위해 사적으로 출간한 것이었다. 그중에서도 특별히 뛰어난 예는 미국에서 출간된, 빅터 페라드의 『해부학과 드로잉』(1928)과 찰스 칼슨의 『인물의 간단한 미술 해부학 A Simplified Art Anatomy of the Human Figure』(1941)이다. 둘 다 오늘날 성인본으로 출판된다.

은유로서의 해부학

해부학은 이후에도 사람들의 마음을 사로잡았다. 혹시 이 사실에 의심이 든다면 20세기 후반 출판계를 휩쓴 유행을 보자. 이 경향의 선두주자는 1945년에 출간된 『평화의 해부학 The Anatomy of Peace』이다. 이 책의 저자인 에머리 리브스는 윈스턴 처칠의 문학 대리인이었고, 그의 책은 제2차 세계대전 이후에 세계 평화를 보장하는 수단으로 세계 연방주의를 강조했다. 그러나 실제로 유행을 일으킨 것은 소설가 로버트 트레버(당시 미국 미시간주 대법관 존 D. 보엘커의 필명)였다. 그는 『살인의 해부*Anatomy of a Murder*』(1958)라는 소설을 썼는데, 1952년에 자신이 맡았던 실제 살인사건 재판을 바탕으로 쓴 것이다. 이듬해에 이 책을 원작으로 오토 프레민저가 감독을 맡고 듀크 엘링턴이 음악을 작업하고 제임스 스튜어트가 출연한 영화가 개봉했을 때 대단히 인기를 끌었다.

다만 이 제목이 대중에게 미칠 흡인력은 누구도 예상하지 못했다. 희생자의 사체를 연상시키는 제목은 영리했고, 은유로서의 해부학은 이후 10년이 넘게 독자와 작가의 상상력을 사로잡았다. '-의 해부'라는 형식의 책이 연이어 출판되었다. 대부분은 통속 소설, 또는 범죄 소설 같은 전통적으로 자극적인 장르에 속해 있었다. 예를 들면 알렉스 M. 세데니크의 『사이코의 해부*Anatomy of a Psycho*』(1964), 게리 고든의 『간통의 해부, 사례와 함께*The Anatomy of Adultery, with Case Histories*』(1964), 킹 코럴의 『해부학과 황홀경*The Anatomy and the Ecstasy*』(1966)이 있다.

좀 더 심각한 주제를 다룬 교양서에서도 해부학이 사용되었다. 예를 들면 라디슬라스 파라고의 『기지의 전쟁: 스파이의 해부*War of Wits*』(1954)가 있고, 코넬 렌젤의 『나는 베네딕트 아널드입니다: 반역의 해부*I, Benedict Arnold*』(1960)는 미국 독립전쟁 중에 영국으로 망명한 한 미군 장교의 전기였다. 『자동화의 해부*Anatomy of Automation*』(1962)는 조지 앰버와 폴 앰버가 함께 쓴 로보틱스 역사

〈살인의 해부〉(1959)

영화감독 오토프레민저가 만든 영화 포스터. 원작은 로버트 트레버(필명)의 소설이다. 트레버는 피고 측 변호인을 맡았던 살인사건을 바탕으로 책을 썼다. 20세기 중반에 해부학은 특정 주제를 철저하게 파헤치는 조사에 대한 인기 있는 은유였다.

서이다.

제목에 '해부학'을 사용하는 유행은 1960년대 말에 식었지만, 지금도 가끔 등장한다. 이런 작품들은 당연히 해부학자의 서재와는 무관하지만, 은유로든 인체 구조에 대한 학문으로든 대중의 마음에 해부학을 단단히 새겨놓았다. 살인자도 해부학자도 아닌 로버트 트레버는 『살인의 해부』가 큰 성공을 거두자 법정을 떠났다. 은퇴 후 그는 열렬한 낚시꾼이 되어 세 편의 인기 있는 낚시 회고록을 썼는데, 그중 한 권이 해부 열풍이 한창이던 1964년에 출간한 『낚시꾼의 해부 Anatomy of a Fisherman』이다.

뇌의 해부학

현재는 인간의 해부 구조를 형성한 진화 과정을 도표화하기 위해 자세한 영상 기술을 사용한 연구가 이루어지고 있다. 병리해부학은 소해면상뇌증(BSE, 일명 광우병), 중증급성호흡기증후군(SARS), 기타 코로나바이러스 균주 등 바이러스성 전염병이 빈번하게 발생해 도전에 직면하고 있다. 분자생물학의 발전으로 인체 기관의 기능을 더 상세하게 이해하게 되고 물리학자들이 우주의 아원자 미스터리를 풀게 되면서 병리해부학자들의 발견은 다가오는 수십 년 동안 해부학에서 패러다임의 변혁을 일으킬 것이다. 이런 미래의 혁신은 또 다른 책에서 다루게 될 것이다. 이 책은 과거의 이정표적인 해부학 서적과, 그림과 인쇄술로 책을 제작해 서재를 가득 채운 위대한 해부학자들을 기념한다. 현대식 장비는 해부학의 가시성에 혁명을 가져왔지만 눈에 보이는 것을 이해하는 것은 수천 년 동안 그래왔듯 놀라운 인간의 뇌에 맡겨진 과제라는 사실을 언급하고 싶다. 적어도 지금까지는 그 무엇으로도 이것을 대체하지 못한다.

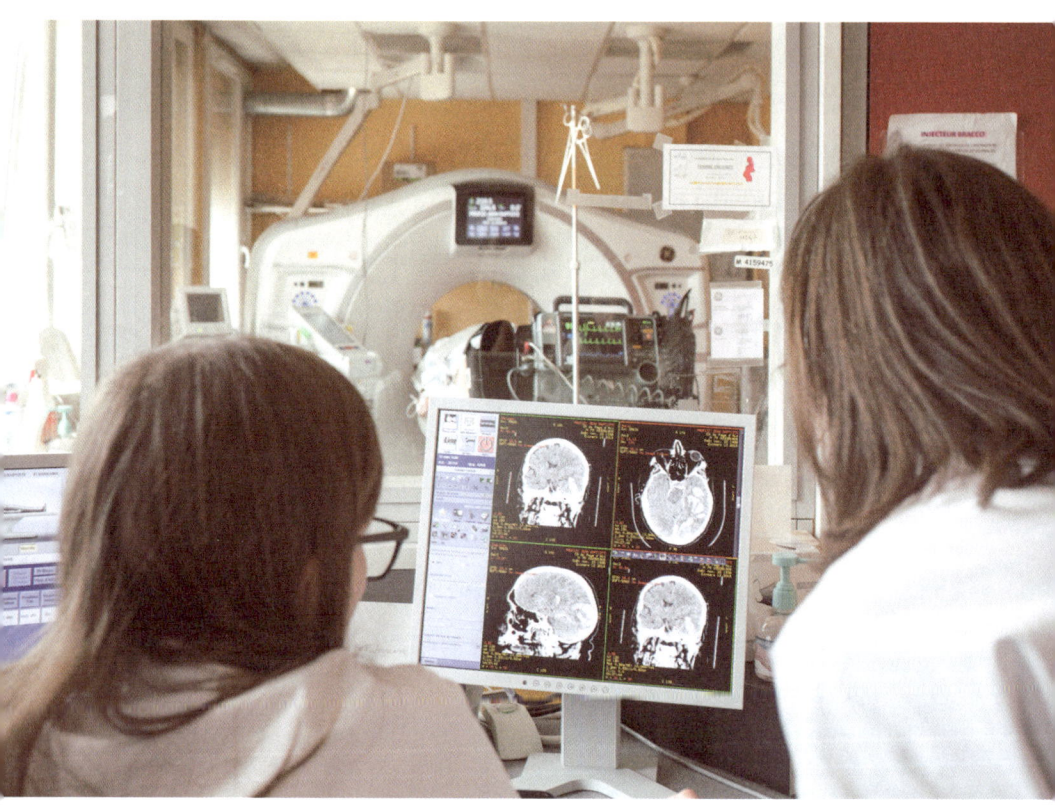

CT 촬영

의료진이 컴퓨터단층촬영(CT)을 통해 비침습적으로 생성한 이미지로 환자의 뇌를 조사한다.

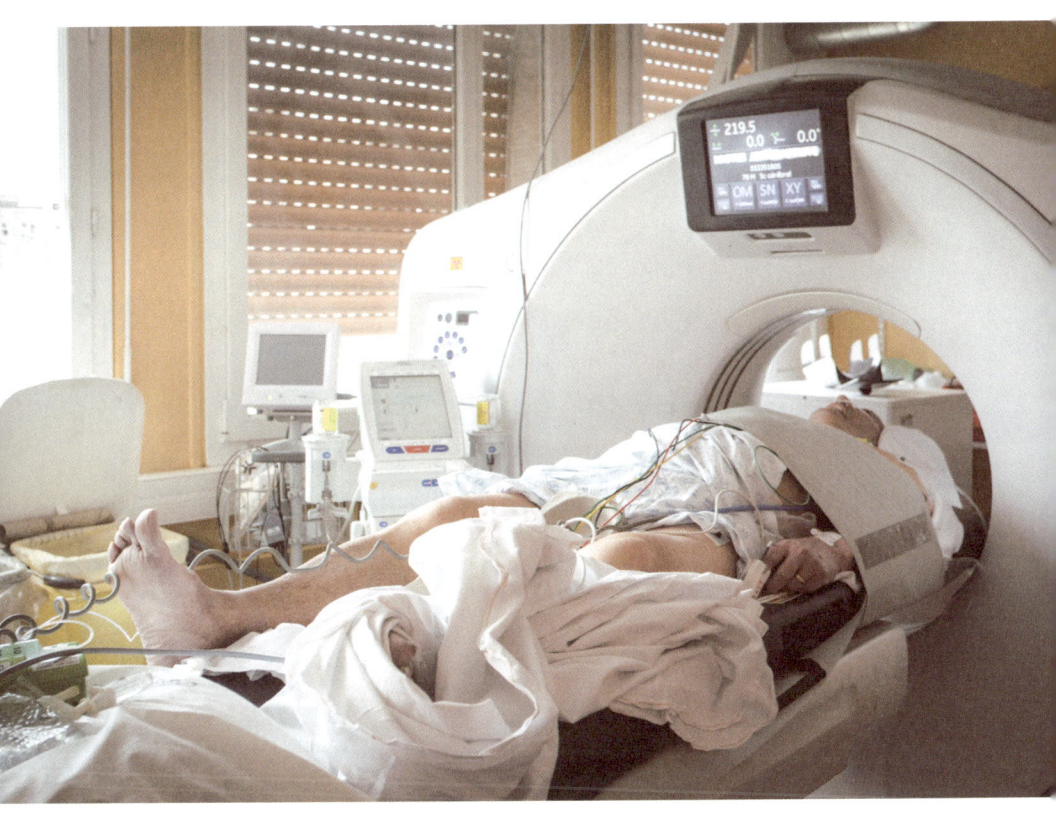

CT 촬영

CT 촬영 중인 환자. 새로운 기술은 우리에게 인체에 대한 독보적인 시야를 제공하지만, 본 것을 이해하는 것은 아직까지 인간의 뇌에서만 일어날 수 있는 작용이다.

도서 목록

1장 고대 세계의 해부학

기원전 3000년경, 저자 미상,「에드윈 스미스 파피루스」, 이집트
기원전 3000년경, 저자 미상,「게오르크 에버스 파피루스」, 이집트
기원전 2000년경, 저자 미상,「브룩슈 파피루스」, 이집트
기원전 1800년경, 저자 미상,「카훈 파피루스」, 이집트
기원전 1800년경, 저자 미상,「허스트 파피루스」, 이집트
기원전 550년경, 알크마이온,『자연에 관하여』, 그리스
기원전 450~150년, 저자 미상,『황제내경』, 중국
기원전 400~370년, 히포크라테스, '히포크라테스 전집', 그리스
기원전 300~280년, 헤로필로스,『맥박에 관하여』, 그리스
기원전 300~280년, 헤로필로스, (산파의 역할), 그리스
200년경, 갈레노스,『해부 절차에 관하여』, 로마
200년경, 갈레노스,『여러 신체 부위의 기능에 관하여』, 로마
200년경, 갈레노스,『정액에 관하여』, 로마
200년경, 갈레노스,『태아 형성에 관하여』, 로마
200년경, 갈레노스,『자궁의 해부에 관하여』, 로마
200년경, 갈레노스,『동맥에 혈액이 흐르는가』, 로마
200년경, 갈레노스,『내 저서에 관하여』, 로마
860년경, 후사인 이븐 이샤크(번역),『초심자용 뼈에 관하여』, 바그다드
860년경, 후사인 이븐 이샤크(번역),『해부 절차에 관하여』, 바그다드
860년경, 후사인 이븐 이샤크,『눈에 관한 열 편의 논문』, 바그다드

900년경, 알라지, 『갈레노스에 관한 의구심』, 테헤란
900년경, 알라지, 『의료 낙후 지역 주민을 위한 책』, 테헤란
940년경, 알라지, 『의학총서』, 테헤란
1025년, 이븐시나, 『의학정전』, 테헤란
1288년, 이븐 알나피스, 『의학 종합서』, 이집트
1316년 (1475년 출간), 몬디노 데 루치, 『인체의 해부』, 볼로냐

2장 중세의 해부학

1120년경, 자인 알딘 알주르자니, 『자히레이 화레즘 샤이』, 페르시아
1335년경, 귀도 다 비제바노, 『건강 편람』, 프랑스
1345년, 귀도 다 비제바노, 『필리프 7세를 위한 해부학』, 프랑스
1390년, 만수르 이븐 일리야스, 『인체 해부학』, 시라즈
1491년, 요하네스 데 케탐(편찬), 『의학집성』, 베네치아
1497년, 히로뉘무스 브룬슈비히, 『수술서』
1499년, 요한 파일리크, 『자연철학 개론』, 라이프치히
1501년, 마그누스 훈트, 『인간 존엄성의 인간학, 자연, 원소의 속성, 인체의 부분과 구성 요소』, 라이프치히
1503년, 그레고어 라이슈, 『철학의 진주』, 스트라스부르
1507년, 안토니오 베니비에니, 『질병의 숨은 원인』, 피렌체
1512년, 히로뉘무스 브룬슈비히, 『화합물 증류법』, 스트라스부르
1516~1524년, 알레산드로 아킬리니, 『인체의 해부 구조』, 베네치아
1520년, 알레산드로 아킬리니, 『해부학 노트』, 볼로냐

3장 르네상스 시대의 해부학

기원전 30년경, 비트루비우스, 『건축 10서』, 로마
1517년, 한스 폰 게르스도르프, 『전장에서의 외과 처치법』, 스트라스부르
1522년, 야코포 베렌가리오 다 카르피, 『인체 해부 구조에 대한 간단명료한 종합 입문서』, 볼로냐
1528년, 알브레히트 뒤러, 『인체 비율에 관한 네 권의 책』, 뉘른베르크

1533년, 장 뤼엘(편찬), 『수의학』, 파리
1538년, 하인리히 포크트헤어 『수의학』, 스트라스부르
1543년, 안드레아스 베살리우스, 『인체 구조에 관한 일곱 권의 책』, 바젤
1544년, 야코프 프륄리히, 『해부학, 내부에서 보는 인체의 묘사』, 스트라스부르
1545년, 샤를 에티엔, 『신체 부위의 해부에 관하여. 3부작』, 파리
1545년, 앙브루아즈 파레, 『아르크뷔즈 소총과 화기로 인한 상처 치료법』
1551년, 콘라트 게스너, 『동물의 역사』, 취리히
1552년, 후안 발베르데 데 아무스코, 『정신 및 신체 건강의 보존에 관한 소책자』, 파리
1556년, 후안 발베르데 데 아무스코, 『인체 구성의 역사』, 로마
1559년, 레알도 콜롬보, 『해부학에 관한 열다섯 권의 책』
1561년, 가브리엘레 팔로피오, 『모데나 의사 가브리엘레 팔로피오의 해부학적 관찰』, 베네치아
1575년, 앙브루아즈 파레, 『앙브루아즈 파레의 작품집』, 파리
1598년, 카를로 루이니, 『말의 해부학』, 베네치아
1714년, 바르톨로메오 유스타키오, 『바르톨로메오 유스타키오의 해부도』, 로마
1898년, 레오나르도 다빈치, 「윈저성 왕실도서관에 보존된 원본 원고」, 파리

4장 현미경의 시대

1553년, 미겔 세르베트, 『그리스도교의 회복』
1595년, 주앙 쿠쟁, 『초상화 기법』, 파리
1600년, 지롤라모 파브리치, 『형성된 태아에 관하여』, 프랑크푸르트
1601년, 줄리오 카세리, 『음성과 청각기관의 해부학사』
1603년, 지롤라모 파브리치, 『동물의 언어에 관하여』
1603년, 지롤라모 파브리치, 『언어와 그 기구에 관하여』
1613년, 지롤라모 파브리치, 『삼중 해부학 논문』

1613년, 요한 레멜린, 『소우주의 거울』, 아우크스부르크

1621년, 지롤라모 파브리치, 『닭과 달걀의 형성에 관하여』

1626년, 아드리안 반 덴 스피겔과 줄리오 카세리, 『형성된 태아에 관하여』, 파도바

1627년, 아드리안 반 덴 스피겔과 줄리오 카세리, 『해부도』, 베네치아

1628년, 윌리엄 하비, 『동물의 심장과 혈액의 운동에 관한 해부학적 연구』, 프랑크푸르트

1644년, 조반니 바티스타 오디에르나, 『파리의 눈』, 팔레르모

1648년, 윌리엄 몰린스, 『미스코토미아, 또는 해부 시 나타나는 인체의 모든 근육에 대한 해부학적 설명』

1661년, 마르첼로 말피기, 『폐의 해부학적 관찰』, 볼로냐

1664년, 토머스 윌리스, 『뇌 해부학』

1665년, 로버트 훅, 『마이크로그라피아』, 런던

1666년, 마르첼로 말피기, 『심장의 폴립』

1668년, 레이니르 더 흐라프, 『남성의 생식기관에 관하여』

1672년, 토머스 윌리스, 『짐승의 영혼에 관한 두 가지 담론』

1672년, 얀 스바메르담과 요하네스 판 호르너, 『자연의 기적. 자궁이라는 여성의 장치』

1672년, 레이니르 더 흐라프, 『여성의 생식기관에 대한 새로운 논문』

1675년, 마르첼로 말피기, 『식물의 해부학』

1676년, 찰스 스카버러, 『근육 강의 요강』, 옥스퍼드

1678년, 존 브라운, 『상처에 대한 완벽한 담론』

1681년, 존 브라운, 『인체의 근육에 대한 완전한 논문』, 런던

1683년, 앤드루 스네이프, 『말의 해부 구조』

1684년, 레몽 뷰상, 『신경학 완성』, 파리

1685년, 호버르트 비들로, 『인체의 해부학』, 암스테르담

1694년, 윌리엄 쿠퍼, 『미오토미아 레포르마타. 새로운 근육 체계』

1695년, 험프리 리들리, 『뇌 해부서』, 런던

1697년, 에드워드 라벤스크로프트, 〈해부학자, 또는 가짜 의사〉

1698년, 윌리엄 쿠퍼, 『사람 몸의 해부학』, 옥스퍼드
1705년, 레몽 뷰상, 『신新 인체 혈관계』
1737년, 얀 스바메르담, 『자연의 성서』, 레이던

5장 계몽의 시대

1304년, 가지와라 쇼젠, 『돈의초』
1679년, 테오필 보네, 『묘지: 질병으로 죽은 사체의 해부학』
1706~1719년, 조반니 바티스타 모르가니, 『해부학 주해』
1713년, 윌리엄 체슬던, 『인체의 해부학적 구조』
1731년, 자크프랑수아마리 뒤베르네, 『귀의 전반적인 구조, 기능, 질병을 포함한 청각기관에 관하여』
1733년, 윌리엄 체슬던, 『오스테오그라피아 또는 뼈의 해부학』, 런던
1735년, 안토니오 마리아 발살바, 『인간의 귀에 관한 논문』
1743년, 윌리엄 헌터, 『관절 연골의 구조와 질환에 관하여』
1746년, 자크 파비앙 고티에 다고티와 자크프랑수아마리 뒤베르네, 『실물 크기로 보는 원색 근육학 완성』, 파리
1747년, 베른하르트 지크프리트 알비누스, 『인체 골격과 근육의 해부도』, 런던
1748년, 자크 파비앙 고티에 다고티와 자크프랑수아마리 뒤베르네, 『머리의 해부학』, 파리
1749년, 자크프랑수아마리 뒤베르네, 『초보자용 인체 근육 해부 기법』
1752년, 자크 파비앙 고티에 다고티, 『내장기관의 일반 해부학』, 파리
1754년, 윌리엄 스멜리, 『해부학 표 모음』, 런던
1752~1764년, 윌리엄 스멜리, 『조산학의 이론과 실제』
1759년, 야마와키 도요, 『장지』
1761년, 조반니 바티스타 모르가니, 『해부학을 통해 조사된 질병의 위치와 원인』
1772년, 가와구치 신닌, 『해시편』, 헤이안(교토)
1774년, 윌리엄 헌터, 『그림으로 보는 임신의 자궁 해부학』, 버밍엄

1774년, 요한 아담 쿨무스, 스기타 겐파쿠, 마에노 료타쿠, 나카가와 준안, 가쓰라가와 호슈, 『해체신서』, 도쿄

1998년, 힐러리 맨틀, 『거인 오브라이언』

6장 발명의 시대

1789년, 안토니오 스카르파, 『청각과 후각에 대한 해부학적 조사』

1794년, 안토니오 스카르파, 『신경학 기록』

1795년, 자무엘 토마스 폰 죄머링, 『여성 골격 차트』, 프랑크푸르트

1800년, 그자비에 비샤, 『막에 관한 논문』

1800년, 그자비에 비샤, 『삶과 죽음에 관한 생리학적 연구』

1801년, 그자비에 비샤, 『해부학 총론』

1801년, 자무엘 토마스 폰 죄머링, 『인간의 눈 해부도』

1801년, 안토니오 스카르파, 『주요 안과 질환에 관한 논문』

1801~1814년, 레오폴도 마르코 안토니오 칼다니, 『해부학 이미지』, 베네치아

1805년, 하나오카 세이슈, 『유방치험록』

1806년, 자무엘 토마스 폰 죄머링, 『인간의 귀 해부도』

1807년, 필리프 보치니, 『리히트라이터』

1809년, 자무엘 토마스 폰 죄머링, 『인간의 후각기관 해부도』

1809년, 프란츠 요제프 갈과 요한 가스파르 슈푸르츠하임, 『신경계의 일반 생물학 및 뇌에 대한 연구』

1819년, 프란츠 요제프 갈, 『신성계의 일반 해부학 및 생리학』

1828년, 존스 콰인, 『학생을 위한 기술 해부학 및 실용 해부학 기초』

1829년, 존 맥니, 『윌리엄 버크와 헬렌 맥두걸 재판』

1830년, 도메니코 코투뇨, 『유고집』

1832년, 조제프 비몽, 『인간 및 비교 골상학 논문』, 파리

1837년, 하나오카 세이슈, 『기질외료도권』

1844년, 리처드 콰인, 『인체 동맥의 해부학과 병리학 및 수술 외과학의 적용』, 런던

1846년, 카를 폰 로키탄스키,『병리해부학 편람』

1858년, 헨리 그레이,『그레이 해부학』

1858년, 루돌프 피르호,『조직생리학과 조직병리학에 기초를 둔 세포병리학』

1859년, 찰스 다윈,『종의 기원』

1861년, 피에르 폴 브로카,『음성 언어의 자리에 대한 비고』

1867년, 크리스티안 빌헬름 브라우네,『해부학 지형 지도집: 단면으로 본 냉동 사체』, 라이프치히

1873년, 크리스티안 빌헬름 브라우네,『냉동 사체의 단면으로 본 임신 말기 자궁과 태아의 위치』

1882년, 리처드 콰인 경,『콰인의 의학 사전』

1885년, 지그문트 라스코프스키,『해부학적 표본의 보존 절차』

1886년, 지그문트 라스코프스키,『표본의 방부 처리 및 보존, 그리고 해부 준비 과정』

1893년, 지그문트 라스코프스키,『인체의 정상적인 해부 구조에 대한 도해집』, 제네바

1931년, 제임스 브라이디, 〈해부학자〉

1966년, 아리요시 사와코,『하나오카 세이슈의 아내』

해부학의 미래

1921년, 어니스트 윌리엄 헤이 그로브스, 존 매슈 포터스큐브러데일,『간호사를 위한 교과서』, 런던

1928년, 빅터 페라드,『해부학과 드로잉』, 미국

1929년, 에벌린 피어스,『간호사를 위한 해부학 및 생리학』, 런던

1935년, 에벌린 피어스,『의학 및 간호 사전 및 백과사전』, 런던

1937년, 에두아르트 페른코프,『인체의 국소 해부학』

1938년, 아서 애플턴, 윌리엄 해밀턴, 이반 차페로프,『표면 해부학과 방사선 해부학』, 케임브리지

1939년, 캐서린 암스트롱,『해부학 및 생리학 보조 자료: 간호사를 위한

교과서』, 런던

1941년, 찰스 칼슨, 『인물의 간단한 미술 해부학』, 뉴욕

1942년, 저자 미상, 발리에르 출판사의 『여성 해부학 및 생리학 도해서』, 런던

1945년, 에머리 리브스, 『평화의 해부학』

1954년, 라디슬라스 파라고, 『기지의 전쟁: 스파이의 해부』, 미국

1958년, 로버트 트레버, 『살인의 해부』

1960년, 코넬 렌젤, 『나는 베네딕트 아널드입니다: 반역의 해부』

1962년, 조지 앰버, 폴 앰버, 『자동화의 해부』, 디트로이트

1964년, 일제 골드스미스, 『어린이를 위한 해부학』, 뉴욕

1964년, 알렉스 M. 세데니크, 『사이코의 해부』

1964년, 게리 고든, 『간통의 해부, 사례와 함께』, 미국

1964년, 로버트 트레버, 『낚시꾼의 해부』

1966년, 킹 코럴, 『해부학과 황홀경』

1968년, 이저도어 메샨, 『방사선 촬영 위치 및 관련 해부 구조』

1978년, 조너선 밀러, 〈인체대탐험〉, 런던

2008년, 클라이드 헬름스, 낸시 메이저, 마크 앤더슨, 피비 캐플런, 로버트 뒤솔, 『근골격계 MRI』

2018년, 켈리 솔로웨이, 『요가 해부학 컬러링북』

2020년, 저자 미상, 『인체 해부학 및 생리학 컬러링북』

그림 출처

이 책에 삽화를 사용할 수 있게 허락해주신 모든 분께 감사드립니다. 정확한 출처를 제공하기 위해 최선을 다했지만, 혹시 오류나 누락이 있다면 다음 판에서 수정하겠습니다.

여는 글
Getty Images: 7(Photo Josse/Leemage), 14(UniversalImagesGroup), 8(De Agostini Picture Library), 10(Heritage Images), 12~13(Heritage Images), 15(Photo Josse/Leemage)

1장 고대 세계의 해부학
Alamy Stock Photo: 21(The Picture Art Collection), 25(Chronicle), 35(Stocktrek Images, Inc.), 42(Interfoto), 45(World History Archive), 47(Artmedia), 50 왼쪽(Science History Images), 57(The Picture Art Collection), 58(The Picture Art Collection), 59~61(The Picture Art Collection), 63(ART Collection), 65(Realy Easy Star/Toni Spagone) | **Bridgeman Images**: 56(© Archives Charmet) | **National Library of Medicine**: 66 | **Wellcome Collection**: 27, 29, 31, 37, 50 왼쪽, 51~54 | **Wikimedia Commons**: 22

2장 중세의 해부학
Alamy Stock Photo: 73(Well/BOT), 74 상단(The Protected Art

Archive), 77(Gravure Francaise), 90(Art Collection 2), 87(Everett Collection Inc), 88(Archive World), 94(ART Collection), 101(The Granger Collection) | **Bridgeman Images**: 77~80(ⓒ Photo Josse) | **Getty Images**: 92(Mondadori Portfolio), 99(Universal History Archive), 102(Sepia Times), 113 (UniversalImagesGroup), 114(Heritage Images), 115(Science & Society Picture Library) | **Metropolitan Museum of Art**: 100 | **National Library of Medicine**: 109~110 | **Wellcome Collection**: 71, 83~86, 98 | **Library of Congress**: 105~108 | **Wikimedia Commons**: 74 하단(Biblioteca europea di informazione e cultura)

3장 르네상스 시대의 해부학

Alamy Stock Photo: 122(Science History Images), 133(Universal Art Archive), 135 상단 왼쪽 (Universal Images Group North America LLC), 136(Gravure Francaise), 143(incamerastock), 160(The Picture Art Collection), 161(The Picture Art Collection) | **Anatomia Collection, University of Toronto Libraries**: 119, 153, 156~157 | **The Cleveland Museum of Art**: 128~129(the J. H. Wade Fund에서 구매) | **Getty Images**: 134(Universal History Archive), 135 상단 오른쪽과 하단 오른쪽(GraphicaArtis), 135 하단 왼쪽(DEA PICTURE LIBRARY), 137~138(GraphicaArtis), 147(Franco Origlia/Stringer), 148(GraphicaArtis), 149(Leemage) | **Getty Research Institute**: 163~165 | **Metropolitan Museum of Art**: 142, 195 | **National Library of Medicine**: 123~125, 144, 167~168, 170~175, 180~183, 186~187, 190~191 | **Wikimedia Commons**: 127(National Gallery), 145(Luc Viatour), 179 오른쪽(Biblioteca europea di informazione e cultura) | **Wikimedia Commons**: 127(National Gallery), 145(Luc Viatour), 179 오른쪽(Biblioteca europea di informazione e cultura)

4장 현미경의 시대

Alamy Stock Photo: 207(REDA &CO srl), 213(World History Archive), 217(AF Fotografie), 218(Album), 225 상단, 226(Science History Images), 223(Artokoloro), 242~243(Art World), 259(Granger - Historical Picture Archive) | **Anatomia Collection, University of Toronto Libraries**: 202~205, 210~211, 238, 239 왼쪽, 250~256 | **Bridgeman Images**: 226 하단(ⓒ British Library Board. All Rights Reserved) | **Getty Images**: 231 (Science & Society Picture Library), 232 상단 왼쪽(Universal History Archive) | **Metropolitan Museum of Art**: 196~198 | **National Library of Medicine**: 200, 209, 212 | **Wellcome Collection**: 177, 187, 206, 220, 229~230, 232 상단 오른쪽과 하단, 240, 244~248 | **Wikimedia Commons**: 221(Mauritshuis), 235(Rijksmuseum)

5장 계몽의 시대

Alamy Stock Photo: 271(Artefact), 279(Album) | **Anatomia Collection, University of Toronto Libraries**: 266~267, 290~291, 293, 294 오른쪽 | **Getty Images**: 264 상단(Science & Society Picture Library), 273(Christophel Fine Art) | **National Library of Medicine**: 268, 269 상단과 하단 왼쪽, 270, 274~277, 281~282, 298, 301 | **Wellcome Collection**: 278, 286~289, 294 왼쪽

6장 발명의 시대

Alamy Stock Photo: 337(Well/BOT), 349 오른쪽(The History Collection), 351(The Picture Art Collection), 352(Pictorial Press Ltd) | **Anatomia Collection, University of Toronto Libraries**: 328~333 ⓒ The Trustees of the British Museum: 324 | **Getty Images**: 335 위쪽(Stefano Bianchetti), 350(Bettmann) | **National Library of Medicine**: 306, 309, 311, 314, 339~340, 353~357, 360, 362~365
Surgeons' Hall Museums, The Royal College of Surgeons of

Edinburgh: 325 | **Wellcome Collection**: 312~313, 316, 319, 335 하단, 336, 342~343, 346, 347, 350, 359

해부학의 미래

Getty Images: 367(mikroman6), 368(Science Photo Library), 375(Ted Soqui), 378(LMPC), 380~181(BSIP) | **Private Collection**: 370, 372

찾아보기

ㄱ

가쓰라가와 호슈桂川甫周 297
가와구치 신닌河口信任 296~298
　『해시편』 296~298
가지와라 쇼젠梶原性全 295, 297
　『돈의초』 295
가톨릭교회 10, 75, 169, 196
갈, 프란츠 요제프Gall, Franz-Joseph
　335~337, 341
　『신경계의 일반 생물학 및 뇌에
　대한 연구』 336
　『신경계의 일반 해부학 및 생리학, 특히 인간과 동물의 지적·도덕적 성향을 머리 형태로 확인하는 가능성에 대한 주장과 함께 뇌를 다루고 있음』 335
갈레노스, 클라우디오스Galenos,
　Claudios 9~10, 20, 23, 26, 30~31, 33~34, 36~49, 67 72, 81, 91~95, 104, 118, 151, 154~155, 158~159, 177, 184, 186~187, 216, 318

갈레노스식 해부 순서 91
갈레노스의 이론 93, 155, 188, 216
　『내 저서에 관하여』 40, 42~43
　『동맥에 혈액이 흐르는가』 41
　베렌가리오 다 카르피Berengario da Carpi 118~121, 155
　「브룩슈 파피루스」 23
　『신체 부위의 유용성에 관하여』 48
　『여러 신체 부위의 기능에 관하여』 40
　『자궁의 해부에 관하여』 40
　『정액에 관하여』 40
　『초심자용 뼈에 관하여』 45
　체액론 9
　『태아 형성에 관하여』 201
　『해부 절차에 관하여』 40, 45
갈릴레이, 갈릴레오Galilei, Galileo 219
게르스도르프, 한스 폰Gersdorff, Hans
　von 121~122, 125
　『전장에서의 외과 처치법』

121~125
게스너, 콘라트 Gessner, Conrad
　166~169, 189
『동물도』 169
『동물의 역사』 166~169
「게오르크 에버스 파피루스」 22
고대 그리스　20, 24, 45, 159, 184
고대 이집트　6, 8, 20, 22~23, 358,
　366
고데, 가일스 Godet, Gyles　162
고든, 게리 Gordon, Gary　377
『간통의 해부, 사례와 함께』 377
고티에 다고티, 자크 파비앙 Gautier
　d'Agoty, Jacques Fabien　283
『내장기관의 일반 해부학』
　286~287
『머리의 해부학』 284
『실물 크기로 보는 원색 근육학
　완성』 284, 286, 288~289
『자연사 관찰』 285
골드스미스, 일제 Goldsmith, Ilse　374
『어린이를 위한 해부학』 374
국가의료평의회　322
귀도 다 비제바노 Guido da Vigevano
　75~77, 81
『건강 편람』 76
『프랑스 국왕을 위한 보고』 76~77
『필리프 7세를 위한 해부학』
　76~79, 81

그라프, 알반 Graf, Alban　112
그레고리우스 Gregorius　112
그레이, 헨리 Gray, Henry　327, 342,
　344~345
『그레이 해부학』 327, 341~346,
　369
『그레이 해부학 도해집』 345
『학생용 그레이 해부학』 345
그레펜베르크, 에른스트 Gräfenberg,
　Ernst　239
그로브스, 어니스트 윌리엄 헤이 Groves,
　Ernest William Hey　370
『간호사를 위한 교과서』 370
그린, 앤 Greene, Anne　227
기를란다요, 도메니코 Ghirlandaio,
　Domenico　147

ㄴ

나이프 형제 Knipe Brothers　279
나치　9, 371
나카가와 준안 中川淳庵　297
나폴레옹 보나파르트 Napoleon
　Bonaparte　308
나폴리대학교　65, 310
녹스, 로버트 Knox, Robert　323
뉴게이트 감옥　11, 270
뉴턴, 아이작 Newton, Isaac　234, 254
니체, 프리드리히 Nietzsche, Friedrich　66

ㄷ

다비드, 자크루이 David, Jacques-Louis
　35
　〈안티오코스의 병인을 발견한
　　에라시스트라투스〉 35
다윈, 찰스 Darwin, Charles　341
　『종의 기원』 341
던스 스코터스 Duns Scotus　112
데이만 박사 Deijman, Dr.　220, 232
델 폴라이우올로, 안토니오 del Pollaiuolo,
　Antonio　126~127, 139, 148
　〈성 세바스티아누스의 순교〉 127
　〈알몸의 전투〉 127~129, 148
델 폴라이우올로, 피에로 del Pollaiuolo,
　Piero　126
델라 토레, 마르칸토니오 della Torre,
　Marcantonio　130~131
뒤러, 알브레히트 Dürer, Albrecht　16,
　121, 125, 139~142, 144, 147, 150,
　168, 195, 199
　〈아담과 하와〉 139~140, 142
　『인체 비율에 관한 네 권의 책』
　140, 144, 146, 199
뒤베르네, 에마뉘엘 모리스 Duverney,
　Emmanuel-Maurice　283
뒤베르네, 자크프랑수아마리 Duverney,
　Jacques-François-Marie　283~285
　『귀의 전반적인 구조, 기능, 질병을
　포함한 청각기관에 관하여』 285

『머리의 해부학』 284
『초보자용 인체 근육 해부 기법』
　290
뒤베르네, 조제프기샤르 Duverney,
　Joseph-Guichard　283
뒤베르네, 피에르 Duverney, Pierre　283
뒤부아, 자크 Dubois, Jacques　162
뒤솔, 로버트 Dussault, Robert　6, 369
『근골격계 MRI』 369
뒤퓌, 조르주 Dupuy, Georges　369
드 리비에르, 에티엔 de Rivière, Étienne
　162~163
드소르모, 안토닌 장 Desormeaux, Antonin
　Jean　321
디오클레스 Diocles　30~31
디즈니, 월트 Disney, Walt　16

ㄹ

라벤스크로프트, 에드워드 Ravenscroft,
　Edward　257
　〈해부학자, 또는 가짜 의사〉 257
라스코프스키, 지그문트 Laskowski,
　Zygmunt　259, 360, 362
　『인체의 정상적인 해부 구조에 대한
　도해집』 359~360, 362~365
라이슈, 그레고어 Reisch, Gregor
　111~114, 139
　『철학의 진주』 111~115
라이프치히대학교　22, 109, 111, 353

알라지, 아부바크르 무함마드 이븐 자카리야al-Rāzī, AbūBakr Muhammad ibn Zakariyā(라제스Rhazes) 9, 46~49, 55, 63, 82, 154
『갈레노스에 관한 의구심』 48
『의료 낙후 지역 주민을 위한 책』 46
『의학총서』 46, 48
란치시, 조반니 마리아Lancisi, Giovanni Maria 179
람브리트, 토마스Lambrit, Thomas 162
램지, 앨런Ramsay, Allan 271
런던 버커스 323
런던 인비저블 칼리지 230
럼리 강좌 215~216, 227
럼리 남작Lumley, Baron 215
레디, 프란체스코 346
레레서, 헤라르트 더Lairesse, Gerard de 249, 252~253, 256
레멜린, 요한Remmelin, Johann 194~196, 200, 295
『소우주의 거울』 194~197, 295
『소우주의 조사』 195~199
레오 10세Leo X(교황) 132
레오나르도 다빈치Leonardo da Vinci 11, 75, 81, 126, 130~139, 141, 145, 151, 216, 230, 321
〈비트루비우스적 인간〉 141, 145
레오니, 폼페오Leoni, Pompeo 132

레이던대학교 188~189, 223, 249, 281
해부 극장 187, 219~220
레이우엔훅, 안토니 판Leeuwenhoek, Antoine van 233~235, 239
렌, 크리스토퍼Wren, Christopher 227~228, 230
렌젤, 코넬Lengyel, Cornel 377
『나는 베네딕트 아널드입니다』 377
렘브란트 반 레인Rembrandt van Rijn 220, 222~223, 376
〈니콜라스 튈프 박사의 해부학 강의〉 223, 367
〈데이만 박사의 해부학 강의〉 220
로런스, 윌리엄Lawrence, William 327
로버츠, 앨리스Roberts, Alice 8
로베르토Roberto(나폴리 왕) 75
로워, 리처드Lower, Richard 228
로키탄스키, 카를 폰Rokitansky, Carl von 316
『병리해부학 편람』 361
로텐하머, 요한Rottenhammer, Johann 196
롤런드슨, 토머스Rowlandson, Thomas 259, 324
〈부활〉 324
〈해부학자〉 259
롱, 크로퍼드Long, Crawford 349~351

롱바르, 피에르 Lombard, Peter　112

뢴트겐, 빌헬름 Röntgen, Wilhelm　367

루돌프 2세 Rudolph II (황제)　195

루이 6세 Louis VI　76

루이니, 카를로 Ruini, Carlo　189~190, 224, 226

『말의 해부학』　189~191

라위스, 프레데릭 Ruysch, Frederik　12

루키우스 베루스 Lucius Verus　39

뤼엘, 장 Ruel, Jean　159~160, 166

　『수의학』　159, 166

　『히피아트리카』　159

르 블롱, 야코프 크리스토프 Le Blon, Jakob Christoph　284

르 아드미랄, 얀 L'Admiral, Jan　284

르네상스　16, 103, 121, 126~127, 130, 141, 146~147, 149, 152, 166, 169, 186, 194, 213, 219

　북방 르네상스　139

　이탈리아 르네상스　11, 95, 118

리드, 토머스 Read, Thomas　227

리들리, 험프리 Ridley, Humphrey　237, 240

　『뇌 해부서』　238, 240

리브스, 에머리 Reves, Emery　377

　『평화의 해부학』　376

린데, 카를 폰 Linde, Carl von　353

린트플라이슈, 다니엘 Rindfleisch, Daniel　209, 212

『해부도』　213

림스데이크, 얀 판 Rymsdyk, Jan van　271

ㅁ

마누치오, 알도 Manuzio, Aldo　118

마르쿠스 아우렐리우스 Marcus Aurelius　39

마르티네스, 크리소스토모 Martínez, Crisóstomo　10

　〈14구의 유골〉　10

마에노 료타쿠 前野良澤　297

막시밀리안 1세 Maximilian I (신성로마제국 황제)　154

만수르 이븐 일리야스 Mansur ibn Ilyas　81~83, 89, 91

　'다섯 가지 그림 시리즈'　89

　『인체 해부학』　82~88

만테냐, 안드레아 Mantegna, Andrea　139

말피기, 마르첼로 Malpighi, Marcello　223~225, 227, 241, 290

　『달걀 속에서 병아리의 형성 과정에 관하여』　225

　『식물의 해부학』　223~224, 241

　『심장의 폴립』　224

　『폐에 관한 서신』　223

　『폐의 해부학적 관찰』　224

맥니, 존 MacNee, John　324

맥리즈, 조지프 Maclise, Joseph　328, 332~334

맨틀, 힐러리 Mantel, Hilary 279
메디치, 로렌초 데 Medici, Lorenzo de' 95, 147
메리 2세 Mary II(여왕) 132
메샨, 이저도어 Meschan, Isadore 369
　『방사선 촬영 위치 및 관련 해부 구조』 369
메이저, 낸시 Major, Nancy 369
　『근골격계 MRI』 6, 369
멜치, 프란체스코 Melzi, Francesco 132
모르가니, 조반니 바티스타 Morgagni, Giovanni Battista 290, 292, 294, 307~308, 316
　『해부학 주해』 292
　『해부학을 통해 조사된 질병의 위치와 원인』 292, 294
모턴, 윌리엄 Morton, William 350~351
모토키 료이 本木良意 295
목슨, 제임스 Moxon, James 195
목슨, 조지프 Moxon, Joseph 195~197, 199
몬디노 데 루치 Mondino de Luzzi 66~67, 70~77, 81, 93, 97, 118, 159, 189
　『인체의 해부』 67, 70~75, 97, 118
몬로 Monro(교수) 324
몰린스, 윌리엄 Molins, William 241, 244
　『미스코토미아, 또는 해부 시 나타나는 인체의 모든 근육에 대한 해부학적 설명』 241
모이어, 앤드루 Moir, Andrew 326
무함마드 악바르 Mohammed Akbar 57, 59
미켈란젤로 Michelangelo 11, 146~151, 176
　〈다비드〉 147~149
　〈성모자〉 149~150
　〈최후의 심판〉 150, 176
　〈켄타우로스 전투〉 148
　〈피에타〉 149
밀러, 조너선 Miller, Jonathan 374

ㅂ

바리, 헨드릭 Bary, Hendrik 243
바커르, 아드리안 Backer, Adriaan 12
　〈프레데릭 라위스 박사의 해부학 강의〉 12
반데르휘흐트, 헤라르트 Vandergucht, Gerard 265, 267
반넬라크, 얀 Wandelaar, Jan 280~281
발레시오, 프란체스코 Valesio, Francesco 212
발리에르 Baillière 369
　『여성 해부학 및 생리학 도해서』 369~370
발리키, 지그문트 Balicki, Zygmunt 360, 362

발베르데 데 아무스코, 후안 Valverde de
　　Amusco, Juan　169~173, 175~176,
　　297
　『인체 구성의 역사』 169~176
　『정신 및 신체 건강의 보존에 관한
　　소책자』 169
발살바, 안토니오 마리아 Valsalva,
　　Antonio Maria
　『인간의 귀에 관한 논문』 297
배니스터, 존 Banister, John　7
버크, 윌리엄 Burke, William　323~325
번, 찰스 Byrne, Charles　273, 278~279
베니비에니, 안토니오 Benivieni, Antonio
　　94~97
　『건강 식이요법』 95
　『질병에 감춰진 놀라운 원인과
　　치유에 관하여』 96
　『질병에 관하여』 95
　『질병의 숨은 원인』 96
　『천상의 찬양』 95
베니비에니, 지롤라모 Benivieni, Girolamo
　　95~96
(야코포) 베렌가리오, 다 카르피 Jacopo
　　Berengario, da Carpi　118~121, 155,
　　159, 162
　『인체 해부 입문서』 118~121, 155
베르길리우스 Vergilius　112
베르콜리어 얀 Verkolje, Jan　236
　〈안토니 판 레이우엔훅〉 236

베살리우스, 안드레아스 Vesalius,
　　Andreas　48, 150~155, 158~160,
　　162~163, 166, 169~171, 173,
　　175~179, 184, 189, 201, 189, 212,
　　216, 283, 300, 318
　『인체 구조에 관한 일곱 권의 책』
　　(『파브리카』) 152~160, 169~171,
　　175, 209, 222, 297
　『파브리카 요약본』 159
베세라, 가스파르 Becerra, Gaspar　176
베스파시아누스 Vespasianus (황제)
　　43
베아트리제, 니콜라 Beatrizet, Nicolas
　　176
베올킨, 카를로 Beolchin, Carlo　308
베히틀린, 한스 Wechtlin, Hans　121,
　　125
벨리니, 조반니 Bellini, Giovani　139
보네, 테오필 Bonet, Théophile　292
　『묘지』 292
보드, 어니스트 Board, Ernest　47, 350
　〈에테르를 사용한 최초의 치과
　　수술〉 350
　〈바그다드 자기 실험실에서의
　　알라지〉 47
　〈의혹의 육신〉 374
보일, 로버트 Boyle, Robert　49,
　　227~228, 230
보치니, 필리프　320~321, 367

리히트라이터 320~322, 367
보티첼리, 산드로 Botticelli, Sandro 127
볼게무트, 미하엘 Wolgemut, Michael 139
볼로냐 미술학교 94
볼로냐대학교 66~67, 91~93, 104, 118, 189, 290, 307
볼타, 알레산드로 Volta, Alessandro 307
부르고뉴의 잔 Jeanne of Burgundy 76
부르치, 카를로 Burci, Carlo 96
부르하버, 헤르만 Boerhaave, Hermann 281, 283
부슈, 파울 Busch, Paul 37
〈갈레노스〉 37
뷰상, 레몽 Vieussens, Raymond 236~237
『신경학 완성』 236~238
『신新 인체 혈관계』 236
브라우네, 크리스티안 빌헬름 Braune, Christian Wilhelm 353~354, 358
『국소 해부학 아틀라스』 354~356, 358
『냉동 사체의 단면으로 본 임신 말기 자궁과 태아의 위치』 358
브라운, 존 Browne, John 224, 241, 244, 246, 249
『상처에 대한 완벽한 담론』 224, 241, 246~248
『인체의 근육에 대한 완전한 논문』 241, 244~246

브라이디, 제임스 Bridie, James 325
〈해부학자〉 325
브로카, 피에르 폴 Broca, Pierre Paul 341
「음성 언어의 자리에 대한 비고」 341
브룬슈비히, 히로뉘무스 Brunschwig, Hieronymus 103~108, 121, 139
『단순한 물질의 증류법』 108
『수술서』 104~106, 121
『역병 치료서』 107
『화합물 증류법』 103, 107
브리지워터, 헨리 스콧 Bridgwater, Henry Scott 352
〈제임스 영 심프슨〉 352
블로텔링, 아브라함 Blooteling, Abraham 249
비들로, 니콜라스 Bidloo, Nicolaas 250, 281
비들로, 호버르트 Bidloo, Govert 249~250, 252, 256~257, 281, 297
『인체의 해부학』 249, 251~256, 297
비몽, 조제프 Vimont, Joseph 338~339
『인간 및 비교 골상학 논문』 338~340
비샤, 그자비에 Bichat, Xavier 315~317, 321, 346
『막에 관한 논문』 315~316
『삶과 죽음에 관한 생리학적 연구』

찾아보기 401

315~316
『해부학 총론』 315~317
비숍, 존Bishop, John 323
비스, 허버트 E. J.Bliss, Hubert E. J. 369
『여성 해부학 및 생리학 도해서』 369~370
비스마르크, 오토 폰Bismarck, Otto von 348
비트루비우스Vitruvius 140~141, 145
『건축 10서』 140~141
빅토리아 여왕Victoria, Queen 334

ㅅ

사마르칸디, 나지브 앗딘Samarqandi, Najib ad-Din 57, 61
『원인과 증상의 책』 57
살인법 272, 322, 326
상형문자 21~22
〈생명의 주관자들〉 374
샤피에, 요세Schayye, Josse 160
샨, 루카스Schan, Lucas 168
샬럿 왕비Caroline, Queen 271
성 바르톨로메오Saint Bartholomew 150, 176, 215
성 세바스티아누스Saint Sebastian 127
성경 72, 111, 149, 155, 196
성모 마리아Virgin Mary 149
세데니크, 알렉스 M.Szedenik, Alex M. 377

『사이코의 해부』 377
세르베트, 미셸Servet, Miguel 10, 218
『그리스도교의 회복』 218
셀레우코스 1세Seleukos I 34~35
셉티미우스 세베루스Septimius Severus 39, 43
셔먼, 앨런Sherman, Allan 7
셰익스피어, 윌리엄Shakespeare, William 257
솔로웨이, 켈리Solloway, Kelly 374
『요가 해부학 컬러링북』 374
수드호프, 카를Sudhoff, Karl 89
슈미델, C.Schmiedel, C. 354
슈푸르츠하임, 요한 가스파르Spurzheim, Johann Gaspar 335~336, 338
『신경계의 일반 생물학 및 뇌에 대한 연구』 336
슐랑, 요한 루트비히Choulant, Johann Ludwig 285
스기타 겐파쿠杉田玄白 297
스네이프, 앤드루Snape, Andrew 224~225
『말의 해부 구조』 224~225
스멜리, 윌리엄Smellie, William 271~272, 276
『조산학의 이론과 실제』 272, 276~277
『해부학 표 모음』 272
스미스, 에드윈Smith, Edwin 22

스바메르담, 얀Swammerdam, Jan　223,
　　226~227, 232, 240, 242, 256
『자연의 기적. 자궁이라는 여성의
　　장치』　239
『자연의 성서』　223, 226
스웨덴 왕립과학원　308
스카르파 홀Aula Scarpa　308
스카르파, 안토니오Scarpa, Antonio
　　308, 310
『신경학 기록』　308, 310~311,
　　313~314
『주요 안과 질환에 관한 논문』　308
『청각과 후각에 대한 해부학적
　　조사』　308
스카버러, 찰스Scarborough, Charles　227
『근육 강의 요강』　227
스코투스, 미카엘Scotus, Michael　65
스토베우스, 요안니스Stobaeus, Joannes
　　26
스토크, 안드리스Stock, Andries
　　219, 220
스튜어트, 제임스Stewart, James　377
스트라토니케Stratonice　34~35
스피겔, 아드리안 반 덴Spiegel, Adriaan
　　van den　209~210, 214
『형성된 태아에 관하여』　201, 209,
　　212
『해부도』　219
스헤인붓, 야코프Schijnvoet, Jacob　265

시에나의 알도브란디노Aldobrandino of
　　Siena　63
식스토 4세Sixtus IV(교황)　126
신구빈법　326
심프슨, 제임스 영Simpson, James Young
　　352

ㅇ

아리스토텔레스Aristoteles　48~50, 65,
　　71, 82, 112, 166
『동물의 역사』　167
아리요시 사와코有吉佐和子　305
『하나오카 세이슈의 아내』　305
아스클레피오스Asclēpios　37, 39
아스페르티니, 아미코Aspertini, Amico
　　94
〈알레산드로 아킬리니〉　94
아시아 대제사장　38
아오키 슈쿠야青木夙夜　296, 298
아우구스티누스Augustinus　112
아이스크리온Aescrion　37
아일랜드 기인　273, 278~279
아크론Acron　27
아킬리니, 알레산드로Achillini, Alessandro
　　93~94, 96
『인체의 해부 구조』　94
『해부학 노트』　93~94
안티오코스 1세Antiochos I　34
알라시드, 하룬al-Rashid, Harun　55

찾아보기　403

알렉산드로스Alexandros 31~32, 358
알렉산드리아 도서관 37, 42~44, 55
알베르티, 레온 바티스타Alberti, Leon Battista 126, 141
『건축론』 141
알비누스, 베른하르트 지크프리트 Albinus, Bernhard Siegfried 280~281, 284
『인체의 골격과 근육의 해부도』 280
알비누스, 베른하르트Albinus, Bernhard 281
알비누스, 프레데릭 베른하르트Albinus, Frederick Bernhard 281
알주르자니, 자인al-Jurjani, Zayn al-Din 89~90
『자히레이 화레즘 샤이』 89~90
알크마이온Alkmaion 24~28, 31~32, 38
『자연에 관하여』 24, 28
알크만Alcman 24
알폰소 6세Alfonso VI 62
암브로시우스Ambrosius 112
암스트롱, 캐서린Armstrong, Katharine 370
『해부학 및 생리학 보조 자료』 370
앙리 2세Henri II 185
애플턴, 아서Appleton, Arthur 367
『표면 해부학과 방사선 해부학』 367
앤더슨, 마크 369
『근골격계 MRI』 6, 369
앰버, 조지Amber, George 377
앰버, 폴Amber, Paul 377
야마와키 도요山脇東洋 296
『장지』 296
에드워드 3세Edward III 76
「에드윈 스미스 파피루스」 6, 20~22
에디슨, 토머스Edison, Thomas 321
에라시스트라토스Erasistratus 34~36, 38
에르메린스, 프란스 자카리아스Ermerins, Franz Zacharias 29
에버스, 게오르크Ebers, Georg 22~23
에티엔, 샤를Estienne, Charles 162~164, 166
『신체 부위의 해부에 관하여. 3부작』 162~165
엑스레이 367, 369
엘리엇, 조지Eliot, George 317
엘링턴, 듀크Ellington, Duke 377
엥겔만, 고드프로이Engelmann, Godefroy 338
예수Jesus 148~150
오디에르나, 조반니 바티스타Hodierna, Giovanni Battista 222

『파리의 눈』 222
옥스퍼드 철학학회 227~228
왕립외과대학 265, 322, 325, 327, 344
왕립의학회 215
왕립학회 196, 227, 230, 234~235, 239, 250
외과의사 조합 272
우드, 새뮤얼 Wood, Samuel 270
웰스, 호러스 Wells, Horace 349~351
웰컴, 헨리 Wellcome, Henry 47, 350
윈스턴, 로버트 Winston, Robert 374, 377
〈인체대탐험〉 374~375
윌리스, 토머스 Willis, Thomas 214, 227~230, 236~237, 318
『뇌 해부학』 228~230, 236
『짐승의 영혼에 관한 두 가지 담론. 인간의 생명력과 감수성에 관하여』 228, 230
윌리엄 3세 William Ⅲ 241, 249
윌리엄스, 토머스 Williams, Thomas 323
유니버시티칼리지 런던 327~328, 334
유스타키오, 바르톨롬메오 Eustachio, Bartolommeo 24, 178~180, 183~184, 318
『바르톨롬메오 유스타키오의 해부도』 179~184

유스타키오관 24
유클리드 Euclid 112
의료법 322, 346
이발사 조합 265
〈부상자〉 16
이발사-외과의 조합 262~265
이발사-외과의사 회관 7, 11, 196,
이븐시나 Ibn Sīnā 9, 49~56, 63, 67, 82, 89, 93
『의학정전』 49~54, 63
이븐 알나피스 Ibn al-Nafis 55~56, 64, 216
『의학 종합서』 55
이븐 이샤크, 후사인 ibn Ishaq, Hunain 45~46
『눈에 관한 열 편의 논문』 45
이솝 Aesop 24
인노첸시오 8세 Innocentius Ⅷ (교황) 126
『인체 해부학 및 생리학 컬러링북』 374
일본 한방의학 kanpō 295~296

ㅈ

자기공명영상(MRI) 17, 368~369
제르벡스, 앙리 Gervex, Henri 15
〈수술에 들어가기 전〉 15
조파니, 요한 Zoffany, Johann 173
존스, 척 Jones, Chuck 17

찾아보기 405

죄머링, 자무엘 토마스 폰 Sömmerring,
　　Samuel Thomas von　318~321
『여성 골격 차트』 318
『인간의 귀 해부도』 318
『인간의 눈 해부도』 318
『인간의 미각기관과 음성기관의
　　해부도』 318
『인간 태아의 이미지』 319
『인간의 후각기관 해부도』 318
자크, 주아나 Jacques, Jouanna　29
지혜의 집 House of Wisdom　55

ㅊ

찰스 2세 Charles II　196, 230, 241, 257
처칠, 윈스턴 Churchill, Winston　377
체슬던, 윌리엄 Cheselden, William
　　263~265, 267~268, 272, 274, 280
『오스테오그라피아 또는 뼈의
　　해부학』 265, 268~269, 280
『인체의 해부학적 구조』 263,
　　265~267
〈해부 시범을 보이는 윌리엄
　　체슬던〉 264
친초로인 258
칭기즈칸 Chingiz Khan　82

ㅋ

카라칼라 Caracalla　40
카랄리오, 야코포 Caraglio, Jacopo　163

『신들의 사랑』 163
카레, 페르디낭 Carré, Ferdinand　353
카르피의 왕자 118
카를 5세 Karl V(신성로마제국 황제)
　　159
「카훈 파피루스」 23
카세리, 줄리오 Casseri, Giulio
　　208~210, 212~214, 228, 241, 244
『음성과 청각기관의
　　해부학사』 208
『해부도』 209~213, 241
카이사르, 율리우스 Caesar, Julius　44
카터, 헨리 반다이크 Carter, Henry
　　Vandyke　342, 344~345
칼다니, 레오폴도 마르코
　　안토니오 Caldani, Leopoldo Marco
　　Antonio　307~309, 315
『해부학 이미지』 307, 309, 315
칼다니, 플로리아노 Caldani, Floriano
　　307
「칼스버그 파피루스」 22~23
칼슨, 찰스 Carlson, Charles　376
『인물의 간단한 미술 해부학』 376
칼카르, 얀 스테판 반 Calcar, Jan Stephan
　　van　156, 158
캐플런, 피비 Kaplan, Phoebe　369
『근골격계 MRI』 6, 369
컴퓨터단층촬영 CT　17, 369,
　　380~381

케르마니, 부르한웃딘 Kermani, Burhan-
　　ud-din　57
케임브리지대학교　14, 215
케탐, 요하네스 데 Ketham, Johannes de
　　97~98, 102~104, 111, 139
　　『의학집성』 97~104
케플러, 요하네스 Kepler, Johannes　8
코럴, 킹 Coral, King　377
　　『해부학과 황홀경』 377
코뿔소 클라라 Clara　281~282
코투뇨, 도메니코 Cotugno, Domenico
　　310
　　『유고집』 315
콘티, 자코모 Conti, Giacomo　65
　　〈시칠리아의 페데리코 2세〉 65
콜롬보, 레알도 Colombo, Realdo　7,
　　150~152, 154, 170, 176~177, 201,
　　216
　　『해부학에 관한 열다섯 권의 책』
　　7, 151~152
콤모두스 Commodus　39
콰인 리처드(경) Quain, Sir Richard　334,
　　370
　　『콰인의 의학 사전』 334, 370
　　콰인의 지방성 심장　334
콰인, 리처드 Quain, Richard　327‥328,
　　332~334
　　『인체 동맥의 해부학과 병리학 및
　　수술 외과학의 적용』 328~333

콰인, 존스 Quain, Jones　327
　　『학생을 위한 기술 해부학 및 실용
　　해부학 기초』 327~328
쿠스토스, 도미니쿠스 Custos, Dominicus
　　195
쿠쟁, 장 Cousin Jean　199~200
쿠쟁, 주앙 Cousin, Jehan　199~200
　　『초상화 기법』 199~200
　　『투시 원근 기법』 199~200
쿠퍼, 윌리엄 Cowper, William　250, 256,
　　263
　　『사람 몸의 해부학』 250
　　『미오토미아 레포르마타』 250
쿡, 헨리 Cooke, Henry　256
쿨무스, 요한 아담 Kulmus, Johann Adam
　　296~297, 299
　　『해체신서』 297, 299~301
　　『해부도표』 296~297
크레모나의 제라드 Gerard of Cremona
　　62
크루즈, 프랜시스 Cruise, Francis　321
클레멘스 11세 Clemens XI (교황)　179
클레멘스 5세 Clemens V (교황)　75
킨트, 아리스 Kindt, Aris　221~222
킬리아, 루카스 Kilian, Lucas　195

ㅌ

테르툴리아누스 Tertullianus　33
테오도시우스 1세 Theodosius (황제)　43

테오프라스토스 Theophrastos 26
토마시, 줄리오 Tomasi, Giulio 222
톨레도 번역학교 64~65
투르나이서, 레온하르트 Thurneisser,
　　Leonhart 25
　『제5원소』 25
튈프, 니콜라스 Tulp, Nicolaes
　　220~223, 376
트레버, 로버트 Traver, Robert 377~378
　『살인의 해부』 377~378
트하페로프, 이반 Tchaperoff, Ivan 367
　『표면 해부학과 방사선 해부학』
　　367
티무르 Timour 82
티치아노 베첼리오 Tiziano Vecellio 150
틴토레토 Tintoretto 212

ㅍ

파도바대학교 104, 130, 150, 152,
　　177, 189, 201, 219, 290, 307~308
파레, 앙브루아즈 Paré, Ambroise
　　184~188
　『법정 보고서』 188
　『아르크뷔즈 소총과 화기로 인한
　　상처 치료법』 185~186
　『앙브루아즈 파레의 작품집』 185
　의수 187
파브리치, 지롤라모 Fabrici, Girolamo
　　201~204, 206~208, 214~215, 217,
　　220
　『닭과 달걀의 형성에 관하여』 201
　『동물의 언어에 관하여』 201
　『삼중 해부학 논문』 201
　『언어와 그 기구에 관하여』 201
　『정맥의 관문에 관하여』 215
　『해부학과 수술』 202
　『형성된 태아에 관하여』 201, 209,
　　212
파우, 피터 Pauw, Pieter 220
　『보조 해부학』 220
파우사니아스 Pausanias 27
파일리크, 요한 Peyligk, Johann 109, 111
　『자연철학 개론』 111
팔로피오, 가브리엘레 Falloppio,
　　Gabriele 176~178, 184, 201, 318
　『모데나 의사 가브리엘레
　　팔로피오의 해부학적 관찰』 178
패립, 케일럽 Parry, Caleb 89
페데리코 2세 Federico II (시칠리아 왕)
　　64~66
페라드, 빅터 Perard, Victor 376
　『해부학과 드로잉』 376
페른 Ferne (외과의사) 270
페른코프, 에두아르트 Pernkopf, Eduard
　　9, 371
　『인체의 국소 해부학』 9, 371~372
페슬링, 요한 Vesling, Johann 9,
　　317~372

페앙, 쥘-에밀 Péan, Jules-Émile 15
페컴, 존 Peckham, John 112
페트라르카 마스터 Petrarca Master 112
폐순환 55~56, 64, 151, 216, 218, 224, 314
포크트헤어, 하인리히 Vogtherr, Heinrich 158, 161, 189
   플랩 158~161, 194~195, 197~198
포티스큐브럭데일, 존 매슈 Fortescue-Brockdale, John Matthew 370
   『간호사를 위한 교과서』 371
폰테인, 요리스 '블랙 얀' Fonteijn, Joris 'Black Jan' 222
폴로, 마르코 Polo, Marco 81
표트르 1세 Pyotr I 249
프락사고라스 Praxagoras 31~32
프랑수아 1세 François I 132
프랑크푸르트 도서전 219
프레민저, 오토 Preminger, Otto 377~378
프레티, 마티아 Preci, Mattia 50
   〈식물학자〉 50
프뢸리히, 야코프 Frölich, Jacob 160
   『해부학, 내부에서 보는 인체의 묘사』 160
프톨레마이오스 2세 Ptolemaios II 42
   『알마게스트』 62
플라톤 Platon 112

플레처, 찰스 Fletcher, Charles 374
플루타르코스 Ploutarchos 26
   『플루타르코스 영웅전』 26
플리니우스 Plinius 31
피르호, 루돌프 Virchow, Rudolf 346~349
   『병리해부학, 생리학, 임상의학 서고』 348
   『조직생리학과 조직병리학에 기초를 둔 세포병리학』 346~147
피알레티, 오도아르도 Fialetti, Odoardo 212
피어스, 에벌린 Pearce, Evelyn 370
   『간호사를 위한 해부학 및 생리학』 370
   『의학 및 간호 사전 및 백과사전』 370
피타고라스 Pythagoras 24
피프스, 새뮤얼 Pepys, Samuel 196~197, 199
필로테오, 조반니 Filoteo, Giovanni 94
필리누스 Philinus 36
필리스티온 Philistion 27
필리포스 2세 Philippos II (마케도니아 왕) 31
필리프 6세 Philippe VI 75, 78
필립스, 찰스 Phillips, Charles 264

ㅎ

하겐스, 군터 폰 Hagens, Gunther von
375~376
하나오카 세이슈 華岡青洲 304~306,
349
『기질외료도권』 305~306
『유방치험록』 305
하비, 윌리엄 Harvey, William 10, 131,
151, 214~219, 224, 227, 283, 292
『동물의 심장과 혈액의 운동에 관한
해부학적 연구』 216~219
하워드, 토머스 Howard, Thomas 132
하인리히 7세 Heinrich Ⅶ
(신성로마제국) 75
해밀턴, 윌리엄 Hamilton, William 367
『표면 해부학과 방사선 해부학』 367
해부 극장 14, 92, 153, 188~189,
201, 207, 219~220, 270~271, 308,
325, 359
해부학법 326, 344
허스트, 윌리엄 랜돌프 Hearst, William
Randolph 23
「허스트 파피루스」 23
허스트, 피비 Hearst, Phoebe 23
헌터 박물관 278
헌터, 윌리엄 Hunter, William 259,
270~276, 283, 324, 358
『그림으로 보는 임신의 자궁
해부학』 271, 274~275

『관절 연골의 구조와 질환에
관하여』 271
헌터, 존 Hunter, John 274, 278~279,
358
헐, 에드워드 Hull, Edward 336
〈골상학자들〉 336
헤로필로스 Herophilos 9, 33~34, 36,
38
헤어, 윌리엄 Hare, William 323~325
헤인, 자크 드 Gheyn, Jacques de 219
헬름스, 클라이드 Helms, Clyde 369
호가스, 윌리엄 Hogarth,
William 102~103
〈잔혹함의 네 단계〉 102~103
호너, 윌리엄 Horner, William 283
호르너, 요하네스 판 Horne, Johannes
van 239
호프만, 아우구스트 빌헬름 폰 Hofmann,
August Wilhelm von 359
홉슨, 벤저민 Hobson, Benjamin 265
화레즘의 샤 Khwarazm, Shah of 89
화이트, 로버트 White, Robert 224~225
화이트, 크리스 White, Chris 241
화이트, 크리스토퍼 White,
Christopher 233
화타 華陀 304
『황제내경』 28
훅, 로버트 Hooke, Robert 228,
230~235

『마이크로그라피아』 230~233
훈트, 마그누스Hundt, Magnus 109~112, 139
『인간 존엄성의 인간학, 자연, 원소의 속성, 인체의 부분과 구성 요소』 109
휘흐트, 미힐 판 데르Gucht, Michiel van der 256
흐라프, 레이니르 더de Graaf, Reinier 234, 239, 242~243
『남성의 생식기관에 관하여. 주사기와 해부학에서 사이펀의 사용에 관하여』 239

『여성의 생식기관에 대한 새로운 논문』 239, 242
히구치 탄게츠樋口探月 305~306
『기질외료도권』 305~306
히에로니무스Jerome 112
히포크라테스Hippocrates 27~31, 33, 38, 41, 46, 56, 72, 82
『인간의 속성에 관하여』 56
『해부학에 관하여』 29
히포크라테스 선서 27
'히포크라테스 전집' 26, 28~29, 31~32, 45

콜린 솔터 Colin Salter

다재다능한 대중 교양서 전문 작가. 영국 에든버러에 거주하고 있다. 공연 예술과 도자기·가구 제작 분야에서 일을 하다 2006년 전업 작가로 전향했다. 과학, 자연사, 역사 전기, 대중음악 등 각각의 분야가 현재 이 자리에 어떻게 도달했는지 그 역사를 파고드는 작업에 매료돼 있다. 가벼운 오락에서 깊이 있는 과학까지, 과거의 개척자에서 현대의 슈퍼스타까지, 광범위한 주제를 철저히 조사해 독자에게 명쾌하고 흥미롭게 전달하는 능력이 탁월하다. 지은 책으로『질병과 의약품』,『인체의 신비』, '세상을 바꾼 100가지 시리즈'(100가지 책·편지·연설·포스터 등) 외 다수 있으며, 여러 책이 프랑스어, 이탈리아어, 중국어, 일본어로 번역됐다.

www.colinsalter.co.uk

옮긴이 조은영

서울대학교 생물학과를 졸업하고, 서울대학교 천연물과학대학원과 미국 조지아대학교에서 석사학위를 받았다. 어려운 과학책은 쉽게, 쉬운 과학책은 재미있게 번역하고자 노력하는 과학 전문 번역가이다. 옮긴 책으로는『세상을 연결한 여성들』,『우주의 바다로 간다면』,『10퍼센트 인간』,『이토록 멋진 곤충』,『암컷들』,『파브르 식물기』,『시간의 지배자』,『돌파의 시간』,『대화의 힘』등이 있다.

해부학자의 세계

초판 발행 2024년 9월 30일

지은이   콜린 솔터
옮긴이   조은영
펴낸이   김정순
책임 편집 조은화
편집   오효순
마케팅   이보민 양혜림 손아영

펴낸곳   (주)북하우스 퍼블리셔스
출판등록   1997년 9월 23일 제406-2003-055호
주소   04043 서울시 마포구 양화로 12길 16-9(서교동 북앤빌딩)
전자우편   henamu@hotmail.com
홈페이지   www.bookhouse.co.kr
전화번호   02-3144-3123
팩스   02-3144-3121

ISBN   979-11-6405-275-2   03400